Weltregionen im Wandel | 9

Die Reihe
„Weltregionen im Wandel"
wird herausgegeben von

Dr. Holger Albrecht, American University in Cairo
Prof. Dr. Aurel Croissant, Universität Heidelberg
Dr. Rolf Frankenberger, Universität Tübingen
Prof. Dr. Friedbert W. Rüb, Humboldt-Universität Berlin
Prof. Dr. Siegmar Schmidt, Universität Koblenz-Landau
Dr. Peter Thiery, CAP, München und Universität Würzburg

Nicolas Schwank

Konflikte, Krisen, Kriege

Die Entwicklungsdynamiken
politischer Konflikte seit 1945

 **Nomos**

Die Deutsche Nationalbibliothek verzeichnet diese Publikation in
der Deutschen Nationalbibliografie; detaillierte bibliografische
Daten sind im Internet über http://dnb.d-nb.de abrufbar.

Zugl.: Heidelberg, Univ., Diss., 2008

ISBN 978-3-8329-5203-7

1. Auflage 2012
© Nomos Verlagsgesellschaft, Baden-Baden 2012. Printed in Germany. Alle Rechte,
auch die des Nachdrucks von Auszügen, der fotomechanischen Wiedergabe und der
Übersetzung, vorbehalten. Gedruckt auf alterungsbeständigem Papier.

Vorwort

Diese Arbeit hat eine sehr lange Entstehungsgeschichte, an deren genauen Beginn ich mich selbst inzwischen nur mehr schemenhaft erinnern kann. Dementsprechend ist die Liste derer, denen ich zu Dank verpflichtet bin, weil sie diese Arbeit in irgendeiner Weise beeinflusst oder durch ihre Mitarbeit in verschiedenen Forschungsprojekten oder auf andere Weise erst ermöglicht haben, so lange, dass es unmöglich ist, ihre Namen oder ihre Hilfe hier vollständig zu notieren ohne dabei der Gefahr zu unterliegen, einen großen Teil zu vergessen. Dennoch: diesem Risiko will ich mich stellen.

An erster Stelle möchte ich bei all den Personen bedanken, die durch ihre sorgfältige Datenrecherche und ihre Codierungen in stunden- und bisweilen nächtelanger Arbeit die Datenbank gefüttert und so die neuen Einblicke in das Konfliktgeschehen erst ermöglicht haben. Seit der ersten CONIS Version im Jahre 2003 dürften dies inzwischen mehrere hundert Personen sein, die ich, anders als zu Beginn des Projektes, nur noch zu einem kleinen Bruchteil persönlich kenne. Auch wenn klar ist, dass sie diese Arbeit nicht für mich, sondern die viele Stunden ihrer Freizeit dem hehren Ziel geopfert haben, der Wissenschaft korrekte Daten zur Erforschung von Krieg und Gewalt zur Verfügung zu stellen, bin ich der Erste, der diese Daten in diesen breiten Umfang analysieren darf. Ich wünsche mir in ihrem Sinne, dass eine Vielzahl weiterer Forscher in Zukunft in gleicher Wiese vom Heidelberger Ansatz fasziniert sind und die Daten besser auswerten und einen größeren Erkenntnisfortschritt erzielen, als es mir gelungen ist.

CONIS wurde im Rahmen verschiedener Forschungsprojekte entwickelt und während diese Arbeit abgeschlossen wurde, sind bereits weitere Neuerungen implementiert worden, die eine Fortentwicklung des CONIS-Ansatzes bedeuten. Doch der wissenschaftliche Kern, wie er hier auch im Abschnitt über CONIS formuliert und vorgestellt wird, ist gleich geblieben. Bei diesen früheren Forschungsprojekten, in denen die Grundlage dieser Arbeit liegt, waren viele inhaltliche Diskussionen enorm wichtig für mich und mein wissenschaftliches Denken. All diesen Projektteams einschließlich aller wissenschaftlichen Hilfskräfte ein herzliches Dankeschön. Ganz besonderen Dank schulde ich all jenen Kollegen, die sich in diesen Jahren mit mir zusammen auf den Weg der technischen Umsetzung des CONIS-Ansatzes gemacht haben: Angel Jimenez Sanchez und Dirk Weißmann, Julian Albert und Lars Scheithauer. Sie haben mit viel Geduld meinen bisweilen sehr kryptisch vorgetragenen und stets von profundem Programmierer-Viertelwissen geprägten Ideen zur technischen Umsetzung des CONIS Ansatzes zugehört und sind dann glücklicherweise ihren eigenen Kenntnissen gefolgt. Ohne ihre Arbeit wäre das CONIS Projekt nicht umsetzbar gewesen.

Neben den Diskussionen in den Forschungsprojekten waren für meine wissenschaftliche Weiterentwicklung auch die – inzwischen einige Jahre zurück liegenden – privaten Forschungskolloquien wichtig, bei denen ich dankenswerter Weise als Exot aus der internationalen Konfliktforschung im Kreise sehr profunder Policy-Forscher Aufnahme fand und sehr gutes, oftmals sehr kritisches Feedback zu meinen Überlegungen bekam. Christoph Egle, Tobias Ostheim, Sandra Detzer, Armin Liebig und Reimut Zohlnhöfer gehörten diesen engeren Kreis an und sie waren und sind solche Freunde, ohne die man einen solchen Zeitraum der Arbeit an der gleichen wissenschaftlichen Qualifikationsschrift nicht übersteht. Mein ganz persönlicher Dank an Euch! Mindestens genauso wichtig für den Erkenntnisfortschritt waren die vielen kleinen Gespräche, die sich mit den Zimmerkollegen oftmals nebenbei ergaben. Sie sind aber die Ersten, die dem Redebedarf bei einer, leider oftmals nur sehr kurzfristig bahnbrechenden Erkenntnis zum Opfer fallen. Sie waren auch die Ersten, die halfen, dieses neue Ei des Columbus dann doch als zwar schönes, aber einfaches Hühnerei zu enttarnen, das schon nach kurzem theoretischen Beklopfen zur Seite kippt. Christian Bauckhage, Christoph Trinn, Stefan Wurster, Maximilian Grasl und David Kühn habe ich neben einer sehr angenehmen Arbeitsatmosphäre auch diese vielen kleinen Erkenntnisse zu verdanken. Ganz besonders Christoph Trinn hat mit seinen vielen klugen Kommentaren vielleicht mehr zu dieser Arbeit beigetragen, als ihm bewusst ist.

Viel zu verdanken habe ich auch meinen über die Jahre hinweg wechselnden wissenschaftlichen Begleitern am Institut für Politische Wissenschaft, Prof. Frank Pfetsch, Prof. Tanja Börzel, Prof. Uwe Wagschal und Prof. Aurel Croissant. Sie haben mich stets sehr großzügig unterstützt und alle Freiheiten gelassen, die zur Entwicklung des CONIS-Ansatzes und zum Schreiben dieser Arbeit notwendig waren. Ganz besonderer Dank geht an meine beiden Doktorväter Prof. Uwe Wagschal und Prof. Frank Pfetsch. Prof. Pfetsch ist der Gründer der Heidelberger Konfliktforschung. Viele seiner ursprünglichen Ideen zu Aufbau und Struktur politischer Konflikte prägen auch diese Arbeit. Prof. Wagschal hat mich in seiner Heidelberger Zeit und darüber hinaus stets sehr, sehr tatkräftig unterstützt und mir ein wissenschaftliches Umfeld geboten, in dem ich gelernt habe, mich noch stärker mit der Analyse der Daten auseinander zu setzen. Besonders prägend als jüngerer Student war für mich PD Dr. Christoph Berger Waldenegg. Er hat mir in meinem Nebenfach Mittlere und Neue Geschichte gezeigt, wie wichtig der stetige vorsichtiger Zweifel an scheinbar gesicherten Wahrheiten ist und wie spannend wissenschaftliche Neugier sein kann.

Neben der Unterstützung durch Kollegen, Freunden und den wissenschaftlichen Förderern ist eine solche Arbeit nur mit einem großen familiären Rückhalt zu bewältigen. Auch wenn dort der Zweifel mit den Jahren gewachsen ist, ob man für eine solche Arbeit wirklich so viel Zeit benötigen kann - und ich habe, so glaube ich, eindrucksvoll bewiesen, dass es durchaus möglich ist - habe ich dort stets ein warmes Nest und trotz der vielen Jahre, in denen ich nun nicht mehr in Nürnberg wohne, stets ein Zuhause gefunden. Die in all den Jahren gewährte großzügige Unterstützung und das stets ausgesprochene Vertrauen wünsche ich Allen, die an großen Unternehmungen basteln, und bei denen ein glücklicher Ausgang ebenfalls ungewiss ist.

Es ist vermutlich ganz natürlich, dass man die größte Dankbarkeit gegenüber jenen empfindet, die einen bei den allerletzten Schritten dieser Arbeit, also bei Abgabe und vor der Drucklegung eng begleiten. Wenn Männern ganz allgemein eine gewisse Schwierigkeit in der Bewältigung parallel stattfindender Arbeitsabläufe nachgesagt wird, dann kann ich mich davon leider nicht ausnehmen. Gerade in dieser letzten Phase vor den Abgabeterminen, also dann, wenn man den Wald vor lauter Bäumen nicht mehr erkennen kann, schwindet auch der professionelle Bezug, auch der Abstand zur eigenen Arbeit. Dann sind es Freunde, die aus naher Entfernung die Arbeit gegenlesen, auf Ungenauigkeiten in der Sprache oder Inkonsistenzen im Text aufmerksam machen, Korrekturvorschläge machen, Rechtschreibfehler markieren und auch noch einmal helfen, die Gedanken klar zu strukturieren. Sie erscheinen nicht nur unverzichtbar, sie sind es auch. Mein großer, herzlicher Dank gilt dabei zunächst vor allem an Ariane Hellinger, die im Sommer 2008 durch ihre zupackende und fröhliche Art und ihre genialen Einfälle einen sehr müden Promotionskandidaten kurz vor der Abgabe die Motivation für die letzten Stunden wieder brachte. Hab noch einmal herzlichen Dank, Ariane! Felix Hörisch hatte in den Wochen davor den methodischen Teil gegengelesen und stand mir bei Fragen in seiner stets freundlichen und sehr kompetenten Art hilfreich zur Seite. Den zeitlichen Abstand zwischen Disputation und Drucklegung habe ich genutzt, um einige Stellen sprachlich zu glätten und wissenschaftlich deutlicher zu formulieren. Auch die Gliederung habe ich überarbeitet und verstreute Absätze zum gleichen Gedanken an eine Stelle gepackt. Diese Arbeiten waren noch viel zeitaufwändiger, als ich es befürchtet hatte und erforderten auch hier noch erhebliche Korrekturen, um einen halbwegs lesbaren Text aus meinen Gedanken formen zu können. Drei Personen haben mich in dieser Phase derart unterstützt, dass man solche Freunde nur jedem wünschen kann, der sich in ähnlicher Lage befindet. Natalie Hoffmann hat die Arbeit unmittelbar nach der Abgabe Korrektur gelesen und mir in vielen kritischen Anmerkungen weitergeholfen. Insbesondere im Kapitel das die Ergebnisse der Ereignisdatenanalyse aufzeigt, hat sie mich durch ihre sehr klugen, stets sehr freundlichen Hinweisen vor größeren Unsinn bewahrt und mir geholfen, die methodisch minimal notwendigen Formeln, fehlerfrei auf das Papier zu bringen. Jan Deuter hat mir trotz seiner erst kürzlich neu begonnenen Arbeit viele Stunden seiner knappen Freizeit geschenkt und Teile der Arbeit noch einmal Korrektur gelesen. Alexander Demling hatte im letzten Arbeitsschritt noch einmal viele kleinere Fehler gefunden, die ich trotz mehrmaligen Lesens übersehen hatte. Mareike Erhardt hat die Arbeit fast komplett durchgelesen und hat - dank ihres großes sprachlichen Talents und ihrer sehr raschen Auffassungsgabe und der Fähigkeit, sich besonders schnell in komplexe Gedankengänge einzuarbeiten - meine sprachlichen Ungenauigkeiten aufgespürt und mir sehr viele, sehr hilfreiche Verbesserungshinweise gegeben. Ohne ihre Hilfe wäre diese Arbeit wesentlich anstrengender zu lesen. Ihr und allen anderen bin ich zu großen Dank verpflichtet. Oft fällt an dieser Stelle der Satz, aber für mich ist es mehr als eine Floskel: alle verbliebenen Fehler gehen selbstverständlich allein zu meinen Lasten.

Mein allerletzter Dank geht an Ricarda Stegmann. Jeder, der einmal eine wissenschaftliche Arbeit geschrieben hat, weiß, dass die Stunden am Schreibtisch einsam sein können und es besonders in den schwierigen Phasen schwer fällt, sich selbst zum Gang an den Rechner zu motivieren. Dank der gemeinsamen Arbeitssitzungen, meist leider nur über Skype verbunden, wurden die Motivationsschwankungen in den letzten Monaten deutlich geringer! Ohne die vielen netten Aufforderungen und Verabredungen für die nächste Pause und ohne die interessanten, spannenden und manchmal auch einfach nur sehr witzigen Gespräche zwischen den Arbeitsphasen wäre die Überarbeitung noch viel schwerer gefallen. In diesem Sinne: auf zur nächsten Klappe! Danke! Los!

Heidelberg im Februar 2012

Inhalt

Verzeichnis der Tabellen und Abbildungen

Abbildungen

Abkürzungsverzeichnis und Glossar häufig verwendeter Begriffe

AKUF	Arbeitsgemeinschaft Kriegsursachenforschung
CIFP	Country Indicators for Foreign Policy Project
CONIS	Conflict Information System
COW	Correlates of War
Gewaltlose Konflikte	Konflikte der Stufen 1 und 2
I.O.	Internationale Organisation
ISO	Internationales Institut für Ordnung
Konflikt- oder Intensitätsklasse	Fasst die fünf Konfliktstufen in drei Klassen zusammen: gewaltlose Konflikte (Stufe 1 + 2), mittlere Intensität (Stufe3), kriegerische Konflikte
Konflikte hoher Intensität	Konflikte der Stufe 4 und 5
Konflikte mittlerer Intensität	Konflikte der Stufe 3
KOSIMO	Konflikt Simulationsmodell
Kriege oder: Kriegerische Konflikte	Konflikte, die entweder auf Stufe vier oder Stufe fünf codiert wurden.
MaxInt	Höchste Intensität, die ein Konflikt im Verlauf erreicht hat
MaxIntYear	Höchste Intensität, die ein Konflikt innerhalb eines Jahres erreicht hat
NATO	North Atlantic Treaty Organization
NSA	Nicht-staatliche Akteure
PMF	Private Military Firm
PSF	Private Sicherheitsfirmen
RMA	Revolution in Military Affairs
SIW	Strategic Information Warfare
Stufe 1	CONIS Intensitätsstufe Konflikt
Stufe 2	CONIS Intensitätsstufe gewaltlose Krise
Stufe 3	CONIS Intensitätsstufe gewaltsame Krise
Stufe 4	CONIS Intensitätsstufe begrenzter Krieg
Stufe 5	CONIS Intensitätsstufe Krieg
UCDP	Uppsala Conflict Data Project
VMO	Region Vorderer- und Mittlerer Orient

1   Einleitung

Die Frage nach den Gründen und Ursachen von Kriegen ist *die* zentrale Frage der quantitativen empirischen Konfliktforschung. Doch trotz jahrzehntelanger Forschung zu Kriegen und Kriegsursachen sind die bisherigen Ergebnisse der Forschungsdisziplin noch immer unbefriedigend: Die Ergebnisse gelten als »ideenloses Zahlenwerk« (Schlichte 2002) oder als »Theorieinseln«, die jeweils nur eng begrenzte Fälle erklären können, die aber bisher von niemanden zu einer Gesamttheorie vernetzt werden konnten (Singer 2000). Hegre / Sambanis (2006) weisen zudem darauf hin, dass bei Replikationsstudien zur Ursache innerstaatlicher Kriege kaum eines der Ergebnisse bestätigt werden könne.

Somit stellt sich die Frage nach den zu Grunde liegenden Ursachen dieser schwachen Performanz der quantitativen Konfliktforschung. Einige Wissenschaftler (Hoffmann 1987, Dessler 1991, Schlichte 2002) sehen in den zu einfachen Erklärungsmodellen den Hauptgrund für die geringe Erklärungskraft quantitativer Ansätze. Immer wieder werde versucht, mit überwiegend dem politischen Realismus entlehnten Ansätzen die komplexe Ursachenstruktur von Kriegen zu erklären (kritisch hierzu: Hasenclever 2002). Andere Autoren (Sofsky 1996, Kaldor 1999) melden Zweifel an, ob sich die derzeit beobachtbaren innerstaatlichen Kriege über die herrschenden Modelle, die auf Annahmen der Nutzenmaximierung und rationaler Handlungsweise der Akteure basieren, überhaupt zu erklären seien.

Doch der Vorwurf zu einfacher Erklärungsansätze trifft für die Mehrheit der Arbeiten der letzten Jahre nicht mehr zu. Verschiedene Autoren, darunter besonders die Arbeiten der Forschungsgruppe um Collier (Collier et al. 2003a, Collier / Hoeffler 2004b, Collier / Sambanis 2005), Fearon / Laitin (Fearon / Laitin 2003a, Fearon 2005, Fearon et al. 2007) und Hegre (Hegre et al. 2001, Hegre / Gledditsch 2001, Hegre 2003) haben in aufwendigen Untersuchungen verschiedene Erklärungsansätze mit Hilfe von Regresssionsverfahren gegeneinander getestet und einzelne Variablen als signifikant erkannt. Allerdings besteht hierbei das bereits oben angeführte Problem, dass sich diese Ergebnisse in Vergleichsstudien meist nicht bestätigen lassen, sich teilweise sogar widersprechen (Hegre / Sambanis 2006, Dixon 2009). Der Grund für die unterschiedlichen Ergebnisse liegt an den unterschiedlichen Datensätzen, die die Autoren ihren Auswertungen zugrunde legen.

Das primäre Problem der quantitativen Konfliktforschung, dies ist die grundlegende These dieser Arbeit, ist deshalb nicht der Mangel an Erklärungsmodellen, sondern die unzureichende Antwort auf die Frage nach der abhängigen Variable: *Was sind Kriege?* Hier herrscht innerhalb der großen Breite der quantitativen Konfliktforschung merkwürdigerweise nur ein selten offen vorgetragenes Problembewusstsein: Die in den Theorien der Internationalen Beziehungen geführten Debatten über Bestimmungsmerkmale und Veränderungen des Krieges (Van Crefeld 1991, Kaldor 1999, Münkler 2002, Duyvesteyn / Angstrom 2005, Geis 2006a) werden in der quantitativen Konfliktforschung eher beiläufig wahrgenommen (Brzoska 2004). Die Bedenken quantitativer Forscher gegen die Zuverlässigkeit der veröffentlichten Daten äußern sich vor allem in der ständigen Zusammenstellung immer neuerer speziellerer Datensätze, die für einzelne Untersuchungen verwendet werden (vgl. hierzu auch Eck 2005).

Allerdings ist die Annahme, dass der Grund für die Mängel und Schwierigkeiten der quantitativen Konflikt- und Kriegsursachenforschung vor allem in der Qualität der Verfügung stehenden Daten zu suchen ist, nicht neu. Bereits Rummel (1979: 19) gibt zu bedenken, dass die angesprochenen Probleme und Widersprüche der quantitativen empirischen Konfliktforschung inhärent sind, weil diese selbst eine Vielzahl unterschiedlicher Methoden bei der Messung von Größe oder Auswirkung von Konflikten verwendet. Rummel gibt sich überzeugt, dass quantitative Konfliktforschung niemals ohne einen philosophischen und analytischen Bezugsrahmen auskommt. Fakten, Ereignisse, und Geschichte könnten nicht einfach quantitativ erfasst werden (Rummel 1979: 18), es bedürfe der Interpretation eines analytischen Sachverstandes, der die jeweiligen Ereignisse in ihrer Bedeutung bemessen und bewerten kann. Es fehlt also eines methodischen Bezugsrahmens, der hilft, wichtige von unwichtigen Ereignissen und Konflikten zu unterscheiden (vgl. hierzu auch Daase 1999, Sambanis 2001b).

Deshalb verfolgt die vorliegende Arbeit zwei Ziele:

1.) Mit Hilfe eines neuen Konfliktansatzes und dessen Umsetzung als Datenbankmodell soll die Kluft zwischen empirischem Konfliktbegriff und der Konfliktwirklichkeit (Daase 2003: 164) überwunden werden. Ziel des neuen Konfliktverständnisses ist es, eine wissenschaftliche Alternative zum etablierten, auf der Anzahl von Todesopfer basierten Ansatz zu entwickeln und so das tatsächliche Konfliktgeschehen besser, d.h. umfangreicher und genauer zu erfassen. Auf diese Weise sollen Konflikte und Konfliktphasen der quantitativen Forschung zugänglich gemacht werden, die bisher nicht im Fokus der Analyse stehen und so neue Einblicke in das Konfliktgeschehen gewonnen werden. Besonders wichtig ist hier die Entwicklung einer soliden Basisdefinition politischer Konflikte, um nicht gewaltsame Konfliktformen messbar zu machen und durch ergänzende Merkmale verschiedene Formen und Intensitätsstufen der Konflikte zu bestimmen und so die Datenerhebung über Konfliktentwicklungen überhaupt zu ermöglichen.

2) Um die Anschlussfähigkeit unterschiedlicher Erklärungsansätze untereinander herzustellen und so zu gewährleisten, dass vorhandene Studien immer

24

anhand des gleichen Konfliktdatensatzes anwendbar sind, soll ein Erklärungs-rahmen für das Entstehen von Kriegen entwickelt werden, der auf den verschiedenen Modelle der Kriegsursachenforschung beruht. So soll einerseits ein Beitrag für eine größere Flexibilisierung innerhalb der quantitativen Kriegsursachenforschung geleistet werden und gleichzeitig erreicht werden, dass durch eine bessere Systematik innerhalb der Erklärungsansätze deren Erklärungskraft erfasst und bewertet werden kann.

Das Ziel dieses hier vorgestellten Ansatzes soll es demnach nicht sein, eine weitere deterministische Kausalkette aufzustellen und dieses auf nur ausgewählte Fälle anzuwenden. Stattdessen sollen auf Grundlage des neuen Konfliktmodells die Strukturen und Dynamiken von zwischenstaatlichen und innerstaatlichen Kriegen im Allgemeinen analysiert werden und somit letztlich eine neue empirische Grundlage zur Risikoabschätzung von Kriegen gebildet werden.

Die Frage nach dem Eskalationsrisiko einer bestehenden Konfliktsituation, insbesondere bei innerstaatlichen Konfliktlagen, ist trotz der großen Relevanz und starker Anstrengungen im Bereich der Konfliktfrüherkennung bisher nur wenig bearbeitet worden. Viele der früheren Arbeiten beziehen sich fast ausschließlich auf zwischenstaatliche Konflikte (Bremer 1992, Raknerud / Hegre 1997, Green et al. 2001). Die erzielten Ergebnisse gelten insgesamt jedoch als unbefriedigend. Auch deshalb, weil eine Vielzahl dieser Studien unter erheblichen methodischen Defiziten leiden. Bremer (1992) beispielsweise kritisiert die geringe Fallanzahl in den Untersuchungen und das oftmals monokausal angelegte Forschungsdesign. Hier hilft die Konzeption des neuen Ansatzes in Verbund mit einer neuen Konfliktdatenbank, die viele tausende Informationspunkte zum Konfliktgeschehen speichert und damit wesentlich mehr Datenpunkte zur Verfügung stellt als die vorhandenen Datenbanken.

Neben den theoretischen Grundlagen zu Konfliktmodell und Erklärungsansätzen sollen die empirischen Ergebnisse des neuen Ansatzes vorgestellt werden. Aufgrund des neuen Konfliktverständnisses und der unterschiedlichen Auswertungsmöglichkeiten lässt sich eine Vielzahl neuer Einblicke in das bisherige Konfliktgeschehen gewinnen, die auch Auswirkungen auf zukünftige Erklärungsansätze von Kriegen haben werden. Wenn beispielsweise anhand des CONIS Datensatzes gezeigt werden kann, wie dominant innerstaatliche Gewaltformen im Vergleich zu zwischenstaatlichen sind, dann stellt sich die Frage, ob die hohe Anzahl an Publikationen zu zwischenstaatlichen Kriegsursachen sinnvoll ist oder die Forschung sich nicht doch auf die Analyse innerstaatlicher Konflikte konzentrieren sollte. Deshalb werden Deskription des Konfliktgeschehens und Analyse der kriegsbegünstigenden Faktoren in gesonderten Kapiteln verfolgt.

Die beiden übergeordneten Zielsetzungen der Arbeit werden in insgesamt fünf Kapiteln verfolgt. Der erste inhaltliche Abschnitt des Kapitel 2 »Was ist Krieg«

wendet sich der Frage nach den bisherigen Grundlagen zur Bestimmung des Konfliktgeschehens zu und fragt nach vorhandenen Erfassungsmöglichkeiten und Messtechniken der quantitativen Konfliktforschung (Kap. 2.1. »Messkonzepte in der quantitativen Konfliktforschung«). Untersucht wird zunächst, wie in den bisherigen Modellen Kriege empirisch erfasst wurden und welche Methodiken und Messverfahren vorliegen. Dabei wird als Ergebnis festgehalten, dass es der quantitativen Konfliktforschung bisher nicht gelungen ist, sich auf inhaltlicher Ebene mit dem Phänomen »Krieg« auseinanderzusetzen und die unterschiedlichen und neuen Formen von Kriegen adäquat abzubilden.

Deshalb widmet sich der nachfolgende Verlauf des Kapitels der Frage nach dem »Wesen« und dem »Charakter« des »Krieges zu. Dies geschieht indem zunächst die aktuelle Debatte zum Verschwinden des »alten« zwischenstaatlichen Krieges und im Anschluss die um die sogenannten »neuen Kriege« reflektiert werden (Kapitel 2.2). Letztere beziehen sich auf innerstaatliche und transnationale Konfliktformen. Die auf der theoretischen Ebene ausführlich geführte und in der quantitativen empirischen Konfliktforschung nur wenig beachtete Debatte über die Veränderung des Krieges und die ungeklärte Frage, was denn heute unter Krieg verstanden werden kann, eine Frage, auf die bisher in der quantitativen Forschung nur wenig reagiert wurde, soll überwunden werden, indem im Kapitel 2.3 das Kriegsverständnis von Carl von Clausewitz (1780-1831) eingehend untersucht und auf seine gedanklichen und theoretischen Grundlagen hin überprüft wird. Clausewitz stellt in vielen anderen Abhandlungen den Ausgangspunkt einer Kritik eines Überkommenen und veralteten Kriegsverständnisses in der Forschung dar. In dieser Arbeit soll genau das Gegenteil gezeigt werden: Clausewitz ist der Referenztheoretiker, auf dessen Grundlage die Debatte um alte und neue Kriege überwunden und in eine Diskussion um die unterschiedlichen Formen von Kriegen überführt werden kann. Auf Basis der in der Analyse seines Hauptwerkes »Vom Krieg« gewonnenen Erkenntnisse wird ein neues Konfliktmodell entwickelt. Es wird gezeigt, dass dieses, anders als oftmals behauptet, nicht als militärische Handlungsanleitung zur Kriegsführung zu verstehen sei. Vielmehr liegt Clausewitz´ Hauptaugenmerk auf einem Verständnis des Wesen des Krieges, das universelle Gültigkeit besitzt und anhand dessen Bestimmungsmerkmale die Veränderung des Krieges bestimmt und nachgezeichnet werden kann. Das entscheidende der Clausewitzschen Analyse ist die Herausarbeitung einer doppelten Trias von Zweck, Ziel und Mittel des Krieges in Verbindung mit Gewalt, Militär und Politik, die sich auch für die Untersuchung heutiger Kriege heranziehen und auf alle modernen Kriegsformen übertragen lässt. Clausewitz fokussiert vor allem auf (Gewalt-) Handlungen, d.h. Krieg wird von ihm in erster Linie als Gewalt verstanden, die durch das Militär diszipliniert und durch die Politik gesteuert wird. Daraus lässt sich schließen, dass ein neues Kriegsmodell auf die

Handlungen, oder in der Sprechweise des neuen Konfliktmodells, auf die Maßnahmen der beteiligten Akteure beruhen muss.

Das dritte Kapitel »Wie entstehen Kriege« untersucht ausführlich den bisherigen Forschungsstand zur Kriegsursachenforschung. Zu Beginn dieses Kapitels wird ein Modell vorgestellt, das eine Systematisierung der vorhandenen Erklärungsansätze ermöglicht und so die Grundlage für einen umfassenden Forschungsüberblick bildet. Im Kapitel 3.1 »Analysen der klassischen Kriegsursachenforschung« werden, unterteilt für zwischen- und innerstaatliche Konflikte, ein Großteil der in der Literatur verbreiteten Kriegsursachenansätze auf einem Drei-Ebenen-System, das sich an den »three images« in den Internationalen Beziehungen von Kenneth Waltz (1959) orientiert, verortet. Das eingangs dargelegte Systematisierungsmodell unterscheidet jedoch neben den »klassischen« Kriegsursachenansätzen, die sich den Ebenen internationales System, Staat und Individuum zuordnen lassen, auch solche Erklärungsansätze, die Kriege aus dem Konflikt heraus erklären wollen. Im Kapitel 3.2. werden solche Erklärungsansätze, wie beispielsweise die Bedeutung der im Konflikt umstrittenen Güter oder die Anzahl der beteiligten Akteure erläutert und dargelegt. Nach diesen beiden Unterkapiteln, die jeweils die klassischen Ansätze der Kriegsursachenforschung aufzeigen, wird in Kapitel 3.3 der Stand der derzeitigen Forschung zur Kriegsfrühwarnung dargelegt. Es wird erläutert, dass sich die Konfliktfrühwarnung in vielerlei Hinsicht der Modelle der klassischen Kriegsursachenforschung bedient, diese aber durch besondere methodische Verfahren oder durch weitere Erklärungsvariablen anreichert. Im sich anschließenden Teilabschnitt 3.4 werden die bis dahin vorgestellten Ansätze der Kriegsursachenforschung bewertet und dabei besonders die Frage nach der Zielrichtung weiterer Forschung angesichts einer unklaren Forschungslage diskutiert. Das Ergebnis dieser Überlegungen ist das Teilkapitel 3.5 in dem anstatt weiterer Beiträge zur Ursachenforschung ein Vorgehen zu einem bewussten Bekenntnis zur Risikoforschung innerhalb der quantitativen Konfliktforschung aufgerufen wird: weg von Ursachenmodellen, hin zu Risikomodellen. Die Risikomodelle setzen sich stärker mit der Frage von Eintrittswahrscheinlichkeiten bei einer bekannten Ausgangssituation auseinander – in den Fokus der Forschung geraten so die Eskalationsdynamiken politischer Konflikte.

Die Zwischenergebnisse der Kapitel zwei (»Was sind Kriege?«) und drei (»Wie entstehen Kriege?«) münden schließlich im 4. Kapitel in die Darlegung des neuen Konfliktforschungsansatzes, das CONIS Modell. CONIS steht hier für Conflict Information System. Bereits der Name deutet darauf hin, dass das Ziel dieses Ansatzes sowohl die umfangreiche Datensammlung, als auch die korrekte Wiedergabe aller relevanten Informationen ist, die Aufschluss über Form und Inhalt, aber auch dessen Verlauf geben kann.

Im Kapitel 4.2 werden das neue Konfliktmodell und dessen theoretische Grundlagen dargelegt. Es basiert auf der Kommunikation zwischen den Akteuren und betrachtet politische Konflikte als sozialen Systeme. Mit diesen Rückgriff auf systemtheoretische Ansätze wird der vorher behandelte Clausewitz – Ansatz, bei dem Krieg immer aus Handlungen bestehen, um die Dimension der Kommunikation erweitert bzw. durch diese ersetzt. Durch dieses neue Verständnis von politischen Konflikten als soziale Systeme ist Krieg nicht mehr gleichzeitig das Definitionskriterium für die zu erfassenden Konflikte, sondern wird nunmehr als gewalttätigste Form der Kommunikation verstanden. Gleichzeitig können durch dieses Vorgehen auch die nicht-gewaltsamen Phasen politischer Konflikte erfasst werden.

Die Operationalisierung des theoretischen Modells mit wissenschaftlichen validen Daten erfolgt in Kapitel 4.3, »Informationen in CONIS«. Hier wird zum einen Einblick in den Datenerhebungsprozess gewährt, zum anderen die Kriterien dargelegt, anhand derer relevante und zuverlässige Quellen für die Konfliktdatenerhebung ausgewählt werden. Auch werden hier die Möglichkeiten aufgezeigt, in welcher Form und in welcher Kombination Daten aus der Datenbank abgerufen werden können. Das nachfolgende Kapitel 4.4. gibt dazu auch einen knappen Einblick in die Struktur bzw. dem Aufbau der CONIS Datenbank.

Ab dem Kapitel 5 werden die empirischen Daten der CONIS Konfliktdatenbank für den Untersuchungszeitraum 1945-2005 dargestellt und die Bedeutung der Zahlen und Verlaufskurven analysiert und bewertet. Das globale Konfliktgeschehen wird hier zunächst sowohl im Längs- als auch im Querschnitt untersucht (Kap 5.1). Im Anschluss daran werden die Besonderheiten der zwischenstaatlichen (Kap 5.2) und der innerstaatlichen politischen Konflikte (Kap. 5.3) aufgezeigt. Bereits nach diesen Abschnitten ist deutlich, dass innerstaatliche Konflikte seit Beginn des Untersuchungszeitraums im Jahr 1945 auf globaler Ebene die dominierende Konfliktform darstellen und es auch weit mehr innerstaatliche als zwischenstaatliche gewaltsame Konflikte gab. Um die erfassten politischen Konflikte, ihre unterschiedlichen Formen, die umstrittenen Gegenstände, die Dauer und andere Ausprägungen detailliert zu untersuchen, wird im Kapitel 5.4 nach den passenden Adjektiven politischer Konflikte gefragt. Im nachfolgenden Abschnitt werden politische Konflikte im Zusammenhang ihrer Umwelt analysiert – also vornehmlich nach Anzahl und Strukturen der Staaten, in denen sie ausgetragen werden.

Entsprechend der Fragestellung dieser Arbeit nach den Risikofaktoren für die Eskalation politischer Konflikte wird im 6. Kapitel das Eskalationsverhalten politischer Konflikte untersucht. Nach einer kurzen methodischen Reflektion wird in Kapitel 6.2. die Häufigkeit von Kriegsausbrüchen untersucht. Gemeint sind damit jene Phasen, in denen ein Konflikt zum ersten Mal die Schwelle zum Krieg überschreitet. Dies ist insofern von Bedeutung, als Konfliktfrühwarnung primär an diesen Momenten Interesse hat und nur selten an der Fortsetzung bestehender politischer Konflikte. In den nachfolgenden Teilkapiteln wird das Eskalationsverhalten politischer Konflikte als auch die Faktoren untersucht, die Einfluss auf die Eskalationsgeschwindigkeit ausüben können. Im abschließenden Fazit werden die wichtigsten Ergebnisse der Arbeit noch einmal aufgeführt und einer abschließenden Betrachtung zugeführt.

2.   Was ist Krieg?

Die Frage nach dem Wesen von Kriegen gehört zu den ungelösten Problemen der Sozialwissenschaften (Dinstein 1994, Daase 2002, Duyvesteyn / Angstrom 2005, Geis 2006a). In den Jahren des Kalten Krieges waren fast ausschließlich zwischenstaatliche Großmachtkonflikte Gegenstand der quantitativen Konfliktforschung (Richardson 1960, Singer / Small 1972, Levy 1981). Mit den humanitären Katastrophen in Somalia (ab 1992 mit der UN gestützten US-Militärintervention, vgl. Mayall 1996) und Ruanda (Stahel 1998, Prunier 1999) rückte jedoch ein komplett neues Konfliktbild in das Bewusstsein der Öffentlichkeit. Schließlich führten die Ereignisse des 11. September 2001 nochmalig zu einer grundlegenden Veränderung der Wahrnehmung politisch motivierter Gewalt (Risse 2004). Seitdem konnte die empirische Konfliktforschung das Bedürfnis nach Informationen über Anzahl, Art und Wesen gewaltsamer Konflikte kaum mehr befriedigen (Schlichte 2002, Daase 2003, Chojnacki 2004). Insbesondere der Wandel des Konfliktaustrags ist mit den etablierten Konfliktdatenbanken empirisch kaum nachzuzeichnen (Eck 2005).

Demnach mangelt es bis heute an einer zuverlässigen Methode und einem überzeugenden Konzept, um die gesamte Bandbreite politischer Konflikte erfassen und typologisieren zu können. Dies verwundert, da Kriege als eine Form der politischen Gewalt zu den einschneidendsten und bedeutendsten Sicherheitsbedrohungen eines Staates zählen. Zudem sind Kriege mit enormen humanitären und monetären Kosten verbunden. Außerdem können selbst nicht direkt beteiligte Staaten durch Flüchtlingsströme, dem Wegfall von Absatzmärkten eigener Produkte bzw. Bezugsquellen wichtiger Rohstoffe oder durch die Sperre von Transportwegen Betroffene und somit Leidtragende sein. Umso mehr erstaunt die Ausgangsthese. Doch welche Gründe lassen sich finden, dass sich die politikwissenschaftliche Forschung diesem wichtigen und für das Zusammenleben der Völker aber auch die Entwicklung der Wirtschaft zentralen Phänomen nicht ausreichend gewidmet hat?

Um die Defizite der Konfliktforschung zu verdeutlichen, sollen im Folgenden die bisher verwendeten Konzepte und Ansätze dargestellt und hinterfragt werden. Dabei werden zunächst die verschiedenen methodischen Ansätze der Konfliktforschung vorgestellt und kritisch durchleuchtet. Das Ergebnis dieser Analyse ist, dass keine der besprochenen Messmethoden überzeugen kann. Im nachfolgenden Teilabschnitt werden deshalb der aktuelle Stand der Kriegs- und Konflikttheorie reflektiert und vor diesen Hintergrund Überlegungen angestellt, welche Verbesserungen der Messmethoden vorzunehmen sind.

Die kritische Datenlage mit ihren unterschiedlichen Messverfahren und den sich teilweise widersprechenden Ergebnissen zählt zu den zentralen Problemen der quantitativen Konfliktforschung. Durch die Verschiedenheit der Datensätze herrscht häufig bereits hinsichtlich der grundsätzlichen Konfliktentwicklung, also in der Frage, wie viele Kriege es zu einem bestimmten Zeitpunkt gab und welche Zu- oder Abnahmen in der Folge zu verzeichnen waren, Uneinigkeit (Eberwein 2001, Schlichte 2002). Diese unterschiedlichen Tendenzaussagen der quantitativen Datensätze haben zur Folge, dass Forschungsergebnisse zu den Kausalitäten von Kriegen nicht reproduziert sind und sie daher nur geringe Aussagekraft besitzen (Collier / Hoeffler 2001a, Hegre / Sambanis 2006). Als Ursache der unterschiedlichen Ergebnisse gilt das Fehlen eines gemeinsamen Bezugsrahmens, also eines einheitlichen Grundverständnisses, was überhaupt unter Krieg verstanden werden kann. Gelingt es, ein allgemein anerkanntes Konzept der verschiedenen Konfliktformen und Ereignisse zu entwickeln, kann das globale Konfliktgeschehen sinnvoll erfasst und für die quantitative Konfliktforschung aufbereitet werden (vgl. Rummel 1979: 18, Daase 2003).

Im Folgenden werden die bisher verwendeten Methoden der Konfliktmessung dargestellt und ihre Vor- und Nachteile diskutiert. Am Ende der Analyse steht eine Bewertung der bisherigen Ansätze im Hinblick auf ihre Verwertbarkeit für die Zwecke dieser Studie.

Grundsätzlich lassen sich drei unterschiedliche Möglichkeiten einer Kriegs- und Konfliktdefinition unterscheiden (vgl. auch Most / Starr 1983):

- Die Bestimmung von Krieg durch gegen- oder einseitige Erklärung. Dies ist die klassische oder historische Abgrenzung des Krieges vom Frieden bzw. vom »Nicht-Krieg«. Einer, mehrere oder alle beteiligten Akteure erklären einander den Krieg. In der empirischen Konfliktforschung legte vor allem Richardson (1960) seinen Studien einen solchen Kriegsbegriff zugrunde.
- Die Bestimmung von Kriegen durch die Wirkung, die sie erzielen. Hierbei lassen sich zwei Forschungsrichtungen voneinander unterscheiden (vgl. Most / Starr 1983: 139): Erstens Ansätze, die auf die zerstörerische Wirkung von Kriegen zielen und dabei Indikatoren wie die Anzahl der Todesopfer, zerstörte Gebäude oder Flüchtlingsbewegungen verwenden. Zweitens Ansätze, die auf die Auswirkungen von Kriegen auf das internationale System fokussieren, wie Grenzverschiebungen oder Staatseingliederung. Dabei dominiert die erst genannte Gruppe bei Weitem. Derartige Ansätze findet bei den derzeit noch immer am häufigsten zitierten Konfliktdatensätzen des *Correlates of War* (COW) Projektes (Singer / Small 1972) oder der jüngeren Uppsala Conflict Datenprojektes Anwendung. Einen Sonderweg geht das Forschungsprojekt »*Minorities at Risk*« von Ted Gurr (1993a), der einen aus Todesopfer- und Flüchtlingszahlen kombinierten Indikator verwendet.

- Eine dritte Forschungsrichtung betont den prozesshaften Charakter von Krieg. Krieg wird als Endpunkt einer Dynamik betrachtet, an deren Beginn die Anwendung von Zwang steht, auf die die Androhung von Gewalt und schließlich die Anwendung von Gewalt folgt. Im Mittelpunkt steht daher die Art und Dauer der Gewaltanwendung. Dieses Kriegsverständnis findet sich bei Kende (1982), Pfetsch (Pfetsch / Billing 1994, Pfetsch / Rohloff 2000b) und in Ansätzen bei Rummel (1969) und Gantzel (1986).

Aus heutiger Perspektive weist die quantitative Konfliktforschung in der Frage der Unterscheidung von Kriegs- und Friedenszuständen eine bemerkenswerte Entwicklung auf: Den geringsten Zuspruch findet dabei heute der Ansatz, der auf die formale Erklärung oder Feststellungen von Kriegen abstellt. Obwohl Kriegserklärungen bereits in der Antike und später auch im Mittelalter »üblich« waren, und sie sogar noch auf der Zweiten Haager Friedenskonferenz völkerrechtlich verankert wurde, verlor die formale Kriegserklärung im 20. Jahrhundert zunehmend an Bedeutung. Mit der Verabschiedung der UN Charta und der darin enthaltenen Ächtung des Angriffskrieges käme eine Kriegserklärung auch dem Eingeständnis eines Völkerrechtsbruches nahe. So begannen selbst die USA und die Sowjetunion einen Großteil ihrer Kriege zwischen 1945 und 1990 ohne formale Kriegserklärungen (Tischer 2005). Am einflussreichsten waren bisher jene Kriegsdefinitionen, die auf die Anzahl der Todesopfer als Abgrenzungskriterium zwischen Krieg und Nicht-Krieg zielen und jene, die den Prozesscharakter von Kriegen betonen. Diese sollen im Folgenden näher erläutert werden.

2.1.1   Kriegsdefinitionen über Schwellenwerte

Obwohl Richardson (1960) nur wenige Jahre zuvor in seiner Studie »*Statistics of Deadly Quarrels*« Krieg über formale Kriterien wie Kriegserklärungen und Friedensschlüsse definierte, entscheiden sich Singer und Small bei der Erstellung ihres *Correlates of War* Datensatzes für die Verwendung von Todesopferschwellenwerten (Singer / Small 1972, Small / Singer 1982). Die *Correlates of War* Datenbank bestimmt die Anzahl von 1.000 Kriegstoten als Kriterium für die Erfassung als Krieg. Bei der Darstellung der COW Kriterien bleibt häufig unberücksichtigt, dass das Projekt mehrere Konflikttypen mit jeweils unterschiedlichen Kriterien kennt. So gelten zwischenstaatliche Konflikte dann als Kriege, wenn sie mehr als 1.000 Kriegstote während des gesamten Konfliktzeitraums kosten (Small / Singer 1982: 55). In extra-systemischen Kriegen (*Extra Systemic Wars*) hingegen, die im Grunde Dekolonialisierungskriege beschreiben, müssen 1.000 Kriegstote innerhalb eines Jahres gezählt werden. Dabei werden nur die Kriegsopfer berücksichtigt, die auf Seiten des »Systemmitgliedes«, also der Kolonialmacht anfallen (Small / Singer 1982: 56). Die beiden Autoren begründen die besonderen Anforderungen mit dem Ziel, jene Konflikte auszuschließen, die über mehrere Jahre auf niedrigem Gewaltniveau ausgetragen werden. Dasselbe gilt in ihrer Datenbank für die Bestimmung von Bürgerkriegen: auch hier verwenden sie die strengeren Codier-Regeln von 1.000 Kriegstoten pro Jahr (Small / Singer 1982: 213). In einem Update der Datenbank wurden die Schwellenwerte für die Erfassung von innerstaatlichen Konflikten gesenkt, die übrigen Kriterien wurden beibehalten (Sarkees 2000). Die Vorteile des Rückgriffs auf die Messung der Kriegstoten sahen Singer / Small vor allem in der klaren Abgrenzung des Krieges von anderen Konfliktzuständen.

Ähnlich argumentieren die Urheber des schwedischen *Uppsala Conflict Database Project* - UCDP (Gledditsch et al. 2002). Auch sie betrachten die Zahl der Todesopfer, die ein Konflikt hervorruft als sinnvolles Kriterium für die Definition von Kriegen. Allerdings bewerten sie den vom COW Projekt verwendeten Schwellenwert von 1.000 Kriegstoten eher kritisch (Gledditsch et al. 2002: 617). Sie bemängeln, dass beispielsweise der Nordirlandkonflikt nicht im COW Datensatz erscheint, obwohl er zwischen 1969 und 2002 über 3.000 Todesopfer zählt und für Großbritannien sehr folgenreich war und ist. Da er jedoch 1.000 Kriegstoten pro Jahr unterschreitet, wird er nicht berücksichtigt. Aus diesen Gründen bestimmen Gledditsch et al. einen Schwellenwert von mindestens 25 Kriegstoten pro Jahr. Sie unterscheiden dabei verschiedene Formen von gewaltsamen Konflikten und führen eine dreistufige Klassifikation ein (Gledditsch et al. 2002: 619): 1. *Minor Armed Conflicts,* also Konflikte mit geringer Waffengewalt, mit mindestens 25 Todesopfern pro Jahr, jedoch nicht über 1.000 kriegsbedingte (*battle-related*) Tote während der gesamten Konfliktdauer, 2. *Intermediate Armed Conflicts*, d.h. fortgeschrittene bewaffnete Konflikte mit mindestens 25, aber nicht mehr als 1.000 Kriegstoten pro Jahr und über 1.000 Kriegstoten über den Gesamtzeitraum. 3. *Krieg*: mindestens 1.000 Kriegstote pro Jahr. In der aktuellen Version wird allerdings nur noch zwischen zwei Stufen unterschieden: *Minor Armed Conflicts* und *War*[1].

Eine gewisse Sonderstellung kann das *Minorities at Risk Projekt* für sich beanspruchen (Gurr 1993a, 2000). Zur Messung und Kategorisierung wurde ein zusammengestellter Index entwickelt, der die Anzahl der Flüchtlinge und die Anzahl der Toten im Verhältnis von etwa 10 zu 1 berücksichtigt (vgl. Gurr 1994: 353): Zur Berechnung wird die Quadratwurzel aus der Anzahl der Flüchtlingszahlen (in Hunderttausend) und der Anzahl der Konflikttoten (in Zehntausend) verwendet. Der niedrigste Messwert beträgt 0,32 – bei 1.000 Kriegstoten und keiner beobachtbaren Flüchtlingsbewegung. Der bisher höchste errechnete Wert liegt bei 12,96 – für mehr als eine Million Konflikttote und etwa fünf Millionen

---

1   Zugriff auf http://www.prio.no/CSCW/Datasets/Armed-Conflict/ erfolgte letztmalig am 30.5.2011.

Flüchtlinge im Südsudan (Datenwert für 1994). Dieses Verfahren ist nach oben offen und kann so die großen Dimensionen des Konfliktgeschehens prinzipiell gut abbilden. Sein Vorteil liegt im Vergleich zu der rein Todesopferbasierten Messung im Einbezug der Flüchtlingszahlen als weitere Dimension der Kriegskonsequenzen. Problematisch ist allerdings die methodische Verarbeitung der beiden Messwerte. Aus Gründen der Datenverfügbarkeit wird zur Berechnung des Wertes der Konflikttoten die kumulierte Anzahl für den gesamten Konfliktverlauf herangezogen. Damit erreichen langjährige Konflikte auf mittlerem Gewaltniveau jedoch zwangsläufig einen höheren Wert als junge Konflikte, in denen die Gewalt eruptiv und äußerst brutal begann. Zweitens sind Flüchtlingszahlen ein noch problematischer Bezugswert als Todesopfer: die Bandbreite der Schätzungen variiert weiter (Weiner 1996, Salehyan / Gledditsch 2006)

Als größter Vorteil der Schwellenwertansätze gilt, dass sie eine empirische Größe zur Beschreibung von Kampfhandlungen bieten. Anhand der Todesopferdaten könne bestimmt werden, wie groß die Ausbreitung des Konfliktes gewesen sei, welche Art von militärischer Konfrontation stattgefunden habe, ob zwischen den Kombattanten militärisches Gleich- oder Ungleichgewicht vorgelegen habe und wie häufig die Konfliktparteien aneinander geraten seien (Lacina / Gleditsch 2005: 148). Würden, anders als beim COW Datensatz, zu zwischenstaatlichen Konflikten nicht nur die toten Kombattanten, sondern auch die getöteten Zivilisten gezählt, ergäbe sich eine Kennziffer, die über alle Konflikttypen hinweg (zwischenstaatlicher Krieg, Bürgerkrieg, Extra-System Kriege, Internationalisierte Kriege) gleichermaßen verwendet werden könne (Lacina / Gleditsch 2005: 148).

2.1.1.1   Kritik an der Verwendung von Todesopferdaten

An der Verwendung von Schwellenwerten bei der Kriegsbestimmung manifestierte sich in den letzten Jahren eine zunächst zaghafte (Vasquez 1993), aber doch inzwischen umfangreiche Kritik (Carnegie Commission on Preventing Deadly Conflict. 1997: XVII, Henderson 2002, Newman 2004). Gerade im Zusammenhang mit der Diskussion um die sogenannten Neuen Kriege (Kaldor 1999, Münkler 2002) (ausführlicher dazu das Teilkapitel 2.2.2 »Innerstaatliche Kriege – Die Diskussion um neue Kriege) wurde an bestehenden quantitativen Konfliktdatensätzen kritisiert, dass diese die vermeintlich neuen Formen des Konfliktaustrags, die nach dem Ende des Kalten Krieges in das Bewusstsein der breiten Öffentlichkeit stießen, nicht erfassen würden (Schlichte 2002). Darüber hinaus zeige sich, dass die Bestimmung der Anzahl der »relevanten« Todesopfer zunehmend problematisch sei. Häufig wird vorgebracht, dass Messungen den unterschiedlichen Akteuren und deren jeweiligen Kampftechniken des Konfliktaustrags Rechnung tragen müssten und neben den im Kampf gefallenen Soldaten auch Zivilisten zu zählen seien, die durch die Folgen des Krieges sterben, wie beispielsweise durch Hunger oder Krankheit. Hier hätte sich das Verhältnis von 80% Soldaten zu 20% Zivilisten unter den Opfern in den letzten Jahren dramatisch geändert, so dass heute von 20% Soldaten und 80% Zivilisten unter den Opfern auszugehen sei (Kaldor 1999: 100).

Umstritten ist jedoch nicht nur die Frage, ob die Zahl der Todesopfer generell der richtige Indikator für den Grad der Gewaltsamkeit eines Konfliktes ist, sondern auch, ob diese Daten überhaupt zuverlässig verfügbar sind (Leitenberg 2006: 4). So sind Todesopferangaben sind eine wichtige Information sowohl für die anderen beteiligten Akteure als auch als Signal an dritte Parteien, die Interesse an einem bestimmten Ausgang des Konfliktes haben, aber noch nicht selbst am Konflikt beteiligt sind. Deshalb versuchen verschiedene Akteure solche Zahlen an die Öffentlichkeit zu bringen, die ihre Interessen fördern. Die Validität der Opferzahlangaben ist deshalb grundsätzlich eher mit Skepsis zu betrachten.

Eine zweite Frage ist, ob über entsprechende Konflikte ausreichend Informationen zugänglich sind. Die Journalistin Lucinda Fleeson beschreibt anhand des Afghanistankrieges, wie schwer es selbst für engagierte Berichterstatter vor Ort ist, annähernd verlässliche Meldungen über Opfer zu erhalten (Fleeson 2002). Dennoch ist allein die Tatsache, dass Journalisten vor Ort waren, über den Konflikt berichteten und versuchten, Informationen über die Anzahl der Todesopfer zu erhalten, als eher ungewöhnlich zu betrachten. Bei der Mehrzahl der afrikanischen und asiatischen innerstaatlichen Kriege, die oftmals im militärischen Sperrgebiet, fern von Internetzugang und Informationsgesellschaft stattfinden, ist die Genauigkeit der Berichterstattung eher sekundär. Oftmals muss es bereits als Erfolg angesehen werden, wenn überhaupt berichtet wird (vgl. Kalyvas 2006). Aus dieser Perspektive verliert das Argument an Gewicht, Todesopferzahlen seien ein objektives Kriterium für die Bewertung der Intensität von gewaltsamen Konflikten. Vielmehr sollte im Umgang mit diesen Daten beachtet werden, dass die Verfügbarkeit und die Qualität von Todesopferangaben in hohem Maße von den Umständen, unter denen Journalisten arbeiten können, abhängig ist.

Doch auch sorgfältig zusammengestellte Übersichten zu Kriegstoten müssen unter Vorbehalt gesehen werden. Dies verdeutlicht die Wiederholung einer zu Beginn der 1990er von der Weltbank im Auftrag gegebene Studie zur Anzahl der Kriegstoten seit 1945 (McNamara 1991). Die zweite Untersuchung (Leitenberg 2006: 4-5) ermittelte die gleiche Gesamtzahl an Todesopfern wie ihre Vorgängerstudie – allerdings in einem um zehn Jahre verlängerten Zeitraum. Die Werte der ursprünglichen Veröffentlichung wurden dabei drastisch nach unten korrigiert.

In verschiedenen Fallanalysen konnte in den vergangenen Jahren deutlich herausgearbeitet werden, dass der Zeitpunkt der Datenerhebung für die Bestimmung der Opferzahlen von großer Bedeutung ist: So erklärte die Rote Khmer zum Ende ihrer Regierungszeit, ihre politischen Aktionen hätten maximal 20.000 Menschen das Leben gekostet. Die vietnamesische Regierung schätzte die Zahl der Todesopfer für die Regierungszeit der Roten Khmer in Kambodscha von 1975 bis 1979 jedoch auf etwa 3 Millionen. Erst knapp zwanzig Jahre später konnte durch eine ausführliche Analyse, basierend auf neuem statistischen Datenmaterial und Verfahren, nachgewiesen werden, dass die tatsächliche Zahl weit näher bei den Vermutungen Vietnams als bei den Angaben der Roten Khmer lag (Heuveline 1998). Ähnliche Studien gibt es u.a. für den zwischenstaatlichen Vietnamkrieg (Hirschman et al. 1995), den Völkermord in Ruanda (Verwimp 2003) und den Genozid in Srebrenica (Brunborg et al. 2003). Daraus lässt sich schließen: Auch wenn sich die erst kürzlich entwickelten statistischen Verfahren zur Berechnung von Todesopfern in Kampfzonen tatsächlich etablieren sollten (vgl. Brunborg 2001)[2], ändert dies nichts an den grundsätzlichen Schwierigkeiten bei der Angabe von Todesopferzahlen in Kriegen.

2.1.1.2   Raum und Zeit in Schwellenwertansätzen

Ein weiterer Kritikpunkt richtet sich gegen die undifferenzierte Anwendung ein und desselben Schwellenwerts auf alle Staaten der Welt, unabhängig von ihrer Größe oder ihrer Einwohnerzahl. Grundsätzlich ist zudem die in der Regel unzureichend begründete Festlegung des Schwellenwerts auf die Zahl 1.000 und nicht etwa 500 oder 1.200 Todesopfer problematisch (Sambanis 2001b). Möchte man die Brisanz eines Konflikts in einem bestimmten Land messen, kann zudem neben der Anzahl der Todesopfer die Erfahrung eine zentrale Rolle spielen, die ein Land mit Kriegen und Konflikten gemacht hat.

Ein viertes Argument gegen die Verwendung von Todesopferzahlen liegt im Erhebungszeitraum. Da sowohl das COW Projekt als auch das UCDP von Todesopfern pro Jahr sprechen, ist davon auszugehen, dass sie sich auf Jahreskalender beziehen – eindeutig ist dies jedoch wegen der fehlenden Hinweise in den Codebooks nicht (vgl. Sambanis 2001b). Doch wie verfahren diese Datenbanken, wenn ein Krieg im November beginnt und die Kämpfe im März abflauen – der Konflikt damit insgesamt zwar 1.000 Kriegstote erreicht, aber nicht innerhalb eines Kalenderjahres?

---

2   Das Problem dieses Verfahrens liegt darin, dass es nicht zwischen Todesopfern und Flüchtlingen unterscheiden kann. Auf Grundlage neuester demographischer Erhebungen wird berechnet, wie hoch die Anzahl der eigentlich zu erwartenden Einwohner in einer bestimmten Altersklasse ist.

Aus der »Ein-Jahres-Basis« für die Messung von Kriegstoten ergibt sich ein weiteres schwerwiegendes Argument gegen die Verwendung von Todesopfern zur Bestimmung von Konflikten und Kriegen: Da das Ziel der modernen Konflikt- und Kriegsforschung darin besteht, Dynamiken aufzudecken und Eskalations- und Deeskalationsprozesse analytisch aufzubereiten, stellen Todesopfer ein schlechtes Instrument zur Abbildung von Entwicklungen dar (Gates / Strand 2004: 13). Zwar ist es durchaus plausibel zu argumentieren, dass Eskalationen durch einen Anstieg von Todesopfern gekennzeichnet sind, während Phasen der Deeskalation durch geringere oder gar keine Todesopfer bestimmt werden können, doch sind die Jahreszeiträume, in denen Todesopfer gezählt und berücksichtigt werden sollen, viel zu groß. Bisweilen flauen die Kämpfe innerhalb weniger Tage oder Wochen nach dem Ausbruch der Gewalt wieder ab und es ergeben sich Chancen zu Verhandlungen und Friedensschlüssen. Möglicherweise eskaliert der Konflikt erst Monate später erneut – diese Schwankungen im Konfliktaustrag können nicht erfasst und für die vergleichende Analyse aufbereitet werden. Auch die unterschiedliche Dauer von Kriegen wird so verwischt: Obwohl der dritte arabisch-israelische Krieg im Juni 1967 nur sechs Tage dauerte, wird er in den einschlägigen Datenbanken mit der Dauer von einem Jahr geführt. Ähnliches gilt für Putsche oder andere Kämpfe um nationale Macht (Fearon 2004).

2.1.1.3   Die problematische Bestimmung relevanter Todesopfer

Todesopferdaten sind nicht nur hinsichtlich ihrer Verlässlichkeit und ihrer zeitlichen und räumlichen Indifferenz problematisch. Sie stellen die Forschung auch vor das Problem, »relevante« Todesopfer zu bestimmen. Auch die Fokussierung auf battle death als relevante Todesopfern (Vasquez 1993: 25-29, Sambanis 2000, Henderson 2002) wurde bisweilen hart kritisiert, weil die Bezeichnung der »battle death« in zwischenstaatlichen Kriegen sich ausschließlich auf die bewaffneten Armeeangehörigen eines Staates bezog (Small / Singer 1982, Sarkees 2000: 128). So wurden ursprünglich Zivilisten, die durch Bombardements von Städten ums Leben kommen, nicht gezählt (vgl. Leitenberg 2006: 4ff.). Im Gegensatz dazu spricht das UCDP von »battle related death« (Gleddisch et al. 2002). Dies schließt Zivilisten, die durch die Kampfhandlungen mittelbar ums Leben kommen, mit ein. In einer neuen Studie präsentierte das COW Projekt im Jahr 2003 eine Gesamtübersicht, die Zahlen der verschiedenen COW Teildatenbanken zusammenführt und überarbeitete Todesopferzahlen der untersuchten Konflikte zur Verfügung stellt (Sarkees et al. 2003). Dabei wurde besonders deutlich, zu welchen irreführenden Ergebnissen eine ernsthafte Analyse der Todesopferdaten führen kann (siehe ausführlich: Lacina et al. 2006: 675f.). Während im zwischenstaatlichen Koreakrieg eine Opferzahl mit 909.833 angegeben wird, wobei nur militärische Opfer aufgeführt werden und die Zivilisten ungezählt bleiben, wird für den innerstaatlichen Sudan-Krieg zwischen 1983 und 1997 eine Zahl von geschätzten 1,3 Millionen genannt. Da hier Schätzungen über Hungeropfer einfließen, erscheint der Sudan-Krieg größer und schwerwiegender als der Koreakrieg. Würden die Zahlen jedoch mit der gleichen Methode erhoben, müssten für den Koreakrieg geschätzte fünf bis sechs Millionen Todesopfer bzw. 60.000 bis 100.000 Militäropfer für den Sudan-Krieg genannt werden. Die gleichgewichtige Verwendung dieser unterschiedlich gemessenen Todesopferangaben kann zu irreführenden Analyseergebnissen führen, wie sie die derzeitigen Leiter des COW Projekts anbieten. Sie kommen zu dem Schluss, dass das Risiko im Kampf umzukommen seit den napoleonischen Kriegen in etwa gleich geblieben ist (Sarkees et al. 2003: 64f.). Diese Aussage steht im direkten Widerspruch zu der weltweit vertretenen These, dass der Konfliktaustrag sich in den letzten Jahrzehnten dramatisch gewandelt hat. Danach sterben in heutigen Kriegen immer weniger Soldaten, wohingegen die Opferzahlen unter den unbewaffneten Zivilisten deutlich ansteigen (Snow 1996, Kaldor 1999, Münkler 2002, Human-Security-Centre 2005). Andere empirisch arbeitende Forscher kommen zu dem Ergebnis, dass das genaue Gegenteil der vom COW Projekt vertretenen These zutrifft: Das Risiko im Kampf umzukommen ist, gemessen an Kriegstoten und Bevölkerungszahl, seit dem Ende des zweiten Weltkriegs drastisch gesunken (vgl. Lacina et al. 2006). Die Autoren der Studie können dabei auf einen selbst erstellten Datensatz zurückgreifen (Lacina / Gleditsch 2005), der auf Grundlage der Konflikt- und Kriegsliste des UCDP erstellt wurde. Lacina und Gledditsch sind sich der Schwierigkeiten bei der Erhebung der Todesopferdaten durchaus bewusst und erachten eine Unterscheidung zwischen Kombattanten und Nicht-Kombattanten für wenig sinnvoll. Dennoch halten sie an der Verwendung der Todesopfer fest, da sie diese als das beste Kriterium zur Bestimmung von Konflikten erachten.

Die Zweifel über die Sinnhaftigkeit der Verwendung von Todesopferzahlen zur Messung von Konflikten lässt auch die differenzierte Herangehensweise des UCDP nicht schwinden. Denn die Methode lässt vollkommen außer Acht, dass die meisten Menschen nicht bei Kampfhandlungen sterben, sondern infolge der Schäden, die Kriege verursachen. Dies gilt insbesondere für Bürgerkriege (Doyle / Sambanis 2000, Collier et al. 2003a, Guha-Sapir / van Panhuis 2004). Die Studie von Guha-Sapir und van Panhuis zeigt beispielsweise, dass bei Kriegen in den ärmsten Staaten der Welt die Kindersterblichkeit in den nachfolgenden Jahren extrem steigt. Es spielt auch eine Rolle, dass viele der Kriegsakteure im Sinne einer Zermürbungsstrategie den Zugang zu grundlegenden Nahrungsmittel verwehren, Brunnen vergiften oder die grundlegenden Gesundheitseinrichtungen zerstören (Lock 2003).

Damit erweist sich die Verwendung von Opferzahlen als eine Messmethode, die nicht oder nur sehr begrenzt überzeugen kann. Ihre große Stärke liegt in der hohen Trennschärfe. Konflikte unterhalb eines bestimmten Schwellenwertes werden nicht berücksichtigt. Konflikte werden erst dann relevant, wenn sie eine bestimme Anzahl von Toten hervorgerufen haben. Doch geht diese Methode implizit von einer guten Verfügbarkeit von Informationen über alle Konflikte weltweit aus, die in der Realität nicht gegeben ist. Somit wird das Argument für Opferzahlen als Messgrundlage in das Gegenteil verkehrt: die Trennschärfe von Grenzwerten gaukelt eine Sicherheit in der Beurteilung von Krisensituationen vor, die nicht gegeben ist. Damit kann weder die Intensität oder die Tragweite eines Konfliktes wirklich bemessen werden, noch eine zuverlässige Aussage über die Strategie der Akteure gemacht werden. Außerdem zeigt sich die Schwellenwertlösung auch bei der Untersuchung von Dynamiken als ungeeignet: Alles, was in jenen Zeiträumen passiert, in denen die Opferzahl unterhalb des vorgegebenen Schwellenwertes liegen, befindet sich außerhalb des Definitionsrahmens und ist in den entsprechenden Datensätzen nicht existent. Damit werden wichtige Phasen eines Konfliktes von einer Analysemöglichkeit ausgeschlossen.

2.1.2   Qualitative Konfliktbewertung

Der dritte Zugang zur Bestimmung von Kriegen liegt in der qualitativen Analyse des Konfliktgeschehens. Die von Istvan Kende (1972) vorgeschlagene und von den beiden deutschen Konfliktforschern Frank R. Pfetsch (Pfetsch 1991i, Pfetsch / Billing 1994, Pfetsch / Rohloff 2000a) in Heidelberg und Klaus Jürgen Gantzel (1986, Gantzel / Schwinghammer 1995) in Hamburg aufgegriffene Konflikt- und Kriegsdefinitionen zielen mit den Formulierungen »systematische Anwendung von Gewalt« auf eine Bewertung des Konfliktgeschehens, das auf qualitativen Kriterien beruht. Dies spiegelt sich in den ausführlichen deskriptiven Fallbeschreibungen wider, die aus den jeweiligen Forschungsansätzen stammen und dazu dienen, die Einschätzung der Konflikte in bestimmten Intensitäten vorzunehmen. Zum Hamburger Ansatz zählen zunächst die Arbeiten von Klaus Jürgen Ganzel und Kollegen (1986, 1995) und die ab 1988 jährlich von der Hamburger Arbeitsgemeinschaft Kriegsursachenforschung AKUF herausgegebene Übersicht über die Kriege des laufenden Jahres; der Heidelberger Ansatz umfasst die von Frank R. Pfetsch herausgegebenen ausführlichen Konfliktübersichten (Pfetsch 1991e, 1991g, 1991h, 1991c, 1991f, 1996) sowie die vom Heidelberger Institut für Internationale Konfliktforschung (HIIK) erstellten und seit 1991 jährlich erscheinenden Konfliktbarometer (HIIK Konfliktbarometer 1991-2005). Doch so ausführlich und überzeugend diese deskriptiven Konfliktanalysen sein mögen – die detailreichen Informationen werden in den jeweiligen Konfliktdatenbanken der AKUF bzw. des Heidelberger KOSIMO (Pfetsch / Billing 1994, Pfetsch / Rohloff 2000b) meist auf nur wenige Schlüsselinformationen wie Beginn und Ende aggregiert. Verloren gehen damit die Daten, die innerhalb der Konfliktzeiträume das Konfliktgeschehen beschreiben. Damit bleibt für Nutzer der Datenbanken unklar, warum Konflikte als Krieg oder niederschwellige Krise codiert wurden. Dies ist im Vergleich zur Schwellenwertmethode (25 oder 1.000 Tote) ein klarer Nachteil. Beide Forscher legen sich nicht explizit auf eine bestimmte Methode fest, um ihre Konfliktdefinitionen zu bestimmen. Damit bleiben die Bewertungskriterien, die einen Disput als Konflikt, Krise oder Krieg klassifizieren, für Dritte verborgen und erschweren die Nachvollziehbarkeit der Datenbankergebnisse (Eberwein / Chojnacki 2001).

Ein Ausweg aus diesem Dilemma böte die Verwendung von Ereignisdaten, wie sie in einigen Modellen der Konfliktfrühwarnung bzw. Konfliktfrüherkennung verwendet werden (Schrodt / Gerner 2000, Schrodt et al. 2004). Da diese Lösung im Folgenden im Rahmen des neu entwickelten und hier vorzustellenden Datenbanksystems Verwendung finden wird, soll an dieser Stelle das Grundprinzip der Ereignisdatenanalyse erläutert werden.

2.1.2.1   Die Event Daten Analyse

Die Event-Datenanalyse fragt im Gegensatz zur oben beschriebenen Methode nicht primär danach, ob und wie viele Kriege zu beobachten sind. Vielmehr soll sie erfassen, was und wie etwas passiert ist. Reine Event-Datensätze stellen ein chronologisches Verzeichnis aller verfügbaren Meldungen über Handlungen zwischen Staaten oder anderen relevanten Akteuren dar, ohne dass dabei jedoch Handlungen zusammengefasst oder zwischen verschiedenen Handlungssträngen unterschieden würde (vgl. Diehl 2001). Die Ereignisdaten-Sequenzanalyse hatte ihre Anfänge in den technikbegeisterten 1960er und 1970er Jahren und fand ihren Niederschlag in zwei bemerkenswerten Datenbanken: der von Edward Azar konzipierten Conflict and Peace Data Bank (COPDAB) (Azar 1980) und der World Event Interaction Survey (WEIS) von Charles McClelland (1976). Trotz hoher Nutzungsfrequenz und Zitationshäufigkeit - beide Datenbanken galten als die am häufigsten benutzten Datensammlungen dieser Zeit (Schrodt 2006: 2) - wurden beide seit langer Zeit nicht mehr aktualisiert. Vor allem hatte sich herausgestellt, dass sie für die Ziele und Zwecke der Konfliktfrüherkennung keine brauchbaren Ergebnisse liefern konnten (Eck 2005: 64-65). Einen anderen Weg schlug deshalb Philip Schrodt mit seinem Kensas-Event-Data-System Projekt (KEDS) ein. Schrodt, der schon einige Erfahrung mit der damals jungen Forschungsrichtung der Artificial Intelligence (AI) hatte und sich mit Maschinenlernprogrammen beschäftigte, sah die Möglichkeit, durch den Einsatz von Computern die Kosten der Eventdaten-Codierung zu reduzieren[3]. Schrodt verfolgte gemeinsam mit Deborah Gerner die Idee, Computerprogramme so zu gestalten, dass sie den Inhalt von elektronisch verfügbaren Nachrichtenquellen erfassen und automatisch codieren konnten. Tatsächlich war das von Schrodt erstellte Computerprogramm in der Lage, etwa 70 Nachrichtenmeldungen in der Sekunde zu codieren. Menschliche Codierer bewältigen etwa fünf bis zehn Meldungen in der Stunde (Schrodt 2006: 4).

2.1.2.2   Einstufung in Konfliktintensitäten

Konflikte werden in dynamischen Konfliktmodellen als »Sequenz verschiedener Phasen« betrachtet. Durch die Wechselwirkung verschiedener Faktoren im Konflikt kommt es zu Dynamiken und Phasenwechseln. Konflikte können dabei an Intensität gewinnen oder verlieren (Bloomfield / Leiss 1969, Sherman / Neack 1993: 90, Schrodt / Gerner 2000: 807). Dynamische Konfliktmodelle unterscheiden sich hinsichtlich der Anzahl von Intensitätsstufen bzw. Konfliktphasen. SHERFACS und CASCON beispielsweise kennen sechs Phasen (vgl. Schrodt / Gerner 2000: 807): Disput, Konflikt, Kampfhandlungen, Post-Kampfhandlung und Beilegung. Fast alle Modelle sehen jedoch vor, dass Konflikte stets mehr als nur eine Phase durchlaufen. Die Vermessung und Visualisierung dieser Konfliktphasen stellen ein hervorragendes Instrument zur Bestimmung der Eigenschaften von Konflikten dar: Handelt es sich um einen Konflikt, der schnell beendet wurde oder war ein Sachverhalt so schwerwiegend, dass die Auseinandersetzung der Akteure mehrere Jahre anhielt? Wie lange dauerten die Phasen niedrigen Gewaltniveaus? Wie lange jene des Krieges? Wie rasch eskalierte der Konflikt? Diese Einblicke in das »Verhalten« eines Konfliktes bieten nur wenige Konfliktdatenbanken.

2.1.2.3   Kritik an der Data Event-Analyse

Das Problem des Einlesens der Daten aus Nachrichtenmeldungen und eine Codierung nach Stichwörtern mag technisch inzwischen – trotz aller Schwierigkeiten, zum Teil verbunden mit unprofessionell erstellter Software - gelöst sein.

---

3   Philip Schrodt hatte als Teil seiner Dissertation ein Maschinenlernprogramm entwickelt, das in das Projekt Data Development in International Relations DDIR (Merritt et al. 1993) einfloss. Dieses Forschungsprogramm zielte auf die Aktualisierung wichtiger Datenquellen und wird von Schrodt als Grundlegung für das spätere KEDS verwendet (vgl. Schrodt 2006: 3).

Durch das Sammeln einer Vielzahl von Daten und die automatische Codierung durch Computer kommt es jedoch schnell zu einer Erhebung »ohne Sinn und Verstand«. Damit der Datensatz verwendbar wird, ist stets eine Durchdringung mit menschlichem (Sach-) Verstand notwendig. So verliert auch die zunächst eindrucksvoll klingende Anzahl von vercodeten Eventdaten von beispielsweise 10.000.000 Datensätzen (IDEA- Projekt) an Überzeugungskraft.

Ein weiteres Problem ist die Schwankungsbreite der Berichtsintensität. Da über bestimmte Konflikte und Krisenherde aus nachvollziehbaren Gründen häufiger berichtet wird als über andere, sagt die Anzahl der Meldungen nur wenig über die tatsächliche Bedeutung und Tragweite eines Konfliktes aus. Beispielsweise stehen über Kriege in Afrika weit weniger Informationen zur Verfügung als über inner- und zwischenstaatliche Spannungen in Europa oder Nordamerika. Zu Momenten bedeutender weltpolitischer Ereignisse und Krisen oder bei bestimmten Anlässen wie Olympiaden oder dem Tod einer berühmten Persönlichkeit sinkt das Interesse für bestimmte Konflikte und damit die Anzahl der Meldungen. Während der politischen Sommerpause oder anderen ereignisarmen Phasen berichten westliche Nachrichtenagenturen hingegen häufiger und ausführlicher auch über solche Konflikte, die weit entfernt liegen und geostrategisch weniger relevant erscheinen.

Trotz aller Bedenken und berechtigter Kritik an der statistischen Verwendung von Eventdaten erlaubt die Ereignisdatenanalyse als einzige Methode einen Einblick in die Interaktion der beteiligten Akteure. Sie gibt Aufschluss darüber, welche Konfliktpartei Aktivitäten gezeigt hat, welcher Art diese waren, etwa gewaltsam oder gewaltlos, und wie lange diese angedauert haben. Damit kann die »*Black-box*« des Konfliktgeschehens ein wenig geöffnet werden und Prozesse, die zwischen den Akteuren ablaufen und das Konfliktgeschehen bestimmen, für eine inhaltliche Analyse aufbereitet werden.

2.1.3   Forschungsüberblick: Quantitative Konfliktdatensätze im Vergleich

Doch wie wirken sich die verschiedenen hier vorgestellten Ansätze auf den Analyserahmen, das Konfliktverständnis und die Methodik der vorhandenen Konfliktdatenprojekte aus? Für einen systematischen Vergleich wurden folgende Projekte ausgewählt: das Correlates of War Projekt (COW) (Singer / Small 1972, Small / Singer 1982, Sarkees 2000), der Military Interstate Disputes Datensatz (MID) (Gochman / Maoz 1984, Jones et al. 1996, Ghosn et al. 2004), das International Crises Behaviour – Projekt (ICB) (Brecher / Wilkenfeld 2000), der Datensatz der Arbeitsgemeinschaft Kriegsursachenforschung Hamburg (AKUF) und das von Pfetsch et. al (Pfetsch 1991c, 1991e, 1991f, 1991g, 1991h, Pfetsch / Billing 1994) initiierte und später vom Heidelberger Institut für Internationale

Konfliktforschung (HIIK) fortgeführte Datenbankprojekt KOSIMO (Pfetsch / Rohloff 2000b, Pfetsch / Rohloff 2000a).

2.1.3.1   Das Correlates of War Projekt

Die von David Singer und Melvin Small (Singer / Small 1972, Small / Singer 1982) konzipierte Datenbank, das Correlates of War Projekt (COW), war lange Zeit die wichtigste und am häufigsten zitierte Kriegsdatensammlung. Sie wurde mehrmals überarbeitet und aktualisiert und umfasste bis zur Abfassung dieser Arbeit den Zeitraum von 1816 bis 1997 (Sarkees 2000). Für die nachfolgenden Vergleichsauswertungen wurden nur Daten des Zeitraums ab 1945 verwendet, also jenem Jahr, in dem auch CONIS beginnt. Die Correlates of War Daten sind in drei unterschiedliche Teildatenbanken untergliedert: *Intra-State Wars*, also innerstaatliche Kriege, *Extra-State-Wars*, d.h. Kriege, die laut COW- Definition zwischen Staaten und nicht staatlichen Akteuren ausgetragen werden[4], im Grunde jedoch alle zu den Dekolonialisierungskonflikten zählen, und *Inter-State Wars* als Kriege zwischen Staaten. Alle drei Datensätze können online abgerufen werden[5]. Der Correlates of War Datensatz wurde in den vergangenen Jahren immer wieder um Teildatensätze ergänzt, die alle mit den ursprünglichen COW Kriegsdaten kompatibel sind. Dazu zählen: der *COW Interstate System* Datensatz von 1816-2004, der die Anzahl und Verteilung der Staaten wiedergibt, so wie es das COW Projekt erfasst hat (COW 2005); der *COW Contiguity* Datensatz 1816-2006, ein Datensatz über Staaten und die Anzahl und Art ihrer Grenzen, aktuelle Version 3.1 (Gochman 1991, Stinnet et al. 2002); der *COW Colonial/ Dependency Contiguity* Datensatz, Version 3.0, 1816-2002, der die Nachbarschaften berücksichtigt, die durch Kolonialbesitz entstehen (Project 2002); der *COW National Material Capabilities* Datensatz, der die Stärke der Staaten anhand der variablen Gesamtbevölkerung, städtischen Bevölkerung, Eisen- und Stahlproduktion, Energieverbrauch, Anzahl militärischen Personals und militärischen Ausgaben misst, aktuelle Version 3.02, 1816-2001 (Singer et al. 1972, Singer 1987); der *COW – Alliances* Datensatz 3.03, 1816-2000, der formale Allianzen zwischen Staaten abbildet (Singer / Small 1966, Small / Singer 1969, Gibler / Sarkees 2004); der *COW Territorial Change* Datensatz 3.0, 1816-2000, der Veränderungen in der territorialen Ausdehnung von Staaten abbildet (Tir et al. 1998); der *COW International Governmental Organization* Datensatz Version 2.1, der intergouvermentale Organisationen mit mehr als zwei Mitgliedern im

---

4   Vgl. Homepage des Correlates of War Datenbankprojektes: http://cow2.la.psu.edu/, zuletzt aufgerufen am 1.10.2007
5   Siehe FN1.

Zeitraum zwischen 1815 und 2001 erfasst (Wallace / Singer 1970, Pevehouse et al. 2000) und der *COW Diplomatic Exchange* Datensatz, v2006, der die diplomatischen Beziehungen zwischen Staaten im Zeitraum zwischen 1817 und 2005 erfasst (Bayer 2006).

Neben den COW Kriegsdaten bietet das Correlates of War Projekt seit Mitte der Achtziger einen weiteren Konfliktdatensatz (Gochman / Maoz 1984), der auf Konflikte zielt, die unterhalb der Kriegsschwelle der COW Definition von i.d.R. 1.000 Kriegstoten liegen. Der *Military Interstate Disputes* (MID) Datensatz zielt explizit auf die Erforschung des Verhaltens dieser Art von Konflikten (Gochman / Maoz 1984: 586-587). Als *Military Interstate Dispute* gilt eine Anzahl von Handlungen zwischen Staaten, in deren Rahmen mit der Anwendung von militärischer Gewalt gedroht, militärische Gewalt zur Schau gestellt oder militärische Gewalt angewendet wird. Zudem müssen diese Handlungen ausdrücklich, offensichtlich, nicht zufällig und von der Regierung genehmigt sein[6]. Der MID Datensatz liegt in drei unterschiedlichen Versionen vor: MID1 (Gochman / Maoz 1984), MID 2.1 (Jones et al. 1996) und MID3 (Ghosn et al. 2004). MID3 umfasst den Zeitraum von 1816 bis 2001, wurde letztmalig im September 2007 überarbeitet und liegt damit in der Version 3.1 vor. Er wird für die nachfolgenden Auswertungen verwendet.

2.1.3.2   Das International Crises Behaviour Projekt (ICB)

Das International Crises Behaviour Projekt (ICB) entstand Mitte der 1970er Jahre aus dem Eindruck heraus, dass bisherige quantitative Forschungsansätze nicht genügend Erkenntnisse in den Bereichen der Krisenwahrnehmung und Krisenentscheidungsmechanismen von Schlüsselakteuren wie den UDSSR erbracht hätten. Zudem sollten die Kenntnisse über Krisen erweitert werden, die sich außerhalb von Europa abspielten, in erster Linie in solchen mit schwacher Staatlichkeit. Schließlich sollte die Datenlage zur Bedeutung von Allianzpartnern in Krisensituationen, zu den Auslösefaktoren bzw. –situationen und Ergebnissen von Konflikten sowie zu den Konsequenzen des Einflusses, des Status und des Verhaltens der Akteure verbessert werden. (Brecher / Wilkenfeld 2000: 1-2). Das ICB-Projekt unterscheidet zwischen außenpolitischen und internationalen Krisen (vgl. Brecher / Wilkenfeld 2000: 2-5). Eine außenpolitische Krise, also eine Krise, die einen einzelnen Staat betrifft, ist eine Situation, die von einer

---

6   Übersetzung durch den Autor. Im englischen Original: »We define militarized interstate dispute as a set of interactions between or among states involving threats to use military force, displays of military force, or actual uses of military force. To be included, these acts must be explicit, overt, nonaccidental, and government sanctioned.«

Veränderung des inneren oder äußeren Umfelds des Staates herrührt. Dabei müssen drei notwendige wie hinreichende Bedingungen erfüllt sein. Die Wahrnehmung des höchsten Entscheidungsträgers des (oder der) von der Krise betroffenen Staates (Staaten) muss beschrieben sein durch eine Bedrohung eines oder mehrerer grundlegender Werte, verbunden mit dem Bewusstsein, dass nur eine begrenzte Zeit für eine Entscheidung zur Verfügung steht sowie eine erhöhte Wahrscheinlichkeit, dass der Konflikt in militärische Feindseligkeiten ausbrechen kann[7]. Eine internationale Krise wird durch zwei Bedingungen definiert. Erstens liegt eine Änderung des Typs und/oder der Intensität der Unruhe stiftenden Beziehungen, d.h. verbale oder physische feindliche wechselseitige Beziehungen zwischen einen oder mehreren Staaten vor, mit einem erhöhten Risiko, dass die Krise in militärische Feindseligkeiten umschlägt. Diese Situation führt zweitens dazu, dass die Krise die Beziehung zwischen den Akteuren destabilisiert und die Struktur eines internationalen Systems, ganz gleich ob global, dominant oder Subsystem, herausgefordert wird[8].

Auch der ICBP Datensatz wurde mehrfach überarbeitet. Die erste Version umfasste den Zeitraum 1929-1979 (Brecher et al. 1988, Wilkenfeld et al. 1988), die zweite 1929-1985 (Brecher / Wilkenfeld 1989), die dritte 1918-1988 (Brecher 1993). Schließlich werteten Brecher und Wilkenfeld in ihrer »*Study of Crises*« (2000) Daten für den Zeitraum 1918-1994 aus. Der in der letzten publizierten Studie verwendete Datensatz umfasste 412 unterschiedliche Krisen. Für die vorliegenden Vergleichsauswertungen wurde die Version 7 vom Mai 2007 verwendet. Sie umfasst den Zeitraum 1918-2004 und beinhaltet Informationen zu insgesamt 445 Krisen.

---

7   Übersetzung durch den Autor. Im englischen Original: »A foreign policy crisis, that is, a crisis for an individual state, is a situation with three necessary and sufficient conditions deriving from a change in the state's internal or external environment. All three are perceptions held by the highest level decision makers of the state actor concerned: a threat to one or more basic values, along with an awareness of finite time for response to the value threat, and a heightened probability of involvement in military hostilities" (Brecher / Wilkenfeld 2000: 3).

8   Übersetzung durch den Autor. Der Text im Original: «There are two defining conditions of an international crisis: (1) a change in type and/or an increase of disruptive, that is hostile, verbal or physical. Interactions between two or more states, with a heightened probability of military hostility; that in turn destabilizes their relationship and challenges the structure of an international system – global, dominant, or subsystem" (Brecher / Wilkenfeld 2000: 4-5).

2.1.3.3   Das KOSIMO Projekt

Das KOSIMO Projekt, das unter der Leitung von Frank R. Pfetsch Ende der achtziger Jahre gestartet wurde (Pfetsch 1992), unterscheidet sich in mehrerer Hinsicht von andern Konfliktforschungsprojekten. Die interessanteste und wichtigste Neuerung liegt in der Fokussierung der Konfliktdynamiken. Das Ziel besteht darin, einen Konflikt vom gewaltlosen Beginn seiner Entstehung bis hin zu seinem gewaltsamen Ausbruch zu untersuchen. Dabei sollen auch Konflikte erfasst werden, die gewaltlos geblieben sind, um ihre Besonderheiten im Abgleich mit anderen ähnlichen Konflikten zu identifizieren. Die Datenbank soll es ermöglichen, Entwicklungsdynamiken in syn- und diachronen Zusammenhängen abzubilden. Problematisch erscheint jedoch grundsätzlich die Aufteilung in Grund- und Teilkonflikte, da hier keine nachvollziehbare Systematik vorliegt.

Das KOSIMO Projekt beruht, wie die Hamburger AKUF, auf einem Konflikt- und Kriegsverständnis, das auf die Arbeiten von Kende (Kende 1971, 1982) zurückgreift und auf qualitativen Kriterien basiert. Es werden zwei unterschiedliche Kriegsbegriffe verwendet: Der erste beschreibt Krieg auf traditionellem Weg als systematische Gewaltanwendung mit einer »gewissen Reichweite und Dauer« zwischen mindestens zwei Akteuren, wobei mindestens einer davon ein Staat ist. Der zweite ist um die Adjektive »sporadisch, irreguläre oder unorganisierte Gewalt in ernsten Krisen« erweitert wurde (Pfetsch / Rohloff 2000a: xii)[9]. Der KOSIMO Ansatz, wie er in seiner letzten Version in Pfetsch / Rohloff (Pfetsch / Rohloff 2000b) vorgestellt wird, unterscheidet sich in einigen Punkten deutlich von der Version von 1994 (Pfetsch / Billing 1994) bzw. den Beschreibungen in der Dissertation von Billing (1992). Das größte Problem des KOSIMO Ansatzes liegt jedoch darin, dass die Konfliktdaten den verfolgten Forschungsansatz nicht wirklich widerspiegeln, Konfliktentwicklungen und Veränderungen werden nur unzureichend erfasst und verkürzt wiedergegeben. Unklar bleibt, wann eine neue Datenzeile eingeführt wird: Beispielsweise haben etliche der über Jahre als »kriegerisch« eingestufte Konflikte nur einen Konflikteintrag (vgl. KOSIMO – Konflikt #295 Congo, Brazzaville), eine Konfliktentwicklung ist nicht erkennbar. Zwar werden auch bisweilen Veränderungen in der Akteurskonstellation, den umstrittenen Themenfeldern (*issues*) oder dem Ergebnis des Konfliktverhaltens (*outcome*) als eigene Datensätze vermerkt (vgl. Konflikt #253 Chad), doch systematisch erfasst wurden Dynamiken dieser Art jedoch nicht. Unklar bleibt ebenfalls die Unterteilung in Haupt- und Teilkonflikte. Damit ist das Anlegen

---

9   Im Original: «KOSIMO tries to reflect and react to these and related trends by maintaining the term in its classical meaning and by introducing the term 'sporadic, irregular or unorganized violence in severe crises as a means to capture the change in today's global conflict profile'« (Pfetsch / Rohloff 2000a: xii).

einer neuen Datenzeile in KOSIMO zumindest uneinheitlich. Pfetsch und Rohloff (2000a) schreiben, dass ihre Datenbank 671 Konflikte umfasse. Abgesehen davon, dass diese Version online nicht erhältlich ist, sondern nur die nachfolgende Version mit 693 Dateneinträgen, wäre es nach eigener Beschreibung falsch, von 693 Konflikten zu sprechen. Korrekterweise müsste von 302 unterschiedlichen Grundkonflikten und 391 Teilkonflikten bzw. Konfliktphasen gesprochen werden. Selbst wenn diese Zahl als korrekt betrachtet werden könnte, bleibt die Datenstruktur verwirrend.

Eine der größten Stärken des KOSIMO Ansatzes ist das ihm eigene Konfliktverständnis: Konflikte und Kriege entwickeln sich in mehreren Phasen und können dabei unterschiedliche Formen annehmen. Sie sind als dynamische Prozesse zu verstehen, die sich über Raum und Zeit erstrecken und dabei in Grund- und Teilkonflikte zerfallen können.

2.1.3.4 Die State Failure – Political Instability Task Force

Die State Failure – Political Instability Task Force wurde als Reaktion auf den eklatanten Mangel an quantitativen Daten zu Staatsversagen und damit verbundene Zerfallsprozessen wie gewaltsamen Konflikten (Esty et al. 1998) gebildet. Nach der Etablierung der Forschungsgruppe mit Unterstützung der CIA erlebte der Forschungsansatz ein munteres Auf und Ab, welches die große Unsicherheit im Umgang mit den neuen oder als neu betrachteten Phänomen des Staatszerfall verdeutlicht und gleichzeitig das wechselnde Interesse der öffentlichen Geldgeber widerspiegelt. Nach den ersten Publikationen der Gruppe wurde ihre Methodik unter Monty G. Marshall komplett überarbeitet und der Datensatz den methodischen Neuerungen angepasst. Seit 2004 wird das Projekt als eine Art »public-private-academic-partnership« unter www.countryrisk.com weitergeführt. Die wissenschaftliche Leitung des Projektes ist jedoch aus der Internetseite nicht erkennbar.

2.1.4 Zusammenfassung : Abwägung zwischen quantitativen und qualitativen Ansätzen

In der Gesamtbewertung der beiden hier vorgestellten Messverfahren fällt das Urteil uneindeutig aus. In der wichtigsten Kategorie, der Effektivität, also der Frage »Misst der Indikator das, was er soll?«, kann der Todesopferansatz nur bedingt überzeugen. Grundsätzlich ist davon auszugehen, dass Kriege Todesopfer fordern und die Anzahl der Todesopfer ein adäquates Instrument ist, um Größe, Umfang und Schwere des Krieges zu messen. Je mehr Kriegstote es gibt, desto bedeutungsvoller ist der Krieg. Diese zunächst einleuchtende Argumentation verliert jedoch an Überzeugungskraft, wenn berücksichtigt wird, dass die Größe, Einwohnerzahl und Kriegserfahrung eines Landes eine entscheidende Rolle spielt. Zudem verändern sich die Konfliktstrategien: In zwischenstaatlichen Kriegen achten vor allem demokratische Staaten auf die Vermeidung bzw. Beschränkung von Todesopfern unter Zivilisten und Soldaten. Damit verliert der Indikator »Todesopferanzahl« seinen Analysewert, da er nicht für alle Konflikte gleichermaßen angewendet werden kann.

Bei der Verwendung von Ereignisdaten können zwar jene Schwierigkeiten, die die recht starren Todesopferschwellenwerte verursachen, vermieden werden, da Ereignisse besser in ihrem Zusammenhang gedeutet und interpretiert werden können. Doch bedürfen Ereignisdaten einer umso besser ausgearbeiteten Definition von Kriegen. Aus den bisherigen Ausführungen wird deutlich, dass Ereignisdaten sich besonders für die Untermauerung von qualitativen Kriegsdefinitionen wie jene nach Kende, Gantzel oder Pfetsch eignen. Die auf Ereignisdaten basierende Einteilung in einzelne Konfliktphasen wie bei Azar, Schrodt und anderen ist bisher jedoch nur wenig überzeugend. Der Vorteil der Ereignisdatenanalyse liegt jedoch darin, dass Kampfhandlungen in Relation zu Landesgröße, Bevölkerung und Kriegserfahrung gesetzt werden können.

Zur Analyse von Konfliktdynamiken sind die beiden Verfahren in unterschiedlichem Maße geeignet. Zwar können auch auf Todesopferzahlen basierende Ansätze Dynamiken, d.h. Verlaufsprozesse von Konflikten, abbilden. Dies zeigt vor allem die Herangehensweise des UCDP, welches Konflikte in zwei unterschiedliche Intensitäten (z.B. »bewaffneter Konflikt« mit 25-1.000 Tote pro Jahr) einteilt. Damit wäre potenziell die Möglichkeit gegeben, Konflikte in einer jährlichen, veränderbaren Verlaufskurve zu beobachten und so Entwicklungsdynamiken abzulesen. Doch für ein wirkliches Nachvollziehen von Veränderungen der Intensitäten sind die Beobachtungszeiträume zu groß: Innerhalb eines Jahres ergibt sich in den meisten Konflikten mehrmals die Möglichkeit, Kampfhandlungen zu unterbrechen und Verhandlungen zu führen. Teilweise werden Konflikte innerhalb des zwölfmonatigen Untersuchungszeitraums sogar formal beendet, brechen wenig später jedoch erneut auf. Diese Entwicklungen bleiben bei der Todesopfermessung aufgrund der üblichen einjährigen Beobachtungsdauer unberücksichtigt. Ein noch stärkeres Argument gegen die Verwendung von Todesopferzahlen bei der Messung von Konfliktdynamiken liegt in ihrer *Blindheit* gegenüber Phasen, in denen der Konflikt noch nicht, nicht mehr oder momentan nicht gewaltsam ist. Aufgrund des Ausbleibens von Todesopfern gilt der Konflikt als nicht existent bzw. beendet und gewaltlose Phasen, die für die Erforschung von Konfliktdynamiken besonderes Erklärungspotential besitzen, bleiben unentdeckt. Daran knüpft sich ein weiteres methodisches Problem. Bei einem Wiederaufflammen des Konfliktgeschehens müssen neue Datensätze angelegt

48

und neue Konflikte benannt werden, obwohl es sich dabei um die gleiche Situation handelt.

Im Gegensatz dazu ermöglicht es die Ereignisdatenanalyse auch nicht gewaltsame Phasen abzubilden, indem sie die Handlungen der Akteure erfasst. Dabei ist jedoch entscheidend, nach welchen Regeln die nicht-gewaltsamen Zeiträume eines Konfliktes vom Normalzustand oder Frieden getrennt werden. Diese Methode bietet außerdem die Möglichkeit, die Intensität von Konflikten entlang der tatsächlichen Zeitdauer zu codieren und damit auch Intensitätsschwankungen innerhalb eines Jahres abzubilden. Kritisch ist jedoch die von Schrodt und anderen vorgeschlagene Phaseneinteilung. Die Einteilung in Gruppen entsprechend der Häufigkeitsverteilung von Meldungen überzeugt nicht. Die Verbreitung und Intensität von Informationen richtet sich zu stark nach dem Interesse ihrer Käufer, ist von externen Einflüssen abhängig und zu wenig von der tatsächlichen Brisanz einer Situation bestimmt. Daher stellt eine rein quantitative Analyse von Nachrichtenmeldungen keine sinnvolle Herangehensweise dar.

Der Aufwand einer flächendeckenden Analyse des globalen Konfliktgeschehens durch Ereignisdaten ist enorm hoch. Der Lösungsansatz Schrodts, die entsprechenden Daten durch Softwareprogramme und automatische Codierungen zu generieren, kann aus oben genannten Gründen jedoch nicht überzeugen. Die Alternative der qualitativen Analyse der Ereignisdaten ist enorm zeitaufwändig, teuer und fehleranfällig. Ihre Durchführbarkeit ist daher fraglich. Anders verhält es sich bei den Todesopfer-basierten Forschungsansätzen. Da hier das Einordnungskriterium eindeutig ist, erscheint der Aufwand für die Bestimmung der Intensitäten von Konflikten auch über einen längeren Zeitraum praktikabel und machbar.

Die untersuchten Konfliktdatensätze lassen sich wie folgt gruppieren: Das COW Projekt, der aus dem COW Projekt hervorgegangene MID Datensatz und die Datenbank aus Uppsala greifen für die Konfliktidentifikation auf Todesopferzahlen zurück, während die AKUF, KOSIMO und CONIS qualitative Merkmale verwenden. Das Correlates of War Projekt ist das älteste der vorgestellten Datenbankprojekte und war lange Zeit auch das am häufigsten verwendete. Es umfasst in seiner letzten Version 3.0 (Singer / Small 1972, Small / Singer 1982, Sarkees 2000) den längsten Zeitraum aller hier verglichenen Datenbanken: von 1816 bis 1997.

Trotz der erkennbaren Verwandtschaft der Ansätzen unterscheiden sie sich in ihrer grundsätzlichen Betrachtung von Konflikten: während MID und KOSIMO prinzipiell den dynamischen Charakter von Konflikten betonen, suggerieren die übrigen Konfliktdatensätze, dass Kriege »plötzlich« auftauchen und wieder verschwinden. Dieses »An/Aus– Schema« (Seybolt 2002) stellt aber weder eine zutreffende Beschreibung der Eigenschaften von Kriegen dar, noch hilft es, Einblicke in die Eskalationsdynamiken zu erlangen. Die MID und KOSIMO Daten konnten vor allem bei der Bestimmung wenig intensiver Gewaltformen überzeugen – besonders auch bei Konflikten, in denen überhaupt keine Gewalt eingesetzt wurde. Grundsätzlich bleibt festzuhalten, dass noch immer die Frage nach dem Wesen vom Krieg zu klären ist. Was macht Kriege aus, wodurch werden sie bestimmt, wie können sie demnach gemessen werden? Diese Frage wird im nachfolgenden Abschnitt eingehend untersucht.

2.2   Die Diskussion um alte und neue Kriege

Der vorangegangene Vergleich der verschiedenen Konfliktdatenbanken hat erhebliche Abweichungen zwischen den Datensammlungen offenbart. Wie frühere Untersuchungen bereits feststellten, können hierfür nicht allein methodische Argumente angeführt werden: Eberwein und Chojnacki (2001: 16) wiesen in ihrer Analyse nach, dass bei einem systematischen Vergleich der erfassten Kriege und gewaltsamen Konflikte mit 58,3% die insgesamt höchste Übereinstimmungen zwischen dem COW Datensatz, der eine quantitative Definition verwendet und dem KOSIMO Datensatz, der auf qualitativen Bestimmungsmerkmalen beruht, zu finden war (Vergleichszeitraum 1950-1997). Zwischen dem Datensatz der AKUF und KOSIMO, die beide auf qualitativen Definitionsmerkmalen bauen, betrug die Übereinstimmung hingegen nur 40,1% (Vergleichszeitraum 1950-1999). Gerade der geringe Übereinstimmungsgrad zwischen den beiden Datensätzen, die auf qualitative Definitionen setzen, wirft zunächst die Frage auf, ob beide Projekte tatsächlich das Gleiche unter Krieg verstehen. Diese Arbeit will jedoch nicht rein rezitierend die Ergebnisse der vorhandenen Datensätze wiedergeben, sondern fragt vielmehr, was heute unter »Krieg« verstanden werden soll. Das erste zentrale theoretische Problem, welchem sich diese Arbeit widmet, ist somit jenes der genauen Bestimmung der abhängigen Variable: Was genau sind Kriege? Wie lässt sich dieses, nach Überzeugung führender Wissenschaftler, »am schlechtesten erforschte soziale Phänomen« (Daase 2003: 164) theoretisch bestimmen? Die Notwendigkeit der Klärung des Begriffes »Krieg« ist jedoch aus mindestens zwei Gründen elementar für diese Arbeit (siehe hierzu auch: Geis 2006b: 11f.):

Erstens ist eine exakte Benennung der konstitutiven Merkmale von Krieg notwendig, um das Untersuchungsobjekt zu bestimmen und es von anderen Gewaltphänomenen zu unterscheiden. Dies ist die Voraussetzung jeglicher Art von Theoriebildung und –überprüfung im Bereich der Kriegsursachenforschung. Dieser im nachfolgenden Kapitel eingehend dargestellte Zweig der quantitativen Konfliktforschung leidet unter dem nur von wenigen Autoren wirklich erkannten und beklagten Mangel an Bewusstsein für die Vielschichtigkeit des Untersuchungsobjekts und der Abgrenzungsprobleme gerade gegenüber neuer Gewaltphänomene wie Terrorismus, Bandenkriminalität und Auseinandersetzungen um Ressourcenkontrolle. Diese neuen Phänomene werden manchmal leichthin und vorschnell als Krieg oder »kriegsähnliche Zustände« bezeichnet. Doch da mit diesen unterschiedlichen Konfliktformen meist auch komplett unterschiedliche Wirkungsmechanismen verbunden sind, können Erklärungsansätze älterer Kriegsformen kaum Relevanz für diese neue Formen besitzen, wenn diese denn überhaupt als Kriege bezeichnet werden können.

Zweitens eröffnet eine theoretische Auseinandersetzung mit den Bestandteilen des Kriegsbegriffs die Möglichkeit zur Schaffung einer Typologie unterschiedlicher Kriegsformen. Auch dies wäre ein wichtiger Beitrag zur Verbesserung der Kriegsursachenforschung. Denn nicht nur die fehlende Klarheit der Unterscheidung zwischen Krieg und unterschwelligen Gewaltformen beeinträchtigen die Ergebnisse der quantitativen Kriegsursachenforschung, sondern auch die oft sehr freigiebig vergebenen Spezifizierung von Konflikten als Ressourcenkriege, ethnische Kriege oder Staatszerfallkriege. Diese Einordnungen erfolgen jedoch meist eher aufgrund aktueller spezifischer Forschungsinteressen denn auf Grundlage eines theoretisch fundierten und klar operationalisierten Modells. Die Probleme um die Bestimmung dessen, was Krieg ist und wie neuere Gewaltphänomene zu bezeichnen sind, schlägt sich in einer breiten Debatte um den Begriff des Krieges in der Literatur nieder (van Creveld 1991, Holsti 1996, Kaldor 1999, Biswas 2003, Sambanis 2004, Collier / Sambanis 2005, Duyvesteyn / Angstrom 2005), ohne jedoch hier eine Übereinstimmung gefunden zu haben.

Im Folgenden wird deshalb ein Überblick über den Stand der Diskussion zu Konflikt- und Kriegsformen gegeben. Dabei wird zunächst auf zwischenstaatliche Kriege und deren vermeintliches Verschwinden eingegangen. Im Anschluss daran werden innerstaatliche Konflikte, speziell die Diskussion um »alte« und »neue« Kriege, also um politisch oder ökonomisch motivierte Kriege dargestellt und kurz erläutert. Als Beitrag zur Überwindung dieser Debatte wird analysiert, wie der Kriegsbegriff im Verständnis einer der ältesten Kriegstheoretiker, Carl von Clausewitz, als Ausgangspunkt für ein verändertes Kriegsverständnis genutzt und weiterentwickelt werden kann.

2.2.1   Verschwindet der zwischenstaatliche Krieg?

Bereits seit einigen Jahren wird Vertretern der traditionellen, auf die Analyse von Großmächte-Kriegen ausgelegte Forschung bewusst, dass das primäre Untersuchungsobjekt der politikwissenschaftlichen Konfliktforschung, der zwischenstaatliche Krieg, seit dem zweiten Weltkrieg kontinuierlich seltener wird (Gat / Maoz 2001, Levy et al. 2001, Vayrynen 2006). Auch die quantitative empirische Konfliktforschung kann belegen, dass zwischenstaatliche Kriege in den letzten Jahren selten geworden sind (Gledditsch et al. 2002, Diehl 2004). Ist also der zwischenstaatliche Krieg tatsächlich »obsolet« geworden? Ist er nur mehr eine Ausnahme, deren quantitative Erforschung mangels Masse uninteressant geworden ist? Folgende drei Einwände zeigen, dass ein Abgesang auf den zwischenstaatlichen Krieg nicht nur verfrüht, sondern auch falsch wäre.

2.2.1.1   Die anhaltende Brisanz des zwischenstaatlichen Krieges

Erstens geben die angegebenen Daten nur die Konflikthäufigkeit von Kriegen mit mehr als 1.000 Todesopfer wieder. Wie aber im Folgenden gezeigt wird, haben verschiedene Faktoren tatsächlich zu einer Veränderung zumindest des »westlichen« zwischenstaatlichen Konfliktaustrags beigetragen. Todesopfer im Kriegseinsatz werden von der Bevölkerung kaum mehr akzeptiert. Die Diskussion um die NATO-Einsätze im ehemaligen Jugoslawien verdeutlichen, dass dies nicht nur für die eigenen Soldaten gilt, sondern auch für die Bevölkerung des Gegners (Fenrick 2001). Der technologische Fortschritt ermöglicht präzisere Kampfeinsätze mit einer geringeren Anzahl von Todesopfern. Große Verdienste hat sich in dieser Frage der Forschungszweig um den sogenannten demokratischen Frieden erworben (Maoz / Russett 1993, Oneal et al. 1996, Daase 2004, Geis / Wagner 2006). Ein Argument dieses Forschungsansatzes lautet, dass Demokratien stets versuchen, Kriege mit besonders wenig zivilen Opfern zu führen. (Cohen 1996). Deshalb liegt die Vermutung nahe, dass die Messmethode der Todesopferanzahl diese veränderten Konflikte nicht ausreichend empirisch erfasst (Seybolt 2002). Denn die Veränderung des Konfliktaustrags verändert fundamental das Verhältnis zwischen Offensive und Defensive, Raum und Zeit, Kampf und Manöver (Cohen 1996: 44).

Zweitens hat die Ausbreitung des Völkerrechts zu einer allgemeinen Ächtung des Krieges, ganz besonders des Angriffskrieges beigetragen (Mueller 2004, Morgan 2006). Um den Gegner dennoch zu schwächen und eigene Interessen durchzusetzen, werden von vielen Staaten andere Formen des Konfliktaustrags gewählt. Sie bekämpfen den Gegner nun indirekter, indem sie beispielsweise nicht-staatliche Akteure militärisch und finanziell unterstützen, die den feindlichen Staat direkt angreifen. Oder sie verlagern ihre eigenen Angriffe auf eine andere, nicht physische Ebene. Die Diskussion um den sogenannten Cyber-war oder um die Häufigkeit der Industriespionage lässt solche Rückschlüsse zu (Campen et al. 1996, Clarke / Knake 2010).

Drittens bedeutet der Rückgang der Anzahl der ausgebrochenen Kriege nicht, dass damit auch das generelle Risiko solcher Konfrontationen gebannt oder rückläufig ist. Vielmehr zeigt die stets aktuelle Debatte um die Sicherheitslage im Nahen Osten (Tibi 1989, Inbar 2007), die Befürchtungen um die nukleare Bewaffnungen des Irans oder Nordkoreas (Ochmanek / Schwartz 2008), die konventionellen Aufrüstungsprogramme verschiedener asiatischer Staaten (Cohen 2004, Sathasivam 2005) und nicht zuletzt die stets kritische Lage an der koreanischen Grenze (Laney / Shaplen 2003, Lee 2006), dass die Gefahr zwischenstaatlicher Kriege keineswegs obsolet geworden ist.

Deshalb sollen an dieser Stelle weitere Aspekte des zwischenstaatlichen gewaltsamen Konfliktaustrags beleuchtet werden, die für die Analyse des zwischenstaatlichen Konfliktgeschehens bedeutsam sind. Gemeint sind die Veränderungen des Konfliktaustrags in zwischenstaatlichen Konflikten. Folgende Bereiche finden dabei besondere Beachtung: 1.) die Ausdifferenzierung des Militärwesens, 2.) die technologische Weiterentwicklung des Kriegsgerätes, 3.) die Ausbreitung der Demokratie und damit verbundener Werte und schließlich 4.) der internationale Terrorismus als Sonderform der zwischenstaatlichen Konfliktführung.

2.2.1.2   Die Ausdifferenzierung des Militärwesens

In der Analyse der COW Daten und der Verwendung des Schwellenwertes von 1.000 Todesopfern wird bisher kaum reflektiert, dass sich die Art der Kriegsführung zwischen dem Beginn der Untersuchungszeit im Jahre 1816 entscheidend gewandelt hat und auch deshalb das Merkmal für »Große Kriege« ab 1.000 Tote falsch gewählt oder zumindest für heutige Konflikte überdenkenswert ist. Ein Teil der Veränderungen lässt sich durch die technischen Weiterentwicklungen im Militärwesen erklären (O'Hanlon 2000, Beier 2003). Zwei Erfindungen lassen sich, wiederum bemessen am Ausgangsjahr 1816, besonders hervorheben: Der Bau der Atombombe und der Aufbau der Luftwaffe. Die Atombombe hat durch ihre hohe Vernichtungskraft eine derart abschreckende Wirkung erzielt, dass politische Konflikte zwischen den Atommächten, also den Großmächten nach 1945, nur diplomatisch ausgetragen wurden oder eine indirekte Form des Konfliktaustrags, z.B. in Form der Stellvertreterkriege, gewählt wurde.

Die Entwicklung der Luftwaffe stellt hingegen die entscheidende Revolution im kriegerischen Konfliktaustrag seit der Entwicklung des Schießpulvers dar (Moran 2002). Der Bedeutungszuwachs der Luftwaffe als entscheidendes Element der Streitmächte begann während des ersten Weltkrieges. Flugzeuge konnten mit Aufklärungsflügen schnell und zuverlässig Informationen über die Stellungen des Gegners liefern. Sie flogen hinter die feindlichen Linien und griffen den Feind von oben, wo er zunächst ungeschützt war, an und erzielten dabei erheblichen Schaden. Die Luftwaffe hat so eine zentrale Bedeutung innerhalb der Streitkräfte erlangt, die sich an den vielfältigen Einsatzmöglichkeiten erkennen lässt: Luftaufklärung, Unterstützung kämpfender Heeresteile aus der Luft,

Kampf gegen Schiffe und U-Boote, Suche und Rettung vermisster Soldaten oder Zivilisten, Versorgung- bzw. Nachschubsleistung sowohl für die Truppe als auch für Zivilisten (Luftbrücke), Verteidigung des Luftraums gegen eindringende Feinde, Offensive und strategische Bombardierung, taktischer Truppentransport (vgl. Garden 2002).

In den letzten Jahren hat mit der Entwicklung und dem Einsatz von Marschflugkörpern und unbemannten Drohnen ein neues Kapitel in der Kriegsführung begonnen (Cohen 1996, Zaloga 2008). In der Tat steht die Möglichkeit, mit nur wenigen gezielten Luftschlägen die Telekommunikation eines Landes und damit auch die Verbindungslinien zwischen militärischer Führung und ausführenden Truppen zu zerstören oder durch die gezielte Zerstörung der Verkehrsinfrastruktur den Aufmarsch der feindlichen Truppen zu verhindern, konträr zu früheren Strategien der Großmächte (Cohen 1996: 40). Auch wenn die Einsätze nicht immer so ablaufen, wie es der Militärapparat in den Medien und damit in der Öffentlichkeit gerne darstellt: Die Effektivität dieser Waffen ist inzwischen anerkannt, theoretisch ist damit ein Krieg wenn nicht ganz ohne Todesopfer, sondern doch zumindest mit einer vergleichsweise geringen Todesopferanzahl denkbar und bisweilen auch beobachtbar.

Wenn diese Taktik der gezielten Schläge, der Zerstörung wichtiger Teile der Infrastruktur und damit die Schwächung des Gegners tatsächlich ohne oder mit einer geringen Opferzahl möglich ist, dann stellt sich umso mehr die Frage, ob es sinnvoll ist, Todesopfer als Kriterium zur Erfassung zwischenstaatlicher Kriege heranzuziehen.

2.2.1.3   Die Revolution in Military Affairs und der Information Warfare

Ein weiteres Argument, das die Zuverlässigkeit der auf Todesopfer basierenden Konfliktlisten für zwischenstaatliche Kriege in Frage stellt, ist die »*Revolution in military affairs*« kurz RMA (Cohen 1996, Barnett 2004). Unter dem Stichwort der RMA wird seit den 1990er Jahren ganz allgemein der Bedeutungszuwachs von technologischem Fortschritt und die Verbesserung in Präzision und Wirkung von Kriegswaffen diskutiert. Eine daraus entwickelte Diskussionslinie erörtert speziell die Bedeutung von Informationen für den Kriegsaustrag – dem sogenannten *Informationwarfare* (Schwartau 1994, Stein 1995, Molander et al. 1996, Rid 2007). Dabei lassen sich jedoch erhebliche Unterschiede in Verständnis und Reichweite des Begriffs »Informationskriegsführung« feststellen. Im weitesten Sinne wird Informationskrieg so verstanden, dass Informationen das Denken und noch mehr die Entscheidungen in Kriegen oder deren unmittelbaren Vorfeld beeinflussen (Stein 1995: 30). Das heißt, Informationskriege starten bereits in sehr frühen Phasen eines Konfliktes und setzen daran an, wie die Handlungen eines

Staates im Ausland wahrgenommen werden. Damit ist nicht Propaganda im herkömmlichen Sinne gemeint, sondern der Begriff greift tiefer. Information Warfare soll Verständnis oder Zustimmung schaffen für bestimmte politische Entscheidungen, beispielsweise dem Bau von Atomkraftanlagen, die auch als Bedrohung aufgefasst werden könnten.

In einem engeren Sinne wird »Informationskrieg« als technologischer Wettlauf verstanden, in dem derjenige Staat siegt, der die Waffen und Kommunikationssysteme mit der höchsten Informationsverarbeitungsdichte entwickeln kann (Schwartau 1994). Je mehr Informationen ein Staat über einen anderen besitzt und je schneller und genauer er diese verarbeiten kann, desto schneller und effektiver kann er dem Gegner Schaden zufügen.

Der Bedeutungszugewinn von Informationen und Informationstechnologie für die Steuerung von Kriegen eröffnet aber auch neue Strategien in der Kriegsführung, die auf eine Entscheidung zielt, bevor das eigene Militär in Gefahr gerät. Diese Debatte wird unter dem Sammelbegriff des *Strategic Information Warfare* (SIW) geführt (Schwartau 1994, Molander et al. 1996). Die Weite bzw. Begrenzung des Begriffes wird dabei unterschiedlich definiert (zur Diskussion siehe: Lonsdale 2004: 237). Durch die Zerstörung der Kommunikationszentren, welche die verschiedenen Truppenteile steuern oder die eingehenden Informationen verarbeiten, soll der Gegner möglichst kampflos zur Aufgabe gezwungen werden. Diese Taktik ließ sich beispielsweise 1999 im Krieg der NATO gegen Rest-Jugoslawien beobachten (Walker 2000).

Eine andere Ausprägung dieser Art von Kriegsführung setzt bereits noch vor Ausbruch der Kriegshandlungen an. Im Vorfeld sollen bereits durch Infiltrierung der computergestützten Informationswege die Kommunikationszentren unter Kontrolle gebracht oder ihre Funktionswege zerstört werden (Cronin / Crawford 1999: 258f.). Auch werden unter der Strategic Information Warfare Tätigkeiten der Industriespionage (vgl. z.B. Faust 2002: 171f.) gefasst. Allerdings muss hier vor einer Überspannung des Konzeptes gewarnt werden. Denn nicht jede Wirtschaftsspionage ist mit einer Bedrohung der nationalen Sicherheit gleichzusetzen, auch wenn einige Wirtschaftsverbände diesen Aspekt gerne mehr in der Öffentlichkeit diskutierten wollen.

Die Bedeutung des Information Warfare darf nicht unterschätzt werden. Diese Art von Konfliktaustrag ist ein wesentlicher Bestandteil zwischenstaatlicher Konflikte geworden. Anders aber als diplomatisch ausgetragene Konflikte, die meist zumindest teilweise in der Öffentlichkeit ausgetragen werden, ist der Information Warfare eine Aufgabe für die Geheimdienste und wird deshalb nur in Ausnahmefällen bekannt. Dies ist einer der Gründe, warum die Implikation des Information Warfare für die quantitative Konfliktforschung noch nicht erfasst ist.

Dennoch wird deutlich, dass sowohl die Technologisierung der gesamten Kriegswaffen als auch der Bedeutungszuwachs des Information Warfare eine

Veränderung des zwischenstaatlichen Konfliktaustrags bedeutet. Nicht nur durch präzisere Waffen können größere Opferzahlen vermieden werden (Schörnig / Lembcke 2006). Auch die große Bedeutung von Informationen, um die hochtechnologischen Waffen sinnvoll einsetzen zu können, könnte dazu führen, dass Kriege bereits entschieden sind, bevor der erste Schuss fällt.

2.2.1.4 Die Ausbreitung der Demokratie und die Veränderung der Kriegsführung

Im Zuge der Diskussion um den »demokratischen Frieden« (siehe dazu Kap. »Wie entstehen Kriege?«) hat sich auch eine wenn auch weniger ausführliche Diskussion um die Frage entwickelt, ob und wie Demokratien Kriege anders führen als nichtdemokratische Staaten (Daase 2004, Llanque 2006). Einer der Unterschiede liegt darin, dass Demokratien insgesamt effektiver Krieg führen als nicht-demokratische Länder (Reiter / Stam 1998): Als Ursachen hierfür gilt u.a. die besondere politische Kultur von liberalen Demokratien, in denen das Individuum Eigeninitiative und Verantwortung erlerne und entsprechend auch erhöhte Leistung im Militärischen erbringen könne (vgl. Geis / Wagner 2006: 283).

Ein zweiter Unterschied stellt die geringe Bereitschaft dar, Todesopfer in Kriegen zu akzeptieren. Als Ausgangspunkt dieser Entwicklung wird der Vietnamkrieg (1946-1974)[10] gesehen. Er gilt als der erste US-amerikanische Krieg der Postmoderne; in dem Sinne, dass das amerikanische Volk erstmals massiven Unwillen zeigte, ihre Soldaten weiterhin den Grausamkeiten eines Krieges auszusetzen (Coker 2001: 36). Die USA sahen sich in diesem Krieg einem Gegner gegenüber, der eine vollkommen andere Taktik und Kampftechnik anwandte als sie selbst. Obwohl die USA in Bezug auf Waffen, Ausbildung, Transport- und Kommunikationstechnik dem Vietcong überlegen waren, verloren sie den Krieg unter dem Verlust zahlreicher Soldaten. Gleichzeitig kam es zu zahlreichen Opfern auf Seiten der Vietkong und der vietnamesischen Zivilbevölkerung. Die US-amerikanischen Streitkräfte litten unter der Konzeptionslosigkeit in der Planung und der mangelnden Fähigkeit der Militärstrategen, adäquate Antworten auf den ungleichen Gegner zu finden (Summers 1982). Ausgehend von dieser Erfahrung hat in vielen westlichen Staaten ein Wandel eingesetzt, an dessen Ende eine sehr geringe Bereitschaft zur Hinnahme von Todesopfern in Kriegen steht. Im Englischen wird dies als »casualty phobia« oder »bodybag syndrom« bezeichnet (vgl. Schörnig / Lembcke 2006: 205). Allerdings zeigen viele Demokratien diese sensible Reaktion, auf welcher Seite die Opfer anfallen »dürfen«, deutliche Unter-

---

10 Luttwak (1994) argumentiert, das der Vietnamkrieg der Ausgangspunkt einer veränderten Kriegsführung war, die nicht nur den Westen betraf, sondern global zu beobachten sei.

schiede erkennen. Während des gesamten Zweiten Golfkrieges (1991) zur Befreiung Kuwaits verloren die Amerikaner exakt 270 Soldaten, etliche davon nicht durch Kampfhandlungen, sondern aufgrund von Unfällen (vgl. Coker 2001: 12-13). Zu Kriegsbeginn hatte die militärische Führung mit etwa 10.000 Toten gerechnet. Auf der irakischen Seite starben im gleichen Zeitraum im Zusammenhang mit den Kampfhandlungen nach Schätzungen der CIA zwischen 100.000 und 250.000 Menschen, Greenpeace schätzte die Opferzahlen auf 150.000, darunter etwa 15.000 Zivilisten. Diese hohe Anzahl an zivilen Opfern führte jedoch kaum zu Protesten in den westlichen Staaten. Demokratien sind also offensichtlich vor allem darauf bedacht, die eigene Gefahr zu minimieren und das Leben der eigenen Staatsangehörigen zu schützen. Das Risiko wird transferiert – zu Lasten des nicht-demokratischen Gegners, manchmal sogar ohne Rücksicht darauf, ob Zivilisten unter den Opfern sind (Shaw 2005).

2.2.1.5   Internationaler Terrorismus

Mit den Anschlägen des 11. September 2001 wurde erneut deutlich (zur vorherigen Forschung siehe u.a.: Jenkins 1975, Livingstone 1982), dass der Internationale Terrorismus ähnliche Implikationen und sicherheitspolitische Herausforderungen besitzt, wie konventionelle zwischenstaatliche Kriege (Hoffmann 2003, McInnes 2005). Besonders in Demokratien, in denen der Vermeidung von Opfern in der Zivilbevölkerung in allen sicherheits- und verteidigungspolitischen Zielsetzungen hohe Priorität eingeräumt wird, wird die Gefahr des Terrorismus intensiv wahrgenommen.

Entgegen - oder möglicherweise gerade aufgrund der hohen Aufmerksamkeit, die dem Internationalem Terrorismus zuteil wird, ist dieser Begriff sehr umstritten. Forscher konnten sich hier in noch geringerem Umfang als bei Krieg auf eine gemeinsame Definition einigen (Crenshaw 2000: 4-7, Berger 2006: 46, Schmid / Jongman 2008). Eine Art definitorischer Minimalkonsens scheint jedoch zu sein, dass Terrorismus eine politische Zielsetzung verfolgt, d.h. eine politische Veränderung erreichen will und sich damit von einer herkömmlichen Straftat unterscheidet (Waldmann 2005b, Waldmann 2005a, Schmid / Jongman 2008).

Terrorismus ist für die Forschung zu den Internationalen Beziehungen besonders dann relevant, wenn nicht-staatliche Terrorgruppierungen von Staaten unterstützt werden und so quasi im Auftrag von Staaten politische Ziele verfolgen. In verschiedenen Studien wurde die These untermauert, dass selbst die Supermächte USA und Sowjetunion in unterschiedlichen Konflikten auf dieses Instrument zurückgegriffen haben (O'Brien 1996). Aus nachvollziehbaren Gründen hat sich die US-amerikanische Forschung überwiegend mit der Verwicklung der Sowjetunion in terroristische Anschläge in Lateinamerika beschäftigt (Hager 1990, O'Brien 1996). Terrorismus wurde hier demnach eingesetzt, um den USA durch Unterstützung dem Marxismus freundlich gesinnter gewaltbereiter Gruppen eine Art Kleinkrieg aufzuzwingen.

Heute ist die Forschung zum Internationalen Terrorismus von den Ereignissen des 11. September geprägt. So wird davon ausgegangen, dass der Internationale Terrorismus von einer neuen Akteursqualität bestimmt wird. Vermutet wird, dass vor allem religiös motivierte und meist supranational organisierte Gruppen Anschläge verüben, bei denen auch Massenvernichtungswaffen eingesetzt werden können (Hoffmann 2003). Diese Annahmen unterstreichen die Gefahr, die sich für Staaten aus dem Internationalen Terrorismus ergeben kann.

Allerdings baut die Forschung zum Internationalen Terrorismus nur auf einer schwachen empirischen Grundlage auf. Entsprechend der umstrittenen Definitionsmerkmale werden sämtliche hierzu veröffentlichte Daten fast reflexartig angezweifelt. Hinzu kommt, dass gerade Daten und Zahlen zur Tragweite des Internationalen Terrorismus politisch relevant und instrumentalisierbar sind. Dennoch kann davon ausgegangen werden, dass US-amerikanische Staatsbürger und Einrichtungen tatsächlich die am häufigsten betroffenen Ziele von grenzüberschreitenden Terrorgruppierungen sind[11].

Bruce Hoffmann, einer der weltweit anerkanntesten Experten im Bereich Internationaler Terrorismus, geht nach Auswertung des ihm vorliegenden Datenmaterials davon aus, dass seit den 1990er Jahren die Anschlagshäufigkeit zwar in absoluten Zahlen rückläufig, die Anzahl der pro Anschlag hervorgerufenen Todesopfer und Sachschäden jedoch gestiegen sei (Hoffmann 1999). Die ausgeübten Terroranschläge würden immer komplexer, zeigten eine immer bessere Abstimmung und erzielten auch medial einen immer höheren Wirkungsgrad. Nach Ansicht einiger Terrorismusexperten ersetzt der Internationale Terrorismus bereits heute die früheren Kriege zwischen Staaten (Hoffmann 2003, Schneckener 2006a, Mello 2010). Auch wenn diese Aussagen aufgrund der genannten Probleme mit einer gewissen Skepsis zu betrachten sind, bleibt festzuhalten, dass der Internationale Terrorismus eine ernstzunehmende Gefahr für Staaten darstellt, dessen tatsächliche Tragweite empirisch nur unzureichend feststellbar ist.

---

11 Dies legen zumindest die Zahlen des US-State Department zugrunde, die in ihrer früher jährlich erscheinenden Dokumentation »Patterns of Global Terrorism« Anschläge des Internationalen Terrorismus erfassten. Allerdings wurde das Erscheinen dieses Reports wegen der auch international umstrittenen Zahlen nach Erscheinen des Berichts für 2003 eingestellt.

2.2.1.6 Verschwindet der zwischenstaatliche Krieg? Zusammenfassung

Herkömmliche Konfliktstatistiken zeigen, dass zwischenstaatliche Kriege immer seltener werden. Daraus ergibt sich die berechtigte Frage, ob eine weitergehende Beschäftigung besonders aus Sicht der quantitativen empirischen Konfliktforschung mit diesem Konflikttypus noch lohnenswert ist. Dieser Abschnitt hat gezeigt, dass zwar die Anzahl der gemessenen Kriege auf niedrigem Niveau liegen mag, die Gefahr weiterer Kriege aber keinesfalls gebannt ist. Gerade das Aufbrechen neuer Sicherheitsprobleme durch die Aufrüstungsprogramme in den Maghrebstaaten und Asien in Verbindungen mit Gerüchten um die nuklearen Rüstungsbestrebungen einzelner autoritärer Regime (vgl. Seite 53) verdeutlichen, wie wichtig die Beobachtung dieser Krisen ist. Notwendig erscheint deshalb nicht nur die Beschäftigung mit zwischenstaatlichen Kriegen, sondern auch mit vorgelagerten Formen. Erneut wurde zudem gezeigt, dass die Ansätze der Todesopferschwellenwerte die Ursache für ein statistisches Zerrbild sein können. Denn die Veränderungen des zwischenstaatlichen Konfliktaustrags, bedingt durch neue, präzise Waffen und das Ausweichen staatlicher Akteure auf die Unterstützung des internationalen Terrorismus haben Konfliktformen geschaffen, bei denen Todesopferwerte, wie sie in klassischen Kriegen zu verzeichnen waren, nur selten erreicht werden. Es bleibt festzuhalten, dass sich der Konfliktaustrag in zwischenstaatlichen Konflikten weiterentwickelt und ausdifferenziert hat. Die fortschreitende Technologisierung, die sehr präzise einzelne Schläge ermöglicht und damit möglicherweise Konflikte vorzeitig entscheidet, betrifft dabei jedoch nur die wohlhabenden und entwickelten Staaten. Konventionelle, traditionelle Kriege sind bei weniger technologisierten Gesellschaften oder zwischen gleichwertig bewaffneten Staaten aber weiterhin denkbar. Allerdings ist die Diskussion um die Ausdifferenzierung des Konfliktaustrags in den vergangenen Jahren wesentlich ausführlicher für innerstaatliche Kriege geführt worden. Im nachfolgenden Abschnitt wird die Arbeit diese Diskussion beleuchten.

2.2.2 Innerstaatliche Kriege – Die Diskussion um »Neue Kriege«

Das Ende des Kalten Krieges und die ersten humanitären Katastrophen in der Post-Ost-West-Konfrontation in Ruanda und Somalia mit ihren mehreren hunderttausend Toten führte vor Augen, dass es neben den gut erforschten zwischenstaatlichen Kriegen weitere Konfliktformen gab, die in ihren Auswirkungen stärker waren als bis dahin wahrgenommen wurde. Die ungewohnten Kriegsformen offenbarten in der politischen und militärischen Administration in den westlichen Ländern eine gewisse Orientierungslosigkeit, da die Kriege scheinbar ohne vorherige Warnzeichen ausbrachen. Diese Unsicherheit zeigte sich in den folgenden

Jahren auch in der quantitativen empirischen Konfliktforschung. Da weder in Ruanda noch in Somalia eine offizielle Staatsmacht an den Ausschreitungen beteiligt war, bleiben aus methodischen Gründen bis heute die oben angesprochenen Konfliktereignisse in den beiden führenden Konfliktdatenbanken COW und UCDP unberücksichtigt.

Im selben Kontext lassen sich spätestens ab dem Ende der 1990er Jahre teils heftig geführte Diskussion um die sogenannten »Neuen Kriege« verorten (Kaldor 1999, Hasenclever 2002, Münkler 2002, Schlichte 2002, Zangl / Zürn 2003, Chojnacki 2004a, Münkler 2006b). Sie drehten sich um die Frage, ob diese Kriegsformen wirklich neu oder vielmehr ein Wiederauftreten von bereits im Mittelalter beobachtbaren Mustern darstellen. Erstaunlich ist, dass diese Diskussion, die vorwiegend im deutschsprachigen Raum geführt wurde (vgl. Brzoska 2004), erst nach Münklers »Neue Kriege« (2002) einsetzte, obwohl bereits van Creveld (1991), Holsti (1996) und Kaldor (1999) bereits früher auf veränderte Konfliktformen hingewiesen hatten. Heute warnen zahlreiche Autoren vor einer binären Sichtweise, die allzu schnell Konflikte in »alte« und »neue« unterscheiden will (Schlichte 2006: 113). Es bleibt dennoch festzuhalten, dass die fehlende Forschungsgrundlage zu innerstaatlichen Kriegen in den letzten Jahren ein ernsthaftes Problem der quantitativen empirischen Konfliktforschung geworden und bis heute geblieben ist. Es ist bisher nicht gelungen, Codierungsregeln für diese Konfliktform zu finden, die einen einheitlichen Blick auf das Konfliktgeschehen erlauben (Eberwein / Chojnacki 2001a, Mack 2002, Sambanis 2002, Hegre / Sambanis 2006).

Im Folgenden werden die zentralen Aspekte und aktuelle Stand der Diskussion zu innerstaatlichen Kriegen widergegeben. Dabei wird vereinfachend von »Neuen Kriegen« gesprochen, auch wenn diese Diskussion wesentlich umfangreicher und ausdifferenzierter ist, als es hier wiedergegeben werden kann. Der Stand der Diskussion wird anhand von drei Kernbereichen erläutert: 1) Entstaatlichung des Krieges, 2) Die Ökonomisierung der Konfliktmotive und 3) Die Veränderung des Konfliktaustrags. Ergänzt wird diese Aufzählung durch eine Reflektion der komplexen Konfliktstrukturen, deren Problematik in der bisherigen Forschung jedoch kaum wahrgenommen wird.

2.2.2.1   Entstaatlichung des Krieges und die Bedeutung nicht-staatlicher
           Akteure

Zentraler Ausgangspunkt in der Diskussion um die so genannten »Neuen Kriege« ist die »Entstaatlichung des Krieges« (van Creveld 1991, Holsti 1996, Kaldor 1999, Münkler 2002)[12]. Unter dem Begriff wird das Phänomen beschrieben, dass Staaten nicht mehr in der Lage sind, die innere Sicherheit zu wahren und den Gewaltaktionen nicht-staatlicher Akteure Einhalt zu gebieten (Reno 2005, Crocker et al. 2007). Dementsprechend werden auch Kriege auf den Gebieten mit schwacher Staatlichkeit entweder ganz ohne staatliche Beteiligung geführt oder es agieren Kräfte, die für sich beanspruchen, Staatsmacht zu sein. Diese sind hinsichtlich ihrer Truppenstärke häufig in etwa gleich stark wie die nicht-staatlichen Akteure oder ihnen sogar unterlegen. Als nicht-staatliche, private Akteure werden gemeinhin kriminelle Banden, Söldner, Kindersoldaten oder private Sicherheitsunternehmen verstanden (Münkler 2002).

In diesen Konflikten ist demzufolge nicht nur eine Entstaatlichung, sondern auch eine Entmilitarisierung der Konfliktbeteiligten zu beobachten (Münkler 2006b). Statt gedrillten Soldaten, wie im klassischen Staatenkrieg, agieren hier schlecht ausgebildete Kämpfer. Oftmals sind diese aufgrund fehlender äußerer Merkmale wie einer Uniform vom Gegner oder von Zivilisten nicht zu unterscheiden. Zu unklaren Frontlinien führt vor allem auch die geringe personelle Stärke der meisten Akteure, die es ihnen nicht ermöglicht, eroberte Gebiete zu kontrollieren und zu verwalten. Auch eine klare Unterscheidung zwischen Kampf- und Rückzugsgebiet ist daher nicht möglich.

Einen etwas anderen Blick auf die »neuen« Akteure in den innerstaatlichen Gewaltkonflikten hat, neben anderen, Eppler (2002). Er verwendet den Begriff der privatisierten Gewalt und unterscheidet dabei zwischen Privatisierung von oben und von unten. Als »von oben« privatisierte Gewaltakteure bezeichnet er jene Akteure, die sich aus staatlichen oder staatsähnlichen Institutionen ausgliedern oder ausgegliedert wurden. Gemeinsam ist ihnen jedoch, dass sie sich der staatlichen Kontrolle entziehen. Ein Beispiel hierfür sind die kolumbianischen Paramilitärs. Privatisierung von oben kann nach Eppler aber auch bedeuten, dass sich Akteure selbst mandatieren, um Staats- oder staatsähnliche Aufgaben zu übernehmen. Die von unten privatisierten Gewaltakteure bezeichnen hingegen Gruppen, die im Umfang kleiner als frühere Rebellengruppierungen sind und in ihren verfolgten Zielen weitaus pragmatischer. Ihnen genügt die Kontrolle eher kleiner Territorien, auch zur Ausbeute von Ressourcen oder den dort lebenden Menschen. Deshalb wäre bei dieser Form privatisierte Gewalt auch eine synonyme Verwendung von »Warlords« möglich.

Als weiteres Merkmal der Entmilitarisierung der »Neuen Kriege« wird die große Anzahl von Kindersoldaten genannt. Schätzungen gehen davon aus, dass

---

12 Die Begrifflichkeit der »Entstaatlichung« wird verschiedentlich kritisiert. Brzoska (2004) beispielsweise spricht nicht von Staatszerfall, sondern von Staatsbildungskonflikten. Gemeinsam ist jedoch diesen Autoren, dass sie grundsätzlich von einem schwachen Staat ausgehen.

nach 1990 in bis zu 75% aller gewaltsamer Konflikte Kindersoldaten eingesetzt werden (Singer 2005). So sollen insgesamt mehr als 300.000 Kinder und Jugendliche im Alter zwischen 8 und 18 Jahren in Kriegen eingesetzt worden sein (Young 2007: 19). Kinder, einmal ihrer Kindheit und moralischen Werte beraubt, gelten als besonders skrupellose und gewaltbereite Kämpfer. Mit Drogen und Gewalt gefügig gemacht, werden Kinder häufig so noch machtvoller als erwachsene Soldaten. Da sie Risiken nicht einschätzen können oder anders beurteilen als erfahrene Kämpfer, werden sie auch in Situationen eingesetzt, die Soldaten normalerweise meiden würden. Daher glauben etliche Experten, dass Kriege mit Kindersoldaten noch weniger mit herkömmlichen Kriegen und einem dort vorfindbaren rational gesteuerten Handlungsablauf vergleichbar sind.

Besondere Aufmerksamkeit wurde in der Forschung zunächst den sogenannten privaten Sicherheitsfirmen zuteil. (Zarate 1998, Singer 2001, Singer 2004, Leander 2005, Chesterman / Lehnardt 2007). Die Firmen, die teilweise sehr professionell ausgebildete und mit neustem technischem Material ausgestattete Söldner einsetzten, seien den untrainierten und meist waffentechnisch schlecht ausgestatteten Rebellengruppen weit überlegen. Sie stellten daher einen entscheidenden Machtfaktor zur Machtsicherung vor dem Ausbruch gewaltsamer Konflikte dar, wie auch in gewaltsamen Auseinandersetzungen (Singer 2001: 188)[13].

Ein Teil des schlechten Rufs privater Sicherheitsfirmen erklärt sich auch durch ihre gleichzeitigen Einsätze in Krisengebieten und der Beteiligung wichtiger Führungskräfte an kriminellen Geschäften in Krisengebieten, wie es exemplarisch an der etablierten Sicherheitsforma DynCorp gezeigt wurde (Leander 2005: 808)[14]. Dies weist die Richtung für den problematischen Umgang mit den effektiven und machtvollen privaten Sicherheitsfirmen auf: Aufgrund ihrer militärischen Stärke können private Sicherheitsfirmen zu einem entscheidenden und durchsetzungsstarken Machtfaktor werden und im Extremfall auch über den Fortbestand von Staaten entscheidenden Einfluss gewinnen: Verweigern diese jedoch die Gefolgschaft ihrem eigentlichen staatlichen Auftraggebers, werden private Sicherheitsfirmen (PSF) zu wirkungsvollen Akteuren, die weder kontrolliert werden noch unter internationalem Recht stehen (Leander 2005: 809f.).

Doch trotz des großen Interesses der Wissenschaft an PSF bleibt die Frage nach deren tatsächlicher empirischen Bedeutung unklar, ja selbst der Begriff der PSF selbst ist ungeklärt (Ruf 2003b: 76). Ohne Zweifel haben diese in wichtigen gewaltsamen Konflikten der letzten Jahre, wie im Irak oder auch in Afghanistan,

13   Saudi-Arabien soll mit Hilfe privater Sicherheitsfirmen (PSF) die eigenen Streitkräfte trainieren. Entscheidenden Einfluss in gewaltsamen Konflikten sollen PSF in Angola, Kroatien, Äthiopien und Eritrea und in Sierra Leone gehabt haben (Singer 2001: 188)
14   Leander führt unter Verweis auf weitere Quellen auf, dass das Führungspersonal von DynCorp, unter anderem Zuständig für den Schutz des afghanischen Präsidenten Karzai, einen Sex-Händlerring in Bosnien aufgebaut hätten.

eine entscheidende Rolle gespielt. Zahlen zur Häufigkeit oder zum Umfang der Umsätze der PSFs beruhen auf Schätzungen (Leander 2005: 808) und können bei der üblicherweise verhängten Sicherheitsstufe militärischer Operationen nur schwerlich überprüft werden. Doch selbst wenn Schätzungen zuträfen, nach denen sich die Ausgaben für solche Sicherheitsfirmen in kriegerischen Auseinandersetzungen seit dem Jahr 2000 verdoppelt und seit 1990 gar vervierfacht haben sollen, bleibt dennoch die Frage, wie selbständig sie operieren und damit ob sie wirklich als eigener Akteur betrachtet werden müssen. Eine Antwort darauf konnte die Forschung bisher nicht geben.

2.2.2.2   Die Ökonomisierung der Kriege

Neben der Entstaatlichung wird als ein zweites wesentliches Merkmal »neuer Kriege« deren Ökonomisierung genannt (Elwert 1995, Jean / Rufin 1996, Kaldor 1999, Collier / Hoeffler 2000, Münkler 2002, Collier et al. 2003a, Ruf 2003a). Unter dem Begriff der Kriegsökonomien wird eine größere Bandbreite an unterschiedlichen Deutungsmustern verwendet (Lock 2003: 93 f.). Diese lassen sich unterscheiden in zwei Gruppen. Erstens solche, die die ökonomischen Verhältnisse innerhalb eines Landes als Erklärungsursache für den Ausbruch von Kriegen verwenden. Die Ansätze der Kriegsursachenanalyse werden jedoch im nachfolgenden Kapitel ausführlich behandelt und deshalb hier nicht weiter ausgeführt. Die zweite Gruppe von Arbeiten, die sich mit Kriegsökonomien beschäftigen, sucht nach Erklärungen für die Dauerhaftigkeit der »neuen« innerstaatlichen Kriege.

Ausgangspunkt dieser Art von Analysen ist die Beobachtung, dass mit dem Ende des Kalten Krieges auch die Unterstützung für viele Staatsregime der südlichen Hemisphäre durch die beiden damaligen konkurrierenden Supermächte USA und Sowjetunion wegfielen. Das Gleiche gilt auch für etwaige Rebellengruppierungen. Beide Mächte hatten über Jahrzehnte hinweg in so genannten Stellvertreterkriegen jeweils ideologienahe Staatsregierungen bzw. Rebellengruppierungen mit teilweise sehr hohen Summen finanziell und militärisch unterstützt. Mit dem Wegfall dieser Unterstützung mussten diese Gruppierungen nach alternativen Finanzierungsquellen suchen.

Als Möglichkeiten der Finanzierung werden in der Literatur unterschiedliche Felder genannt, so die Ausbeutung von Ressourcen (Ross 2004b, Le Billon 2005), der Anbau und Schmuggel von Drogen (Scott 2003), der Handel mit Menschen, die »Besteuerung« von humanitären Hilfslieferungen in das Kampfgebiet oder die Erpressung von Unterstützungsgeldern der im Ausland lebenden Angehörigen einer bestimmten Ethnie oder Religion (Diasporafinanzierung). In fast allen Fällen wird mit angedrohter oder tatsächlich ausgeübter Gewalt die

Herausgabe von Geld oder sachwerten Leistungen erzwungen. An dieser Stelle soll die Aufmerksamkeit aber weniger auf die unterschiedlichen Finanzierungsquellen als auf die generelle Bedeutung dieser Finanzierung für den Verlauf der entsprechenden Konflikte gelegt werden.

Der Ertrag, der aus diesen »Geschäften« resultiert, ist, so argumentieren einige Autoren, so bedeutsam, dass eine Umkehrung der Handlungslogik erfolgt: Die Finanzquellen sichern nicht mehr den Fortgang der Kampfhandlungen, sondern die Kampfhandlungen sichern den Fortgang der Einkünfte. Damit tritt die oben bereits beschriebene »Entpolitisierung« der Konflikte ein. Statt nach tragfähigen Lösungen für das politische Problem zu suchen und damit nach Veränderungen zu streben, liegt das Hauptinteresse nun auf der Maximierung des Ertrages und einer Aufrechterhaltung der Verhältnisse. Deshalb wird auch davon ausgegangen, dass diese Konflikte wesentlich dauerhafter und langlebiger seien als andere, frühere innerstaatliche Konflikte. Die Veränderung der Handlungslogiken lässt sich auch in folgender Analogie zusammenfassen: Wenn im klassischen zwischenstaatlichen Krieg nach Ansicht des Kriegstheoretikers Clausewitz gilt, dass Kriege die Fortsetzung der Politik mit anderen Mittel sind, dann gilt für diese Kriege, dass sie die Fortsetzung der Wirtschaft mit anderen Mitteln sind (Keen 1998: 11).

2.2.2.3   Konfliktaustrag

Eine der stärksten Abweichungen zum zwischenstaatlichen Krieg wird bei den »Neuen Kriegen« in der Art des Konfliktaustrags gesehen. Die Frage nach der Veränderung in den Gewaltstrategien bildet gewissermaßen den Kern der Diskussion.

Bei allen unterschiedlichen Interpretationen des Begriffs der »neuen Kriege« sind sich die Autoren (Kaldor 1999, Eppler 2002, Münkler 2002) doch einig, dass der Gewalteinsatz im Vergleich zu früheren Staatenkriegen in diesen neuen Kriegen anders verläuft. In verschiedenen Darstellungen (Henderson / Singer 2002, Angstrom 2005) wird zur Beschreibung des Konfliktaustrags in neuen Kriegen auf van Crevelds (1991) Begriff des »low intensity war« verwiesen, also eines Krieges mit geringer Intensität. Dieser Rückbezug ist zwar insofern richtig, als in den neuen Kriegen, wie bei van Creveld diagnostiziert, weniger Personal eingesetzt wird als in früheren Kriegen und die Anzahl der Opfer in den Kampfhandlungen aufgrund einfacherer und billigerer Waffen tatsächlich geringer ausfällt als in vielen zwischenstaatlichen Kriegen. Doch er ist gleichzeitig irreführend, da alle drei genannten Autoren auf die besondere Brutalität der Gewalthandlungen verweisen.

Denn nicht die Entscheidungsschlacht sei das wesentliche Erkennungsmerkmal dieser neuen Kriege, sondern das Verbreiten von Angst und Schrecken, um den Gegner gefügig zu machen (Münkler 2002: 29f.). Deshalb seien Massaker, oftmals medienwirksam inszeniert, eine häufig gewählte Form des Konfliktaustrags. Je grausamer diese ausfielen, desto effektiver könnten nicht-staatliche Akteure ihre Macht ausüben. Neben der besonderen Brutalität ist auch die Demütigung des Gegners ein wesentliches Kennzeichen des Konfliktaustrags. Münkler (2002: 39 f.) beschreibt wie (Massen-) Vergewaltigungen als strategisches Instrument eingesetzt werden, um das Sozialgefüge der betroffenen Menschen nachhaltig zu zerstören.

Generell wird der Konfliktaustrag in den neuen Kriegen als »entrechtlicht« bezeichnet. Das Mindestmaß an humanitärem Recht, das durch völkerrechtliche Verträge erreicht worden ist, gilt in innerstaatlichen Kriegen der 1990er Jahre nicht mehr. Demzufolge seien die Opfer dieser Kriege auch fast ausschließlich unter der Zivilbevölkerung zu finden. Die Autoren gehen dabei von einer Umkehrung der Opferverhältnisse aus: Während in den konventionellen Staatenkriegen 80% der Opfer Kombattanten und nur etwa 20% Zivilisten gewesen seien, hätte sich dieses Verhältnis in den »Neuen Kriegen« gerade ins Gegenteil verändert. (Kaldor 2000: 160, Münkler 2006a: 299).

Ebenfalls anders als in herkömmlichen Kriegen sei in »Neuen Kriegen«, dass die Begriffe von Sieg oder Niederlage an Bedeutung verlören. Daase (1999) weist in seiner Theorie von den Kleinen Kriegen darauf hin, dass das politische Überleben von Rebellengruppierungen weitgehend von ihren militärischen Erfolgen abgekoppelt ist. Gleiches hatte auch Henry Kissinger (1969: 214) festgestellt: Die reguläre Armee verliert bereits, wenn sie nicht gewinnt, während die Guerilla gewinnt, wenn sie nicht verliert. Daase (2006: 155) geht in seiner Darlegung von kleinen Kriegen sogar noch über die Annahmen Kissinger hinaus indem er behauptet, Rebellengruppierungen könnten Kriege sogar militärisch verlieren und würden dabei politisch gewinnen. Als Beispiele dienen ihm die palästinensische Rebellenorganisation PLO oder der ANC in Südafrika während der Zeit der Rassendiskriminierung. Wenn jedoch militärische Siege unwichtig werden und Guerillagruppen sogar dann siegen, wenn sie militärisch verlieren, dann müssen sie ein Interesse an der Aufrechterhaltung des Krieges haben. Folglich dauern »neue« Kriege wesentlich länger als frühere.

Ein weiteres Merkmal der neuen Kriege sei, dass das Territorialprinzip in Kriegen aufgehoben werde (Münkler 2002, Münkler 2006a). Damit verlieren die Akteure ihre Fassbarkeit – sie können weder territorial bedroht noch auf dieser Weise angegriffen werden. Im Gegensatz dazu sind sie jedoch in der Lage, den Staat auf dem eigenen Territorium anzugreifen und Schaden zuzufügen. Durch ihre Unangreifbarkeit entziehen sich den Handlungslogiken des rationalen Kriegsaustrags und werden zu einer unheimlichen Bedrohung. Diese Unfassbarkeit und Nicht-Territorialität ist nach Ansicht Münklers (2006a: 64) der Grund, warum auch verschiedene Formen von grenzüberschreitenden Geheimbünden und Netzwerken wie verschiedene Freimaurerlogen, Templerorden oder der Jesuitenorden seit jeher schnell als Bedrohung der staatlichen Ordnung angesehen wurden.

2.2.2.4 Komplexe Konfliktsituationen

Ein für die empirische Konfliktforschung wichtiger Aspekt in der Diskussion um neue Kriege wird bisher nur am Rande thematisiert: die verwobene Überlagerung mehrerer parallel stattfindender Kriege in einem Land oder einem geographisch zusammen hängenden Gebiet. Wiederum ist es Münkler (2002: 84f.), der dieses Merkmal vieler aktueller Kriege thematisiert und auf die Ähnlichkeiten zu der Konfliktstruktur des 30-jährigen Krieges verweist[15]. Auch hier ließen sich viele unterschiedliche Konflikte ausmachen, die aber derart ineinander verwoben gewesen wären, dass man von einem einzigen Krieg sprechen könne. Anders hingegen als von Münkler beschrieben sind es aktuell nur selten die übereinstimmenden Interessen, die verschiedene kleinere Konflikte zu größeren Konfliktsystemen zusammen führen. Münkler zieht die Parallele zwischen den Religionskonflikten im Dreißigjährigen Krieg und der dann verbindenden Konfliktlinie zwischen Protestanten und Katholiken und den heutigen religiösen oder ethnischen Konfliktlinien, in denen sich unterschiedliche Gruppen anhand dieser Konfliktlinien zusammen führen. Doch das ist in der aktuellen Wirklichkeit nur selten zu beobachten. Vielmehr suggerieren bestimmte Bezeichnungen für komplexe Konfliktsysteme wie »der Nahost-Konflikt« oder der »Staatszerfallkrieg« in Jugoslawien solche gemeinsamen Interessen, die sich aber bei einem genaueren Blick als analytisch sehr unergiebig oder irreführend erweisen. Besonders am Beispiel des Staatszerfallkrieges im ehemaligen Jugoslawien wird deutlich, dass es sich hier um eine Vielzahl unterschiedlicher Konflikte mit eigenen Akteuren und eigener Konfliktdynamik handelt. Das Verbindende zwischen diesen Konflikten liegt in der geographischen Nähe oder dem ehemals vorhandenen institutionellen Rahmen, und sich teilweise überschneidenden Akteuren und Akteurskonstellationen. Doch in ihrer Zielsetzung sind diese Konflikte meist nur auf einer abstrakten Ebene miteinander verwoben, wie beispielsweise das grundsätzliche Ziel zweier nicht-staatlicher Akteure, die Sezession eines Gebietes aus

---

15   Münkler selbst weist jedoch darauf hin, dass der eigentliche »Erfinder« dieser Sichtweise der antike griechische Historiker Thukydides ist, der in seiner Geschichte des Peleponnesischen Krieges ebenfalls das Phänomen mehrerer aufeinander folgender oder teils sich überlagernder Kriege beschreibt (Münkler 2002: 258: FN 243)

dem bisherigen Mutterland zu erreichen. Doch meist verfolgen sie diese Ziele getrennt voneinander und deshalb lassen sich hier auch eigene Konfliktdynamiken beobachten.

Bemerkenswert ist, dass dem Problem komplexer Konfliktsituationen von Seiten der quantitativen empirischen Konfliktforschung bisher wenig Beachtung geschenkt wurde. Dabei liegt es auf der Hand, dass eine der wichtigsten Gründe für die unterschiedliche hohe Anzahl der gemessenen Kriege innerhalb eines Jahres nicht allein auf unterschiedlichen Messverfahren beruht, sondern zu einem großen Teil auch auf dem unterschiedlichen Zuschnitt dieser Konflikte in den unterschiedlichen Konfliktlisten. Diesem Problem wird sich die Arbeit im späteren Verlauf noch einmal ausführlicher widmen (vgl. Seite 161).

2.2.2.5 Gegenrede zu den Neuen Kriegen: die Gleichzeitigkeit unterschiedlicher Konfliktformen

Eines der am häufigsten vorgebrachten Argumente gegen die These der »neuen Kriege« lautet, dass diese Kriegsform nicht neu, sondern schon in früheren Jahrhunderten zu beobachten gewesen sei. Dieses Argument entbehrt nicht einer gewissen Schlagkraft, ist aber nicht originell, da Münkler selbst immer wieder auf die Parallelen zu historischen Konflikten und hier ganz besonders zum Dreißigjährigen Krieg verweist. Darüber hinaus geht es vollkommen am Kern der an theoretischen Überlegungen gehaltvollen Schrift Münklers vorbei, wenn ausgerechnet und nur die Bezeichnung der neuen Konfliktform kritisiert wird. Gleiches gilt für Daase (1999) und seiner Arbeit über »Kleine Kriege«.

Einen theoretisch wesentlich wertvolleren Beitrag in der Diskussion um neue oder alte Kriegsformen in innerstaatlichen Konflikten liefern die Arbeiten von Kalyvas (2005, 2006). Anstatt der Dichotomie von alten und neuen Kriegen spricht er von der Gleichzeitigkeit unterschiedlicher Typen der Kriegsführung. Kalyvas (2005: 94f.) geht davon aus, dass einige Bürgerkriege durchaus konventionell, d.h. vor allem zwischen den bewaffneten Gruppierungen geführt wurden und werden, ohne dabei große Opferzahlen unter den Zivilisten zu verursachen. Als Beispiele nennt er den Bürgerkrieg in Spanien oder den Biafra-Krieg (1967-70). Er stellt nicht in Abrede, dass auch in diesen Kriegen eine Vielzahl an Zivilisten zu Tode gekommen ist, begrenzt dies jedoch vor allen auf die ersten Phasen des Konfliktaustrags. Nachdem die Fronten geklärt waren, so Kalyvas, ähnelte der Konfliktaustrag jenen der Staaten: Todesopfer seien vorwiegend unter den erkennbaren Kombattanten angefallen. Wenn Zivilisten zu Tote kamen, dann vorwiegend als unbeabsichtigte Folgen regulärer Kampfhandlungen.

Neben diesen von Kalyvas als *reguläre* Bürgerkriege bezeichneten Kriegen erkennt Kalyvas noch eine Reihe von »*irregulären*« Bürgerkriegen (Kalyvas

2005: 95ff.), in denen Gewalt instrumentalisiert wird und bewusst zur Disziplinierung bzw. Erziehung der Bevölkerung eingesetzt wird. Als Beispiele für solche irregulären Kriege nennt er den Algerienkrieg, den angolanischen Unabhängigkeitskrieg (1961-1975) und den Krieg im Oman (1965-1967). In Angola beispielsweise brach der Bürgerkrieg aus, nachdem die angolanische Befreiungsbewegung MPLA (Movimento Popular de Libertação de Angola) versucht hatte, politische Gefangene aus den Gefängnissen der portugiesischen Kolonialherren zu befreien. Die portugiesische Gegenreaktion fiel heftig aus: in der Region Luanda wurden in kürzester Zeit 3.000 Zivilisten auf den Straßen erschlagen oder erschossen, in der Region Melange waren es 8.000 Zivilisten. In den nachfolgenden Wochen und Monaten wurden alle weiteren Widerstandsbewegungen der MPLA durch die Kolonialherren brutal niedergeworfen, bis sich die Organisation zu Mitte und Ende der sechziger Jahre an den Grenzen des Landes neu formierten und dann in verschiedenen Frontverläufen gezielt gegen weiße Siedler, aber auch gegen Angehörige anderer Rassen vorzugehen[16].

Schließlich unterscheidet Kalyvas noch den Typus des symmetrischen, nichtkonventionellen Bürgerkriegs (Kalyvas 2005: 97f.). Als Beispiele für diesen Konflikttypus nennt Kalyas den Libanesischen Bürgerkrieg und den Liberianischen Bürgerkrieg. Merkmale dieser Bürgerkriege sind Zeichen starken Staatszerfalls, offensichtlich grundlose Gewaltausbrüche über ethnische Grenzen, und ständige Versuche, die Bevölkerung zu vertreiben, anstatt sie zu kontrollieren und in die Gemeinschaft einzubinden. Die ausgeübte Gewalt erscheint auf den ersten Blick stärker ethnisch motiviert als in anderen Konflikttypen.

Ähnlich wie in der Diskussion um die neuen Kriege, die hauptsächlich in Deutschland geführt wurde, lässt sich beobachten, dass Kalyvas hauptsächlich im angloamerikanischen Umfeld wahrgenommen und diskutiert worden ist. In der Zusammenschau dieser beiden, parallel verlaufenden Diskussionsstränge lässt sich bei aller Unterschiedlichkeit feststellen, dass innerhalb der empirischen Konfliktforschung eine erhebliche Unsicherheit darüber besteht, was innerstaatlicher Krieg derzeit bedeutet, welche Merkmale er aufweist und wie er sich am besten definieren lässt.

2.2.2.6   Zusammenfassung

Die Bedeutung und das Interesse an innerstaatlichen Kriegen sind in den letzten Jahren deutlich gestiegen. Nach dem Ende des Kalten Krieges konnte sich die immer noch sehr westlich geprägte quantitative Konfliktforschung aus ihrer wissenschaftlichen Starre befreien und nahm vermehrt das Ausmaß und die Trag-

---

16   Siehe dazu auch Barnett / Harvey (1972).

weite innerstaatlicher Kriege wahr. Wichtige Katalysatoren in dieser Entwicklung waren die durch innerstaatliche Konflikte hervorgerufenen humanitären Katastrophen in Ruanda und Somalia. Sie führten deutlich vor Augen, wie wenige Antworten die Konfliktforschung bis dahin auf die Frage nach Formen, Ursachen und Gründen, aber auch nach Risiken innerstaatlicher Konflikte geben konnte.

Unter wissenschaftlichen Gesichtspunkten wurde das Defizit der quantitativen empirischen Konfliktforschung spätestens mit dem Beginn der Diskussion um die »Neuen Kriege« deutlich. Hier zeigte sich, dass den mehr oder weniger fundierten theoretischen Ausarbeitungen zu einer Veränderung des innerstaatlichen Krieges von Seiten der empirischen Wissenschaft nichts entgegengesetzt werden konnte. Somit stehen die Thesen von einer Entpolitisierung, einer dramatischen Ökonomisierung und einem deutlichen Wandel des Konfliktaustrags auf eher tönernen Füßen. Unbestritten ist, dass ein Wandel des Konfliktaustrags stattgefunden hat. Wie dramatisch diese Veränderung tatsächlich ist, kann aufgrund der fehlenden Daten jedoch nicht bestimmt werden. Hier rächt sich die jahrzehntelange Fokussierung auf zwischenstaatliche Kriege und deren Merkmalsausprägungen. Dabei wirken sich nicht nur die oftmals erwähnten Todesopferschwellenwerte negativ auf die Fähigkeit aus, relevante Konflikte zu erfassen. Problematisch ist auch die Bedingung der Beteiligung eines Staates. Gerade in Staaten mit geringer oder verschwundener Staatlichkeit werden per Definition keinerlei gewaltsamen Konflikte, selbst wenn sie über 1.000 Tote pro Jahr erreichen, erfasst. Eine Annäherung an das aktuelle Konfliktgeschehen wäre jedoch möglich, wenn man der grundsätzlichen Argumentationslinie von Kalyvas folgt. Demnach wäre von einer Parallelität verschiedener innerstaatlicher Kriegsformen auszugehen. Neben dem klassischen Bürgerkrieg muss eine moderne, quantitative empirische Konfliktforschung in der Lage sein, auch davon abweichende Kriegsformen zu erfassen und für die empirische Forschung entsprechende Daten bereit zu stellen.

Beide Analysen, sowohl die zum Begriff des zwischenstaatlichen als auch jene zum innerstaatlichen Krieg verdeutlichen, dass eine Neudefinition dessen, was unter Krieg verstanden werden soll, dringend notwendig erscheint. Nur so kann der Graben zwischen theoretischen und empirischen Konfliktverständnis überbrückt werden. Deshalb wird im folgenden Abschnitt untersucht, was aus theoretischer Perspektive zum Kriegsbegriff gesagt werden kann.

2.3   *Clausewitz als Ausgangspunkt eines modernen Kriegsverständnisses*

Der Kristallisationspunkt in der Diskussion um alte und neue Kriege ist der preußische General Carl von Clausewitz (1780 – 1831). Ein Großteil der Autoren, die in den letzten Jahren eine Veränderung des Kriegsaustrags feststellten, bezogen sich direkt auf Clausewitz (Fuller 1961, van Creveld 1991, Keegan 1993, Daase 1999, Münkler 2002) und einige machten so die Disjunktion in alte, »Clausewitzsche« Kriege und Neue, die offenbar nicht mehr dem Bild eines Krieges entsprachen, wie es Clausewitz entworfen hatte. In der Tat ist Clausewitz, fast zwei Jahrhunderte nach seinem Tod, neben dem chinesischen Sun Tsu (544 – 496 v. Chr.) (Sunzi / Lin 2003) noch immer einer der wichtigsten Kriegstheoretiker der Geschichte (vgl. unter vielen: Paret 1992, Herberg-Rothe 2001, Ruloff 2004, Münkler 2006a). Gerade deshalb gibt es eine Reihe von namhaften Autoren, die der These einer veralteten Clausewitz-Theorie vehement widersprechen und zeigen, wie modern die Theorien tatsächlich sind und dass sie auf aktuelle Konflikte angewendet werden können (Lonsdale 2004, Newman 2004, Duyvesteyn 2005, Strachan / Herberg-Rothe 2007).

Im Folgenden soll Clausewitz und sein Werk auf die im vorangegangenen Abschnitt benannten Probleme der empirischen Konfliktforschung untersucht werden. Dies sind erstens Fragen zum eigentlichen Kern des Krieges: was macht das Grundlegende des Krieges aus? Zweitens wird untersucht ob und, wenn ja, welche Antworten Clausewitz auf die Frage nach den unterschiedlichen Formen des Krieges gibt, also auf das, was aktuell in der Zuspitzung von alten und neuen Kriegen diskutiert wird. Drittens wird nach der Relevanz des Clausewitzschen Denkens für die empirische Konfliktforschung gesucht. Ergänzt werden die Ausführungen durch einen Exkurs über Kriegsursachen bei Clausewitz.

2.3.1   Person und Werk

»Vom Kriege«, ist die wichtigste schriftliche Quelle, die Clausewitz hinterlassen hat und aus der gemeinhin zitiert wird, wenn Autoren sich auf Clausewitz beziehen. Es ist allerdings in weiten Teilen unvollendet geblieben, so dass es *die* Clausewitzsche Theorie zum Krieg eigentlich nicht gibt. Gerade in den Teilen des Werkes, die nicht mehr vom Verfasser überarbeitet werden konnten, finden sich Inkonsistenzen, Widersprüche und Unvollständiges (Keegan 1993, Herberg-Rothe 2001)[17]. Auch wenn im Folgenden vorrangig aus dem ersten, zweiten und achten Buch, so sind die einzelnen Großkapitel in »Vom Kriege« bezeichnet, zitiert wird und damit aus jenen Teilen, die als weitestgehend vollendet gelten, nimmt die Interpretation in der aktuellen Diskussion des Clausewitzschen Den-

---

17   Beispielsweise erkennt John Keegan (1993) in Clausewitz den Vordenker des entgrenzten, wenn nicht sogar des totalen Krieges, während Martin van Crefeld (1991) Clausewitz Fokussierung auf zweckrational, begrenzte Kriege kritisiert (vgl. Herberg-Rothe 2001: 12). Vgl. außerdem Schwarz (2003: 9)

kens eine große Rolle ein. Deshalb verzichtet kaum eines der neueren Einführungsbücher zu Clausewitz auf eine, zumindest kurze, Biographie. Dabei wird meist auf die besonderen historischen Umstände der napoleonischen Kriege in der Entstehungszeit des Hauptwerkes »Vom Kriege« und Clausewitz Erfahrungen mit diesen verwiesen. Dieser kleine Exkurs soll auch hier erfolgen, um sich dann anschließend den Kernthesen seiner Arbeit zu zuwenden.

2.3.1.1   Historischer Hintergrund

Carl von Clausewitz[18] wurde am 1.Juli 1780 in der Nähe von Magdeburg geboren und starb am 16.November 1831 in Breslau an einer Cholera-Infektion (vgl. Schössler 1991). Clausewitz trat mit zwölf Jahren als Offiziersanwärter in die preußische Armee ein und nahm bereits ein Jahr später am Feldzug gegen die französischen Revolutionstruppen teil. In seine Jugendzeit fällt also sowohl die französische Revolution als auch der Niedergang der absolutistischen Staaten. Diese Erfahrung prägten seine politischen und vor allem militärischen Analysen nachhaltig.

Als Jugendlicher und junger Offizier in der preußischen Armee erlebte Clausewitz den Krieg vor allem in Form der sogenannten »Kabinettskriege«. Diese stellen eine gewisse, zeitlich sehr begrenzte beobachtbare Sonderform des Kriegsaustrags dar: In Kabinettskriegen blieb der Kriegsaustrag auf die Heere begrenzt, gleichzeitig wurde auch die Bevölkerung vom Krieg weitestgehend verschont: weder wurden wehrfähige Männer zum Krieg zwangsweise herangezogen, noch wurde der Krieg gegen die Bevölkerung eines anderes Staates geführt (vgl. Münkler 2006a: 52)[19]. Kriege wurden förmlich erklärt und hatten ein eindeutiges Ende. Sie wurden gewonnen, indem ein Heer entweder sich allein durch Taktik und Bewegung des Gegners in einer ausweglosen Situation befand, oder indem es in einer Entscheidungsschlacht besiegt wurde. Allerdings stellte diese Form des Konfliktaustrags in dieser Zeit die Ausnahme dar, da keiner der Fürsten interessiert war, seine teure Armee in Kämpfen aufzureiben.

---

18   Es gilt als ungesichert, ob Clausewitz tatsächlich aus einer adeligen Familie stammt oder das adelige »von« zu einem späteren Zeitpunkt der Familie verliehen wurde oder Carl v. Clausewitz sich den Adelstitel aus Karrieregründen selbst hinzugefügt hatte (Schössler 1991)

19   Obwohl die Bevölkerung eines Landes »nur« über finanzielle Abgaben am Kriegsgeschehen beteiligt war, konnte diese Belastung durchaus erhebliche Ausmaße erreichen. Für Kant war diese finanzielle Belastung jedoch eines der Ausgangspunkte in seinem Werk »Der ewige Friede«. (Kant 1795 / 1965): wenn die Bürger die Entscheidungshoheit über Krieg und Frieden hätten, würden sie schon allein aus finanziellen Gründen auf den Krieg als Instrument der Politik verzichten.

Eine andere Art der Kriegsführung lernte Clausewitz mit Napoleons Kriegszügen kennen: Napoleon durchbrach mit der Einführung der allgemeinen Wehrpflicht die klare Trennung zwischen Heer und Bevölkerung. Das Volk wurde gezielt in den Krieg miteinbezogen, der Krieg wurde zur Massenbewegung. Eine der wichtigsten Veränderungen dabei stellte die Umstellung der Armee von einem stehenden Heer zu einer Rekrutierungsarmee dar. Napoleon schuf damit in kurzer Zeit Armeen von einer Größe, die bis dahin weitgehend unbekannt waren. Zwar waren die meisten Soldaten in Napoleons Armeen schlecht ausgebildet und unerfahren – gerade im Gegensatz zu Preußens stehendem Heer mit hohen Drill und langer Kriegserfahrung – doch waren die Soldaten in der französischen Armee wesentlich jünger, und damit wesentlich gesünder und auch begeisterungsfähiger als Preußens »alte Soldaten« [20]. Sie hatten ein Ziel, wofür sie kämpften, wohin gegen Preußens Soldaten ihren Dienst eher aus Pflichterfüllung ausübten.

Die Niederlage Preußens gegen Napoleon in der Doppelschlacht von Jena und Auerstedt im Jahre 1806 war für Clausewitz prägend und trug entscheidend zu seiner wissenschaftlichen Beschäftigung mit dem Kriege und zur Herausbildung der Kriegstheorie bei. Clausewitz erkannte, dass die Überlegenheit der französischen Armee auf einer modernen Organisation als Massenheer mit Rekruten beruhte. Hinzu kam noch die außerordentlich kluge strategische Führung durch Napoleon. Im direkten Vergleich mit dem französischen Herr würde die altmodische, seit den Tagen Friedrich des Großen weitgehend unverändert gebliebene preußische Armee ohne Reformen dauerhaft unterlegen bleiben, so war sich Clausewitz sicher (vgl. Herberg-Rothe 2001: 29f.).

Doch Clausewitz erlebte nicht nur die Siege Napoleons, sondern auch dessen Niederlagen in Russland, der Völkerschlacht bei Leipzig und den Untergang in Waterloo 1815. Genau diese doppelte Erfahrung mit Napoleons Kriegsführung, sowohl seine überzeugenden Siege als auch seine vernichtenden Niederlagen, führten Clausewitz weg von einer rein militärisch geschulten Betrachtungsweise des Krieges hin zu einer *politischen* Theorie des Krieges (Herberg-Rothe 2001: 27).

---

20 Die Berufssoldaten der preußischen Armee waren in der Regel alt, sie mussten in der Regel zwischen 25 und 30 Jahre bis zu ihrer Pensionierung dienen (Heuser 2005: 34). Da Preußen Ende der 1780er Jahre seine Armee vergrößert hatten, waren diese damals eingestellten Soldaten in der Schlacht von Auerstedt bereits 18-20 Jahre im Dienst und im entsprechenden Alter.

2.3.1.2 Schriften

Clausewitz hat sich in mehreren theoretischen Abhandlungen mit Kriegen und deren Strategie auseinander gesetzt[21]. Im Jahre 1810 erhielt er einen Lehrauftrag an der Kriegshochschule in Berlin unter der Leitung des Chefs des Generalstabs, Gerhard von Scharnhorst[22]. Während seiner Lehrtätigkeit an der von von Scharnhorst geleiteten Kriegsschule in Berlin beschäftigte sich Clausewitz zwischen 1810 und 1812 vornehmlich mit dem »Kleinen Krieg«. In dieser Zeit arbeitete er gemeinsam mit seinem Vorgesetzten auch an einer neuen Konzeption für eine Heeresreform, die den Kampf gegen die französische Besatzungsmacht ermöglichen sollte. Als der preußische König 1812 von Frankreich unter Druck gesetzt wurde, gemeinsam gegen Russland in den Krieg zu ziehen, entschied sich Clausewitz - gegen den ausdrücklichen Wunsch des preußischen Königs - auf die russische Seite zu wechseln. Er nahm dort mit Gleichgesinnten innerhalb einer deutsch-russischen Legion am Krieg teil. Nach dem Krieg wurde er zwar wieder an der Kriegshochschule aufgenommen, erhielt jedoch aufgrund seines Seitenwechsels fortan keinen Lehrauftrag mehr, sondern wurde als Verwaltungsdirektor der Allgemeinen Kriegsschule in Berlin eingesetzt. Danach hat er sich zwischen 1818 und 1830 mit der Abfassung des Werkes »Vom Kriege« beschäftigt (Schössler 1991: 94), ein Werk in acht Büchern und mehreren hundert Seiten Umfang. Clausewitz selbst bezeichnete lediglich das erste Buch als fertig gestellt (Schössler 1991). Trotz des unvollendeten Charakters des Werkes gab es seine Frau Marie v. Clausewitz 1832 in Druck und erlebte eine lebhafte Aufnahme unter seinen Lesern. Bereits in den 1860er Jahren galt das Buch »als Standardwerk« (van Creveld 2001: 63). Den Durchbruch in Wahrnehmung und Bekanntheit erzielte »Vom Kriege« mit einer Bemerkung des Generalfeldmarschall Helmut von Moltke, dass der Sieg über Frankreich, den er 1870/71 errungen hatte, neben der Lektüre der Bibel und Homers, vor allem dem Buche Clausewitz und dessen strategischen Erkenntnissen zu verdanken sei (Keegan 1993: 20). Das Buch fand weltweit Anerkennung und wurde sowohl von vielen militärischen Führern als auch von Politikern gelesen[23]. »Vom Kriege« wurde in viele Sprachen übersetzt und hatte, auch das Zeichen des enormen Einfluss des Buches, während des gesamten Kalten Krieges ausgewiesene Anhänger auf beiden Seiten des Eisernen Vorhangs (van Creveld 2001).

---

21 Beispielsweise in »Strategie von 1804« und »Der russische Feldzug 1812«
22 Gerhard von Scharnhorst war preußischer General und zusammen mit August Neidhardt von Gneisenau einer der wichtigsten Reformer des preußischen Heeres. (vgl. Broicher 2005)
23 Eine ausführlichere Darlegung der Clausewitz Perzeption findet sich bei Heuser (2005: 15-30), sowie bei Marwedel (1978) und Rose (1995).

Das in heutiger Druckfassung etwa 800 Seiten umfassende Werk »Vom Kriege« blieb unvollendet und wurde 1832 von Marie von Clausewitz, seiner Ehefrau
herausgegeben. In dieser Arbeit wird eine Druckfassung von 2008 (Clausewitz
2008) zitiert. Trotz der Bedeutung in vielen modernen Abhandlungen zu Veränderungen oder Konstanten des Krieges fällt auf, dass auf Clausewitz meist nur
kursorisch Bezug genommen wird. Noch immer dürfte deshalb die Einschätzung
eines Experten gelten, dass Clausewitz wesentlich häufiger zitiert als gelesen
wird (Rothfels 1943: 96). Auch heute noch wird Clausewitz oft auf wenige
Stichworte oder Begriffe reduziert wie die gängige Definition nach der der Krieg
die »Fortsetzung der Politik mit andern Mitteln« (Clausewitz 2008: 47) sei. Zwar
ist es richtig, dass dies eine der zentralen Aussagen des Buches ist. Doch bleibt
dabei die Vielschichtigkeit und Differenziertheit des Gesamtwerkes unbeachtet.
Dennoch werfen Kritiker Clausewitz vor, dass die 130 Kriege, auf denen er seine
Analysen in »Vom Kriege« stützt, nichts mehr dem heutigen Konfliktgeschehen
gemein hätten und deshalb auch das Ergebnis seiner Analysen im Bereich der
Strategie und Taktik nicht mehr zu verwenden seien (Fuller 1961, van Creveld
1991, Keegan 1993).

Mit einer derartigen Kritik bleibt jedoch das eigentliche Ziel der Clausewitzschen Abhandlung unberührt: Zwar finden sich in den Büchern drei bis sieben
des umfassenden Werkes einige Strategieempfehlungen, die sich allein auf den
zwischenstaatlichen Krieg mit stehenden Heeren beziehen. Doch Clausewitz
geht es primär darum, das Wesen des Krieges unabhängig von Zeit und Umständen zu erforschen. Wie auch in anderen geisteswissenschaftlichen Arbeiten seiner Zeit üblich, versucht er mit den Methoden der Naturwissenschaft den Krieg
in seine Einzelteile zerlegen, deren eigentliche Wirkungsweise zu erfassen und
die Abweichungen vom theoretischen Konstrukt, also die Verschiedenheit des
Kriegsgeschehens, aus den Wechselwirkungen mit anderen Faktoren zu erklären.
Diese Konstruktion des Krieges, seine Bestandteile, seine eigene Wirkungsweise
aber auch der Einfluss der Politik werden im Nachfolgenden dargelegt. Im nachfolgenden Abschnitt wird Clausewitz auf die zweite Fragestellung dieser Arbeit
hin untersucht: Was lässt sich aus seinen Ausführungen über die Ursache von
Kriegen sagen? In einem dritten Abschnitt wird die Kritik, die in den letzten Jahren an Clausewitz geübt wurde, pointiert dargestellt und erklärt. Ein Fazit, das
die Ergebnisse der Kriegstheorie von Clausewitz für die Konfliktforschung zusammenfasst, schliesst die Ausführungen über Clausewitz als Ausgangspunkt
eines modernen Kriegsverständnisses ab.

2.3.2   Die Natur des Krieges bei Clausewitz

»Krieg« ist für Clausewitz grundsätzlich ein »komplexer Begriff« (vgl. Aron 1980: 104ff.), der im gesamten Buch Werk eine unterschiedliche Verwendung findet. Denn Clausewitz erlangt etwa um das Jahr 1827 und damit vermutlich etwa 10 Jahre, nachdem er mit dessen Abfassung begonnen hatte, eine wichtige Erkenntnis: Kriege sind in ihrer Zielsetzung nicht so einheitlich, wie er ursprünglich gedacht hatte. In der Folge unterscheidet er zwischen »absoluten« und »beschränkten«, oder wie sie im Folgenden auch genannt werden, »begrenzten Kriegen«, die sich in ihrem Verständnis derart tief unterscheiden, dass auch von einem »idealen« und einem »realistischen Kriegstypus« (Heuser 2005: 41) gesprochen wird.

Eine erste Annäherung an das Kriegsverständnis Clausewitz gelingt jedoch, wenn man Krieg bei Clausewitz von mindestens zwei Seiten aus denkt. Zum ersten von der inneren Funktionslogik, die bei Clausewitz immer konstant bleibt, weil sie »dem Wesen« des Krieges entspricht: die Tendenz zu einer permanenten Ausweitung des Konfliktgeschehens (Clausewitz 2008: 29). Clausewitz vergleicht hier den Krieg mit einem Ringkampf, der keinen Kompromiss oder kein Unentschieden kennt, sondern einen eindeutigen Sieger benötigt und aus dieser Zielsetzung seine eigene Handlungslogiken entwickelt und nach einer immer größer werdenden Ausdehnung strebt (ebd.). Die zweite Seite, von der Krieg bei Clausewitz gedacht werden muss, ist das Umfeld, in denen Kriege *immer* eingebunden sind. Dieses Umfeld gestaltet den Kriegsaustrag und bestimmt die unterschiedlichen Formen des Kriegsgeschehens. Als wesentlichen Bestandteil dieses Umfelds erkennt Clausewitz die Politik, die den Krieg kontrolliert und diesen als Instrument für deren Zwecke einsetzt. Aus dieser Wechselwirkung zwischen der Natur des Krieges und der Konfrontation mit der Wirklichkeit erklärt Clausewitz die sich stets verändernde Form des Krieges – der Krieg wird so zum »Chamäleon« (Clausewitz 2008: 49). Diese Grundmerkmale des Kriegsbegriffs bei Clausewitz werden im Folgenden ausgeführt und erläutert.

2.3.2.1   Wechselwirkungen zum absoluten Krieg

Die erkannte Tendenz zum absoluten Krieg erklärt sich für Clausewitz aus drei »Wechselwirkungen«. Es ist wichtig, diese Mechanismen genauer zu betrachten, da sie auch jene Ansatzpunkte sind, die erklären, wie der Krieg in seiner natürlichen Tendenz, nämlich sich auszuweiten, begrenzt werden kann.

> »Der Krieg ist nichts als ein erweiterter Zweikampf. (…) Jeder sucht den anderen durch physische Gewalt zur Erfüllung seines Willens zu zwingen: sein nächster Zweck ist, den Gegner niederzuwerfen und dadurch zu jedem fernerem Widerstand unfähig zu machen. *Der Krieg ist also ein Akt der Gewalt, um den Gegner zur Erfüllung unseres Willens zu*

zwingen. Gewalt, d. h. die physische Gewalt (denn eine moralische gibt es außer dem Begriffe des Staates und Gesetzes nicht), ist also *das Mittel,* dem Feinde unseren Willen aufzudringen, *der Zweck.* Um diesen Zweck sicher zu erreichen, müssen wir den Feind wehrlos machen, und dies ist dem Begriff nach das eigentliche Ziel der kriegerischen Handlung. Es vertritt den Zweck und verdrängt ihn gewissermaßen als etwas nicht zum Kriege selbst Gehöriges«. (Clausewitz 2008: 29)

Clausewitz verwendet hier drei wichtige Begrifflichkeiten, die sich immer wieder an anderen Stellen des Werkes finden: Zweck, Mittel und Ziel. Zweck des Krieges ist es, dem Gegner den eigenen Willen aufzuzwingen, ihn beispielsweise zur Freigabe eines bestimmten Stück Landes zu zwingen. Dies könnte vorher bereits mit nicht-kriegerischen Mitteln ohne Erfolg versucht worden sein, deshalb ist an die Stelle der Politik der Krieg getreten.

Krieg bedeutet die Anwendung physischer Gewalt und zwar so lange, bis der Gegner wehrlos ist. Das in diesem Beispiel als Zweck gewählte Stück Land spielt während des Krieges keine Rolle mehr. Es geht nur noch darum, den Gegner zu besiegen. Clausewitz geht davon aus, dass nicht nur die eigene Seite dieses absolute Ziel verfolgt, den Gegner niederzuwerfen, sondern auch der Gegner selbst. Damit ergibt sich die folgende Schlussfolgerung:

»Solange ich den Gegner nicht niedergeworfen habe, muss ich fürchten, dass er mich niederwirft, ich bin also nicht mehr Herr meiner, sondern er gibt mir das Gesetz, wie ich es ihm gebe« (Clausewitz 2008: 32).

Clausewitz erkennt hier eine als kommunikativ zu bezeichnende Seite des Krieges: wie man selbst gegen den Gegner agiert, so könnte auch der Gegner gegen einen selbst handeln. Aus dieser quasi Umkehrung des kantschen Imperativs folgt, dass der Gegner nicht vorschnell als besiegt angesehen werden darf. Denn sobald er noch Widerstandskräfte besitzt, wird er diese einsetzen. Mit anderen Worten, Clausewitz würde vor einer vorschnellen Gnade gegen den Gegner warnen. Dies ist Clausewitz zweite Wechselwirkung zum absoluten Krieg:

Die dritte Wechselwirkung, die zum absoluten Krieg führt, besteht aus der Unwägbarkeit der Stärke des Gegners. Die Stärke des Feindes ergibt sich für Clausewitz aus zwei Komponenten: der Verfügbarkeit der vorhandenen Mittel, also beispielsweise Soldaten und Bewaffnung, und der Willensstärke des Gegners:

»Wollen wir den Gegner niederwerfen, so müssen wir unsere Anstrengung nach seiner Widerstandskraft abmessen; diese drückt sich durch ein Produkt aus, dessen Faktoren sich nicht trennen lassen, nämlich: *die Größe der vorhandenen Mittel* und *die Stärke der Willenskraft« (Clausewitz 2008: 32)*

Die Forschung ist sich einig, dass Clausewitz Vision vom Krieg, der immer zum Absoluten strebt, aus den Erfahrungen resultiert, die Clausewitz mit Napoleons Kriegsführung gemacht hatte. Hier erlebte Clausewitz eine Begeisterung für den Krieg, die im starken Kontrast zur europäischen Kriegsführung der letzten Jahrzehnte stand. Während diese »Kabinettskriege« von Disziplin und Ordnung und dem Kampf auf dem Schlachtfeld geprägt waren, zeigten sich die Napoleonischen Truppen von Begeisterung und Siegeswillen durchdrungen. Die entscheidenden Manöver der französischen Armee in Jena und Auerstedt sollen demnach vor allem in den Abendstunden erfolgt sein, als die preußischen Truppen sich auf dem Rückweg in die Quartiere befanden und die Napoleonischen Truppen keine Unterscheidung zwischen Kampf- und Pausenzeiten vornahmen und die preußischen Truppen, die in der Überzahl waren, angriffen.

2.3.2.2   Die Modifikation in der Wirklichkeit: die Ausdifferenzierung des Krieges

Die Entwicklung zum absoluten Krieg, in dem gekämpft wird, bis es einen eindeutigen Sieger und Verlierer gibt, das wird Clausewitz nach seiner Analyse der empirischen Fallbeispiele für das achte Buch bewusst, stellt empirisch die absolute Ausnahme dar. Die Auseinandersetzung mit historischen Schlachten zeigte ihm, dass fast alle der untersuchten Kriege abgebrochen wurden, weit bevor ein eindeutiger Sieger feststand. Diese Erkenntnis stellt den Bruch in Clausewitz Betrachtungen zum Krieg dar, die er noch in die Umarbeitung des ersten Buches einflechten kann. Deutlich wird sie im sechsten Abschnitt des ersten Kapitels, den er mit »Modifikationen in der Wirklichkeit« (Clausewitz 2008: 33) überschrieben hat. Demnach ergeben sich zwischen dem stets nach den äußersten strebenden Krieg und der realen Umwelt, in der er ausgetragen wird, weitere Wechselwirkungen, die die Absolutheit des Krieges einschränken. Clausewitz nennt drei Gründe, warum diese Modifikationen des Krieges auftreten:

- Der Krieg ist nie ein isolierter Akt, sondern ist gebunden an »das frühere Staatsleben«, wird also auch von der Vergangenheit, bzw. der gemeinsam gemachten Erfahrung der am Konflikt beteiligten Akteure bestimmt (ebd. 34)
- Der Krieg besteht aus einer Reihe von Entscheidungen, die zu unterschiedlichen Zeitpunkten gefällt werden. Das heißt, Entscheidungen werden immer im zeitlichen und strategischen Umfeld getroffen und fallen deshalb nicht immer gleich aus. Vor allem rechnet Clausewitz hier mit der menschlichen Neigung, sich zu Beginn nicht vollkommen anzustrengen, also anders als im absoluten Krieg nicht alle Gewalt in den ersten Schlag zu setzen. Und diese Schwäche, so zeigt sich Clausewitz überzeugt, wird dem Gegner Grund genug geben, ebenfalls nicht seine gesamte Kraft in den nächsten Schlag zu setzen. Hier erkennt Clausewitz also eine Art Gegenbewegung durch den Krieg. »Durch diese Wechselwirkung wird das Streben nach dem Äußersten auf ein bestimmtes Maß der Anstrengung zurück geführt« (ebd. 36).

- Die dritte Gegenbewegung zum absoluten Krieg sieht Clausewitz in der strategischen Abwägung, dass Staaten auch nach einem verlorenen Krieg weiter existieren, die Niederlage also ein »vorübergehendes Übel« sein kann und der Unterlegene in späteren Zeiten eine »Abhilfe« schaffen will. Um die Beziehungen zum gegnerischen Staat nicht dauerhaft zu zerstören, sondern bereits im aktuellen Krieg Möglichkeiten für ein zukünftiges Miteinander berücksichtigen, rät Clausewitz zu einer Mäßigung der Heftigkeit (ebd. 36).

Genau dieser letzte Punkt zeigt bereits, dass Clausewitz neben den »menschlichen Schwächen«, die eine Eskalation zum absoluten Krieg verhindern, vor allem auch die Steuerungsmöglichkeiten des Krieges durch jene Personen, die ihn führen, erkennt. Krieg, dies wird so deutlich, ist für Clausewitz ein Instrument. Ein Instrument, das der Politik dienen soll.

2.3.2.3   Die Bedeutung der Politik im Krieg

Nachdem Clausewitz also zunächst den Krieg als solchen untersucht, und dabei zunächst den Charakter eines Ringkampfes erkannt und später die Eigendynamiken innerhalb des Krieges untersucht hatte, bringt Clausewitz zum Ende des ersten Kapitels im ersten Buch die zweite Definition des Krieges: eine, bei der Krieg nicht nur aus den eigentlichen Mitteln besteht, also der physischen Gewaltanwendung, sondern in der Krieg untrennbar mit Politik und Gewalt verbunden ist:

> So sehen wir also, daß der Krieg nicht bloß ein politischer Akt, sondern ein wahres politisches Instrument ist, eine Fortsetzung des politischen Verkehrs, ein Durchführen desselben mit anderen Mitteln. Was dem Kriege nun noch eigentümlich bleibt, bezieht sich bloß auf die eigentümliche Natur seiner Mittel. Daß die Richtungen und Absichten der Politik mit diesen Mitteln nicht in Widerspruch treten, das kann die Kriegskunst im allgemeinen und der Feldherr in jedem einzelnen Falle fordern, und dieser Anspruch ist wahrlich nicht gering; aber wie stark er auch in einzelnen Fällen auf die politischen Absichten zurückwirkt, so muß dies doch immer nur als eine Modifikation derselben kommt gedacht werden, denn die politische Absicht ist der Zweck, der Krieg ist das Mittel, und niemals kann das Mittel ohne Zweck gedacht werden (Clausewitz 2008: 47).

Diese Einheit zwischen Politik und Krieg wird, wie weiter unten gezeigt wird, von etlichen der heutigen Kriegsforscher in Zweifel gezogen. Wer kann bei vielen der heutigen Konfliktformen, bei denen mit Drogen voll gepumpte, schlecht ausgebildeten Kämpfer wahllos in die Masse schießen, noch von einem Primat der Politik reden (Eppler 2002, Münkler 2002)? Doch abgesehen davon, dass Clausewitz ausschließlich Staatenkriege untersucht, kennt auch Clausewitz Unterschiede im Konfliktaustrag und der Bedeutung, die Politik in den Kriegen zukommt (ebd. 47): Je größer und stärker die Motive des Krieges sind, je mehr er die Bevölkerung begeistert, desto weniger politisch erscheint er. Je schwächer diese Motive sind, desto politischer erscheint ein solcher Konflikt. Im Übrigen gesteht Clausewitz auch zu, dass es etliche Kriege gibt, in denen das Politische, also das gezügelte, »ganz zu verschwinden scheint« (ebd. 46), während es andere Kriege gibt, in denen das Politische deutlich hervor scheint.

Clausewitz schreibt der Politik aber noch eine weitere Bedeutung zu. Zunächst hatte er den Krieg als vom absoluten Siegeswillen getriebenes und auf immer größerere Ausdehnung bestimmtes Phänomen erkannt, weist aber zugleich darauf hin, dass dies eine rein theoretische Vorstellung sei. Wo aber die Begeisterung so stark sei, dass sie das Politische zu verdrängen drohe, müsse die Politik mäßigend eingreifen. Tatsächlich aber müsste die Politik, da die meisten Kriege eher auf »kleine Dinge« gerichtet seien, die Menschen zum Krieg bewegen, als eine überbrodelnde Kriegslüsternheit zu bremsen (ebd. 47).

Zusammenfassend stellt Clausewitz die Ergebnisse der bisherigen Betrachtung fest (ebd. 48): Erstens: Kriege sind immer als politisches Instrument zu sehen. Zweitens: Kriege variieren in ihren Motiven, aber auch in den politischen, ökonomischen, sozialen und kulturellen Rahmenverhältnissen. Gerade der zweite Aspekt wird weiter unten noch seine Relevanz zeigen, wenn der Frage nach den Ursachen der Unterschiede in Konfliktverlauf bzw. in den Konfliktformen nachgegangen wird. An dieser Stelle bleibt festzuhalten: Kriege variieren in Form, Dauer, Intensität. Ein Aspekt, der in der quantitativen Konfliktforschung lange Zeit keine große Aufmerksamkeit fand (vgl. Seybolt 2002).

2.3.2.4   Die Unterschiede des Kriegsbegriffs: Absolute und begrenzte Kriege

Die Bedeutung der Politik für seine Kriegstheorie kam Clausewitz vermutlich erst bei der Abfassung des achten Buches, in dem er sich der mit Analyse von mehreren historischen Kriegen auseinandersetzt und dabei die Erkenntnis erlangt, dass das Bild des absoluten Krieges, das er bislang gezeichnet und als Idealtypus erklärt hatte, in der Vergangenheit erst mit Napoleon und seinen Kriegen zu beobachten war. In der Konsequenz gewinnt er die Einsicht, dass er diesem idealen Kriegstyp einen weiteren beifügen muss (Aron 1980: 110, Heuser 2005: 38). Einen, der nicht absolut, sondern beschränkt geführt wird.

Die Unterscheidung in absolut und begrenzt geführte Kriege hat für das Gesamtwerk eine einschneidende Wirkung. In einer Notiz von 10. Juli 1827 teilte Clausewitz der Nachwelt für den Falle eines vorzeitigen Ablebens seine neueste Erkenntnis mit (Aron 1980: 111ff.): Anders als zuvor erkannte er zwei unterschiedliche Typen des Krieges. Erstens Kriege, die geführt werden, um den Gegner politisch zu vernichten oder ihn zumindest wehrlos zu machen, damit man ihn zu jedem beliebigen Frieden zwingen kann. Und zweitens Kriege, die geführt werden, um beim Gegner »bloß an den Grenzen seines Reiches einige Eroberungen (zu) machen (…), sei es, um sie zu behalten, oder um sie als nützliches Tauschmittel beim Frieden geltend zu machen« (Clausewitz 2008: 21). Clausewitz empfand die Auswirkungen so stark, dass er die bis dahin fertig gestellten ersten sieben Bücher nur noch als »ziemlich unförmliche Masse« (ebd.) bezeichnete. Clausewitz zeigt sich im achten Buch überzeugt, dass die zweite Form, die der begrenzten Kriege, die empirisch betrachtet wesentlich häufigere Art der Kriegsführung darstellt. Er ist sich in diesem Kapitel bewusst, dass im Grunde genommen nur die Napoleonischen Kriege dem absoluten Krieg mit dem Wunsch, den Gegner wirklich niederzuringen, entsprechen.

Die Umarbeitungen, die Clausewitz nach seiner Notiz bereits durchführt, lassen sich beispielsweise im zweiten Kapitel des ersten Buches gut erkennen (Heuser 2005: 48), in dem er sich mit dem Zweck und Mittel im Krieg auseinander setzt und hier eine erstaunliche Kehrtwendung zu beobachten ist. Zunächst begegnet der Leser dem ursprünglichen Clausewitz, der auf die Vernichtung der feindlichen Streitkräfte drängt.

> Nun ist im Gefecht alle Tätigkeit auf die Vernichtung des Gegners oder vielmehr *seiner Streitkräfte* gerichtet, denn es liegt in seinem Begriff; die Vernichtung der feindlichen Streitkraft ist also immer das Mittel, um den Zweck des Gefechts zu erreichen. (Clausewitz 2008: 60)

Doch bereits im nächsten Abschnitt beginnen die Ergänzungen: hier relativiert Clausewitz und setzt den Einsatz der Mittel mit den Zielen des Krieges und den Zwecken des Gefechtes in Relation.

> Dieser Zweck kann ebenfalls die bloße Vernichtung der feindlichen Streitkraft sein, aber dies ist keineswegs notwendig, sondern er kann auch etwas ganz anderes sein. Sobald nämlich, wie wir das gezeigt haben, das Niederwerfen des Gegners nicht das einzige Mittel ist, den politischen Zweck zu erreichen, sobald es andere Gegenstände gibt, welche man als Ziel im Kriege verfolgen kann, so folgt von selbst, daß diese Gegenstände der Zweck einzelner kriegerischer Akte werden können und also auch der Zweck von Gefechten. (ebd)

Clausewitz verdeutlicht dies anhand eines Beispiels. Wenn ein Bataillon den Auftag erhalte, den Feind von einem Berge oder einer Brücke zu vertreiben, dann wäre der Besitz dieser Objekte der eigentliche Zweck und die Vernichtung der feindlichen Streitkräfte die Mittel. Würde sich aber der Gegner auch durch das reine Aufmarschieren oder eben durch Präsenz vertreiben, dann wäre der Zweck auch erfüllt (ebd, S. 61). Damit gesteht Clausewitz zu, dass Akteure unterschiedliche Mittel zur Erfüllung ihrer Zwecke einsetzen. Sogar das Ausbleiben des Gefechtes, wie in diesem Beispiel, ist für Clausewitz dennoch Teil des Krieges (Heuser 2005: 48). Ein Aspekt, der in der Diskussion um die »Kriegshaftigkeit« der neuen Kriege noch eine wichtige Rolle spielen wird.

Um zu erklären, warum Kriege unterschiedlich geführt werden, verweist Clausewitz auf die Zwecke – ein Begriff, der später noch näher untersucht wird und den Wert den die Akteure diesen beimessen: »Je großartiger und stärker die

Motive des Krieges sind (…), desto mehr wird sich der Krieg seiner abstrakten Gestalt nähern« (Clausewitz 2008: 47). Nur danach bemisst sich, welche Mittel die Akteure einsetzen wollen. Allerdings gilt es zu beachten (vgl. Paret 1986: 206f.), dass Clausewitz die Zwecke unterteilt in politische und militärische und diese auch miteinander vermischt.

Es bleibt festzuhalten: Grundlegend für das Kriegsverständnis ist die Trias von Mittel, Ziel und Zweck, aus der Krieg erklärt und verstanden werden muss: das Ziel des Krieges ist die Niederwerfung des politischen Gegners, der Zweck ist die Durchsetzung des eigenen Willens und die Mittel sind die Schlachten oder Manöver, die das Heer durchführen muss (ebd. 29). Eine der wichtigsten Bestandteile des Clausewitzschen Kriegsdenkens ist das Primat der Politik – der Krieg steht im Dienste der Politik, muss ausschließlich ihre Ziele verfolgen und ist nicht Selbstzweck. In diesem Zusammenhang ist die Analyse der Begriffe »Strategie« und »Taktik« wichtiger Bestandteil des Clausewitzschen Werkes, durch die der instrumentale Charakter des Krieges heraus bestimmt wird: Strategie ist der Gesamtplan, mit dem die Erreichung des gesteckten *Zieles* verwirklicht werden soll. Der Krieg kann, muss aber nicht, Teil der Strategie sein. Die Taktik hingegen bezieht sich auf Handlungen im Kampf, ist also allein militärisch bestimmt. Diese begriffliche und inhaltliche Trennung, die sich bis dahin bei keinem anderen Kriegstheoretiker finden lässt, ist insofern wichtig, weil sie klar auch die Hierarchie in der Befehlsstruktur verdeutlicht: die Politik kommt vor dem Militärischen.

2.3.2.5   Der Krieg als Chamäleon

Eine der wichtigsten Zusammenfassungen zur Gesamterscheinung des Krieges gibt Clausewitz am Ende des ersten Kapitels des ersten Buches:

> »Der Krieg ist also nicht nur ein wahres Chamäleon, weil er in jedem konkreten Falle seine Natur etwas ändert, sondern er ist auch seinen Gesamterscheinungen nach, in Beziehung auf die in ihm herrschenden Tendenzen eine wunderliche Dreifaltigkeit, zusammengesetzt aus der ursprünglichen Gewaltsamkeit seines Elementes, dem Haß und der Feindschaft, die wie ein *blinder Naturtrieb* anzusehen sind, aus dem Spiel der Wahrscheinlichkeiten und des Zufalls, die ihn zu einer *freien Seelentätigkeit* machen, und aus der untergeordneten Natur eines politischen Werkzeuges, wodurch er *dem bloßen Verstande* anheimfällt.« (Clausewitz 2008: 49).

Im Bild mit dem Krieg als Chamäleon fasst Clausewitz das bisher zum Krieg gesagte noch einmal zusammen: jeder Krieg verläuft anders und ist das Ergebnis aus dem Zusammenspiel der Kräfte seiner eigentlichen *Gewaltsamkeit*, dem Zusammenspiel von Wahrscheinlichkeit und Zufall, und der Steuerung durch die Politik, also dem Verstande oder der Vernunft.

Möglicherweise ist das einer der am häufigsten überlesenen oder missverstandenen Passagen bei Clausewitz: Clausewitz hat also keineswegs ein eindeutiges oder klares Formbild des Krieges vor Augen – vielmehr begreift er Krieg als einen Zustand, der seine Form in Abhängigkeit von Volk, Militär und Politik bildet. Alle drei Elemente tragen zur besonderen Form eines jeden einzelnen Krieges bei.

So unterscheidet Clausewitz zwischen gebildeten und weniger gebildeten Völkern. Während erstere einen gemäßigten Konfliktaustrag pflegen, sind letztere für ihre Brutalität bekannt. Heeresführer bestimmen durch ihre Art der Heeresführung, durch die von ihnen gewählte Taktik über blutige oder weniger blutige Konflikte. Der Politik jedoch kommt übergeordnete Bedeutung zu: sie prägt den gesamten Konfliktverlauf. Politik sei wie der »Schoß, in welchem sich der Krieg entwickelt, in ihr liegen die Lineamente desselben schon verborgen angedeutet wie die Eigenschaften der lebenden Geschöpfe in ihren Keimen« (ebd. 136).

2.3.2.6 »Die wunderliche Dreifaltigkeit«

Die »wunderliche Dreifaltigkeit«, das Zusammenwirken von Volk, Feldherr und Regierung die Clausewitz als vorläufiges Fazit seines ersten Buches, als »Resultat für die Theorie«[24], zieht, gilt, besonders im angloamerikanischen Sprachraum und speziell nach dem verlorenen Vietnamkrieg, als einer der wichtigsten Passagen des Werkes überhaupt (vgl. Villacres / Bassford 1995: 12f.). Entsprechend lohnt es sich, die entsprechende Stellen noch einmal im Original zu lesen (Clausewitz 2008: 49):

> »Der Krieg ist also nicht nur ein wahres Chamäleon, weil er in jedem konkreten Falle seine Natur etwas ändert, sondern er ist auch seinen Gesamterscheinungen nach, in Beziehung auf die in ihm herrschenden Tendenzen eine wunderliche Dreifaltigkeit, zusammengesetzt aus der ursprünglichen Gewaltsamkeit seines Elementes, dem Haß und der Feindschaft, die wie ein *blinder Naturtrieb* anzusehen sind, aus dem Spiel der Wahrscheinlichkeiten und des Zufalls, die ihn zu einer *freien Seelentätigkeit* machen, und aus der untergeordneten Natur eines politischen Werkzeuges, wodurch er *dem bloßen Verstande* anheimfällt.«

> Die erste dieser drei Seiten ist mehr dem Volke, die zweite mehr dem Feldherrn und seinem Heer, die dritte mehr der Regierung zugewendet. Die Leidenschaften, welche im Kriege entbrennen sollen, müssen schon in den Völkern vorhanden sein; der Umfang, welchen das Spiel des Mutes und Talents im Reiche der Wahrscheinlichkeiten des Zufalls bekommen wird, hängt von der Eigentümlichkeit des Feldherrn und des Heeres ab, die politischen Zwecke aber gehören der Regierung allein an.

---

24 So die Überschrift des 28.ten und letzten Abschnitts des Ersten Kapitels im Ersten Buch.

Diese drei Tendenzen, die als ebenso viele verschiedene Gesetzgebungen erscheinen, sind tief in der Natur des Gegenstandes gegründet und zugleich von veränderlicher Größe. Eine Theorie, welche eine derselben unberücksichtigt lassen oder zwischen ihnen ein willkürliches Verhältnis feststellen wollte, würde augenblicklich mit der Wirklichkeit in solchen Widerspruch geraten, dass sie dadurch allein schon wie vernichtet betrachtet werden müsste. Es sind demnach zwei unterschiedliche Arten von »Dreifaltigkeit« zu beobachten. Die erste besteht, wie oben bereits geschildert, aus

- der ursprünglichen Gewaltsamkeit des Krieges, dem Naturtrieb, dem Hass und der Feindschaft
- dem Spiel der Wahrscheinlichkeiten und des Zufalls, die den Krieg zu einer freien Seelentätigkeit machen
- der untergeordneten Natur eines politischen Werkzeugs, wodurch er dem Verstande anheimfällt.

Die zweite Trias personifiziert mit Volk, Feldherrn und Regierung gleichsam die »wunderliche Dreifaltigkeit«: das Volk steht für die Leidenschaft des Krieges, diese muss jedoch schon bereits in den Völkern enthalten sein[25]. Der Umgang mit den Zufällen des Krieges und dem Erwecken von Einsatz und Mut schreibt er dem Feldherren und seinem Heere zu. Die politischen Ziele gehören allein der Regierung an.

Diese zweite »Dreifaltigkeit« hat in der Forschung die höhere Aufmerksamkeit erfahren (Heuser 2005: 66) und ist unter strategischen Gesichtspunkten besonders interessant. Mao Zedong beispielsweise hat in seinen revolutionären Schriften und seinen strategischen Überlegungen auf Clausewitz und dessen Dreifaltigkeit zurückgegriffen, dabei aber vor allem die Bedeutung des Volkes betont. Anders als Clausewitz ging Mao in seinen Schriften direkt auf die Mobilisierungsmöglichkeiten der Volksmasse durch die Politik bzw. die Ideologie ein. Mao strebte dabei eine enge Verbindung zwischen Volk und Soldaten an, die Steuerung des Krieges sollte, wie bei Clausewitz, jedoch nicht beim Volk liegen sondern bei der Politik verbleiben.

Mao nimmt im Grunde damit einen Gedanken auf, den Clausewitz nur aufgezeigt aber nicht ausgeführt hatte. Denn gegenüber dem Volk scheint Clausewitz eine gewisse Skepsis einzunehmen: zwar erkennt er das Potenzial der Leidenschaft, hat dessen Wirkung durch die französische Revolution und die napoleo-

---

25 Hier besteht ein kleiner Widerspruch zu Clausewitz Ausführungen weiter oben, wenn er der Politik sowohl die Aufgabe zuschreibt, vorhandene Leidenschaft zu zügeln – oder sie anzustacheln. In der hier zitierten Passage zur »Dreifaltigkeit« *muss* diese Leidenschaft bereits in den Völkern enthalten sein – kann also nicht mehr von der Politik animiert werden.

nische Kriegsführung auch selbst kennen gelernt, bleibt dieser jedoch in »Vom Kriege« gegenüber recht reserviert.

Die Dreifaltigkeit aus Volk, Militär und Regierung fand ebenfalls in der US-amerikanischen Forschung große Aufmerksamkeit, maßgeblich durch Harry G. Summers populäre Analyse des Vietnamkrieges »On Strategy« (Summers 1982). Summers weist unter Bezugnahme auf Clausewitz darauf hin, dass es in einer Demokratie unmöglich sei, über einen längeren Zeitraum Krieg zu führen, wenn sich das Volk und die Regierung die Ziele des Krieges entweder nicht klar definiert oder sich nicht mit diesen und den dafür entsandten Truppen nicht klar identifiziert. Summers Arbeit gilt noch immer als eine der maßgeblichen Analyse zum Vietnamkrieg und soll erheblichen Einfluss bei der Ausarbeitung der Pläne für den ersten US-amerikanischen Golfkrieges, der Befreiung Kuwaits, gespielt haben[26].

An der Lehre der Dreifaltigkeit manifestiert sich jedoch auch erhebliche Kritik an Clausewitz. Sie stellt den zentralen Angriffspunkt in der Frage der Übertragbarkeit Clausewitzscher Ideen auf aktuelle Konflikte dar. So kritisieren van Creveld (1991) und Keegan (1993) dass die bei Clausewitz a priori gegebene Trennung zwischen Volk, Soldaten und Regierung nur in wenigen Staaten der Welt tatsächlich beobachtbar gewesen sei und deshalb beispielsweise Bürgerkriege mit der »wunderlichen Dreifaltigkeit« nicht erklärt bzw. analysiert werden könnten. Außerdem seien etablierte Staaten mit regulären Armeen außer in der Antike in Europa erst nach 1648 wieder errichtet worden, wurden aber zeitgleich mit marodierenden Banden oder Söldnertruppen konfrontiert. Das heißt, Clausewitz bietet demnach ein sehr europäisch zentriertes Kriegsmodell, das auf die meisten Regionen der Welt und auf die meisten Zeiträume der Menschheitsgeschichte nicht zutrifft.

Van Creveld (1991) und mit ihm eine Reihe anderer Autoren, die sich jedoch nicht explizit auf Clausewitz und die wunderliche Dreifaltigkeit berufen, fokussieren auf Akteure, die aus dem Volk kommen wie Rebellen oder »nationale Befreiungsarmeen«, und die vorrangig in Staaten mit schwacher Staatlichkeit auftreten. Diese haben meist weder eine funktionierende Armee, noch sind sie in der

---

26 Der frühere Oberbefehlshaber der amerikanischen Streitkräfte und spätere US-Außenminister gilt als großer Verehrer des preußischen Kriegstheoretikers. So soll ihm gerade bei der Lektüre Summers und später beim Lesen »Vom Kriege« ein »wahrer Lichtstrahl aus der Vergangenheit« getroffen haben, der ihn die Probleme der Gegenwart erklärte. In Vietnam seien, so wurde Powell nach der Clausewitz Lektüre klar, zwei schwerwiegende Fehler gemacht worden. Erstens sei es zu Beginn des Krieges nicht klar gewesen, warum dieser Krieg geführt wurde. Und zweitens: Nicht nur die Regierung müsse ein Kriegsziel ausgeben, dass auch die Armee zu erreichen suche, sondern auch die Bevölkerung müsse den Krieg mittragen. Während des Vietnamkrieges jedoch seien alle drei Seiten, Regierung, Armee und Bevölkerung auseinander gefallen und hätten sich voneinander entfremdet (vgl. Herberg-Rothe 2003).

Lage, diese nicht-staatlichen Akteure zu kontrollieren. Die Dreifaltigkeit zwischen Volk, Heer und Regierung, so das Fazit dieser Autoren, breche spätestens hier auseinander – Clausewitz verliere in diesen Kriegen den Erklärungsanspruch.

2.3.3   Kritik am Clausewitzschen Kriegsbegriff

In der Rezeptionsgeschichte von »Vom Kriege« gab es, wie vereinzelt bereits erwähnt, mehrere Phasen, in denen Clausewitz als überaltert und nicht mehr zeitgemäß galt. In den letzten Jahren zielten u.a. die die Arbeiten von Fuller (1961), Keegan (1993) oder van Creveld (1991) auf diese Punkte. Kritisiert wurde die Fixierung Clausewitz auf den Staat als zentralen Akteur, der erstens seine Ziele genau kennt und zweitens unter Abwägung verschiedener Lösungswege überlegt, wie er rational am besten sein Ziel erreichen kann (Keegan 1993: 3). Mit seiner starren Sichtweise auf militärische Ziele und einem strategischen Denken, das aus der Kultur des Europa des 19 Jahrhunderts stammt, sei schwerlich das Kriegsmuster der Kosaken im 17. Jahrhundert zu erklären (Keegan 1993: 11).
Van Creveld (1991) kritisierte scharf die dem Clausewitzschen Denken zugrunde gelegte Trennung zwischen Volk, Heer und Regierung als seit langem überholt. Nach der Clausewitzschen Vorstellung des Krieges bestimmt die Regierung über den Beginn oder das Ende von Kriegen, das Heer führt den Krieg und das Volk unterstützt und bleibt aber von den Kriegshandlungen weitgehend unbetroffen. Van Creveld weist darauf hin, dass spätestens mit dem Nutzen der zivilen Infrastruktur wie Telegrafie und Eisenbahn für Kriegszwecke die Grenze zwischen Volk und Heer überschritten wurden. Der zweite Kritikpunkt van Crevelds zielt auf das von Clausewitz behauptete Primat der Politik im Kriege. Dieser habe so eigentlich nie vorgelegen.
Deutlich wurde die Schwierigkeit der Abgrenzung beim Streit zwischen Moltke und Bismarck 1870/71. Doch bereits im ersten Weltkrieg zwischen 1914 und 1918, dem ersten Krieg im Industriezeitalter, in dem als entscheidend angesehen wurde, welche Partei das größte Material einsetzen konnte, wurde im zunehmenden Verlauf das Militär immer bestimmender für Materialbeschaffung und Einsatz. Die Politik setzte spätestens ab 1916, mit der Einsetzung der dritten Obersten Heeresleitung, nur noch die Wünsche des Militärs um. Ihre Fortsetzung fand diese Entwicklung auf der theoretischen Ebene mit den Schriften des obersten Generals des deutschen Heeres im Ersten Weltkrieg, Ernst Ludendorff, der 1935 in seiner Schrift »Der totale Krieg« das Versagen der Industrie und Politik für die Niederlage Deutschlands im Ersten Weltkrieg verantwortlich machte und eine stärkere Ausrichtung der gesamten Gesellschaft auf das Militär im Kriegsfall verlangte (Ludendorff 1935). In der Wirklichkeit fand diese Entwicklung im

Zweiten Weltkrieg ihren Niederschlag und zwar in einem Ausmaß, dass selbst Ludendorff »vielleicht erbleicht« wäre (van Creveld 2001: 80). Auch die von Clausewitz beobachtete weitgehende Unberührtheit vom Krieg sieht van Creveld seit langem widerlegt: Die Bombardierungen der Städte, die beiden Atombombenabwürfe über Japan mit dem Tod mehrerer hunderttausend Menschen - all das zeige, dass die vielleicht in Clausewitz Zeit vorherrschende Trennung zwischen Volk und Heer auch für die zwischenstaatlichen Kriege schon lange wieder vorbei sei.

Anders sehen dies Rothfels (1980), Daase (1999) und Münkler (2002,2006). Sie weisen in ihren Grundtenor darauf hin, dass es Clausewitz nicht um eine konkrete Handlungsanweisung ging, sondern er auf der Suche nach den Grundprinzipien des Krieges war. Als der große Zugewinn des Clausewitzschen Denkens für die Kriegsanalyse gilt ihnen die Unterteilung des Krieges in die Bestandteile Ziel, Zweck und Mittel. Besonders hilfreich sei die zeitlose Definition der Begrifflichkeiten, wie Strategie und Taktik. Auch ist das Grundprinzip des Krieges dasselbe geblieben: Ziel ist es, den Feind zu besiegen und ihn zu der Erfüllung der an ihn gestellten Forderungen zu zwingen. Dieser Ebene wird sich die Arbeit im folgenden Teilabschnitt noch etwas ausführlicher zuwenden. Zuzustimmen ist auf jedem Fall der Analyse fast aller Vertreter der These eines geänderten Konfliktaustrags zumindest in der Hinsicht, dass die bisherige Kriegsforschung zu stark auf den europäischen Kriegsaustrag ausgerichtet war. Die Schwierigkeit für die Erforschung des aktuellen Konfliktgeschehens liegt in der Auflösung bisheriger Unterscheidungstypologien wie zwischenstaatlich und innerstaatlich, in dem immer weicheren, konturlosen Übergang von gewaltsamen Konflikten hin zu Kriegen (Vgl. Münkler 2006b: 137). Hinzu kommt die parallel oder zeitlich versetzt beobachtbare Vielfalt an Strategien und Zielsetzungen der Akteure: neben Warlords, die den reibungslosen Ablauf ihrer Geschäfte auf bestimmten Territorien absichern wollen, neben ethnischen Konfliktakteuren, die monopolistisch nur ihre Rasse oder Religion in einem Gebiet tolerieren wollen, gibt es eben auch noch die entsendeten Friedenstruppen, die mit mal weniger, mal mehr robusten Mandaten in den Krisengebieten für Ruhe und Ordnung sorgen wollen. Doch es bleibt die Frage, ob für die analytischen Schwierigkeiten und die Defizite in der Modellbildung der empirischen Konfliktforschung tatsächlich ein zu großer Bezug auf Clausewitz verantwortlich gemacht werden kann oder ob es umgekehrt nicht ein zu geringer Rückgriff auf Clausewitz ist, der die analytische Kriegsforschung ins Hintertreffen zum aktuellen Konfliktgeschehen geführt hat.

Die Betrachtungen und Analysen zu bestehenden Ansätzen der Konfliktmessung und den aktuellen theoretischen Arbeiten zu Formen und Formwandel inner- und zwischenstaatlicher Kriege hat eine Reihe von Ergebnissen erbracht, die für die Entwicklung eines neuen Konfliktmodells wichtig sind. Im Folgenden sollen die wichtigsten Punkte der Analyse gesichert werden und so als Ansatzpunkte für die Entwicklung eines neuen Konfliktmodells genutzt werden.

Die wichtigste Erkenntnis aus der Untersuchung der etablierten, auf Schwellenwerten basierenden Messmethoden lautet, dass diese vermutlich nicht mehr in der Lage sind, das aktuelle Konfliktgeschehen adäquat abzubilden. Die bei UCDP verwendeten Todesopferschwellenwerte von 1.000 kampfbedingten Tote für Kriege und 25 für »gering bewaffnete Auseinandersetzungen« sind aus verschiedenen Gründen problematisch. Zum einen baut diese Messmethode implizit noch immer auf der Vorstellung auf, dass Konflikte auf einem Schlachtfeld ausgetragen werden und am Ende der Kampfhandlungen genaue Zahlen über die Opfer vorliegen. Wie gezeigt wurde, entspricht dies jedoch einer sehr westlichen Vorstellung des Krieges. Nicht-staatliche Akteure, aber auch Staaten mit geringer Staatlichkeit, die über wenige oder keine gedrillten Truppen verfügen, führen heutzutage nur selten Kriege nach diesem Muster. Hinzu kommt das Problem einer defizitären Informationslage: über viele nicht-westliche Konflikte liegen nur bruchstückhafte Informationen, insbesondere über die Anzahl der Toten, vor. Problematisch erscheint der Stellenwertansatz zudem, weil es keine theoretische Begründung oder Ableitung für die jeweiligen Grenzwerte gibt und sie so als willkürlich gesetzt erscheinen. Die Folge ist, dass sie nur schwer die geänderten Modalitäten des Konfliktauftrags der letzten Jahrzehnte erfassen können. Durch die unmittelbare Verbindung des Kriegsbegriffs mit der Anzahl der Todesopfer, und dies ist das dritte schwerwiegende Argument, wird es kaum möglich sein, Veränderungen im Konfliktgeschehen zu erfassen. Zwar werden auch all jene Konflikte erfasst, die zwischen 25 und 1000 Tote pro Jahr hervorrufen – solange zumindest ein Staat beteiligt ist. Doch werden diese Konflikte automatisch als »minor armed conflicts« bezeichnet, ganz unabhängig davon, ob es sich wirklich nur um Konflikte mit einer schlechteren Bewaffnung handelt oder um Kriege, die geographisch oder anderswie begrenzt ausgetragen werden. Die genannten, üblichen Definitionskriterien verursachen so eine Art Zirkelschluss in der Kriegsanalyse: neue Kriegsformen werden per Definition ausgeschlossen, und weil keine neuen Kriegsformen in den Konfliktlisten auftauchen, ist auch keine Überarbeitung der Definitionen notwendig. Dieser Missstand ist schnellstens zu beseitigen.

2.4.1 Offenheit für neue Konfliktformen

Die Auseinandersetzung und Analyse der neueren Arbeiten zur Kriegstheorie, die im Text vereinfachend unter dem Sammelbegriff »neue Kriege« abgearbeitet wurden, verdeutlichen die Notwendigkeit einer grundlegenden Öffnung der empirischen quantitativen Konfliktforschung hin zu diesen neuen Kriegsformen. Auch wenn gezeigt wurde, dass die Bezeichnung »neue« Kriege irreleitend ist, da die beschriebenen Konfliktformen bereits während des dreißigjährigen Krieges beobachtet werden konnten, so wurde auch verdeutlicht, dass ein Großteil der Aussagen über Form und Häufigkeit »neuer Kriege« meist ohne jegliche empirische oder gar quantitative Datengrundlage erfolgt. Diesem Problem muss sich die empirische quantitative Konfliktforschung verschreiben und neue, kreative Lösungen zur Messung dieser Konfliktformen erarbeiten.

Dabei gilt es weniger, einzelnen Strömungen der Debatte um neue Kriege zu folgen, als vielmehr die Diskussionspunkte in der »neue-Kriege-Debatte« als Ausgangsbasis für eine Erweiterung und Ausdifferenzierung bestehender Konfliktmodelle zu betrachten. So muss sicherlich darüber nachgedacht werden, welche Bedeutung bzw. welchen Einfluss den so genannten leichten Waffen, wie Kalaschnikows oder auf Pick-ups montierten Maschinenpistolen, und den damit verbundenen Taktiken (kleine Truppen, sehr schnelle Bewegungsmuster, kurze Gefechte) zugesprochen werden soll. Auch sollte sich die quantitative empirische Konfliktforschung der Frage beschäftigen, wie sie nicht-staatliche Akteure und deren Einfluss auf den Konfliktaustrags empirisch und analytisch besser erfasst. Bisher werden nicht-staatliche Akteure in den Konfliktlisten unvollständig und meist unzureichend, d.h. mit nur wenigen Variablen, erfasst. Die aktuelle Diskussion wird aber eine Reihe interessanter Fragen auf, angefangen von den Möglichkeiten der Finanzierung bis hin zur politischen oder ideologischen Ausrichtung der Gruppierungen. Weiterhin hat die Analyse der Diskussion gezeigt, dass es immer schwieriger wird, zwischen Terrorismus und Kriegshandlungen zu unterscheiden. Dies könnte mit einer veränderten Wahrnehmung von Sicherheitsbedrohungen zusammenhängen. Mit dem weit gehenden Verschwinden des Krieges aus der westlichen Hemisphäre (Ende der Gewalt im Nordirland- oder Baskenkonflikt, Stabilisierung des Balkan, Ausweitung der OECD, EU und anderen internationalen Organisationen) und der stetigen Ausweitung der Reisefreiheiten, sowie der Möglichkeit grenzenlos Handel zu betreiben, ist die Sensibilität für Sicherheitsbedrohungen gestiegen. Deshalb sind es möglicherweise nicht mehr die Kriegshandlungen allein, für die sich die empirische Konfliktforschung interessieren sollte, sondern die niedrigschwelligen Gewaltkonflikte. In diesem Zusammenhang muss sich die quantitative empirische Konfliktforschung ganz grundsätzlich mit der Frage auseinandersetzen, welchen Forschungsgegenstand sie sich widmen will, und wo sie die Grenze zwischen relevanten und nicht relevanten Konfliktereignissen ziehen will. Traditionsgemäß wird zwischen Konflikt- und Friedensforschung unterschieden, so dass der Konfliktforschung, teils zu Recht, teils zu Unrecht, vorgeworfen wird, sich nur für Konflikte, nicht für den Frieden zu interessieren. Tatsächlich jedoch finden sich nur sehr wenige Arbeiten, die sich bemühen, eine Trennung zwischen Konflikt und Frieden zu definieren. Möglicherweise ist Frieden jedoch wirklich nicht der tatsächliche oder aus wissenschaftlichen Überlegungen heraus relevante Gegenpol zu Konflikt. Vielmehr sollte sich die empirische Konfliktforschung mit dem sich stets im Wandel befindenden Begriff der Sicherheit bzw. der Sicherheitsbedrohung auseinandersetzen. Denn nach dem Ende des Ost-West-Konfliktes kann sich Europa, Nordamerika und die meisten anderen entwickelten Industrienationen mit gutem Grund sicher vor dem zwischenstaatlichen Großmacht-Kriegen fühlen. Doch an dessen Stelle ist eine Vielzahl kleinerer Bedrohungsszenarien getreten, die das Sicherheitsgefühl der westlichen Hemisphäre beeinträchtigt. Das beginnt mit der Sicherheit vor möglichen Entführungen im vermeintlichen Urlaubsparadies, geht über die Sicherung von Transportwegen, um beispielsweise die Rohstoffsicherheit zu gewährleisten und endet schließlich bei dem Schutz vor Terroranschlägen in westlichen Ländern. All diesen neuen Sicherheitsbedrohungen ist gemein, dass sie Resultate oder Begleiterscheinungen politischer Konflikte sind. Umso wichtiger ist es für die empirische quantitative Konfliktforschung, ihr Instrumentarium auf diese neuen Konfliktformen auszurichten.

2.4.2   Handlungen der Akteure als Schlüssel für modernes Konfliktverständnis

In der Auseinandersetzung mit der Kriegstheorie von Clausewitz konnte herausgearbeitet werden, dass das häufig verwendete Zitat nachdem »Krieg die Fortsetzung der Politik mit anderen Mitteln« sei, zwar eine ungeheuerliche Verkürzung der weit ausgearbeiteten theoretischen Überlegungen von Clausewitz ist, gleichzeitig jedoch den zentralen Schlüssel für ein modernes Kriegsverständnis darstellt. Durch den Verweis auf die »Mittel«, die die Konfliktparteien im Krieg einsetzen, hinterlässt Clausewitz der Konfliktforschung ein sehr flexibles Instrument, mit dem es möglich ist, Kriege in ihrem jeweiligen Kontext zu verstehen und zu analysieren. Weil Clausewitz während der Abfassung von »Vom Kriege« beginnt, historische Schlachten zu analysieren, weiß er, dass Kriege eben nicht immer auf Schlachtfeldern ausgetragen wurden, dass auch in der Vergangenheit asymmetrische Konfliktkonstellationen, d.h. sehr schwache gegen sehr starke Konfliktparteien, zu beobachten waren und ihm wird auch bewusst, dass Krieg führen nicht immer mit Kämpfen, sondern auch mit Bewegung, Taktik und Strategie gleichzusetzen ist. Form und Umfang der eingesetzten Mittel hingen dabei aber stets von den jeweiligen zeithistorischen Umständen, aber auch dem Entwicklungsstand des Landes ab.

Wichtig sind deshalb auch die anderen Indikatoren, die Clausewitz in seiner Untersuchung für ein vertieftes Kriegsverständnis nennt. Besonders hervorzuheben ist der Unterwerfungswille, den vor allem der junge Clausewitz den Konfliktparteien unterstellt. Demnach werden Kriege geführt, um den Gegner nieder zu ringen und ihm den eigenen Willen aufzuzwingen. Weiterhin ging er zunächst davon aus, dass Kriege aus diesem Grund eine Art Automatismus in sich tragen, die zu einer stetigen Ausdehnung des Konfliktgeschehens führt und Kriege erst dann enden, wenn es tatsächlich einen eindeutigen Sieger gibt. Der ältere, gereifte Clausewitz stellte fest, dass diese Kriege die absolute Ausnahme darstellen. Viel häufiger werden Kriege geführt, um dann aus einer veränderten Position heraus neue Verhandlungen zu führen. Leider blieb Clausewitz seinen Lesern letztendlich schuldig, welcher genaue theoretische Gewinn für die Kriegstheorie sich daraus ableiten lässt. Zumindest hinterließ er die Unterscheidung in »herkömmliche« und »beschränkte« Kriege. Doch diese Differenzierung bietet weit mehr als eine reine begriffliche Unterscheidung. Erstaunlicherweise spiegelt sie auch die sehr aktuelle Diskussion um so genannte alte und neue Kriege wider – denn viele Beschreibungen des beschränkten Krieges bei Clausewitz finden sich auch bei den »neuen Kriegen« bei Münkler oder Kaldor oder den »kleinen Kriegen« bei Daase. Die empirische quantitative Konfliktforschung sollte sich bemühen, diese theoretischen Vorarbeiten enger miteinander zu verbinden.

Ein weiterer Vorteil der Fokussierung auf die Maßnahmen zur Bestimmung und Analyse des Konfliktaustrags liegt in der Möglichkeit, die übliche Staatsfixierung in der Konfliktkonstellation aufzuweichen. Vermutlich wurde das heute, angesichts der vielen schwachen Staaten und den häufigen, oftmals sehr starken nicht-staatlichen Akteuren als kontraproduktiv empfundene Definitionsmerkmal der Staatsbeteiligung eingeführt, um noch besser politische von rein gesellschaftlichen Konflikten zu unterscheiden. Doch eine genaue Bestimmung relevanter Konfliktmaßnahmen könnte dieses Ziel viel besser umsetzen, als ein Staatsverständnis, das noch aus den Zeiten des Kalten Krieges stammt und in dem die beiden Supermächte viele schwache Regime stützten. Durch die genauere Beschreibung bzw. Unterscheidung beobachtbarer Konfliktmaßnahmen, die beispielsweise auch zwischen Ankündigung und Durchführung oder zwischen den verschiedenen Ausführungen bzw. Auswirkungen der eingesetzten Maßnahmen differenziert, könnte so ein wirkungsvolles Instrument zur Bestimmung und Analysen des globalen Konfliktgeschehens entwickelt werden, das sowohl alte als auch neue Konfliktformen erfasst.

3. Wie entstehen Kriege?

Die Bestimmung der Ursachen von Kriegen ist eine, vielleicht sogar die Kernaufgabe der Teildisziplin Internationale Beziehungen in der politischen Wissenschaft (Nye 1988: 69-86). Sie bildet auch die zentrale Ausgangsfrage für diese Arbeit. Die Kriegsursachenanalyse innerhalb der Politikwissenschaft war lange Zeit ausschließlich dem Teilbereich der Internationalen Beziehungen zugeordnet (Levy 2002). Der Bedeutungszuwachs von Bürgerkriegen oder innerstaatlichen Kriegen[27] macht jedoch den Einbezug weiterer Ansätze, die nicht primär aus dem Bereich der Internationalen Beziehungen stammen, notwendig und rückt die Konfliktforschung in eine Grauzone der Überschneidungen verschiedener Teildisziplinen. Inzwischen wäre eine Zuordnung zu dem Bereich Vergleich politischer bzw. sozialer Systeme am sinnvollsten. Darauf wird in der Zusammenfassung noch einzugehen sein.

Historisch gesehen erlebte die Konflikt- bzw. die Friedensforschung als Teilbereich der Politikwissenschaft einen ersten Höhepunkt nach dem Ausbruch des Ersten Weltkrieges mit seinen besonderen Schrecken. Auf allen Seiten der beteiligten Akteure entstand der Wunsch, solche Großmachtkonflikte in Zukunft zu verhindern. Eine ähnliche Entwicklung lässt sich nach dem Ende des 2. Weltkrieges und dem Beginn des Kalten Krieges beobachten. In dieser Phase liegen auch die Anfänge der empirischen Konfliktforschung: Richardson (1960), ursprünglich Meteorologe, begann als einer der Ersten systematisch Verzeichnisse über frühere Kriege anzufertigen. Im Mittelpunkt dieser Forschung stand ein Kriegsverständnis, das Krieg mit »zwischenstaatlichen Krieg« synonym verwendete. Dementsprechend standen Faktoren im Zentrum der Forschung wie die militärische Stärke der Staaten, die Bildung von Allianzen, der Machtzugewinn und Machtverfall einzelner Staaten und deren Auswirkungen auf das Internationale System (van Evera 1999, Levy 2002, Levy / Thompson 2010). Meist waren dies Annahmen, die sich vorwiegend aus (neo-) realistischer Theorie ableiten lassen. Hinzu kamen später Annahmen aus der liberalen Theorie, die beispielsweise die Überlegungen zum demokratischen Frieden in ihren Mittelpunkt stellten (Russett

---

27　Die Begriffe »Bürgerkrieg« und »innerstaatliche Krieg« werden – auch in dieser Arbeit - oft synonym verwendet. Dabei kann bei genauer Betrachtung eine Unterscheidung in der Form festgestellt werden, dass »Bürgerkrieg« den gewaltsamen, auf Kriegsniveau geführten Konflikt zwischen den Einwohnern eines Staates und dessen Regierungsklasse bezeichnet. »Innerstaatlicher Konflikt« ist dem gegenüber die weiter gefasste Bezeichnung, da hier auch Konflikte innerhalb eines Staates, also auch jene zwischen nicht-staatlichen Akteuren inbegriffen sind. Außerdem werden als innerstaatliche Konflikte in dieser Arbeit auch solche kriegerischen Konflikte bezeichnet, die zwar überwiegend in einem Staat ausgetragen werden, die aber auch zeitweilig grenzüberschreitend geführt werden.

1993, Oneal et al. 1996, Moravcsik 1997, Oneal / Russett 1997). Darüber hinaus gab es einzelne, wenige Arbeiten die Kriege als dynamische Prozesse verstehen wollten oder solche, die auf die Beziehung der zwischen den an Kriegen beteiligten Akteuren fokussierten (Bremer 1995, Gochman 1995, Elwert et al. 1999).

Mit den großen humanitären Katastrophen in den 1990er Jahren, wie den politischen Unruhen in Somalia und Ruanda oder die Rückkehr des Krieges nach Europa in Form der Staatszerfallkriege in Jugoslawien, erwachte das Interesse an der Kriegsursachenforschung neu. Allerdings standen im Gegensatz zu den früheren Forschungswellen in den 1920er (nach dem Ersten Weltkrieg) und 1960er Jahren (Kalter Krieg) nicht die Kriege zwischen militärischen Großmächten im Zentrum der Forschungsbemühungen, sondern die eben genannten afrikanischen und europäischen innerstaatlichen gewaltsamen Konflikte. Ein erster wichtiger Erklärungsfaktor in diesen Jahren war die Analyse der Konfliktlinien unterschiedlicher Ethnien, die in einem Staatsgebiet miteinander leben (Gurr 1993a, Gurr 1994). Der Großteil der weiteren Erklärungsansätze aus dieser Zeit wurde aus Mangel an etablierten Erklärungsansätzen für innerstaatliche Konflikte und der Notwendigkeit, schnell Ergebnisse für eine dringend gewünschte Konfliktfrüherkennung zu liefern, oftmals aus der Analyse zwischenstaatlicher Kriege abgeleitet und auf innerstaatliche Konflikte so weit wie möglich übertragen (Levy / Thompson 2010). Neben diesen klassischen Arbeiten zur Kriegsursachenforschung hat sich in den neunziger Jahren parallel eine Forschung etabliert, die auf die Entwicklung von Konfliktfrühwarnungsmodellen hinarbeitet. Hier wurden zunächst überwiegend strukturelle Faktoren, die in der klassischen Konflikursachenforschung als relevant erkannt wurden, verwendet und darauf aufbauend neue Wege gesucht, um frühzeitig entstehende Gefahrenherde zu erkennen und entsprechende Informationen liefern zu können. Auch wenn die Entwicklung der Konfliktfrühwarnsysteme stark von den Ergebnissen der quantitativen Kriegsursachenforschung geprägt ist, wäre eine Gleichsetzung der Ansätze falsch. Gerade im Bereich der Methodik können erhebliche Unterschiede festgestellt werden.

Dieses Kapitel, das einen Überblick über Ansätze und Ergebnisse zur Kriegsursachenforschung geben will, gliedert sich zunächst in zwei größere Abschnitte. Der erste wird sich mit den theoretischen Modellen der politikwissenschaftlichen Konfliktursachenforschung und deren Ereignisse beschäftigen. Der zweite Abschnitt setzt sich mit dem stärker praxisorientierten Modellen und Methoden zur Konfliktfrühwarnung auseinander. Im dritten Abschnitt wird eine eigene Methode zur Abschätzung von Eskalationsprozessen vorgestellt. Sie bildet auch die Basis für die später erfolgenden empirischen Auswertungen und Analysen.

Die Unterscheidung zwischen einer klassischen, politikwissenschaftlichen Kriegsursachenforschung von einer modernen Konfliktfrühwarnforschung findet sich nur selten in der einschlägigen Literatur. Gleichwohl bietet sich eine solche Trennung aufgrund der unterschiedlichen Methoden und dem Erklärungsanspruch ihrer Aussagen an. Als Kriterien zur Unterscheidung zwischen Kriegsursachenanalyse und Frühwarnung eignet sich primär der zeitliche Bezugsrahmen. Wie im Folgenden gezeigt wird, gibt es jedoch auch Ansätze, die beide Methoden stärker miteinander verbinden.

Die Anzahl der Publikationen, die sich mit dem Entstehen von Kriegen beschäftigen, ist überwältigend und nahezu unüberschaubar. Zum Zwecke der Orientierung lassen sich grob solche Ansätze unterscheiden, die ausschließlich theoriegeleitet sind, und solche, die mit quantitativen Daten überprüft wurden oder von solchen abgeleitet wurden. Übersichten zu der Vielfalt der Ansätze in der Kriegsursachenforschung finden sich bei Vasquez (2000c), Copeland (2000) für zwischenstaatliche Kriege sowie bei Esty et al.(1998), Collier und Hoeffler (Collier / Hoeffler 2004b), Hegre / Sambanis (2006) oder zuletzt Dixon (2009) für innerstaatliche Kriege. Eine konzeptionelle Klassifizierung dieser Ansätze ist nur schwer möglich, wenngleich man feststellen kann, dass frühere Ansätze zu monokausalen Annahmen neigen oder zumindest eine Variable, wie beispielsweise die Militärausgaben eines Staates, in den Vordergrund stellen, während moderne Ansätze meist multivariate Analysen aufweisen. In diesen aktuelleren Werken werden oft verschiedene Faktoren, die sich in anderen Analysen als relevant erwiesen haben, aufgenommen und erneut überprüft. Als Ergebnis werden dann neue bzw. andere als bisher genannte Variablen als erklärungskräftig genannt. Demzufolge gibt es eine Vielzahl unterschiedlicher Faktoren, die in einigen Studien als hochsignifikant hinsichtlich ihrer Erklärungskraft gelten, in anderen hingegen keine oder nur geringe Erklärungskraft zugesprochen bekommen (Schlichte 2002, Hegre / Sambanis 2006, Dixon 2009). Die Ursachen für diese widersprüchlichen und keinesfalls befriedigenden Analyseergebnisse liegen – um einen Teil des Fazits dieses Kapitels vorwegzunehmen – in zwei Bereichen: Zum einen wird in den jeweiligen Untersuchungen mit einer stark unterschiedlichen Fallauswahl gearbeitet. Allein deshalb kann von keiner wirklichen Vergleichbarkeit der analytischen Falluntersuchungen ausgegangen werden. Zum zweiten findet keine oder so gut wie keine Reflexion über die zugrunde gelegten Analysemodelle statt. Erklärungsfaktoren werden meist danach ausgesucht, ob sie sich in anderen Untersuchungen als relevant erwiesen haben oder aus theoretischen Gründen als vielversprechend gelten können. Doch meist fehlt ein Konzept, nach dem die verschiedenen Erklärungsansätze ausgewählt und miteinander verglichen werden können.

Um diesen Vergleich zu ermöglichen, soll im Folgenden ein älteres, aber dennoch hilfreiches Modell Verwendung finden. David Singer, einer der Gründer der Correlates of War Datenbank, hat bereits 1961 in seinem Artikel »The Level of Analysis Problem« einen Gliederungsvorschlag unterbreitet, um die unterschiedlichen Untersuchungsansätze für die quantitative empirische Konfliktforschung zu unterscheiden. Er trennt hier, in Anlehnung an Waltz (Waltz 1959) und aufbauend auf dessen Konzept, drei Ebenen voneinander. Auf diesen verortet er bisherige Arbeiten zum Entstehen von Kriegen systematisch und in Bezug auf ihren Erklärungsansatz: Systemorientierte Ansätze, Ansätze auf der Staatsebene und solche auf der Individualebene. Dieser Gliederungsvorschlag wird für die Struktur im folgenden Kapitel übernommen. Entsprechend der auch in der Literatur vorgenommenen Unterscheidung werden die Ansätze für innerstaatliche und zwischenstaatliche getrennt analysiert.

3.1.1 Erklärungsansätze für zwischenstaatliche Kriege

Die Suche nach den Gründen und Ursachen zwischenstaatlicher Kriege dürfte das älteste und am häufigsten untersuchte Problem der internationalen Beziehungen sein. Eine der wichtigsten Arbeiten sind die Überlegungen zum Ausbruch des Peloponnesischen Krieges des Thukydides (Thukydides 2004). Sie gelten noch immer als wichtige Quelle sowohl für den Realismus als auch für liberale Ansätze in den Internationalen Beziehungen. Ein weiterer wichtiger Bezugs- bzw. Ausgangspunkt für die zwischenstaatliche Kriegsursachenforschung liegt in der jüngeren Geschichte und ist der Ausbruch des ersten Weltkrieges. Ausgehend von der Beobachtung, dass im August 1914 ein vorher über Jahrzehnte weitgehend stabiles europäisches Staatensystem zusammenbrach und in die bis dahin größte politische und humanitäre Katastrophe führte, förderte der damalige US-Präsident Woodrow Wilson die bis dahin noch kaum bekannte wissenschaftliche Disziplin der Internationalen Beziehungen an den Universitäten (Menzel 2001: 25ff.). Bis heute findet sich ein breites Spektrum an Erklärungsansätzen zwischenstaatlicher Kriege und trotz einer geringer werdenden Anzahl werden die Entstehungsbedingungen dieser weiter erforscht.

3.1.1.1 Erklärungsansätze auf der ersten Ebene: Das Internationale System als Einflussfaktor für das Entstehen von Kriegen

Systemorientierte Ansätze der Internationalen Beziehungen betrachten das Internationale System und leiten aus der Beschaffenheit seiner Struktur Annahmen über das Verhalten der einzelnen Mitglieder des Staatensystems ab (Pfetsch

94

1994, Viotti / Kauppi 2001, Zangl / Zürn 2003). Sie können als »systemorientierte Ansätze« bezeichnet werden, da sie sich mit der Gesamtheit der Staaten und den wechselseitigen Beziehungen zwischen ihnen beschäftigen. Konflikte und Kriege werden als Folge der Probleme auf der Systemebene betrachtet und die Gestaltung der zwischenstaatlichen Politik weitgehend unabhängig von der innerstaatlichen Ebene gesehen.

Realisten und Neorealisten wie Carr (1940), Morgenthau (1948), Waltz (1959, 1979) beispielsweise gehen von einem grundsätzlich bestehenden Sicherheitsdilemma aus. Das heißt, Staaten können sich untereinander grundsätzlich nicht trauen, da es keine den Staaten übergeordnete Instanz gibt, die Vereinbarungen effektiv überwachen und Fehlverhalten bestrafen könnte. Vertreter des Liberalismus bzw. früher des Idealismus gehen jedoch davon aus, dass diese Unsicherheit grundsätzlich überwunden werden kann. Der Schlüssel dazu ist eine veränderte Verhaltensweise der einzelnen Staaten.

Die Ebene des internationalen Systems ist, unter den drei von Singer unterschiedenen Ebenen, die mit dem höchsten Abstraktionsgrad und gibt den umfassendsten Blick auf das Konfliktgeschehen wieder (vgl. Singer 1961: 80f.). Sie umschließt grundsätzlich alle Kommunikationsstränge und Handlungen zwischen den Akteuren und erlaubt so Rückschlüsse auf generelle Handlungsweisen und Funktionsmerkmale der globalen Politik und deren Veränderungen. Systemische Ansätze simplifizieren, indem sie allen Akteuren in der Untersuchung die gleichen Ziele unterstellen, wie das Streben nach Macht oder die Maximierung von Wohlstand. Der Vorteil systemischer Ansätze liegt im Versuch, grobe Orientierungspunkte bei der Suche nach kriegsbegünstigenden Momenten zu liefern. Die Untersuchung der Erklärungsansätze auf der Systemebene beschränkt sich hier auf die beiden Großtheorien Realismus und Liberalismus, da sie die Konfliktursachenforschung auf dieser Ebene am stärksten geprägt haben.

3.1.1.1.1 Realismus / Neorealismus

Der Realismus kann als die älteste Theorie zu Sicherheit und Unsicherheit im internationalen System und damit im weiteren Sinne auch als ältester Erklärungsansatz für Kriege bezeichnet werden. Bereits in der Antike finden sich in den Abhandlungen des Thukydides über den Peloponnesischen Krieg Überlegungen zum Zusammenleben der Staaten, die sich mit denen jüngerer Autoren wie Hans Morgenthau (1948), John Mearsheimer (1990, 2001) und Jack Snyder

(1991) decken[28]. Der klassische politische Realismus enthält Ansätze und Ideen, die sich auch bei Machiavelli, Hobbes und Rousseau finden (Levy, 2002: 352).

Im Realismus der Internationalen Beziehungen werden zwei Spielarten unterschieden: der klassische Realismus, der sich vorwiegend auf die Staaten und deren Handlungsoptionen fokussiert, und der strukturelle Realismus (Neorealismus), der die Beschaffenheit des internationalen Staatensystems und die Machtverteilung innerhalb dieses Systems untersucht.

Nach der realistischen Ansicht sind es ausschließlich Staaten, die als wichtige Akteure gelten und in Analysen zu untersuchen sind. Staaten handeln stets rational und streben nach Sicherheit, Reichtum und Macht. Nach Vorstellungen des Realismus gibt es keine Ordnungsmacht über den Staaten, die ihr Verhalten überwachen und Garantien für die Einhaltung von Verträgen geben könnten. Damit ist die Anarchie im Staatensystem die zentrale Ausgangsbasis für realistische Erklärungen der Internationalen Politik.

Die Grundannahme des Neorealisten Kenneth Waltz (1979) lautet hingegen, dass das Staatensystem stets nach innerer Stabilität strebt. Stabilität könne, im unterschiedlichen Maße, entweder durch eine multipolare, eine bipolare oder eine hegemoniale Machtverteilung erreicht werden. Am stabilsten schätzt Waltz die bipolare Weltordnung ein. Also jene, in der Waltz lebte, als er sein epochales Werk schrieb. Unterschiedliche empirische Analysen haben dies, teilweise zuvor, mit dem COW- und anderen Datensätzen untersucht (Bueno de Masquita 1978, Levy 1985, Wayman 1985). Levy (1985) bezog in seine Analyse sogar fünf Jahrhunderte des Kriegsgeschehens ein und kam zu einem differenzierten Ergebnis: Bipolare Phasen sind tatsächlich in gewisser Weise friedlicher als multipolare. Zwar weisen sie eine etwas häufigere Anzahl zwischenstaatlicher Kriege auf, doch sind diese Kriege weit weniger intensiv und von kürzerer Dauer.

Prägend für den Neorealismus sind neben den Arbeiten von Kenneth Waltz (1959, 1979) auch die Studien über Veränderungen des Mächtegleichgewichts im System von Organski und Kugler (1980) sowie von Kugler und Lemke (1996). Allerdings ist nach realistischer und neo-realistischer Betrachtungsweise die Anarchie an sich nie der Grund, weshalb Kriege geführt werden. Da Anarchie ein konstanter Bestandteil des Internationalen Systems ist, kann sie die Variationen in Anzahl und Dauer von Konflikten nicht erklären (Levy 2002: 353). Vielmehr werden aus dem Zustand der Anarchie Gründe abgeleitet, die zum Krieg führen können. Dabei lassen sich zwei unterschiedliche Denkrichtungen innerhalb des Realismus unterscheiden: offensive und defensive Realisten.

---

28 Doyle (1997) weist jedoch darauf hin, dass die oft zu findende Behauptung, Thukydides sei der erste Realist überhaupt, aufgrund der Komplexität des Werkes nicht haltbar sei. So würden auch liberale Autoren Thukydides als Gründungsvater für sich proklamieren (siehe auch Levy 2002: Fußn. 6)

»Offensive Realisten« wie John Mearsheimer (1990, 2001) oder Eric Labs (1997) halten das Internationale System für so gefährlich und instabil, dass Staaten nicht nur zur Verteidigung nach einem Angriff, sondern auch als Vorbeugung, also präemptiv, einen Krieg beginnen können. Präemptive Kriege werden also aus der Angst geführt, selbst Opfer eines Angriffs zu werden. Trotz der Wiederaufnahme dieses Konzeptes als Bestandteil außenpolitischer Leitlinien in der sogenannten Bush-Doktrin (Bush 2002) gelten präemptiv geführte Kriege als seltene Erscheinung (Reiter 1995). Als solche können neben dem Irakkrieg der USA noch der Ausbruch des Ersten Weltkrieges und der »Sechstagekrieg« zwischen Israel und seinen arabischen Nachbarn 1967 gezählt werden.

Neben den präemptiven Kriegen, bei denen es nur um den ersten Schritt eines sowieso unausweichlichen Schlagabtausches geht, kennt die offensive realistische Theorie noch präventive Kriege (Levy 2002: 354). Präventive Kriege werden geführt, um Machtzugewinne eines Akteurs und die daraus befürchteten Verhaltensänderungen zu verhindern. Allerdings bleibt fraglich, ob jegliche Art von Machtgewinn und Unsicherheit über das zukünftige Verhalten zum Krieg führt oder ob weitere Faktoren für einen Kriegsausbruch eine Rolle spielen. Als ein Beispiel für eine präventiv geführte militärische Operation gilt die Zerstörung einer irakischen Nuklearanlage durch israelische Kampfflugzeuge im Juni 1981. Defensive Realisten (Grieco 1990, Snyder 1991, Schweller 1996) hingegen glauben, dass ein kontrolliertes, auf Verteidigung ausgerichtetes Verhalten der Staaten den Ausbruch von Kriegen verhindern kann.

Nach Ansicht der Vertreter des Neorealismus ist das wichtigste Ziel der Staaten die Vermeidung einer Veränderung einer hegemonialen Struktur (Siedschlag 2001, Schörnig 2003). Deshalb gehen Neorealisten davon aus, dass der Versuch eines Staates, eine hegemoniale Position zu erreichen, bei anderen Staaten eine Gegenreaktion hervorruft. Besonders Großmächte würden versuchen, den Aufstieg anderer Staaten zu verhindern, indem sie selbst aufrüsten oder zeitlich begrenzte Allianzen mit anderen Staaten eingehen[29]. Grundsätzlich gehen Neorealisten davon aus, dass die »Kräfte des Gleichgewichts« – ähnlich wie die unsichtbare Hand von Adam Smith - wirksam sind und das System schnell in einen ausgeglichenen Zustand zurückfällt.

Trotz der Grundannahme des Realismus, dass das Staatensystem prinzipiell anarchisch ist, gehen einige Neorealisten davon aus, dass Staaten zumindest

---

29 Die Gefahr, die sich durch Allianzbildung auf zwischenstaatlicher Ebene ergibt, konnte u.a. Levy (1981) empirisch belegen, indem er Allianzbildungen zwischen dem 16. und 18. Jahrhundert untersuchte. Er zeigte, dass – mit Ausnahme des 18. Jahrhunderts – innerhalb von fünf Jahren ab der Allianzbildung und in Abhängigkeit vom Allianztypus mit einer Wahrscheinlichkeit von 56 bis 100 Prozent mindestens einer der Allianzpartner in einen Krieg involviert war (Levy 1981: 597-598).

teilweise und regional begrenzt ein hierarchisches System aufbauen können (Organski / Kugler 1980, Kugler / Lemke 1996). Diese Hegemonen setzen Normen und Regeln in dem von ihnen geschaffenen System durch und schaffen damit Sicherheit und Stabilität, die letztendlich vor allem ihnen selbst zugutekommt. Der Historiker Paul Kennedy (1987) hatte mit seinem weltweit diskutierten Buch über »Aufstieg und Fall der Großen Mächte« eine These entwickelt, nach der hegemoniale Strukturen nach relativ kurzer Zeit wieder zusammenbrechen. Dies geschieht meist wegen der Überdehnung bzw. Überschätzung der eigenen Fähigkeiten und Kapazitäten, ein Kontrollsystem über große geographische Räume hinweg aufrechtzuerhalten. Außerdem stellte er fest, dass in den Phasen des Abstiegs des einen Hegemonen und dem Aufstieg eines neuen die Kriegsgefahr erheblich ansteigt (ähnlich: Organski / Kugler 1980, Gilpin 1981). Als riskant und somit für die Stabilität und Sicherheit des internationalen Systems besonders gefährlich gelten also nach neorealistischer Sichtweise jene Phasen, in denen sich die Machtverteilung innerhalb des Staatensystems verändert.

3.1.1.1.2 Liberale Ansätze

Der Liberalismus steht im Gegensatz zu den Vorstellungen und Prinzipien des Realismus, der den Machtverlust des einen Staates als einen Machtzugewinn des anderen interpretiert. Nach liberaler Sicht münden diese Machtspiele unweigerlich im Krieg – so wie es die Entstehungsgeschichte zum ersten Weltkrieg gezeigt hat (Zangl / Zürn 2003: 30). Stattdessen sieht der Liberalismus in einem Zusammenspiel zwischen innerstaatlicher und zwischenstaatlicher Politik die besten Möglichkeiten für die Überwindung der Unsicherheit im Internationalen System.

Trotz der großen Bedeutung, die liberale Ansätze in anderen Bereichen der Sozialwissenschaften erlangt haben, fehlten bis weit in die neunziger Jahre systematische liberale Theorien über Frieden und Krieg (Levy 2002: 355). Dennoch lassen sich drei wichtige Strömungen innerhalb des Liberalismus differenzieren, die jeweils unter einem speziellen Fokus versuchen, wirkungsvolle Bedingungen für Frieden bzw. Krieg zu bestimmen: soziologische Ansätze, der liberale bzw. Neo-Institutionalismus und die Interdependenz-Theorien. Zunächst werden jedoch die Annahmen des Idealismus dargestellt.

3.1.1.1.3 Idealismus

Eine der einschneidensten politischen Erfahrungen im frühen 20. Jahrhundert ist der Ausbruch des Ersten Weltkrieges im Jahre 1914. In einer bis dahin nicht gekannten Größe wurden Mensch, Technik und Wirtschaft in einen Krieg gesogen, der am Ende mehr als 10 Millionen Tote und 20 Millionen Verwundete kostete. Hinzu kam die Zerstörung des bis dahin jahrzehntelang stabilen Systems des Gleichgewichts in Europa (Herzfeld 1960). Dieses prägende Erlebnis führte in Teilen der geistigen und politischen Elite in Europa und den USA zu einem radikalen Wandel des Denkens. Anstatt dass Staaten stets gegeneinander agieren, sollten sie in Zukunft mehr miteinander handeln und gemeinsam Probleme lösen. Als einer der wichtigsten und machtvollsten Vertreter des »idealistischen Denkens« gilt der US-amerikanische Präsident Woodrow Wilson. Er forderte, aufbauend auf den Überlegungen von u. a. Immanuel Kant (1795 / 1965) und Abbé de Saint-Pierre (1658-1743) die Einrichtung einer Internationalen Organisation, die als eine Art Plattform für Informationssammlung und -austausch dienen sollte. Vor allem aber sollte durch die Einrichtung einer Internationalen Organisation eine Weltöffentlichkeit hergestellt werden, die dafür sorgen sollte, dass aggressive und den Frieden schadende Haltungen von der Völkergemeinschaft zurückgewiesen würden. Auch wenn diese Überzeugung zu Recht ziemlich naiv erscheint (Zangl / Zürn 2003: 31), stellt die von Wilson verfolgte Politik eine klare Abkehr der in den Jahren zuvor verfolgten Politik der gegenseitigen Machtkontrolle dar.

3.1.1.1.4 Soziologische Aspekte / Soziologischer Liberalismus

Karl Deutsch (1957) versuchte, die Menge an Transaktion und Kommunikation zwischen Staaten zu messen. Je mehr Handel und sonstiger Austausch zwischen Nationen stattfände, desto näher wären sich zwei Staaten und desto unwahrscheinlicher würde Krieg. Deutsch ging davon aus, dass Staaten durch verstärkten Austausch untereinander zu einem gemeinschaftlichen Sicherheitsgefühl gelangen. Aus diesem Gemeinschaftsgefühl ergibt sich, dass bei auftretenden Problemen nach anderen Lösungsmustern als Gewalt gesucht werden muss. Für Deutsch war erkennbar, dass sich eine solche Sicherheitsgemeinschaft unter den Nord-Atlantik-Staaten herausgebildet hat. Als Anzeichen der Entwicklung solcher Sicherheitsgemeinschaften erkannte er verstärkte soziale Kommunikation, größere Mobilität der Menschen oder umfangreicheren wirtschaftlicher Austausch.

3.1.1.1.5 Interdependenz / ökonomische Ansätze

Die Idee, dass gegenseitiger Warenaustausch bei dem alle Parteien im etwa gleichen Maße profitieren, die Chancen auf Frieden erhöhen, wird bereits seit langem diskutiert (Levy 2002: 356). So hat Norman Angell (1910) in *»The Great*

Illusion« die These vertreten, dass ein Krieg in Europa aufgrund der engen wirtschaftlichen Verknüpfung der europäischen Staaten untereinander keine Sieger kennen würde. Kein Staat würde nach einem Krieg ökonomisch besser da stehen, als wenn die Handelspartner in der Zeit, in der sie gegeneinander Krieg geführt haben, Handel getrieben hätten. Ähnlich argumentierte Rosecrance (1986), der darauf hinwies, dass der Wohlstand von Staaten viel mehr mit einer effektiven Handelspolitik zusammenhängt, als mit der Größe und den Ressourcen des Landes.

Doch die Vertreter der wirtschaftsliberalen Perspektive argumentieren auch auf der innerstaatlichen Ebene. So gehen sie davon aus, dass durch den vermehrten Wohlstand, der durch Handel entsteht, viele Argumente entfallen, die sonst Anlass für Krieg bieten (Wilson 1978). Diese Position lässt sich überspitzt in einem gängigen Aphorismus des 19 Jahrhunderts (Levy 2002: 356) zusammenfassen, der die lange Dauer der friedlichen Zeit erklären sollte. Demnach waren Männer viel zu sehr damit beschäftigt, »reich« zu werden, als dass sie Zeit gehabt hätten, Krieg zu führen[30]. Etwas weiter wird das Argument bei einigen liberalen Theoretikern geführt, die davon ausgehen, dass jene Gruppen, die vom Handel profitieren, sich zusammenschließen und gemeinsam versuchen werden, eine friedliche Politik gegenüber einer kriegerischen Politik Gewicht zu verschaffen (Hirschman 1977, Rogowski 1989, Doyle 1997). Einen komplexeren Zusammenhang für Handel und Demokratie nimmt die Modernisierungstheorien an, in dessen Sinne auch Weede (1995) argumentiert. Für ihn geht der Weg einer friedlichen Politik über demokratische Reformen. Sein Argument lautet, dass Handel den Wohlstand fördert, dieser Demokratie nach sich zieht und Demokratien friedlich sind.

Dass Wirtschaftsbeziehungen durchaus ambivalente Wirkungen haben können und nicht nur Profit versprechen, sondern auch Schaden bzw. Kosten verursachen, machten Robert Keohane und Joseph Nye in »Power and Interdependence« deutlich (1977). Sie untersuchten anhand der Ölkrise aus den frühen 1970er Jahren die Reaktionen westlicher Staaten auf steigende Rohölpreise und stellten fest, dass Staaten unterschiedlich auf externe Anreize reagieren und damit in verschiedener Stärke von den externen Ölpreissteigerungen beeinträchtigt werden. Zweitens aber unterschieden sie Situationen, in denen Staaten, selbst bei Veränderungen ihrer Politik, einen Schaden für das Land nicht verhindern können. Beispielsweise können westliche Länder zwar durch Energiespartage und noch mehr durch strukturelle Veränderungen ihren Ölverbrauch einschränken, aber sie können ihn nicht aufgeben. Wenn Staaten trotz politischer Reaktionen dennoch unter diesen externen Einflüssen Schaden nehmen, wird dies nach Keohane /

---

30   »Men were too busy growing rich to have time for war" (Blainey 1973: 10)

Nye als Verwundbarkeit bezeichnet. Diese Verwundbarkeit westlicher Staaten gilt einigen Analysten als mögliche Ursache neuer Kriege (Gramling 1996, Heinberg 2005, Rowell et al. 2005).

Die Argumentation des Handelsliberalismus erscheint zunächst überzeugend. Schließlich finden sich in den letzten Jahrzehnten genügend Beispiele für zwischenstaatliche Beziehungen, in denen Handelsbeziehungen gezielt eingesetzt wurden, um Spannungen zu mindern und Kriegswahrscheinlichkeiten dauerhaft zu minimieren. Dazu zählt die Gründung der Europäischen Union, die Ostpolitik Willy Brandts oder Richard Nixons Chinapolitik (Mansfield / Pollins 2001: 834). Doch aus Sichtweise des Realismus lässt sich an den wirtschaftsliberalen Positionen und deren Folgerungen für Frieden und Stabilität Kritik anbringen. Einer der Kernkritikpunkte besagt, dass Handel nicht immer für alle Beteiligten gleich profitabel ist und sich deshalb durch den Ausbau von Wirtschaftsbeziehungen auch Machtverschiebungen ergeben können, die der Auslöser von Krisen oder Kriegen werden können (Gilpin 1981, Mearsheimer 1990, Mansfield et al. 2000, Levy 2002). Kritische Forscher entgegnen dem, dass viele Staaten bevorzugt nur mit jenen Staaten Handel treiben, mit denen sie sich politisch verbunden fühlen und zu denen bereits gute diplomatische Beziehungen bestehen (Pollins 1989b, Pollins 1989a, Gowa / Mansfield 1993).

Noch schärfer argumentieren andere Kritiker (Gilpin 1981, Liberman 1996), die davor warnen, dass eine zu starke Abhängigkeit vom Außenhandel im Allgemeinen und einzelnen Handelspartnern im Speziellen die Kriegsgefahr eher steigert als senkt. Ist die Verwundbarkeit eines Staates durch seine Handelspartner zu groß, kann eine starke Militärmacht versucht sein, durch eine militärische Lösung, beispielsweise durch Annektierung entsprechender Gebiete, diese Verwundbarkeit zu reduzieren.

3.1.1.1.6 Veränderung des Internationalen Systems - Bedeutung nichtstaatlicher Akteure

Die Beobachtung, dass die Bedeutung nicht-staatlicher Akteure wie internationale Unternehmen, aber auch sonstige Gesellschaften oder Privatpersonen immer größer wird, fasste John Burton 1972 in das so genannte »Spinnennetzmodell« (Burton 1972). Neben den Staaten als wichtige Akteure, die miteinander Kontakte pflegen, gibt es demnach religiöse Gruppierungen, geschäftliche Unternehmungen oder gewerkschaftlich organisierte Verbände, die über Staatsgrenzen hinweg Austausch pflegen und deshalb auch für die Analyse der internationalen Beziehungen relevant werden. Im Gegensatz zur Vorstellung des Realismus, dass Staaten wie Billardkugeln geschlossene Einheiten bilden, versinnbildlicht das Spinnennetzmodell die Vorstellung von vielen verschiedenen Kontakten über Staatsgrenzen hinweg. Das Spinnennetzmodell zeigt auch, dass alle Akteure direkt oder indirekt miteinander in Verbindung stehen. Ein aggressiver Akteur hätte daher mit Rückkoppelungseffekten zu rechnen. In der deutschen Politikwissenschaft wurde das Modell später von dem Frankfurter Politologen Czempiel (1981, 1993) aufgegriffen und zu einem Gitternetzmodell erweitert, in dem es kein Zentrum mehr gibt, sondern nur Stellen, an denen das Gitter dichter oder weniger dicht gewoben ist.

Auch Rosenau (1990, Rosenau / Czempiel 1992) stellte in seinen Analysen die immer wachsende Bedeutung nicht-staatlicher Akteure auf der internationalen Ebene in den Vordergrund und betrachtet diese als komplementär zu den anarchischen Staatenbeziehungen. Durch die allgemein gesteigerte Mobilität, durch technische Verbindungen über das Internet oder durch Reisen in fremde Länder etablieren sich Individuen und Gruppen immer stärker als ernst zu nehmende Akteure. Rosenau spricht dieser, im Vergleich zur unstrukturierten anarchischen Staatenwelt, neuen Ebene entsprechend der liberalen Sichtweise pazifizierende Wirkung zu. Zwar erkennt Rosenau im Ende des Ost-West Konfliktes und dem Zusammenbruch der alten Staatenwelt einen Unsicherheitsfaktor, hält aber das Entstehen von neuen gewaltsamen Krisen für eher unwahrscheinlich. Denn dadurch, dass sich nicht-staatliche Individual- und Gruppenakteure durch ihr kosmopolitisch geprägtes Denken verschiedenen Gruppen zugehörig fühlen, lassen sie sich nicht mehr in Freund-Feind-Denkschemata einteilen.

Zusammenfassend lässt sich für diesen Diskussionsstrang folgendes festhalten: Je mehr nicht-staatliche Akteure sich über Staatsgrenzen hinweg verbinden, desto weniger können Staaten als einheitliche Akteure auftreten (Keohane / Nye 1977: 29ff.). Staaten und nicht-staatliche Akteure verfolgen jedoch unterschiedliche Ziele – und nicht-staatliche Akteure sind nicht bereit, Interessen des Staates, die den eigenen widersprechen, zu unterstützen. In der Konsequenz bedeutet dies, dass Staatsregierungen gar nicht, oder nur sehr beschränkt die Option haben, militärisch oder gewaltsam in Staatskonflikten zu handeln. Damit gewinnt internationale Politik immer stärker den Charakter von innerstaatlichem Handeln (vgl. auch Zürn 1998). Es geht um die Bildung von Koalitionen – innerhalb des Staates aber auch über Staatsgrenzen und Organisationsformen hinweg. Keohane und Nye zeigen sich aber durchaus bewusst, dass ihr Erklärungsansatz der interdependenten Beziehungen nur für eine bestimmte und bisher noch kleine Gruppe von Staaten Gültigkeit besitzt. Im Wesentlichen sind dies die industrialisierten, pluralistischen Staaten wie USA und Kanada, jene in West-Europa, Japan, Australien und Neuseeland. (Keohane / Nye 1977: 25). Dennoch kann auch bei eng miteinander verflochtenen Volkswirtschaften nicht ausgeschlossen werden, dass Dispute gewaltsam eskalieren. Aber anders als im Realismus, in dem angesichts einer anarchischen Staatenwelt davon ausgegangen wird, dass jeder Konfliktgegenstand Kriege auslösen kann, sehen Liberale die Entwicklung komplexer und gehen von einer Vielzahl von Möglichkeiten aus, mit denen die Eskalation von Konflikten verhindert werden kann. (Jackson / Sørensen 2003: 116).

3.1.1.1.7 Verbindung der liberalen Ansätze: The Triangulating Peace

In der vergleichenden Betrachtung zwischen Ansätzen des (Neo-) Realismus und des Liberalismus und deren Analysebeiträge zur Entstehung von Krieg und Frieden fällt auf, dass der Realismus eine einzelne große Analyseeinheit untersucht, nämlich Macht, ohne jedoch dabei eine durchaus sinnvolle Aufteilung in verschiedene Unterkategorien, beispielsweise nach der Herkunft bzw. Quelle, vorzunehmen. Die liberalen Ansätze hingegen teilen die Wirkungszusammenhänge im internationalen System durchaus analytisch auf, entwickeln dabei aber immer mehr einzelne Theoriestränge, die sich nicht oder nur selten aufeinander beziehen. Dieses Defizit des liberalen Ansatzes versuchen Bruce Russett und John Oneal mit ihren Arbeiten zum dreidimensionalen Friedensbegriff zu überwinden (Russett et al. 1998, Russett / Oneal 2001). Sie gehen davon aus, dass Interdependenz zwischen den Staaten den Frieden fördert, da der Ausbau von Handelsbeziehungen nutzenmaximierender wirkt als der von Krieg. Die damit einhergehende Stärkung der Kommunikationsstränge zwischen den Staaten trägt zum Aufbau gemeinsamer Werte und einer Art gemeinsamer Identität bei. Die Vielzahl nicht-staatlicher Akteure, die sich durch den weltweiten Handel fast wie Staaten bewegen und andere gemeinsame Interessen auf der internationalen Ebene wahrnehmen, führt zu einer weiteren Verdichtung der globalen Kommunikation. Es entstehen so eine Vielzahl weiterer Perspektiven, die Krieg als Weg der Konfliktlösung für die Beteiligten unattraktiv werden lässt. Die dritte Ebene des *triangulating peace,* nämlich die Ausbreitung der Demokratie und demokratischer Normen, ergibt sich aus den vorher genannten. Deshalb gilt, dass Demokratie wiederum zum Ausbau von internationalen Handelsbeziehungen beiträgt und hierdurch die Teilnahme nicht-staatlicher Akteure am globalen politischen Prozess erleichtert (vgl. auch Rohloff 2007).

Die Kernannahmen der beiden Großtheorien für die erste untersuchte Ebene, der des internationalen Systems, lässt sich wie folgt zusammenfassen: Während der Realismus Krieg als dem System immanent ansieht, da es letztendlich keine Garantiemacht im internationalen System gibt, die die Ansprüche und Forderungen einzelner Staaten gewaltlos durchzusetzen vermag, zeigt der Liberalismus eher Wege auf, um diese Unsicherheit zu überwinden. Durch Demokratie, höheren Wohlstand und Vernetzung des Wirtschaftssystems sollen gleichzeitig Hindernisse gegen Kriegsentscheidungen und Anreize für friedliche Lösungen für internationale Probleme geschaffen werden. Bemerkenswert ist, dass der Liberalismus damit indirekt genau jene Dynamiken begrüßt, die der (Neo-) Realismus so sehr fürchtet: die globale Vernetzung, also der Austausch von Waren und Dienstleistungen in derartig hohen Mengen, dass eine ein- oder eine gegenseitige Abhängigkeit entsteht.

3.1.1.2 Ansätze auf der zweiten Ebene: Der Staat als Bezugsrahmen

Im Gegensatz zu den Ansätzen auf der systemischen Ebene rücken Erklärungs-ansätze auf der zweiten, staatsbezogenen Ebene die Unterschiede zwischen den einzelnen Staaten in den Vordergrund und suchen dort die Ursachen für zwischenstaatliche Gewalt und Krieg bzw. Frieden. Die staatsbezogenen Ansätze dominieren eindeutig die Forschungsliteratur. Besonders häufig finden sich auf dieser Ebene Arbeiten, die sich auf die Theorie des demokratischen Friedens beziehen. Aber auch geografische Bezugspunkte wie die Anzahl oder Beschaffenheit von Grenzen werden als Erklärungsansätze herangezogen.

3.1.1.2.1 Regimeanalyse: Der demokratische Friede

Wohl kaum ein anderer Erklärungsansatz findet in der Friedens- und Konflikt-forschung größere Resonanz als die These vom demokratischen Frieden. Der auf Immanuel Kant und seinem Werk »Zum Ewigen Frieden« zurückgehende Untersuchungsansatz besagt, dass Staaten, wenn sie demokratisch regiert werden, keine Kriege gegeneinander führen (Kant 1795 /1965).

Tatsächlich ist die Beobachtung, dass demokratische Staaten keine Kriege gegeneinander führen, das bisher einzige weitgehende »Gesetz« der quantitativen Konfliktforschung[31] (Doyle 1986, Russett 1993). Dieses Gesetz wird jedoch durch eine zweite Beobachtung ergänzt, der in der Forschung als »Empirischer Doppelbefund« diskutiert wird. Demokratien führen zwar tatsächlich keine oder so gut wie keine Kriege gegeneinander, aber sie führen nicht seltener Krieg als Nichtdemokratien (Russett 1993, Risse-Kappen 1995).

Was bedeutet dieser Doppelbefund? Im Kern der *normativ* argumentierenden Ansätze steht die Überlegung, dass Demokratien zur Bewältigung ihrer eigenen Probleme eine Fähigkeit zur friedlichen Konfliktlösung entwickeln und diese in die Gestaltung ihrer Außenpolitik bzw. die Lösung internationaler Krisen mit einfließen lassen (Doyle 1986, Russett 1993, Dixon 1994, Oneal / Russett 1997, Oneal / Russett 1999). Die aus innerstaatlichen Prozessen bekannten Formen des

---

31   Eine interessante Zusammenstellung von »Zweifelsfällen«, die die These vom Demokratischen Frieden brüchig erscheinen lassen, findet sich unter http://users.erols.com/ mwhite28/demowar.htm, zuletzt überprüft am 1.12.2011.

Aushandelns von Kompromissen und die grundsätzliche Bereitschaft, auch Lösungen unterhalb der Maximalformulierung zu akzeptieren, bilden die Voraussetzung für diplomatische Konfliktlösungen. Allerdings zeigen sich die Vertreter dieses Ansatzes auch problembewusst: Demokratische Staaten können bei Konflikten mit nicht demokratischen Staaten genau auf diese Eigenschaft beim Gegner nicht bauen (vgl. auch Chojnacki 1999).

Ist der Gedanke, dass in einer vollständig demokratisierten Welt der globale Frieden herrsche, ein wirklichkeitsfernes Wunschdenken oder doch ein durch wissenschaftliche Argumente gestütztes, realistisches Ziel? Die Forschung ist sich in diesem Punkt uneinig (vgl. Geis / Wagner 2006: 276). Neben den Vertretern einer »Weltfrieden durch globale Demokratisierung«-Sichtweise gibt es auch Skeptiker, die auf widersprüchliches Verhalten von Demokratien hinweisen, wie beispielsweise Geheimdienstoperationen gegen oder Invasionen in Staaten, teilweise mit »demokratisch« gewählten Regierungen, mit dem Ziel diese Regime zu stürzen (James / Glenn 1995, Müller 2002, Daase 2004).

Doch wie lässt sich, trotz der enttäuschenden Einschränkung des Kriegsverhaltens von Demokratien gegen Nichtdemokratien, der noch immer starke empirische Befund von der Friedfertigkeit von Demokratien untereinander inhaltlich begründen? In der Forschungsdiskussion lassen sich grob drei Richtungen unterscheiden (vgl. Gibler 2007: 511), die dieses zu erklären versuchen: erstens jene Ansätze, die auf die politische Struktur rekurrieren, zweitens solche, die auf liberalen Normen aufbauen und drittens jene, die die Institutionen der demokratischen Staaten fokussieren.

Aus *struktureller* Sichtweise lautet eines der wichtigsten Argumente, dass regelmäßige freie Wahlen und die damit verbundene Rechenschaftspflicht der Regierenden die Kriegsanfälligkeit von Demokratien stark beschränkt (Rummel 1975, Morgan / Campbell 1991, Bueno de Masquita / Lalman 1992, Bueno de Masquita et al. 1999). In Verbindung mit dem kantschen Argument, dass das Volk selbst nie für Kriege stimmen würde, da es sonst auch die Kosten tragen müsste, gehen Institutionalisten davon aus, dass Politiker, die wiedergewählt werden wollen, keine Kriege führen. Allerdings wird dieser Wirkungsmechanismus, so Gaubatz (1991, 1999), auch von Politikern erkannt und bewusst instrumentalisiert: Wenn demokratisch gewählte Regierungen Krieg führen, so tun sie dies direkt nach der Wahl, wenn der Einfluss der Wähler, gemessen am Wahlzyklus, am geringsten ist.

Wahlen können aber auch genau den gegenteiligen Effekt haben: Zum Ende einer Wahlperiode werden außenpolitische Probleme instrumentalisiert und bewusst verschärft, um von innenpolitischen Schwierigkeiten abzulenken (Ostrom / Brian 1986, Russett 1990, Daase 2004). Dieser *»Rally around the flag«*-Effekt muss jedoch glaubwürdig sein, schlecht inszenierte Bedrohungen würden schnell in ihr Gegenteil verkehrt. Dennoch kann Demokratien ein gewisser Hang zu diesen Arten von politischer Steuerung nicht abgesprochen werden: Sie haben sonst wenig Möglichkeiten, von Unzufriedenheit und internen Konflikten abzulenken (Gelpi 1997). Daase (2004: 56) zieht deshalb eine gemischte Bilanz in der Analyse von Wahlen und deren Einfluss auf die Friedfertigkeit von Demokratien: Sie erklären die gedämpfte Bereitschaft, Kriege gegen andere Demokratien zu führen, aber sie können auch die Konfliktneigung gegenüber Nicht-Demokratien erhöhen. Wahlen werden somit zu einem »Katalysator für den demokratischen Krieg«.

Neben den Wahlen sorgt aber auch in den meisten ein ausgeklügeltes System sich gegenseitig kontrollierender *Institutionen*, die nach dem Prinzip der »checks and balances« organisiert sind, für erhebliche Hürden um Kriege zu beginnen. Daase (2004: 57) sieht das jedoch kritisch: Institutionelle Schranken können auch umgangen werden. In Krisensituationen hat sich besonders die US-amerikanische Regierung schon mehrfach in der Lage gezeigt, institutionelle Schranken zu umgehen und in so genannten »Geheimaktionen« auch militärische Handlungen gegen Staaten mit einer demokratisch gewählten Regierung vorzunehmen (Forsythe 1992, vgl. auch James / Glenn 1995): Iran (1953), Guatemala (1954), Indonesien (1955), Brasilien (1960), Chile (1973), Nicaragua (1980er). Allerdings waren dies alle Staaten, die außerhalb der nordamerikanischen und der europäischen Region lagen. Möglicherweise greifen demokratische Regierungen genau dann, wenn sie Widerstand von den sie kontrollierenden Organen oder von der Öffentlichkeit befürchten, auf Geheimdienstaktionen oder militärische Kampfaktionen zurück (Klare / Kornbluh 1988, Daase 2004: 58f.).

Der institutionalistische Ansatz zur Erklärung des demokratischen Friedens wird mit Argumenten auf der normativen Ebene ergänzt: Liberale Demokratien führen deshalb keine Kriege gegeneinander, weil sie die gleichen Werte, wie individuelle Freiheit oder die Würde des Menschen teilen (Doyle 1986, Maoz / Russett 1993, Dixon 1994). Dabei wird dem anderen System ein hohes Maß an Vertrauen entgegengebracht: Entscheidungsprozesse verlaufen nach den gleichen Regeln wie im eigenen System, entsprechend kann darauf vertraut werden, dass sich der Konfliktpartner in Krisensituationen an die entsprechenden Regeln halten wird. Dieser auf Normen basierten Sichtweise des demokratischen Friedens halten Bueno de Mesquita et al. (1999: 792) jedoch entgegen, dass sie allein auf Beobachtung resultiert und nur auf solchen Fällen basiert, in denen eben dieses Verhalten beobachtet werden konnte. Doch wie lassen sich jene Geheimdienstoperationen erklären, die Demokratien gegen andere Demokratien unternehmen (Forsythe 1992, James / Glenn 1995)? Außerdem wird das normative Argument durch die empirische Beobachtung geschwächt, dass Staaten vor allem gegen wesentlich schwächere Staaten Kriege führen (Reiter / Stam 1998). Etablierte demokratische Regierungen sind jedoch in der Regel wohlhabend und entsprechend verteidigungsstark.

Die These vom Demokratischen Frieden ist also, trotz des mehrfach bestätigten empirischen Befundes, nach dem Demokratien zumindest keine Kriege untereinander führen, nicht unumstritten. Bezweifelt wird neben den erwähnten methodischen Problemen auch der Wirkungszusammenhang: Ist es wirklich das demokratische System, das Kriege verhindert? Oder ist es die oftmals mit demokratischen Prozessen verbundene Vernetzung in Welthandel und Internationalen Organisationen und die daraus entstehenden finanziellen Verstrickungen (Weede 1995, Gartzke et al. 2001, Weede 2004, Gartzke 2007)? Henderson (2002) glaubt, die These vom Demokratischen Frieden als Illusion enttarnen zu können und sieht unter anderem in der geografischen Nähe zwischen zwei Staaten ein wesentlich besseres Argument zur Erklärung von Krieg. Damit greift er ein Argument auf, das auf der Ebene der staatsbezogenen Erklärungsansätze nahezu ebenso häufig diskutiert und analysiert worden ist, wie der demokratische Friede: die Frage nach der geografischen Entfernung zwischen Konfliktparteien.

3.1.1.2.2 Geografische Lage

In der quantitativen Konfliktforschung zu zwischenstaatlichen Konflikten spricht eine Vielzahl von Forschern dem Faktor der geografischen Nähe zwischen Konfliktakteuren eine starke Erklärungskraft für das Entstehen von Kriegen zu (Richardson 1960, Garnham 1976, Vasquez 1987, Gochman 1991, 1993, 2001). Etliche Auswertungen von Konfliktdatensätzen fokussieren fast ausschließlich oder überwiegend auf Konflikte um Gebiete (Diehl 1985, Goertz / Diehl 1988). Vasquez (1993: 145) zeigt sich überzeugt, dass kaum andere Konfliktgegenstände geeignet sind, gewaltsame Konflikte zu produzieren. Erst wenn Konflikte zwischen Staaten mit territorialen Problemen verbunden sind, gewinnen sie an Bedeutung und steigt die Gefahr, dass sie gewaltsam eskalieren.

Als einer der Pioniere der geographischen Konfliktforschung kann Richardson (1960) gelten. Er stellte bei der Auswertung des von ihm erstellten Datensatzes fest, dass die Beteiligung von Staaten an Kriegen stark mit der Anzahl der Nachbarn des Staates korreliert (Richardson 1960: 176f.). Nachfolgend haben sich noch weitere empirische Arbeiten mit der Frage nach der Bedeutung gemeinsamer Grenzen auf die Wahrscheinlichkeit eines Konfliktausbruchs beschäftigt. In der von Small und Singer (1982: 82-95) vorgelegten Konfliktstudie wurden von den zwischen 1816 und 1980 ausgetragenen 67 zwischenstaatlichen Kriegen 59 zwischen Nachbarn geführt oder als solche begonnen. Paul Diehl stellte in seiner Untersuchung zu den *Enduring Rivalries* fest (Diehl 1985), dass bei militärischen Spannungen zwischen direkten Nachbarn etwa 25% dieser Konflikte zum

Krieg eskalieren, während es hingegen für die Konflikte die nicht zwischen Nachbarstaaten ausgetragen werden, nur knappe 2% sind[32]. Bremer (1992) fand in der Analyse möglicher Dyaden heraus, dass das Risiko eines Krieges zwischen benachbarten Staaten sogar um das 35-fache höher liegt als zwischen nicht benachbarten Staaten.

Der Arbeit von Richardson (1960) stellte Vesley (1962: 388) entgegen, dass nicht die Anzahl der Grenzen entscheidend sei, sondern deren Länge. Die Länge gemeinsamer Grenzen schaffe eine entsprechende Anzahl an Gelegenheiten, über die Zugehörigkeiten von Gebieten zu streiten. Aber es ist nicht nur die Anzahl möglicher Reibungspunkte allein, die Konflikte zwischen Nachbarn wahrscheinlicher machen. Vasquez (1993) geht davon aus, dass die Beschaffenheit der Grenzen den entscheidenden Unterschied macht: Natürliche Grenzen, wie bei Flüssen oder Gebirgszügen oder Grenzen durch wirtschaftlich unbedeutendes Gebiet erschweren demnach das Führen von Kriegen. Aufwendige Untersuchungen mit neuen geographischen Messverfahren konnte dafür jedoch keine Bestätigung bringen (Furlong et al. 2006).

Eine andere Bedeutung gewinnt die unterschiedliche Geographie von Konfliktparteien jedoch mit der Frage, wie der entsprechende Gegner angegriffen werden kann (Vasquez 1993: 136). Boulding (1962) errechnete eine mathematische Funktion, die er die »Stärke-Verlust-Kurve« (»*loss-of strange-gradient*«) nannte. Demnach ist die Stärke eines Staates auf seinem eigenen Territorium am höchsten. Hier kann er die von ihm erbaute Infrastruktur nutzen und Truppentransporte schnell vornehmen. Je weiter er sich jedoch von seinem Land entfernt, desto stärker schwindet die Möglichkeit, Macht und Einfluss auf andere Staaten auszuüben. Folgt man dieser Funktion lassen sich zwei Folgerungen ableiten. Erstens: Die räumliche Distanz kann die Wahl der Handlungsoptionen für Entscheidungsträger in Konfliktsituationen deutlich einschränken. Je größer die räumliche Distanz zwischen zwei Konfliktparteien ist, desto geringer ist die Wahrscheinlichkeit eines kriegerischen Konfliktes. Zweitens: Ein Krieg über weite Distanzen ist demnach nur für jene Staaten durchführbar, die entweder globale Militärstützpunkte unterhalten oder Verbündete haben, auf deren Gebiet sie sich wie auf eigenem Territorium verhalten und bewegen können, um die benötigten Kriegsressourcen vorrätig zu halten (Goertz / Diehl 1992b: 4-5).

Es bleibt also festzuhalten, dass die von Richardson (1960) propagierte Ansicht, dass die Anzahl der Grenzen Aufschluss über das Kriegsrisiko eines Landes gibt, so nicht bestätigt werden kann (vgl. hierzu auch Pfetsch 2004, der die

---

32 Diehl hatte in seiner Untersuchung 50 Konflikte (»*militarized disputes*«) zwischen Nachbarn, von denen 12 zum Krieg eskalierten. Bei den 54 anderen, die nicht zwischen Nachbarn ausgetragen wurden, eskalierte hingegen nur einer.

These mit aktuelleren Daten untersucht)[33]. Gleiches gilt auch für die Länge oder Art der Grenze. Als gesichert jedoch kann gelten, dass benachbarte Staaten grundsätzlich ein höheres Konfliktrisiko aufweisen als weit entfernte Staaten (vgl. auch Toset et al. 2000). Überraschend ist dieses Ergebnis jedoch kaum – es verliert aber angesichts der letzten beiden im Untersuchungszeitraum geführten zwischenstaatlichen Kriege, jenen zwischen den USA und Afghanistan und jenen zwischen den USA und dem Irak an Erklärungskraft.

Wenn auch der Staatsebenen-Ansatz jener ist, der in den vergangenen Jahrzehnten am häufigsten in der Analyse von Kriegsursachen verwendet wurde und dem grundsätzlich qualitativ auch die meiste Erklärungskraft zugesprochen wird, so stellt sich doch die Frage, ob diese Ebene tatsächlich richtig gewählt wurde. Kritik lässt sich vor allem auf zwei Ebenen vorbringen: Erstens gründet der Ansatz auf ein sehr westlich geprägtes Staatsverständnis. Dies wird vor allem in den Untersuchungen zum demokratischen Frieden deutlich. Zweitens werden Staaten als an sich geschlossene Einheiten betrachtet, d.h. als politische Akteure, die gemeinsame Ziele verfolgen und einem einheitlichen Willensbildungsprozess unterliegen. Genau dies aber bemängeln Forschungsansätze, die auf der dritten Ebene angesiedelt sind: Sie fokussieren das Handeln von Individuen, da diese die Entscheidung über Krieg und Frieden treffen. Dieser Ebene wendet sich die Arbeit nun zu.

3.1.1.3 Ansätze auf der dritten Ebene: die Entscheider

Die dritte Ebene in der Analyse von Konfliktursachen, das Individuum, konnte trotz einer Reihe aufschlussreicher und häufig rezipierter Publikationen (Jervis 1976, Janis / Mann 1977, Janis 1983, Holsti / Rosenau 1988, Hermann / Hermann 1989, Holsti / Rosenau 1990, Hermann / Hagan 1998) weder in den Internationalen Beziehungen noch in der quantitativen empirischen Konfliktforschung einen ähnlichen Einfluss gewinnen wie die Ansätze der System- oder Staatenebene. Dabei untersucht die dritte Ebene das letzte und damit entscheidende Glied der langen Entscheidungskette, wenn es um Krieg und Frieden geht. Im Mittelpunkt dieser auf Individuen fokussierten Ansätze steht meist die Entscheidungssituation: Wie rational werden Entscheidungen in Krisensituationen getroffen? Im Gegensatz zur Grundannahme der Erklärungsansätze auf der

---

33   Eine Ausnahme bildet die von Harvey Starr (2002) vorgelegte Analyse, in der er mit neuem Datenmaterial die These von geographischen Merkmalen und der Anfälligkeit von Kriegen neue Bedeutung zukommen lassen wollte. Allerdings untersucht Starr nur ein einziges Jahr und verwendet dabei nur bivariate Analysemethoden. Vgl. zur Kritik Furlong et al. (2006).

System- oder Staatenebene haben etliche Einzelfallanalysen gezeigt, dass Entscheidungen in Krisensituationen viel häufiger entsprechend dem »Bauchgefühl« der Verantwortlichen fielen, als dass rationale Abwägungen getroffen und längere Analysen nach nutzenmaximierenden Optionen durchgeführt wurden (Janis / Mann 1977, Janis 1983, Hermann / Hermann 1989).

In der Literatur lassen sich grob zwei Richtungen unterscheiden, die das Abweichen von dem zu erwarteten Ergebnis erklären. Erstens Ansätze, die sich auf den oder die »Entscheider« konzentrieren. Kernfragen dieser Überlegungen sind: In welcher Verfassung waren die Personen, als sie die Entscheidung treffen mussten? Waren sie aufgrund der persönlichen Umgebung und Verfassung (Müdigkeit, Erfahrung) in der Lage, (noch) rationale Entscheidungen zu treffen? Was lässt sich über den Charakter der Entscheidungsperson(en) sagen? Sind sie in der Lage, negative Nachrichten rational aufzunehmen? Wie bewusst versuchen sich diese Personen, ein Gesamtbild der Situation zu verschaffen, suchen also auch bewusst nach Informationen, die ihre Entscheidung noch verändern konnten (Janis / Mann 1977, Herek et al. 1987, Mintz 2004)? Zweitens Ansätze, die sich auf das beratende Umfeld konzentrieren: Wie wurde der oder die entscheidenden Personen auf die Entscheidungssituation vorbereitet? Wurden alle relevanten Informationen weitergeleitet? Wie wurden die Informationen dabei präsentiert (Janis 1983, Herek et al. 1987, Hermann / Hermann 1989)? Wurde hierdurch der Entscheidungsprozess der Befehlshaber beeinflusst oder sogar eingeschränkt? Das in der Wissenschaft am besten untersuchte Beispiel für Entscheidungen in Krisensituationen ist die Kuba-Krise von 1962. Trotz des glimpflichen Ausgangs der Krise gelten Entscheidungen in »kleinen Kreisen« als anfällig für eigene psychologische Dynamiken, die zu Fehleinschätzungen und erhöhter Risikobereitschaft führen können (Janis 1983).

Obwohl die Analyse von Entscheidungsprozessen ganz erheblichen Gewinn für die Forschung allgemein, im speziellen jedoch für politische Entscheidungsträger verspricht, blieben alle Versuche erfolglos, die Analyse von Entscheidungssituationen als festen Bestandteil der Internationalen Beziehungen zu verankern (vgl. Mintz 2007). Auch die angestrebte, stärkere psychologische Fundierung klingt vielversprechend, doch ist bisher unklar, wie solche qualitativen Daten für die quantitative Konfliktforschung genutzt werden könnten. So wird sich der Nutzen für Analysen auf der Individualebene auf absehbare Zeit auf das Episodenhafte in der Interpretation quantitativer Daten und Abweichungen von erwarteten Entwicklungen beschränken.

3.1.2   Erklärungsansätze für innerstaatliche Kriege

Innerstaatliche Konflikte waren lange Zeit sowohl von der quantitativen Konfliktforschung als auch der Kriegsursachenforschung unbeachtet geblieben (Levy / Thompson 2010: 186 ff.). Konflikte innerhalb von Staaten standen allein schon aufgrund der Tatsache, dass die quantitative Konfliktforschung sich als Teilbereich der Internationalen Beziehungen verstand, außerhalb des Forschungsinteresses. Gesteigertes Interesse an innerstaatlichen Kriegen erwachte erst mit den großen humanitären Katastrophen in Somalia und Ruanda und deren Implikation für die internationale Ebene. In der unmittelbaren Folge wurde der Ruf nach Frühwarnsystemen laut, die politische Entscheidungsträger besser auf die Krisensituationen vorbereiten könnten. Anders jedoch als bei zwischenstaatlichen Konflikten war die Verfügbarkeit von Daten für innerstaatliche Konflikte gerade in den 1990er Jahren sehr begrenzt.

Die Konfliktfrühwarnprogramme, die in den 1990er Jahren nach den humanitären Katastrophen in Ruanda und Somalia entwickelt wurden, glichen daher eher ad hoc Systemen, die nicht auf der Analyse langer Datenreihen basierten. Recht schnell jedoch setzten sich Konzepte durch, die eine Mischung von strukturellen und prozessorientierten Analysen favorisierten (Bond et al. 1997, Harff / Gurr 1998, Debiel et al. 1999, Krummenacher / Schmeidl 2001). Gegen Ende der 1990er Jahre legten Forschungsprogramme, die systematisch den Ausbruch von innerstaatlichen Kriegen zu erfassen suchten, ihre ersten Ergebnisse vor (Carnegie Commission on Preventing Deadly Conflict. 1997, Esty et al. 1998). Dabei betrachteten sie in erster Linie Staatsversagen oder der Unterdrückung politischer Gruppierungen wie Ethnien. Auch wenn diese Ergebnisse in vielerlei Hinsicht als wichtige Meilensteine und richtungsweisend für den Bereich der Konfliktfrühwarnung gelten, scheiterten sie an einer Mischung aus konzeptioneller Schwäche von Empfehlungsschritten einer »Early Action« und dem großen finanziellen Aufwand, den sie verursachten (vgl. auch: von Boemcken / Krieger 2006).

Die geringe Anzahl quantitativ tätiger Forscher im Bereich der innerstaatlichen Kriege hatte sich, nicht zuletzt auch aufgrund der überzeugenden Vorarbeiten von Horowitz (1985), zu Beginn der 1990er Jahre recht schnell auf einen Erklärungsansatz festgelegt: Die Heterogenität von Gesellschaften und die ungleiche Verteilung von Einkommen entlang von ethnischen Linien seien demnach konfliktfördernde Faktoren (Newman 1991, Gurr 1993a, 1993b, 1994, Schlichte 1994, Congelton 1995, Henderson 1997, Mueller 2000, Reynol-Querol 2002). Erst gegen Ende der 1990er Jahre und zu Beginn des neuen Jahrzehnts begann die Forschung bezüglich der Analyse innerstaatlicher Konflikte ihr Repertoire an Erklärungsfaktoren zu erweitern. Wichtige Erkenntnisse lieferten hier Einzelfallstudien, die auf die ökonomische Bedeutung vieler innerstaatlicher

Konfliktsituationen hinwiesen (Elwert 1995, Jean / Rufin 1996). Eine wichtige Signalwirkung für die quantitative Konfliktforschung ging dann von den Studien der Weltbankforschungsgruppe unter der Leitung von Paul Collier aus (Collier / Hoeffler 2000, Collier / Sambanis 2002, Collier et al. 2003a).

Die Anzahl und Art der Erklärungsansätze hat sich in den Jahren nach 1990 erheblich ausgeweitet – und tut dies weiterhin. Für eine bessere Vergleichbarkeit wird zunächst auch für die innerstaatlichen Erklärungsansätze das auf Singer (1961) basierende Drei-Ebenen-Modell angewendet.

3.1.2.1 Das internationale System als Erklärungsebene

Im Gegensatz zu den zwischenstaatlichen Kriegen gibt es für innerstaatliche kriegerische Konflikte so gut wie keine international anerkannten theoretischen Ansätze auf der Staatensystemebene (Sambanis 2002). Eine der wenigen Ausnahmen bildet der von der Hamburger Arbeitsgemeinschaft Kriegsursachenforschung (AKUF) entwickelte Erklärungsrahmen (Siegelberg 1994, Jung 1995, Schlichte 1996). Die Beobachtung, dass sich das internationale Konfliktgeschehen in der Zeit nach dem Zweiten Weltkrieg immer stärker in den Süden verlagert hatte, während der nordamerikanische und europäische Raum nahezu kriegsfrei wurde, erklärten die Hamburger Forscher mit der Ungleichzeitigkeit der Entwicklung des Staatensystems und einer immer stärker wachsenden Interdependenz. Während in europäischen und nordamerikanischen Staaten der Staatsbildungsprozess bereits etliche Jahrzehnte und teilweise Jahrhunderte zurückläge, seien die von Kriegen heimgesuchten afrikanischen Staaten überwiegend junge Staaten. Generell sei davon auszugehen, dass alle Staaten, die sich unter Kolonialherrschaft befanden, sich von dieser befreien müssten und die dabei eingeführte fremde administrative Verwaltung überwunden und durch neue, eigene Formen ersetzt werden müsse. Dies geschehe überwiegend gewaltsam. Als zweite Ursache innerstaatlicher gewaltsamer Konflikte wird die Verzögerung bei der Etablierung kapitalistischer Wirtschaftsstrukturen gesehen. Überall dort, wo die Einführung des Kapitalismus vollzogen worden ist, sei es zu oftmals gewaltsamen Ausscheidungskämpfen um die nationale Elite gekommen. In Staaten, die lange Zeit unter der Herrschaft der Kolonialstaaten standen, fänden diese Prozesse im Vergleich zu Europa und Nordamerika unter veränderten Bedingungen statt. Hier habe sich demnach unter der Kolonialherrschaft keine wirkliche politische oder wirtschaftliche Elite herausbilden können. In dessen Folge benutze die postkoloniale politische Führung den Staat oftmals als Pfründesystem und beute die geringen Staatsressourcen zur Sicherung der eigenen Herrschaft aus. Die unterschiedlichen Vergesellschaftungsformen, ausgelöst durch die Struktur des Internationalen Systems, erklären also für den sogenannten Hamburger Ansatz das Entstehen von Kriegen am besten. Allerdings gehen die Hamburger Forscher von keinem deterministischen Zusammenhang aus: Staaten, auch wenn sie langjährige Kolonialerfahrung aufweisen, müssen nicht in innerstaatliche Kriege fallen. Hier verweisen die Forscher auf die inhärente Logik bzw. Grammatik des Krieges (Siegelberg 1994), wie sie in ähnlicher Weise auch Clausewitz schon gesehen hatte.

3.1.2.2   Innerstaatliche Kriegsursachenansätze auf der zweiten Ebene

Die staatsbezogenen Ansätze dominieren, ähnlich wie bei den zwischenstaatlichen Konflikten, sowohl quantitativ als auch qualitativ die Bandbreite der Erklärungsansätze. Im Folgenden wird eine Auswahl der wichtigsten und einflussreichsten Erklärungsansätze vorgestellt und diskutiert.

3.1.2.2.1 Heterogenität des Staatsvolks

Die Heterogenität einer Staatsbevölkerung gilt in vielen Untersuchungen als die entscheidende Erklärungsvariable für innerstaatliche gewaltsame Konflikte. Umstritten ist jedoch, anhand welcher Kriterien die Heterogenität einer Gesellschaft gemessen werden sollte. Daten, die Gurr (1993a; 1994; 2000b; 2000a) in seinen Analysen verwendete, haben den Nachteil, dass sie keine Rückschlüsse über die mögliche Konfliktanfälligkeit von Staaten zulassen, da Gurr Ethnien erst dann als solche begreift, wenn sie sich politisch aktiv an einem Konflikt beteiligen. Stattdessen findet sich in jüngeren Publikationen die Verwendung von Indizes, die die Gesamtbevölkerung erfassen. Darunter der Ethnolinguistic Fractionalisation Index *(elfo)*. Der Index variiert von 0 bis 1, wobei 0 absolute Homogenität und 1 die absolute Heterogenität bedeutet. Der Index gibt die Wahrscheinlichkeit wieder, dass zwei zufällig ausgewählte Personen aus dieser Gesellschaft die gleiche Sprache sprechen. Croissant et al. (2009) ziehen für ihre Untersuchung kultureller Konflikte sogar noch einen weiteren, selbst erstellten Index heran, der die religiöse Fragmentierung eines Landes misst. Sie kommen zu dem Ergebnis, dass im Vergleich zwischen religiöser und sprachlicher Fragmentierung die sprachliche Heterogenität eines Landes das Auftreten von innerstaatlichen Kriegen besser erklären kann als die religiöse. Fast alle Autoren, die einen Zusammenhang zwischen der Fraktionalisierung und der Kriegsanfälligkeit eines Landes feststellen (Reynol-Querol 2002, Collier et al. 2003a, Collier / Hoeffler 2004a), weisen darauf hin, dass dieser Zusammenhang besonders deutlich wird, wenn eine Polarisierung der Gesellschaft vorliegt oder eine Gruppe die anderen dominiert. Damit wird meist implizit die Verknüpfung zu den ökonomischen Ansätzen gegeben.

3.1.2.2.2 Ökonomische Ansätze

Ökonomische Ansätze spielen für die Erklärung von innerstaatlichen Konflikten seit langem eine entscheidende Rolle. Sambanis (2002) unterteilt den Forschungszweig in zwei Stränge: einer, der sich mit der Ungleichverteilung der *Deprivation von Konflikten* beschäftigt, also die Missstände in einem Land zum Ausgang der Untersuchungen nimmt, und ein zweiter, der innerstaatlichen Krieg mit den Instrumenten der *rational choice* Theorie zu erklären versucht.

Im ersten Fall wurde die Modernisierungstheorie in den Blick genommen und ihre Auswirkungen auf die Mobilisierung sozialer Gruppen untersucht. Newman (1991) stellte fest, dass die raschen Entwicklungen und Umwälzungen in sich modernisierenden Staaten zu Konflikten anhand von Bruchlinien führen können, die auch bereits vor den wirtschaftlichen Veränderungen vorhanden sein können, aber durch diese beschleunigt und intensiviert worden sind. In solchen Situationen gewinnen dann Theorien zur Bildung oder Nutzung *ethnischer Netzwerke* (Congelton 1995) an Bedeutung: Um das Risiko von Betrug und unberechtigter Beanstandung in Geschäftsprozessen zu vermeiden, werden nur Geschäfte mit Angehörigen der gleichen Ethnie geschlossen. Hierdurch können sich Konstellationen entwickeln, die zum Konflikt oder Bürgerkrieg führen können. Dies ist gerade dann der Fall, wenn sich Gruppen oder Gesellschaften ausgeschlossen fühlen und sich mit Gewalt Zugang zu den dominierenden Gruppen, zumindest aber zu den geschäftlichen Prozessen schaffen wollen.

Diese Ansätze scheinen logisch und nachvollziehbar, aber sie können aufgrund ihrer konkreten Ausgangsbeschreibung keinesfalls alle innerstaatlichen Konflikte erklären (Sambanis 2002). Außerdem trifft auch die Feststellung von Horrowitz (1985) zu, dass ethnische Konflikte vor allem in ärmeren Staaten wie dem Tschad oder dem Sudan zu beobachten sind, in denen es keine oder nur geringe Modernisierungsbemühungen gab.

Die *zweite Generation* an ökonomischen Ansätzen, die Sambanis unterscheidet, fokussieren auf Art und Beschaffenheit von Handelsbeziehungen, die den Ausbruch von Konflikten erlauben. Im Mittelpunkt solcher Ansätze steht die Überlegung, dass Bürgerkriege oder innerstaatliche Unruhen Finanzierungsquellen benötigen. Es wird vermutet, dass der Handel mit Rohstoffen eine solche Finanzierungsquelle darstellt. Dabei haben sich in den letzten Jahren zwei unterschiedliche Konzepte herausgebildet, die die Forschung in den letzten Jahren bestimmen.

Collier und Hoeffler (Collier / Hoeffler 2004b) argumentieren, dass eine größere Einwohnerzahl die Wahrscheinlichkeit einer gewaltsamen Rebellion vergrößert, da innerhalb einer größeren Bevölkerungsgruppe auch häufiger unterschiedliche Sub-Gruppen zu finden seien. Sie gehen außerdem davon aus, dass es einen Zusammenhang zwischen der Höhe des GDP pro Kopf und dem Ausbruch bzw. der Dauer von Kriegen gibt. Je reicher ein Land ist und je einfacher es somit für Bürger ist, auf legalen Wege ein tragfähiges Einkommen zu generieren, desto schwieriger wird es für Rebellen, eine entsprechende Anzahl von Gleichgesinnten zu organisieren, um für ihre Ziele zu kämpfen. Als weitere Variable schließlich erkennen sie die Kommunikations- und Koordinationskosten einer rebellierenden Gruppe, die sie anhand der sprachlichen Fraktionalisierung eines Landes operationalisieren. Collier und Hoeffler gehen davon aus, dass sich allein schon aufgrund dieser Kommunikations- und Koordinationskosten Rebellionen oder Aufstände anhand der ethnischen Grenzlinien bilden. Deshalb argumentieren sie, dass größere Aufstände nur von größeren ethnischen Gruppierungen durchgeführt werden können. Entsprechend bedeutet dies, dass Staaten mit einem hohen Fraktionalitätsgrad und kleinen ethnischen Gruppen keine Bürgerkriege zu erwarten haben.

Fearon und Laitin (2003a) zielen auf Ausmaß und Stärke der Rebellion. Die Größe der Rebellion wird von den Bemühungen und Reaktionen der Regierung und der ursprünglichen Größe des Aufstands bestimmt. Ähnlich wie im Modell von Collier und Hoeffler wägen die Parteien zwischen den zu erwartenden Gewinnen der Rebellion und den zu befürchtenden Kosten – besonders für den Falle des Scheiterns oder der Gefangennahme ab. Fearon und Laitin versuchen mit ihrem Modell sowohl die Wahrscheinlichkeit einer Rebellion als auch ihre Größe zu erklären. In ihrer Zusammenfassung kommen die Autoren zu dem Schluss, dass drei Faktoren das Entstehen und den Umfang von Aufständen bestimmen: Die Größe der Rebellengruppierung, die Reaktion bzw. das Verhalten der Regierung und die technischen Möglichkeiten der Rebellen (Waffen, Finanzen, aber auch naturgegeben Umstände wie Rückzugsgebiete, Kampfterrain).

Die polit-ökonomischen Ansätze der zweiten Generation, die sogenannten »Greed-Ansätze«, dominieren die momentane Diskussion nachhaltig. Dennoch fällt auf, dass diese vornehmlich aus der Analyse afrikanischer Konflikte stammen und dort auch qualitativ einen hohen Erklärungswert besitzen. Die Frage bleibt nur, ob die Übertragung auf andere Regionen wie Asien und Lateinamerika sinnvoll ist. Die Konflikte in Asien haben meist eine andere, längere Entstehungsgeschichte als jene in Afrika. Die Fokussierung auf eine bestimmte Variable birgt die Gefahr, dass der historische Verlauf und der eigentliche Charakter von Konflikte übersehen werden.

3.1.2.2.3 Politisches Regime

Wie oben gezeigt wurde, wird Demokratien die Fähigkeit nachgesagt, Konflikte mit anderen Staaten friedlich auszutragen. Besonders gilt dies für Konflikte zwischen zwei Demokratien. Doch wie sieht die Problemlösungskompetenz von Demokratien für innerstaatliche Konflikte aus?

Ähnlich wie bei den bereits behandelten Erklärungsansätzen zum demokratischen Frieden wird angenommen, dass Autokratien und Demokratien aufgrund der unterschiedlichen Normen und Werte, die sie vertreten, aber auch aufgrund der individuellen institutionellen Ausprägung über unterschiedliche Fähigkeiten verfügen, um innerstaatliche Konflikte zu lösen (Ellingsen / Gleditsch 1997, Hegre et al. 2001, Regan / Henderson 2002, Reynol-Querol 2002, Fearon / Laitin 2003a, Reynal-Querol 2004, Vreeland 2008). In Studien, die nach dem Einfluss des Regimetypes auf das Entstehen innerstaatlicher Kriege fragen, werden meist drei Hypothesen untersucht (vgl. Hegre et al. 2001): Erstens die Bedeutung des Grades der Demokratie bzw. der Autokratie. Zweitens nach dem Alter des Regimes. Dabei wird meist angenommen, dass Regime, die älter sind, stabiler als jüngere sind. Und drittens wird nach Transitionsphasen bzw. die Richtung der Transition gefragt.

Bereits die grundlegende Frage, ob der Grad der Demokratie (meist gemessen an Polity IV Daten) Einfluss auf die innerstaatliche Kriegsbetroffenheit ausübt, wird mit widersprüchlichen Ergebnissen beantwortet: Während einige etwas ältere Studien einen negativen Zusammenhang erkennen (Esty et al. 1998, Gurr 2000), stellen jüngere Arbeiten (Fearon / Laitin 2003a, Collier / Hoeffler 2004b) einen nicht signifikanten Zusammenhang fest (Hegre / Sambanis 2006: 521).

Verschiedene empirische Arbeiten stimmen in der These überein, dass weniger die Art des Regimetyps für die innere Friedfertigkeit eines Staates erklärungsrelevant ist, sondern eher die Dauer und Beständigkeit eines politischen Systems: Starke autoritäre Systeme und konsolidierte Demokratien weisen im Vergleich zu Übergangssystemen die geringste Anzahl von innerstaatlichen Kriegen auf (Muller / Weede 1990, Hegre et al. 2001).

Mansfield und Snyder (1995) hatten Mitte der neunziger Jahre auf der Ebene der zwischenstaatlichen Kriegsforschung die bestehende Debatte um den Einfluss des Regimetyps erweitert, indem sie nach Gefahren von Transitionsprozessen für die äußere Friedfertigkeit von Staaten fragten. Das große Risiko in Transformationsprozessen bestände nach Ansicht der Autoren darin, dass ein möglicher fehlerhafter Verlauf vom Ziel, einer ausgebildeten Demokratie, wegführe. Demokratisierungsprozesse zwängen die bisherigen Eliten demnach, ihre Macht in freien Wahlen bestätigen zu lassen. In Verbindung mit einer ohnehin schwachen oder einer durch den Transformationsprozess geschwächten Staatlichkeit könnten Eliten versucht sein, durch eine nicht auf demokratischen Regeln basierende Mobilisierung ihrer Anhänger den Demokratisierungsprozess zu behindern oder gar zu stoppen. Verschiedene Studien kamen zu dem Ergebnis, dass unter Bezug auf den 21-stufigen Polity-IV-Index es gerade diese Transitionsregime sind, die die höchste innerstaatliche Kriegsanfälligkeit aufweisen (Fearon / Laitin 2003a).

Doch immer wieder wird Zweifel an der Zuverlässigkeit der Daten und damit an den Ergebnissen geäußert. Wobei insgesamt weniger die Frage der Fallauswahl oder des Zuschnitts der Untersuchungsperiode angemerkt oder kritisiert wird – Hegre et al (2001) untersuchen den Zeitraum von 1816 (!) bis 1992 – sondern vor allem die Qualität der Daten zur Messung von Regimen bezweifelt wird. Gleditsch und Ward (1997) sowie Treier und Jackmann (2008) haben die verschiedenen Messvaribalen und ihre Implikationen für die Forschung bzw. die unterschiedlichen Ergebnisse untersucht und zeigen, dass die Bedeutung des ausgewählten Messdatensatzes erhebliche Auswirkungen auf den gemessenen Effekt eines Regimtyps hat. So hat beispielsweise Reynal-Querol (2002), anders als Hegre et al (2001), keinen Effekt von Regimetypen auf ethnische Konflikte nachweisen können – allerdings hatte sie mit Freedomhouse-Daten gearbeitet, während Hegre et al (2001) auf dem Polity IV zurück gegriffen hatten. Letztendlich ist hier Dixon (2009) zuzustimmen, der einen einfachen linearen Zusammenhang zwischen Regimetyp und Kriegsanfälligkeit kritisch gegenüber steht.

3.1.2.2.4 Schwache Staatlichkeit

Ein weiterer zentraler Ausgangspunkt für die Entstehung innerstaatlicher, teilweise auch transstaatlicher Konflikte wurde das Staatsversagen bzw. Staatszerfallsprozesse (Holsti 1996, Milliken / Krause 2003, Rotberg et al. 2004). Schwache Staaten haben nur sehr verminderte Möglichkeiten, den staatlichen Anspruch auf das Gewaltmonopol durchzusetzen und die Organisation von staatsgefährdenden Gruppierungen zu unterbinden. Ihre schwach ausgeprägten oder nicht mehr vorhandenen staatlichen Kontrollinstitutionen erleichtern nicht-staatlichen Akteuren den Zugang zu Waffen und den ungebremsten Handel mit teilweise räuberisch erpressten Materalen zur Gegenfinanzierung (van de Walle 2004). Dabei ist es Rebellengruppierungen in schwachen Staaten ein Leichtes, ganze Gebiete unter ihre Kontrolle zu stellen und durch die Ausbeutung der natürlichen Ressourcen dieser Territorien nicht nur ihren bewaffneten Kampf zu finanzieren, sondern darüber hinaus deutlichen Profit zu erzielen (Lock 2003, Ross 2003, 2004b, 2005, 2006). Mit steigendem Gewinn aus den Kriegsökonomien kann jedoch der Anreiz für Rebellenorganisationen bzw. deren Führer sinken, die politische Macht im Staat und den Erhalt des Staates anzustreben.

3.1.2.3 Die dritte Ebene in innerstaatlichen Kriegsursachenanalysen: Individuen und Elite

Die Kritik an Erklärungen auf der zweiten, staatsbezogenen Ebene, die oben bereits für zwischenstaatliche Konflikte genannt wurde, kann auch auf die innerstaatlichen übertragen werden. Sie entzündet sich an der Unfähigkeit dieser Ansätze, die Unterschiede im Konfliktverhalten von in etwa gleichen Staaten erklären zu können, scheitern also an der Frage, warum einige Staaten in vergleichbaren Situationen den Krieg als Konfliktlösung suchen, andere hingegen eine friedliche Lösung anstreben und erreichen.

Etliche Forscher (Brown 1996a, Henderson 1997, Fearon / Laitin 2003b) geben sich überzeugt, dass die Antworten für diese Fragen auf der dritten Ebene zu finden sind, auf jener der Individuen und Eliten. Sie betonen die konstruktivistische Sichtweise auf Ethnizität und argumentieren beispielsweise, dass politische Führer die kulturelle Trennlinie zwischen Gruppierungen bewusst instrumentalisieren, um die eigene Macht zu sichern. Gewalt spiele dabei eine große Rolle, denn sie stärke den identitätsstiftenden Charakter von politischen Konflikten zwischen »ethnischen«, das heißt kulturell bestimmbaren Gruppen noch deutlicher. Für Brown (1996a) sind deshalb »böswillige« politische Führer die beste Erklärungsvariable für das Entstehen innerstaatlicher Konflikte.

Doch lässt sich die Bedeutung von politischer Führung und ethnischer Zugehörigkeit auch empirisch quantitativ nachweisen? Fearon et al. (2007) haben aufbauend auf einen weltweiten Datensatz zu politischen Führern in mehr als 160 Staaten der Welt von Goemans et al (2004) diesen Zusammenhang untersucht. Für die Studie wurde die ethnische Zugehörigkeit der politischen Führer von 161 Staaten im Zeitraum von 1945 – 1999 codiert und überprüft, in wie vielen Ländern die politische Führung aus der ethnischen Minderheit stammt. Am häufigsten fand sich dieses Phänomen im sub-saharischen Afrika: Dort trifft für mehr als 60% aller Länderjahre zu, dass der politische Führer aus einer ethnischen Minderheit stammt. Die zweite Frage, die Fearon et al. (2007) zu beantworten suchen, ist jene nach dem Einfluss der ethnischen Zugehörigkeit eines politischen Führers auf die Kriegsanfälligkeit. Die Autoren kommen zu dem Ergebnis (2007:190), dass die Zugehörigkeit der politischen Führung zu einer ethnischen Minderheit die Gefahr für eine gewaltsame Eskalation geringfügig steigert (2,05% zu 1,5% Kriegswahrscheinlichkeit pro Jahr). Allerdings muss bei diesem Ergebnis auch berücksichtigt werden, dass die größte Anzahl dieser politischen Führer afrikanischen Staaten zuzuordnen sind. Da für Afrika aber auch andere Faktoren als erklärungsrelevant gelten, gehen Fearon et. al (2007: 191f.) nur von einem schwachen Einfluss dieser Variable auf die Eskalationsanfälligkeit von Staaten aus.

3.2 Erweiterung der Analyseebene: Konfliktbezogene Ansätze

Die bisher vorgestellten Analyseansätze stellen den überwiegenden Anteil der Arbeiten in der Konfliktursachenforschung dar. Trotz der bereits erwähnten Abkehr von einfachen Korrelationen und Entwicklung hin zu komplexeren Modellen bleiben die Erklärungsansätze bzw. deren Erklärungskraft unbefriedigend (Hegre / Sambanis 2006, Dixon 2009). Und dies nicht allein wegen der fehlenden Reproduzierbarkeit der vorhandenen Modelle mit anderen Konfliktdaten. Eines der Kernargumente dieser Arbeitet lautet, dass das zu erklärende Ereignis, die kriegerischen Konflikte, bisher nur unzureichend analytisch erfasst und seine Vielfältigkeit kaum berücksichtigt wurde. Dieses Argument gilt nicht nur im Hinblick auf die verschiedenen Ausprägungsformen, sondern auch in Bezug auf die rekursive Erklärungskraft von Konflikten. Denn in der bisherigen Forschung sind a) die Bedeutung der umstrittenen Konfliktgüter, b) die selbst-referentielle und intensitätssteigernde Kommunikationen innerhalb eines Konfliktsystems oder c) frühere, bisher nicht gelöste Konflikte, auf die ein aktueller Konflikt aufbaut, kaum berücksichtigt worden.

Ad a): Clausewitz (2008), der eine Relation zwischen Zweck und Mittel im Krieg sieht, folgert, dass Staaten nur für große Zwecke bereit sind, die Mittel für einen Krieg zu investieren. Daraus ließe sich schließen, dass Konflikte, die um bestimmte Zwecke geführt werden, eskalationsträchtiger sind als andere. Ad b) Luhmann (1984), der Konflikte als soziale Systeme begreift, weist auf die Referentialität, also die Rückwirkung von Konflikten auf sich selbst hin. Dadurch, dass Konflikte bei ihm als eine Abfolge von Kommunikation gesehen wird, beziehen sich auch die einzelnen Kommunikationsakte aufeinander. Luhmann geht jedoch davon aus, dass einzelne Kommunikationsformen den Empfänger in seiner Wahrnehmung verändern können, er den Inhalt der Kommunikation nur noch selektiv aufnimmt und nachfolgende Kommunikationen durch vorherige Kommunikation in ihrer Richtung und Aussage beeinflusst werden (Luhmann 1984: 210 f., Messmer 2003: 88). Aus dieser Perspektive verliert der Aspekt der Ursache einer Kommunikation für eine Abschätzung des Eskalationsrisikos an Bedeutung. Hingegen gewinnt die Frage an Gewicht, wie die Akteure miteinander kommunizieren: welche Instrumente setzen sie ein, wie reagieren sie auf Provokationen oder Angebote der anderen Konfliktpartei? Ad c) Goertz und Diehl (1992a, 1993) kommt der Verdienst zu, die quantitative Forschung für das Phänomen der Wiederkehr von Kriegen zwischen den gleichen Staaten sensibilisiert zu haben. Sie erkannten, dass bestimmte Konfliktparteien immer wieder in kriegerische Konflikte gerieten – möglicherweise also die Konfliktgeschichte ein wesentlich besserer Erklärungsfaktor war als die politischen Systeme oder der vorhandene Wohlstand. Diese auf den Konflikt selbst bezogenen Erklärungsansätze werden im Folgenden weiter erklärt.

3.2.1 Konfliktthemen und Konfliktgüter

In der empirischen Forschung haben Konfliktgegenstände lange Zeit keine bedeutende Rolle gespielt (Diehl 1992). So finden sich weder in den empirischen Datensätzen von Wright (1965) noch in der ursprünglichen Fassung des Correlates of War (COW) Datenprojekts von Singer / Smal (1972) Angaben zu den umstrittenen Gegenständen. Erst zu Beginn der achtziger Jahre wurde dies als Defizit thematisiert und erste Konzepte zur Erfassung von Konfliktgegenständen vorgelegt. (Mansbach / Vasquez 1981).

Die ersten Ergebnisse dieser Untersuchungen bilden bis heute eine der am weitest verbreiteten Erkenntnisse der Kriegsforschung. Demnach wird Territorialkonflikten eine geradezu überragende Bedeutung zugesprochen. Etliche Auswertungen von Konfliktdatensätzen fokussieren fast ausschließlich oder überwiegend auf Konflikte um Gebiete (Diehl 1985, Goertz / Diehl 1988). Vasquez (1987, 1993, 1998) zeigt sich überzeugt, dass kaum andere Konfliktgegenstände geeignet sind, gewaltsame Konflikte zu produzieren. Erst wenn Konflikte zwischen Staaten mit territorialen Problemen verbunden sind, gewinnen sie an Bedeutung und steigt die Gefahr, dass sie gewaltsam eskalieren (Vasquez 1993: 145).

Dabei war Holsti (1991) zu ganz anderen Ergebnissen gekommen: Er stellt fest, dass die Konfliktgegenstände, also das, worauf Akteure ihre kriegerischen Handlungen beziehen, sich im Untersuchungszeitraum von mehr als 100 Jahren verändert haben: während Territorialkonflikte an Relevanz verlieren, gewinnen Forderungen nach Selbstbestimmung, Autonomie oder Unabhängigkeit an Bedeutung. Generell stellte Holsti jedoch fest, dass immer diffuser und unklarer wird, welche Ziele die Konfliktparteien genau verfolgen.

Pfetsch und Rohloff (2000b) unterscheiden in ihrer Untersuchung acht verschiedene Konfliktgegenstände und haben als einzige eine Kontrollgruppe von nicht gewaltsamen Konflikten. Ihre Ergebnisse zeigen, dass Konflikte um nichtmaterielle Gegenstände wesentlich häufiger gewaltsam eskalieren, als um gegenständliche. Gerade Territorialkonflikte, die von vielen Forschern als die Ursache für zwischenstaatliche Konflikte und Kriege gelten, weisen eine gute Quote an Verregelungen unterhalb der Gewaltschwelle auf.

Hensel und McLaughlin Mitchell (2005) untersuchen in einer weiteren Studie noch einmal Territorialkonflikte, differenzieren dabei aber zwischen Territorien, die mit einem materiellen Zusatzwert (z.B. Rohölvorkommen) und einem immateriellen (z.B. Kultstätte) in Verbindung stehen[34]. Dabei kommen Sie zu dem Er-

---

34 Im Original verwenden die Autoren »tangible« und »intangible«.

gebnis, dass Forderungen auf Territorien, die mit einem hohen immateriellen Wert verbunden sind, schneller zu Gewalt führen.

Darüber hinaus gibt es eine Reihe von Vermutungen zu Konfliktursachen und Gegenständen, die in der quantitativen Forschung bisher nur wenig Beachtung erfahren haben. Beispielsweise die auffallend häufig in populärwissenschaftlichen Publikationen auffindbare These, Kriege würden zukünftig um Wasser geführt, oder generell würden umweltbedingte Konflikte das Konfliktgeschehen der Zukunft dominieren. Gerade der zuletzt genannte Aspekt wurde in den letzten Jahren von wissenschaftlichen Studien aufgenommen und untersucht (Homer-Dixon 1991, Biermann / Rohloff 1998, Bernett 2001, Eberwein / Chojnacki 2001b). In einigen Studien wird das Problem der Klimaveränderung um den Verweis auf die Überbevölkerung in einigen Staaten oder Regionen kombiniert und daraus abgeleitet, dass neue Kriege um Land oder Wasserquellen geführt werden (Homer-Dixon 1994, Pirages 1997). Trotz der Auswirkungen der Klimaveränderung lässt sich jedoch die These, dass Umwelteinflüsse, möglicherweise sogar Umweltzerstörung oder Klimawandel eine immer größere Rolle für zwischenstaatliche Konflikte spielen in dieser Form nicht verifizieren. Dafür ist jedoch hauptsächlich ein Defizit an überzeugenden Forschungsdesigns verantwortlich, die in der Lage wären, zwischen umweltbedingten und sonstigen Konfliktursachen zu unterscheiden (vgl. Gledditsch 1998). Dennoch stieg in den vergangenen Jahren die Anzahl der Arbeiten, die sich mit dem Thema auseinandersetzen, beträchtlich (Buhaug / Gates 2002, Schwartz / Randall 2003, Kunstler 2005, Raleigh / Urdal 2007).

Im Gegensatz zur Bedeutung der Ressource Wasser ist der Einfluss von Ölressourcen auf das Konfliktgeschehen insgesamt besser erforscht. So lässt sich rational argumentieren, dass das engagierte Eingreifen der USA im Irak während der Kuwaitkrise und später zur Entmachtung Saddam Husseins ab 2003 mit den amerikanischen Interesse an den dortigen Ölvorräten begründet werden kann (Vidal 2002, Scott 2003, Jhaveri 2004).

Angesichts des ständigen Wirtschaftswachstums und der immer größeren Nachfrage nach Rohstoffen zeichnet sich ab, dass geographische Faktoren in Zukunft eine bedeutende Rolle bei der Entscheidung über Interventionen in Krisengebieten haben werden. Es steht zu vermuten, dass Gebiete, die von primärer (Rohstoffvorkommen) oder sekundärer (Transportwege) Bedeutung für die Rohstoffversorgung sind, stärkere Bereitschaft zur Intervention hervorrufen, als versorgungsstrategisch unwichtigere Gebiete. Doch dieses Argument ist wissenschaftlich bisher eher wenig untersucht und bleibt selbst bei umfangreichen Analysen zu geographischen Aspekten des Krieges ausgeklammert (Diehl 1999)[35].

3.2.2   Ansteckung und Verbreitung von Kriegen

Ausgehend von der Beobachtung, dass nach dem Rückzug Frankreichs aus seinen Kolonien in Indochina, dem Nahen Osten und Afrika, die teilweise durch blutige Unabhängigkeitskriege erreicht wurden, in diesen Gebieten bald weitere Kriege folgten, folgerte Rapaport (1960), dass es hierfür eine innere Begründung geben muss. Most und Starr (1980) griffen diese Beobachtung auf und unterschieden vier unterschiedliche Ereignisse, die durch einen Krieg eintreten können (1980: 933): a) positive Bestärkung (*positive reinforcement*): die Teilnahme eines Staates an einem Krieg erhöht die Wahrscheinlichkeit, dass der gleiche Staat an einem nachfolgenden Krieg teilnimmt, b) negative Bestärkung (*negative reinforcement*): die Teilnahme eines Staates an einem Krieg senkt die Wahrscheinlichkeit, dass der gleiche Staat an einem nachfolgenden Krieg teilnimmt; c) positive räumliche Ansteckung *(positive spatial diffusion)*: die Teilnahme eines Staates an einem Krieg erhöht die Wahrscheinlichkeit, dass weitere Staaten an einem nachfolgenden Krieg teilnimmt, und d) *(negative spatial diffusion):* die Teilnahme eines Staates an einem Krieg verringert die Wahrscheinlichkeit, dass der gleiche Staat an einem weiteren Krieg teilnimmt. Die Ergebnisse der Most / Starr Studie sind für die Zwecke dieser Arbeit in zweierlei Hinsicht interessant: Erstens erhalten Most/Starr abhängig vom verwendeten Datensatz für ihre Untersuchung komplett unterschiedliche Ergebnisse. Werden die Daten des COW Datensatzes zu Grunde gelegt, ergibt sich für die These, dass Kriege weitere Staaten anstecken können, keine Bestätigung. Werden jedoch die Daten des SIPRI Instituts verwendet, ergibt sich ein signifikanter Zusammenhang (Most / Starr 1980: 942). Zweitens können die Autoren trotz des Datenproblems nachvollziehbar darlegen, dass für den Zeitraum zwischen 1946 und 1965 die Teilnahme eines Staates an einem Krieg sowohl die Wahrscheinlichkeit erhöht, selbst in einen weiteren kriegerischen Konflikt verwickelt zu werden als auch jene, dass andere (benachbarte) Staaten an Kriegen beteiligt werden (Most / Starr 1980: 944). In Ergänzung zu Most / Starr konnte Bremer (1982) nachweisen, dass die Ansteckung von Konflikten hauptsächlich innerhalb von Regionen zu beobachten ist und nur in seltenen Ausnahmen über Regionalgrenzen hinweg erfolgt. Faber et al.

---

35   Anderes gilt für den Bereich der innerstaatlichen Kriege. Hier wird ein sehr hoher Zusammenhang zwischen Rohstoffvorkommen eines Landes und der Kriegsanfälligkeit gesehen. Dieser Aspekt wird ausführlich im nächsten Kapitel besprochen.

(1984) stellten fest, dass die »Ansteckung« besonders häufig in Europa zu beobachten war.

Vergleichbar zu den genannten Ergebnissen gibt es auch für innerstaatliche Kriege Untersuchungen, die davon ausgehen, dass sich Konflikte in einem Staat auf Nachbarstaaten ausbreiten können. Dabei ist, neben Brown (1996b), die Arbeit von Lake und Rothchild (1998) noch immer richtungsweisend. Lake und Rothchild gehen davon aus, dass die Verbreitung von innerstaatlichen Konflikten auf zwei Weisen erfolgen kann. Zum einen durch die Verbreitung von Informationen, die die Einstellungen und Normen derselben Ethnie in anderen Staaten beeinflussen können. Als Beispiel hierfür können die Bürgerkriege in Burundi und Ruanda dienen. Zum anderen durch die militärische Einmischung eines Landes in das vom Bürgerkrieg betroffene. Durch die Parteinahme für eine Konfliktpartei können bis dahin latente, gewaltlose Konflikte im intervenierenden Staat ausbrechen. Denkbar sind solche Ansteckungseffekte vor allem bei innerstaatlichen Konflikten, die mit Systemfragen verbunden sind.

3.2.3   Regionale Konfliktaustragungsmuster

Kendes Arbeiten (Kende 1971, 1972, 1982) zu den lokalen und regionalen Besonderheiten des Konfliktaustrags haben die Forschung nachhaltig beeinflusst: Variablen, die einen Konflikt in einer bestimmten Region verorten, finden sich seitdem sowohl im COW Datensatz, in KOSIMO, im AKUF Datensatz und über die Variable Location auch in den UCDP Daten. Kende hatte bei der Analyse seiner quantitativen Daten deutliche Unterschiede in der Konfliktbelastung zwischen den Regionen festgestellt. Aber nicht nur das – er konnte auch zeigen, dass Konflikte innerhalb einer Region mehrere Gemeinsamkeiten wie Konfliktdauer oder Akteurskonstellation aufwiesen. Holsti (1991) konnte diesen Befund eingeschränkt auch für die umstrittenen Konfliktgegenstände beobachten. Kende argumentiert (1971: 7f.), dass der Einfluss der Supermächte während des Kalten Krieges hier eine wichtige Rolle einnimmt und die Gemeinsamkeiten innerhalb der Regionen erklärt. Andere Autoren (Billing 1992, Trautner 1996) argumentieren, dass Konfliktaustragungsmuster von Nachbarstaaten beobachtet und übernommen werden. Beide Argumente scheinen einleuchtend und auch neuere empirische Befunde bestätigen die ursprüngliche Beobachtung (Pfetsch / Rohloff 2000b, Wallensteen / Sollenberg 2001).

3.2.4   Konflikterbe: Enduring Rivalry

Bei der Analyse des Militarized Interstate Disputes (MID) Datensatzes (Goch-man / Maoz 1984), der auch Konflikte erfasst, die unterhalb des Kriegsschwel-lenwerts des COW ausgetragen werden, stellten Goertz und Diehl fest, dass 45% dieser Konflikte immer zwischen den gleichen Staatenpaaren ausgetragen wer-den (Goertz / Diehl 1992a). Beispielsweise zwischen Indien und Pakistan oder Israel und seinen arabischen Nachbarn. Goertz und Diehl konnten bei dieser Analyse des Correlates of War Datensatzes (COW) außerdem feststellen, dass über die Hälfte aller zwischenstaatlicher Kriege von diesen Enduring Rivalries geführt wurden[36]. Außerdem ermittelten sie erhebliche Unterschiede in der Kriegsanfälligkeit zwischen Staaten-Dyaden: Das Risiko, dass eine militärische Krise, beispielsweise die Drohung mit Gewalt, tatsächlich zu einem Krieg eska-liert, ist bei Staaten, die eine dauerhafte Rivalität pflegen, achtmal höher als zwi-schen Staaten, die zum ersten Mal militärisch miteinander in Konflikt geraten. Goertz und Diehl vermuten aufgrund ihrer Untersuchungen zu den »Enduring Rivalries«, dass Kriege nicht immer neue Ursachen oder Gründe haben müssen, sondern sich Quer- und Längsverbindungen zwischen den einzelnen Konflikten desselben Staatenpaares verbergen.

Außerdem untersucht der »Enduring Rivalry«-Ansatz den Einfluss des Aus-gangs früherer Konflikte auf laufende Auseinandersetzungen zwischen densel-ben Staaten. Pfetsch (2000), aber auch Schwank und Rohloff (2001) haben in ähnlichen Untersuchungen hierfür den KOSIMO Datensatz analysiert und fest-gestellt, dass viele kriegerische Dispute nur militärisch, nicht aber politisch ge-löst werden und deshalb immer Anlass für weitere Konflikte geben.

Als Ansatzpunkte für eine tiefergehende Analyse der Ursachen und Gründe der langanhaltenden und immer wieder neu aufflammenden Konflikte schlugen Goertz und Diehl vor, die Verhandlungen bzw. Verhandlungsstrategien, die in

---

36   Als Enduring Rivalry gelten dyadische Konflikte dann, wenn folgende Kriterien erfüllt sind: a) Die Staaten stehen um ein beschränktes Gut im Wettbewerb. Der Wettbewerb er-folgt entweder auf militärischer Art oder einer der Konfliktbeteiligten droht im Verlaufe des Konfliktes, militärische Gewalt einzusetzen. Der Gegenstand, um den die Auseinan-dersetzung geführt wird, kann materieller und damit teilbarer Natur sein, wie Territorium oder Ressourcen, oder immaterieller Natur, wie Ideologie. Auch kann sich der Konflikt-gegenstand im Laufe eines Konfliktes verändern, jedoch muss er im Sinnzusammenhang mit der ursprünglichen Forderung stehen. b) Konflikte werden über einen längeren Zeit-raum geführt. Goertz und Diehl definieren einen Zeitraum von 25 Jahren innerhalb des-sen mindestens fünf »Militarized Interstate Disputes« beobachtet werden müssen. Zwi-schen diesen fünf Ereignissen darf maximal ein Zeitraum von einmal zehn Jahren liegen. Eine Ausnahme bilden Konflikte, die ungelöst bleiben und über den gesamten Zeitraum hinweg geführt werden. c) Konflikte werden immer von den gleichen Staaten ausgetra-gen.

den Krisensituationen zu beobachten sind, weiter zu analysieren (Goertz / Diehl 1992a). Die Untersuchung dieses Konfliktaspekts hat erst in den letzten Jahren einen deutlichen Zugewinn an Aufmerksamkeit erfahren (siehe grundsätzlich: Pfetsch 2006b). Leng (1983, 1987) untersuchte beispielsweise den Einfluss früherer Konflikterfahrung auf laufende Konflikte. In diese Richtung forschte auch Powell (2004), der den Lernprozess der Konfliktparteien während des Konfliktes und deren Auswirkungen auf die Verhandlungen analysiert. Die quantitative empirische Konfliktforschung stellt hierfür aber derzeit noch zu wenige auswertbare Datensätze zur Verfügung. Als ein wichtiger Beitrag für erfolgreiche und weniger erfolgreiche Verhandlungen könnte sich jedoch die CONFMAN (Conflict Management) Datenbank (Fürnkranz et al. 1994) entwickeln, die aber derzeit noch zu wenig Aufmerksamkeit in der Literatur gefunden hat.

Vergleichbar mit den Forschungsarbeiten zu den Enduring Rivalry Ansätzen von Goertz und Diehl gibt es auch Arbeiten zu innerstaatlichen Konflikten, die den Grund für den Ausbruch neuer Kriege im ungelösten Ausgang früherer Kriege erkennen. So ist hier vor allem der grundlegende Datensatz von Licklider und seine entsprechenden Auswertungen (1993a, 1995) zu nennen. Interessant ist in diesem Zusammenhang auch das Ergebnis von Mason und Fett (1996), nachdem Abkommen von Bürgerkriegen häufiger Bestand haben, wenn der vorangegangene Bürgerkrieg besonders lang gedauert hat und wenn die militärischen Kapazitäten der Regierung relativ gering sind.

3.2.5   Multiparty – Ansätze

Eine weitere empiriegestützte Erkenntnis, die aus der Analyse der MID Daten gewonnen werden konnte, bezieht sich auf die Anzahl der am Konflikt beteiligten Akteure und deren Bedeutung für die Anfälligkeit für Eskalation (Petersen et al. 2004). So stellten Gochman und Maoz (1984) bei der Analyse des MID Datensatzes fest, dass im Zeitraum zwischen 1816 und 1976 rund 22% aller Konflikte mit mehr als zwei Konfliktakteuren (multi-party conflicts) zu Kriegen eskalierten, während der Anteil bei den dyadischen Konflikten, also Konflikte nur mit zwei Akteuren, nur bei fünf Prozent lag. Allerdings erlaubt der MID Datensatz keine dynamischen Auswertungen: Aus dem MID Datensatz kann nicht abgelesen werden, ob der Konflikt als Dyade begann und später weitere Akteure in die Auseinandersetzung zog oder ob der Konflikt bereits zu Beginn über zwei Akteure umfasste (vgl. Petersen et al. 2004: 87).

Allerdings kamen auch andere Forscher zu ähnlichen empirischen Ergebnissen: Vasquez (1993: 190-193) argumentiert, dass bei einer höheren Anzahl von Beteiligten die Gefahr wächst, dass mindestens einer der Akteure ein erzieltes Verhandlungsergebnis ablehnt und damit das Eskalationsrisiko steigt. Auch Brecher (1993: 151) fand bei der Analyse seines Datensatzes einen Zusammenhang zwischen Konfliktbeteiligten und Eskalationsanfälligkeit heraus: Je höher die Anzahl der an einem Konflikt beteiligten Akteure ist, desto schwieriger ist es, eine einvernehmliche Lösung herzustellen. Brecher stellte außerdem fest (1993: 245, 331), dass Konflikte mit einer kürzeren Dauer eher von nur zwei Akteuren ausgetragen werden, dass jedoch Konflikte mit mehreren Konfliktbeteiligten dazu neigen, gewaltintensiver und langwieriger zu sein. Brecher und Wilkenfeld (2000: 194) konnten außerdem feststellen, dass die Anzahl der Konfliktbeteiligten auch eine Auswirkung auf die Wahrscheinlichkeit einer Intervention durch eine Internationale Regierungsorganisation nach sich zieht: In rund 71% aller Krisen mit einer größeren Anzahl von Akteuren wurde von einer internationalen Staatenorganisation interveniert.

3.2.6   Das Verhalten von Konflikten – Dynamiken des Konfliktgeschehens

Nach der ersten Publikationswelle der quantitativen Konfliktforschung gab es ab der Mitte der 1970er Jahre neben der allgemeinen wissenschaftlichen Begeisterung auch erste kritische Stimmen, die das verwendete methodische Verfahren, nämlich durch Korrelationen den Kriegsursachen auf den Grund zu kommen, in Zweifel zogen (Vasquez 1987: 111). Sie bemängelten bisherige Ansätze als zu induktiv, zu wenig theoriegeleitet oder in den Aussagen als zu komplex und widersprüchlich. Im Folgenden entwickelte sich aus dieser Kritik ein Ansatz, der versuchte, die bis dahin gewonnenen Erkenntnisse zur Wirkung von uni-, bi- und multipolaren Systemausprägungen, zur Bildung und Wirkung von Allianzen und zum Einfluss von Rüstungswettläufen zu verbinden. Daraus sollten verschiedene Schritte identifiziert werden, die ein Konflikteskalationsrisiko erkennen lassen. Insgesamt lassen sich drei größere Projekte nennen, die auf die Erforschung des Verhaltens von Konflikten, bzw. deren Voraussetzung abzielten. Dies sind der »Steps to war« Ansatz (Vasquez 1987, Vasquez 1993, 2000a, Senese / Vasquez 2005, 2008), der »War trap«- (Bueno de Masquita 1981, 1985) und der Crisis Behaviour Ansatz (Brecher / James 1986, Brecher / Wilkenfeld 1989, Brecher 1993). Außerdem forschten eine Reihe weiterer Wissenschaftler zum Verhalten politischer Krisen und ihrer Eskalation zum Krieg. Unter ihnen auch Rummel (1969, 1979) . Nicht zuletzt ist der Heidelberger Ansatz (Pfetsch 1991a, Pfetsch 1991d, Pfetsch 1996, Pfetsch / Rohloff 2000b, Pfetsch / Rohloff 2000a) gerade mit der Promotionsarbeit von Billing (1992), ebenfalls in diese Richtung der empirischen Konfliktforschung einzuordnen.

Im »Steps to War« – Ansatz geht es um die Skizzierung eines typischen Entwicklungspfades zwischenstaatlicher Kriege. Grundlegend ist die Annahme, dass der Weg zum Krieg über eine Vielzahl von Schritten (im engl. »Steps«) führt, die jeweils für sich aus Aktion und Reaktion der Konfliktbeteiligten bestehen

(Vasquez 1993: 7). Die einzelnen Schritte sind dabei nicht als eine Ursachenkette zu verstehen, vergleichbar dem Modell einer Pfadanalyse, sondern vielmehr als jeweilig neue Entscheidungssituation, in der den Akteuren die gesamte Palette an Instrumenten der internationalen Politik zur Verfügung steht. Jede dieser Aktionen eröffnet die Möglichkeit, in Richtung Krieg oder in Richtung einer friedlichen Konfliktlösung zu gehen. Vasquez (1993) unterscheidet zwischen mittelbaren und unmittelbaren Gründen[37]. Die mittelbaren Gründe seien als Fundament zu verstehen, auf dem eine Reihe von nachfolgenden Prozessschritten beruhe, die in einem Krieg enden. Als wichtigsten und bedeutendsten dieser mittelbaren Gründe hat Vasquez Territorialstreitigkeiten zwischen benachbarten Staaten identifiziert (Vasquez 1993: 7). Kommen weitere Bedingungen hinzu, wie beispielsweise eine uni- oder multipolare Machtverteilung oder der Abschluss von Allianzen, steigt für mindestens eine der in den Konflikt betroffenen Parteien das Kriegsrisiko. Auch Aufrüstungsprogramme bzw. Rüstungswettläufe mit dem Konfliktgegner werden im Ansatz als wichtige Indikatoren für ein erhöhtes Kriegsrisiko genannt (Vasquez 1987: 136).

Auch Bueno de Mesquita mit seiner Analyse zum »War trap« zielt auf die Analyse unterschiedlicher Verhaltensweisen politischer Konflikte. Anders jedoch als beim »Steps to war Ansatz« nimmt der Autor die beteiligten Akteure, also Staaten, in den Fokus seiner Analyse und erkennt in ihnen rational handelnde Akteure, die klar ihre Interessen verfolgen und nutzenorientiert handeln. Bueno de Mesquita öffnete so die empirische Konfliktforschung für Ansätze des rational choice und konnte basierend auf spieltheoretischen Ansätzen Prognosen über weitere Konfliktverläufe aufstellen. Zwei zentrale Annahmen in »War trap« waren zugleich Anlass für begeisterte Zustimmung (Zagare 1982) und heftige Kritik (Wagner 1983, Majeski / Sylvan 1984). Zum einen führte Bueno de Mesquita den Begriff des erwarteten Nutzens ein – also ein Wert, der entsprechend der individuellen Präferenzordnung des Akteurs durchaus unterschiedlich ausfallen kann. Ihm stellt der Autor den Wert der erwarteten Kosten gegenüber. Liegt der erwartete Nutzen über dem der erwarteten Kosten, wird der Initiator des Konflikts den Krieg als Instrument zur Verfolgung seiner Interessen wählen. Andernfalls wird er andere Optionen wie Verhandlungen oder den Rückzug wählen. Zum anderen unterscheidet Bueno de Mesquita zwischen risikoaversen und risikofreudigen Akteuren. Grundsätzlich geht der Autor davon aus, dass Großmächte risikoavers sind und nimmt sie deshalb aus allen statistischen Analysen heraus. Es sind unter anderem diese Entscheidungen, die Kritik hervorrufen (Zagare 1982). Noch stärker kritisiert werden jedoch seine Ignoranz nicht-staatlicher Akteure, die aufgrund ihrer Präferenzordnung nicht mit staatlichen Akteuren gleich-

---

37 Im Original verwendet Vasquez die Begriffe »underlying causes« und »proximate causes« (1993:7).

zusetzen sind und deshalb als »irgendetwas Neues« gesehen werden müssten (Nicholson 1987: 368).

Die genannten Arbeiten beziehen sich fast ausschließlich auf zwischenstaatliche Konflikte, nehmen jedoch vor allem größere Konflikte, die eine gewisse Zeit der Vorbereitung bedürfen, in den Fokus. Doch auch für Terrorismus wurden Eskalationsmodelle entwickelt: Für Sprinzak (1991) entsteht Terrorismus, wie andere politische Konflikte, aus ursprünglich nicht gewaltsamen Auseinandersetzungen. Delegitimation des Protestes führe zur Radikalisierung der Opponenten und diese schließlich zur Gewaltanwendung. Allerdings werden solche Ansätze immer wieder als zu einfach konstruiert kritisiert, weil sie nicht berücksichtigen, dass Terrorismus auch als gezielt eingesetzte strategische Waffe größerer Organisationen wie Staaten oder religiöse Gruppierungen beobachtet werden könne, in denen bisweilen sogar Kinder und Jugendliche zielgerichtet angeworben und als Terroristen ausgebildet werden (O'Brien 1996).

Insgesamt gilt die Untersuchung von Konfliktdynamiken bzw. dem Verhalten von Konflikten noch immer vielversprechend und als analytisch bisher nicht ausgeschöpft. Problematisch für die weitere Analyse ist die mangelnde Datenverfügbarkeit zu Konfliktverläufen und hier speziell von innerstaatlichen Konflikten (Elbadawi / Sambanis 2002, Daase 2003). Zudem erschwert die hohe Anzahl innerstaatlicher Kriege und die damit verbundene hohe Anzahl von nicht-staatlichen Konfliktakteuren, deren Präferenzen oftmals nicht transparent sind, die Übertragbarkeit eines dynamischen Prozessmodells auf innerstaatliche Konflikte. Diesem Problem stellt sich die Heidelberger Konfliktforschung, insbesondere im später vorgestellten CONIS-Ansatz.

3.3   Ansätze der Konfliktfrühwarnung

Neben der klassischen Kriegsursachenforschung, die sich auf die Analyse früherer Konfliktfälle beschränkt, hat sich mit der Konfliktfrühwarnung ein weiterer Forschungszweig entwickelt, der zwar in vielen Elementen starke Ähnlichkeiten zur klassischen Kriegsursachenforschung aufweist, aber in etlichen Teilen doch eigenständige Methoden und Prozesse entwickelt hat. Die Konfliktfrühwarnung verfolgt das Ziel, zukünftige Entwicklungen vorherzusagen, aufbauend auf Analysen und Erfahrungswerten vorangegangener Krisen Außerdem unterscheiden Konfliktfrühwarnsysteme aktuelle Situationen in »gefährliche« und weniger eskalationsanfällige Situationen und vermitteln die gewonnenen Informationen an Entscheidungsträger weiter, so dass diese entsprechende Maßnahmen (early action) ergreifen können. Einige der Frühwarnmodelle liefern gleich mögliche Handlungsoptionen bzw. Empfehlungen mit (Early Warning and Response – EWR), andere beschränken sich auf die reine Früherkennung (Early Warning –

EW). Adressaten dieser meist sehr umfangreichen und deshalb auch kostspieligen Programme sind meist öffentliche Institutionen wie regionale Organisationen oder Ministerien. Die Ergebnisse der Frühwarnprogramme sind nicht immer überzeugend, etliche der in den letzten Jahren gestarteten Programme wurden wieder eingestellt. Hier sollen jedoch nicht die politischen Gründe für das mehrmalige Scheitern der Programme interessieren, sondern die Frage nach der tatsächlichen Prognosefähigkeit untersucht und bewertet werden.

3.3.1   Ziele der Konfliktfrühwarnung

Die Ziele der Konfliktfrühwarnung werden in den verschiedenen Programmen recht unterschiedlich definiert. Hilfreich für eine Strukturierung ist hier ein recht kritischer Artikel von Doran (1999), der Konfliktfrühwarnung drei elementare Ziele zuschreibt. Konfliktfrühwarnung soll Aufschluss darüber geben, *was* passiert, *wann* etwas passiert und *wie* etwas passiert. In allen drei Bereichen erkennt Doran jedoch große Defizite.

In der ersten Frage, also der Frage vor welchem Phänomen gewarnt werden soll, weisen die Frühwarnmodelle erhebliche Unterschiede auf. Neben der offiziellen Zielsetzung, wie beispielsweise den Zusammenbruch von Staaten (State failure task force) oder dem Ausbruch innerstaatlicher Kriege (FAST - Früh-Analyse von Spannungen und Tatsachenermittlung) vorherzusagen, muss überdacht werden, ob die nominelle Zielsetzung mit den eigentlichen Zwecken der Frühwarnung identisch ist. Harff und Gurr (1998) hatten bereits vor Jahren darauf hingewiesen, dass viele Auftraggeber vor allem an der Vermeidung oder zumindest rechtzeitigen Warnung vor humanitären Notsituationen liegt – diese aber unterschiedlich hervorgerufen werden können. Beispielsweise durch den Zusammenbruch von Staaten, dem Ausbruch von (innerstaatlichen) Kriegen oder durch Genozide. Doch nicht immer werden alle diese Phänomene in den Frühwarnprogrammen als Auslöser wahrgenommen. Umgekehrt rufen auch nicht alle diese Phänomene entsprechende humanitäre Folgen hervor. Ein Staatszusammenbruch oder Krieg macht eine Flüchtlingsbewegung mit den damit verbundenen Nöten zwar wahrscheinlich, aber es gibt keinen Automatismus, nach dem dies tatsächlich eintritt. Außerdem können solche Frühwarnprogramme bisher keinen Aufschluss darüber geben, wie groß das Ausmaß der Notsituation sein wird.

Auch in den gegebenen Antworten auf die Frage, *wann* etwas passiert, zeigen die Ansätze erhebliche Defizite. Kaum eines der Programme wagt entsprechende Aussagen. Dabei ist gerade der etwaige Zeitpunkt eines Geschehens eine der wichtigsten Informationen, die die Frühwarnung überhaupt geben kann. Die Probleme liegen darin begründet, dass, wie oben ausgeführt wurde, kaum Daten über Konfliktentwicklungen und dynamische Prozesse vorliegen. Allerdings versuchen Sequenzmodelle hier insofern entgegenzuwirken, als sie idealtypische Abläufe für Konflikte entwickeln und so abbilden, wann in etwa mit dem Eintritt der nächsten Phase zu rechnen sei. Ein erheblicher Nachteil dieser Modelle ist jedoch, dass sie von einem linearen und stets gleichen Verlauf ausgehen. Abweichungen sind selten integraler Bestandteil der Überlegungen.

Entsprechend schlecht wird auch die Performance der Konfliktfrühwarnsysteme im dritten Bereich eingeschätzt, also in der Frage, wie es zu den Ereignissen kommt. Daraus resultiert auch die oftmals festgestellte geringe Überzeugungskraft der Warnungen und die Beobachtung, dass den Warnungen nur selten entsprechende Reaktionen folgen (Wulf / Debiel 2009: 2).

3.3.2   Modelle der Konfliktfrühwarnung

In den vergangenen Jahren – insbesondere nach den Erfahrungen der humanitären Katastrophen der 1990er Jahre und der Rückkehr des Bürgerkriegs nach Europa – wurden verschiedene Frühwarnsysteme entwickelt. Hauptsächlich erfolgte die Entwicklung dieser meist sehr kostspieligen und aufwändigen Projekte im Auftrag von und zur Verwendung für regionale Organisationen, wie die Europäische oder Afrikanische Union, oder für Organisationen mit spezifischen Aufgaben, wie die NATO oder humanitäre Hilfsorganisationen. Ein Blick in die einschlägige Literatur verrät, dass nur in seltenen Fällen über Aufgabenstellung, Methodik und erzielten Ergebnissen publiziert wird (Spelten 2000, Krummenacher/Schmeidl 2001b). Nicht zuletzt daraus erklärt sich, dass man nur schwerlich von einer eigenständigen Forschung zu Konfliktfrühwarnsystemen sprechen kann. Allerdings können in den letzten Jahren einzelne Versuche ausgemacht werden, die zumindest einen Überblick über die Anzahl der vorhandenen Ansätze und die Bandbreite der verwendeten Methoden geben wollen (Austin 2003, Barton / von Hippel 2008, Nyheim 2008, Wulf / Debiel 2009) und versuchen, diese zu klassifizieren.

Ein häufig verwendetes Kriterium ist die Unterscheidung von quantitativen oder qualitativen Modellen. Ein Großteil dieser Methoden dürfte von internationalen Organisationen, Ministerien aber auch global agierenden Unternehmen speziell für ihre spezifischen Zwecke und Fragestellungen entwickelt worden sein, ohne dass diese an die Öffentlichkeit gedrungen wären (Barton / von Hippel 2008). Das wichtigste öffentlich bekannte Projekt ist die »International Crises Group«[38]. Sie ist zwar mit ihrem Sitz in Brüssel sehr nahe an den Institutionen der Europäischen Union, veröffentlicht jedoch regelmäßig ihre Länderreports,

38   http://www.crisisgroup.org/

oder zumindest einen Teil davon, breitflächig über Newsletter, auf ihrer Homepage oder in gedruckter Form. Insgesamt dürften qualitative Konfliktfrühwarnungen häufiger zu beobachten sein als die nur mit sehr hohem Aufwand umsetzbaren quantitativen Modelle.

Grundsätzlich lassen sich in der Konzeption und Gewichtung von Frühwarnmodellen ganz unterschiedliche Typen klassifizieren. Während Nyheim (2008) eine Vier-Felder-Matrix verwendet, in der er zwischen quantitativen und qualitativen, sowie zwischen Early warning Projekten und policy tools unterscheidet, gruppieren Barton und von Hippel (2008) die untersuchten Ansätze in vier Gruppen entsprechend ihrer Auftraggeber bzw. Anwender: a) Modelle für nationale Regierungsmodelle, b) internationale und regionale Organisationen, c) Modelle von Universitäten, Think-tanks oder NGOs und d) sonstige, private Modelle. Marshall (2008), einer der profiliertesten Forscher auf dem Gebiet, unterscheidet drei Typen an Frühwarnmodellen: kausale und bedingte Modelle, die auf das Wirken unabhängiger Variablen auf den Ausbruch gewaltsamer Konflikte oder politische Instabilität ausgerichtet sind, b) Vorhersagemodelle, die auf einen Zeitraum von 5 Jahren ausgerichtet sind und neben strukturellen Variablen auch Ereignisdaten einbeziehen und c) allgemeine Risiko und Kapazitätsmodelle. Wulf und Debiel (2009) schließlich verwenden in ihrer Zusammenstellung eine sechsteilige Typologie, die sich an Marshall (2008) orientiert. Sie differenzieren zwischen a) bedingten und kausalen Modellen, b) Vorhersagemodellen, c) Risiko- und Kapazitätsabschätzungen, die vor allem auf strukturellen Indikatoren aufbauen, d) Risiko- und Kapazitätsabschätzungen mit Early Response Optionen, d.h. in der Regel Ansätze, die auf Ereignisdatenanalyse basieren und e) Krisenlisten, die auf qualitativen Einschätzungen beruhen.

Im Folgenden soll ein Überblick über wichtige Frühwarnansätze geliefert werden, die auf quantitativen Daten beruhen. Sie sind allein aufgrund ihrer Wirkungsmechanismen gegliedert[39].

3.3.2.1   Strukturelle Modelle

In strukturellen Modellen werden Rahmen-Indikatoren gesucht, die sich in anderen Konflikten als konfliktbegünstigend erwiesen haben. Die Berechnungen dieser Indikatoren beruhen oftmals auf Theorien, wie sie weiter oben unter den Überschriften der staats- oder systembezogenen Ansätze vorgestellt wurden. Als Indikatoren werden beispielsweise die ethnische oder religiöse Ausrichtung der beteiligten Gruppen (Harff / Gurr 1998), die Verteilung der Einkommen oder das

---

39   Eine ausführliche Übersicht der verschiedenen aktuellen Konfliktfrühwarnmodelle findet sich bei Wulf und Debiel (2009)

Ressourcenvorkommen innerhalb eines Staates herangezogen. Eines der umfangreichsten Projekte, das mit dieser Methode – zumindest zum Teil –arbeitet, ist das Country Indicators for Foreign Policy Project (CIFP)[40]. Es zielt auf die Ermittlung der Performance aller erfassten Staaten auf unterschiedlichen Gebieten. Im CIFP beispielsweise werden verschiedene Indikatoren in insgesamt neun unterschiedliche Cluster zusammengefasst. Darunter der Bereich politische Stabilität, Militarisierung, Heterogenität der Bevölkerung, demographischer Druck, ökonomische Leistungsfähigkeit, humanitäre Entwicklung, ökologische Belastung und internationale Einbindung. In jedem Cluster werden eigene Leistungswerte errechnet und diese in Relation zu den anderen Staaten bewertet. Wie in der klassischen Kriegsursachenforschung gilt auch hier, dass zwischen den verschiedenen Strukturindikator-gestützten Programmen keine genaue Übereinstimmung über Auswahl und Gewichtung der Indikatoren vorliegt. Gemeinsam ist ihnen jedoch, dass alle Staaten, die in konfliktsensiblen Bereichen schlecht abschneiden, einen höheren Frühwarnindex erhalten. Problematisch bei einigen dieser Programme, darunter auch das CIFP, ist, dass sie politische, gewaltsame Konflikte als Teil der Rahmenindikatoren verwenden und dabei eine gewisse Autokorrelation erzeugen. Insgesamt sind strukturelle Modelle als Reinform nur mehr die Ausnahme (Schmid 1998, Wulf / Debiel 2009).

3.3.2.2   Ereignismodelle

In Ereignismodellen wird untersucht, welche Handlungen der Akteure zu einer Verschärfung der Situation oder gar zum Ausbruch der Gewalt geführt hat (Harff / Gurr 1998)(Harff / Gurr 1998)(Harff / Gurr 1998)(Harff / Gurr 1998)(Harff / Gurr 1998). Oftmals werden diese auch in einem chronologischen Ablauf gesetzt und als Sequenzmodelle bezeichnet (Schrodt 1990). Grundlage für die Einschätzung bestimmter Ereignisse als konfliktrelevant, bzw. als beschleunigende Faktoren, so genannte Acceleratoren, sind im besten Falle vergleichende Studien, anhand derer die entscheidenden Prozesse und Handlungen erkennbar werden. Ihre Bedeutung als Messinstrument der Konflikthäufigkeit wurde bereits im vorangegangenen Kapitel thematisiert.

Ereignisdaten finden sich inzwischen in vielen Frühwarnmodellen. Unterschiedlich ist jedoch die Gewichtung, die ihnen in der Methode zugesprochen wird. Reine Ereignisdatenmodelle fanden sich vor allem in früheren Modellen wie dem Kensas Event Data System Projekt (KEDS) (Schrodt / Mintz 1988, Schrodt 1990, 2006), der Conflict and Peace Data Bank (COPDAB) (Azar 1980)

---

40   Das CIFP hat seine Wurzeln in dem 1991 begonnen und vom kanadischen Verteidigungsministerium finanzierten Projekt GEOPOL.

und der World Event Interaction Survey (WEIS) von Charles McClelland (1976). Sie alle weisen methodische Merkmale auf, die sich auch in modernen Frühwarnsystemen finden, die Ereignisdaten integrieren (Krummenacher 2006b). Automatisch werden die eingehenden Informationen bei etlichen Systemen wie KEDS durch Computerprogramme mit Datum und Quelle sowie mit einem Code versehen (Schrodt et al. 2004), der auf den Inhalt oder die Wirkung des Ereignisses schließen lässt. Dieser Code wird bei KEDS wiederum mit der Goldstein-Skala abgeglichen (Goldstein 1992), die dem Ereignis einen positiven oder negativen Wert zuweist, entsprechend seines Impacts auf den Konfliktverlauf. Treten bestimmte Meldungen in einer zeitlichen Nähe gehäuft auf bzw. wird ein bestimmter Wert der Goldstein-Skala erreicht, wird vom System ein Warnhinweis ausgelöst. Sequenzmodelle überprüfen, ob die Reihenfolge bestimmter Ereignisse identisch ist mit solchen, die in anderen Konflikten zur gewaltsamen Eskalation geführt haben.

Die technische Umsetzung dieser computergestützten Frühwarnmodelle ist in der Tat beeindruckend. Problematisch an dieser Art der Frühwarnung bleiben jedoch mindestens zwei Punkte. Erstens bleibt fraglich, ob über die fast ausschließlich genutzten westlichen Nachrichtenagenturen tatsächlich eine globale Beobachtung politischer Konflikte erfolgt oder ob nicht sehr selektiv über einzelne, ausgewählte Länder oder Konflikte berichtet wird bzw. die Intensität und Genauigkeit der Berichterstattung je nach Konflikt, Konfliktakteuren und -regionen schwankt. Zweitens bleibt damit fraglich, ob bei einer Beschränkung auf die westlichen Agenturen ein wirklicher Mehrwert im Vergleich zu einer aufmerksamen Zeitungslektüre besteht. Drittens ist gerade bei der Analyse von Sequenzmodellen kritisch, dass diese eine gewisse Reihenfolge der Ereignisse vorgeben und Abweichungen von dieser Linearität nicht oder nur schlecht analytisch bewältigen.

3.3.2.3 Conjunctural Models

Die Idee sogenannter »conjunctural models« ist es, strukturelle Modelle und Ereignismodelle intelligent miteinander zu verbinden (Austin 2003). Der Ansatz beruht auf der Beobachtung, dass nicht alle Staaten in gleicher Weise für alle Arten von Konflikten anfällig sind, sich also die Ereignisse, die in den Ereignis- oder Sequenzmodellen erfasst werden, je nach strukturellen ökonomischen und politischen Rahmen unterschiedlich entwickeln. Conjunctural models versuchen herauszufinden, welche Kombination der Indikatorenwerte ein Land besonders anfällig für bestimmte Arten von Krisen macht und wollen entsprechend dieser Anfälligkeit Ereignisse unterschiedlich gewichten. Auch wenn diesen Ansätzen traditionell eine gewisse Skepsis entgegengebracht wird (Brecke 2000), weisen die meisten der aktuellen Frühwarnansätze zumindest insofern Ideen der conjunctural models auf, als sie strukturelle Daten und Ereignisdaten miteinander verbinden. Die Frage nach der tatsächlichen Verknüpfung bleibt allerdings unklar, da die meisten Programme sich nicht in ihre Auswertungsarithmetik blicken lassen. Gegen die bereits erfolgte Umsetzung der conjunctural models spricht jedoch die fehlende Typologisierung politischer Konflikte und eine entsprechende Nachzeichnung des Entwicklungspfads bzw. deren Vergleich.

3.4   Zusammenfassung: Der Stand der Kriegsursachenforschung

Die Forschung zu Ursachen von inner- und zwischenstaatlichen Kriegen hat in den vergangenen Jahren zwar eine Vielzahl unterschiedlicher Erklärungsansätze hervorgebracht, doch noch ist die Forschung weit davon entfernt, überzeugende Modelle und eine Einschätzung zur Bedeutung einzelner Faktoren anbieten zu können. Zu unterschiedlich sind die Ergebnisse der Studien zu den Entstehungsbedingungen neuer Kriege. Mit Singer (2000) lässt sich allenfalls von »Wissensinseln« in der quantitativen Konfliktforschung sprechen. Die quantitative Kriegsursachenforschung weiß, dass Demokratien gegeneinander keine oder so gut wie keine Kriege führen (Russett 1993), sie hat herausgefunden, dass Demokratien anders Krieg führen als Nicht-Demokratien (Russett 1990, 1993, Oneal / Russett 2003). Sie hat Belege gefunden, dass schwache Staatlichkeit und gewaltsamer Konflikt sich offensichtlich gegenseitig bedingen (Holsti 1996, Münkler 2002, Schneckener 2006b) und sie glaubt, dass bestimmte Ressourcen den Ausbruch eines innerstaatlichen Krieges wahrscheinlicher machen (Ross 2004b, Le Billon 2005). Doch noch fehlt es an Konzepten, diese Erkenntnis-Inseln stärker in Bezug zueinander zu setzen.

Bei den zuerst genannten Bereich der Erklärungsmodelle lässt sich zunächst feststellen, dass die von Dessler (1991) getroffene Aufforderung, »beyond correlation« nach komplexeren Erklärungsmodellen zu suchen, inzwischen Wirkung gezeigt hat. Möglicherweise war hier die Weltbankstudie zu »Greed and Grievances« (Collier / Hoeffler 2001b, 2004a), die in der ersten Version Ende der 1990er Jahre bereits erschien, wegbereitend. Denn hier wurden konkurrierende Theorien quantifiziert und zum ersten Mal im größeren Umfang mit der Regressionsanalyse eine wissenschaftliche überprüfbare Methode verwendet. Das Paper bot aufgrund der methodischen Klarheit und dem Bekenntnis der Autoren zu den »greed – Ansätzen« einen klaren Bezugspunkt für weitere Forschungen.

Das »greed and grievance« Modell kann jedoch auch – stellvertretend für andere Regressionsanalysen - herangezogen werden, um die Herkunft der aktuellen Probleme der Kriegsursachenforschung zu erklären: Die Wirkungsmodelle sind inzwischen zwar tatsächlich komplexer geworden, doch noch immer fehlt den meisten Arbeiten ein deutlicher theoretischer Bezug und damit eine klare Begründung für die Konstruktion des Modells. Besonders schwerwiegend ist dabei auch die fast vollständig fehlende Reflektion von Interaktionseffekten in den Modellen – ein Aspekt, der in anderen Bereichen der empirischen Sozialforschung zunehmend an Bedeutung gewinnt.

Ebenfalls ein Defizit in der Konzeption vieler Modelle der Kriegsursachenforschung ist ihr mangelnder Rückbezug auf frühere Studien und den dort erfolgten Konzeptionen von Modellen und die erzielten Ergebnisse. Zwar monieren einige Forscher (Gates / Strand 2004, Sambanis 2004) die Unmöglichkeit der Replikation ermittelter Ergebnisse, aber sie klären nicht, welche Schlussfolgerungen daraus zu ziehen sind. Die meisten Forscher in diesem Feld verweigern sich dieser Feststellung jedoch und präsentieren Forschungsergebnisse oftmals ohne Rückbezug auf frühere Publikationen. Damit jedoch wird eine wichtige Regel der empirischen Wissenschaft durchbrochen: nach Popper (2005) entsteht wissenschaftlicher Fortschritt dadurch, dass Erkenntnisse bestätigt oder falsifiziert und durch neue ersetzt werden. Die Nichtbeachtung dieser Regel ist fatal: sie führt zur unvernetzter Parallelität unterschiedlicher, zum großen Teil sich widersprechender Forschungsergebnisse und zur Verwirrung und Frustration der Forscher, die erkenntnisorientierte Wissenschaft betreiben wollen und angesichts der Orientierungslosigkeit der Forschung entweder ihren Spott (Dessler 1991) oder ihre Enttäuschung (Schlichte 2002) über die Kriegsursachenforschung ausdrücken oder in versuchen, einen Überblick zum Stand der Forschung zu erarbeiten (van Evera 1999, Hegre / Sambanis 2006, Dixon 2009, Levy / Thompson 2010).

All diese genannten, teilweise erheblichen Defizite der Kriegsursachenforschung wecken, angesichts einer mittlerweile mehr als sechs Jahrzehnte dauernden Forschungsgeschichte, auch bei verdienten Forschern der Disziplin grundlegende Zweifel (Singer 2000, Vasquez 2000b) an Daseinsberechtigung und Perspektive der quantitativen empirischen Kriegsursachenforschung. Diese Arbeit vertritt verständlicherweise die These, dass diese Perspektive besteht. Doch sie verbindet dies mit einem Nachsatz: Weitere Bemühungen um Erkenntnisfortschritt der quantitativen Forschung lohnen sich dann, wenn erstens die Erklärungsansätze systematisiert werden und zweitens ihr Erklärungsanspruch und ihre Erklärungskraft klar benannt und definiert wird. Ein Schritt in diese Richtung wurde in diesem Kapitel mit der Unterscheidung von Erklärungsansätzen auf der System, Staats- und Individualebene sowie der Clusterung konfliktbezogener Ansätze geleistet. Zweitens muss zukünftig die Verzahnung von quantitativen Analysen mit qualitativen Fallanalysen weiter gefordert und gefördert werden. Denn quantitative Konfliktforschung kann Wissensschneisen in das Dickicht der vielfältigen Konzepte und Modelle der Kriegsursachenforschung schlagen. Sie kann, auch mit den vorhandenen und bekannten Daten-Defiziten, als Leuchtturm fungieren und Hinweise geben, wo qualitative Analysen oder breiter angelegte, beispielsweise auf QCA basierende Regionalanalysen, in detailliert aufgeschlüsselten Modellen nach Zusammenhängen suchen können.

3.5 Folgerung: Risikoabschätzung statt Ursachenforschung

Die dargestellten Defizite der Konfliktursachenforschung zeigen auf, dass die quantitative Konfliktforschung sich der Aufgabe stellen muss, neue Möglichkeiten für eine verbesserte Konfliktfrühwarnung zu erforschen. Dabei wird nicht bezweifelt, dass in Einzelbereichen der Kriegsursachenforschung beeindruckende Ergebnisse vorliegen. Doch noch immer verfügt die Forschung nur über Theorieinseln zu einzelnen Konfliktarten (Singer 2000). Es fehlt nach wie vor eine Typologie politischer Konflikte und damit eine genaue Bestimmung der Reichweite, für die bestimmte Kriegsursachenanalysen Geltung beanspruchen können. Ebenso fehlt es an entscheidender Vorarbeit für eine Typologie oder Klassifikation der Erklärungsansätze. Deshalb ist aktuell von keiner sprunghaften Verbesserung in der Konfliktfrühwarnung mit herkömmlichen Methoden innerhalb eines kurz- bis mittelfristigen Zeitrahmens auszugehen. Umso erstaunlicher erscheint es, dass in den vergangenen Jahren nur wenig methodische Neuerungen oder kreative Fragestellungen innerhalb der quantitativen Konfliktforschung hervorgebracht wurden, um den Herausforderungen eines geänderten Kriegsaustrag und den gleichzeitig bestehenden und sogar wachsenden vielfältigen Bedarf einer Konfliktfrühwarnung zu begegnen.

Bereits Anfang der 1990er und später wurde in einem ersten Heidelberger Projekt zur Konfliktforschung der im Folgenden im Detail vorgestellte CONIS Datensatz für ein Verfahren des Fall basierten Schließens, engl. case based reasoning, verwendet (Fürnkranz et al. 1994, Schwank 2005). Bei dieser Methode geht es im Wesentlichen darum, aufgrund von möglichst ähnlichen Fällen, die hier nach dem most similar cases design ausgewählt wurden, im Analogieverfahren Rückschlüsse auf den weiteren Verlauf eines anderen Konfliktes zu ziehen (Watson / Marir 1994, Leake 1996). So ist von Interesse, warum strukturell ähnlich gelagerte Konflikte in einem Fall gewaltsam eskalieren, in einem Vergleichsfall jedoch nicht. Die Differenzmethode soll dann Aufschluss geben, welche Faktoren den unterschiedlichen Ausgang erklären können. Der Ansatz kann aber auch verwendet werden, um bei großer Ähnlichkeit einer neuen Krise zu einer früheren, die im späteren Verlauf kriegerische eskaliert ist, eine entsprechende Frühwarnung auszusprechen (Khong 1992). Ermöglicht wird dieses Verfahren in der quantitativen Forschung durch spezielle Algorithmen, weshalb das »cased based reasoning« im Forschungsfeld der künstlichen Intelligenz angesiedelt wird (Montani / Jain 2010).

Auch wenn die Ergebnisse des genannten Forschungsprojektes mit den Heidelberger Konfliktdaten zum großen Teil intuitiv sehr nachvollziehbare Ergebnisse brachte, fehlte für die tatsächliche Bestimmung der Ähnlichkeitsfaktoren zwischen den Konflikten sowohl die theoretische Begründung als auch der wissenschaftlich-empirische Beweis (Schwank 2005). Bisher sind keine Konzepte bekannt, die Ähnlichkeitsmaße zwischen Konflikten bestimmen. Damit fehlt diesem Ansatz eine wichtige wissenschaftliche Grundlage. Eine weitere Option für den kreativen Umgang mit den genannten Defiziten der Kriegsursachenforschung stellt jedoch die Risikoforschung dar.

3.5.1   Einsatzmöglichkeiten der Risikoforschung

Die Risikoforschung beschäftigt sich mit möglichen Ereignissen, die sich aus komplexen Kombinationen von Prozessen ergeben (Erben / Romeike 2002: 553). Der Einsatz von Risikotheorien oder Risikoanalysen scheint dort angebracht zu sein, wo knappe Zeit oder Kosten eine genaue Ursachenanalyse verhindern oder eine solche aufgrund des hohen Komplexitätsgrades und der Unkenntnis der genauen Wirkungsmechanismen nicht möglich erscheint. Erben / Romeike (2002: 553) bezeichnen »schlecht strukturierte Entscheidungsprobleme« als ideales Einsatzgebiet von Instrumenten der Risikoforschung. Unter diesen Begriff lassen sich wohl die meisten Phasen vor Kriegsausbrüchen subsumieren.

Wie gezeigt wurde, kann die quantitative Kriegsursachenforschung zwar eine Gruppe von Variablen bestimmen, die einen Einfluss auf den Ausbruch von Kriegen haben. Jedoch ist es derzeit aufgrund der Komplexität der Informationen nicht möglich, deren genaue Wirkungsweise, mögliche Wechselwirkungen oder die Anzahl der nicht quantifizierbaren Einflüsse vorherzusehen. Dieses weder spezifisch anwendbare noch verallgemeinerbare »unklare«, aber dennoch vorhandene Wissen stellt aber den wichtigen und in den wirtschaftlichen Wissenschaften ausgiebig untersuchten Unterschied zwischen »Ungewissheit« und »Risiko« (Knight 1921) dar. Während für Knight Entscheidungen unter Ungewissheit bedeuten, dass weder die möglichen Umweltzustände bekannt sind noch deren Eintrittswahrscheinlichkeiten, sind bei Entscheidungen unter Risiko sowohl die möglichen Formen als auch deren Eintrittswahrscheinlichkeiten bekannt. Für den Bereich der Konfliktforschung muss zugestanden werden, dass zumindest auf quantitativer Ebene die Formen der möglichen Endzustände nur unzureichend bekannt sind und unterschieden werden. Meist wird allein auf eine Kriegsform fokussiert, die mindestens 1.000 Konflikttote pro Jahr hervorruft – dies hat das vorangegangene Beispiel gezeigt. Und auch die Bestimmung der Eintrittswahrscheinlichkeit kann als noch nicht ausgefeilt gelten. Ein Risikomodell für die Konfliktforschung muss demnach zunächst die Möglichkeit besitzen, die verschiedenen Formen der Zustände zu erfassen und zu klassifizieren, um dann die Eintrittswahrscheinlichkeiten berechnen zu können.

Während in anderen wissenschaftlichen Disziplinen, wie der Medizin (Lopez et al. 2006), dem Finanz- (Gordy 2000) oder dem Versicherungswesen (Schmidt 2006) die Risikoanalyse fester Bestandteil des wissenschaftlichen Instrumentenkoffers ist und dabei demonstriert, wie auch ohne vollständige Informationslage wissenschaftlich gesicherte Prognosen erstellt werden können, sind entsprechend spezialisierte Methoden in der Politikwissenschaft im Allgemeinen und im Bereich der Internationalen Beziehungen bzw. in der Konfliktforschung im Besonderen weniger gebräuchlich. Zwar spiegelt sich in einigen Arbeiten die Bedeutung des Risikobegriffs im Titel der Arbeiten wieder (Marshall 1997, Davies / Gurr 1998, Brecke 2000, Moran 2001, Rost et al. 2009), doch wenn quantitative Methoden hierbei überhaupt Verwendung finden, sind sie meist identisch mit solchen, die auch in »herkömmlichen« Ursachenanalysen gebräuchlich sind. Die fehlende Entwicklung geeigneter Risikomodelle und entsprechender Methoden ist jedoch vermutlich zum großen Teil der schlechten Datenlage und insbesondere dem Fehlen dynamischer Daten innerhalb der Konfliktforschung geschuldet.

Die Beschäftigung mit den Ergebnissen jener Arbeiten anderer Disziplinen, in denen Risikomodelle entwickelt wurden (Schmidt 2006), zeigt, dass die Risikoforschung bzw. die hierbei entwickelten Methoden und Ansätze von fruchtbarer Bereicherung für die Konfliktforschung sein kann. Insbesondere ist die für Lebensversicherungen oder die medizinischen Forschung, um nur zwei Einsatzgebiete zu nennen, sehr gebräuchliche Methode der Lebenszeitanalysen ein interessanter Ansatz für die Konfliktforschung. In diesem Verfahren nimmt der Faktor Zeit und die Frage, ob ein bestimmtes Ereignis innerhalb der Zeitspanne eintritt, eine zentrale Bedeutung ein.

3.5.2 Möglichkeiten eines Ereignis-basierten Konfliktrisikomodells

Um die Wirkungsmechanismen zu verdeutlichen, wird das im vorangegangenen Kapitel skizzierte Modell des Konfliktes als soziales System herangezogen. Wie bereits kurz beschrieben und im nachfolgenden noch weiter ausgeführt, ist Kommunikation in diesem Konfliktmodell zentraler Untersuchungsgegenstand.

Kommunikation besteht dabei aus dem Zusammenwirken von drei Elementen (vgl. für das grundlegende Modell: Shannon 1949): der Artikulation durch den Sender, dem Mitteilungsakt an sich und der Aufnahme durch den Empfänger. Während der Mitteilungsakt die Information übermittelt, also zum Ausdruck bringt, dass und wie der Sender eine Zustandsveränderung hinsichtlich der umstrittenen Gegenstände erreichen will, bestimmen Sender und Empfänger erstens, wie die Botschaft formuliert wird und zweitens, wie die Botschaft verstanden wird. Hierbei beeinflussen beispielsweise Werte, Normen und Erfahrungswissen, die die Akteure in die Kommunikation einbringen, die Fähigkeit zum effektiven Senden bzw. korrekten Verstehen von Botschaften. Dabei kann diese Prädisposition von Sender und Empfänger vereinfachend auch als Rahmen oder Kontext verstanden werden, in dem der Kommunikationsakt vollzogen wird.

Dieses hier aus genannten Gründen nur knapp skizzierte Modell bietet zwei Möglichkeiten der Risikoabschätzung: eine, die auf der reinen Prozessebene angesiedelt ist und eine zweite, die auf die Dynamiken der Konfliktstrukturen abzielt. Erste wird im Folgenden kurz und nur zum Zwecke der Abgrenzung gegenüber der Zweiten dargestellt.

Die erste Möglichkeit kann als Prozess-Sequenz-Analyse bezeichnet werden (Agrawal / Srikant 1995, Larson et al. 2005, Han / Kamber 2006). Sie zielt auf die Abschätzung einer möglichen Anschlusshandlung. Die zugrunde liegende Annahme lautet, dass bestimmte Ereignisse, oder auch Handlungen, das Ergebnis einer vorausgegangenen Einzelhandlung oder mehrerer Handlungsabläufe sind. Dementsprechend gelten diese Ereignisse als einschätzbar, wenn mehrere solcher Handlungsketten erfasst wurden und genügend Informationen über die Vorlaufergebnisse vorliegen. Eine der wichtigsten Einsatzgebiete dieser Methode liegt in der Marketingforschung, bei der das Einkaufsverhalten der Konsumenten im Supermarkt analysiert wird (Larson et al. 2005) oder das Klick-Verhalten von Internetnutzern bei Online-Einkäufen (Meier / Stormer 2009: 69-86).

Auch in der Konfliktforschung wurde dieses Verfahren bereits angewendet, wie in der WEISS Datenbank Analyse oder auch im Ansatz des FAST-Projektes der Swisspeace (Krummenacher / Schmeidl 2001, Krummenacher 2006a). Hier lautete die Annahme, dass im Vorfeld kriegerischer Handlungen erst eine entsprechende Drohkulisse für den Gegner aufgebaut oder eine Bereitschaft in der Bevölkerung geweckt werden muss, einem Kriegsausbruch also entsprechende Meldungen vorausgehen. Wenn ein bestimmtes Maß an Indikatoren, die gewöhnlicher Weise im Vorfeld einer Eskalation liegen, zu beobachten waren, erscheint der Ausbruch der Gewalt als wahrscheinlich und es wird eine Frühwarnung ausgesprochen.

Diese Art der auf die Prozesse gerichteten Analysemethode ist innovativ und auch für Laien nachvollziehbar. In der Tat müssen komplexe und große Teile der Gesellschaft umfassende Handlungen wie Kriege vorbereitet und organisiert werden. Fraglich ist jedoch, ob alle Handlungspfade bekannt und entsprechend im Früherkennungssystem erfasst sind. Zudem ist entscheidend, welche Informationen für ein solches Frühwarnsystem zur Verfügung stehen. Sind es allgemein zugängliche, erscheint eine ausgesprochene Frühwarnung zwar plausibel aber möglicherweise banal. Werden die Informationen über »Agenten« in das System eingespeist, ergibt sich die Frage nach der Zuverlässigkeit und Glaubwürdigkeit der Informanten. Hinzu kommt schließlich der Kostenaspekt: Die Erfassung von Prozessmaßnahmen ist aufwendig und damit teuer. Insgesamt erscheint der Ansatz als durchaus interessant und vielversprechend. Doch die Erfahrung mit dem FAST Programm zeigt, wie schwierig solche Ansätze in der Praxis zu verwirklichen sind.

3.5.3 Entwicklungsdynamik als Ziel der Risikoanalyse

In der Ereignisdatenanalyse, die unter englisch- und deutschsprachigen Synonymen wie *event history analysis*, Überlebenszeitanalyse (survival analysis), Verweildaueranalyse (*duration models*) geführt wird, steht hingegen die zeitliche Dauer zwischen zwei Ereignissen im Vordergrund (Box-Steffensmeier / Jones 2004). In der Konfliktforschung fand diese Methode nur begrenzt Wiederhall. Eine der wenigen Ausnahmen bildet die Arbeit von Benett / Stam (1996), die sich mit der Dauer zwischenstaatlicher Konflikte und deren Einflussfaktoren beschäftigten oder wie sie Box-Steffensmeier exemplarisch für die Auswirkungen militärischer Interventionen vorschlägt (Box-Steffensmeier / Jones 2004: 11). In der hier vorliegenden Arbeit soll die Ereignisdatenanalyse verwendet werden, um den zeitlichen Abstand zwischen Konfliktauftreten und Konflikteskalation zu bestimmen.

Die Ereignisdatenanalyse bietet besonders in der praxisbezogenen Konfliktforschung große Vorteile. Denn für ein breites Konfliktfrühwarnsystem wird eine Vielzahl unterschiedlicher politischer Krisenherde beobachtet. Dabei ist von Interesse, ob ein bestimmtes Ereignis, wie der Ausbruch eines Krieges oder Massenfluchtbewegungen, eintreten wird und in welchen Zeitraum damit zu rechnen ist. Genau dieser zeitliche Aspekt wird bei den meisten anderen Analysemethoden jedoch nicht untersucht. Neben diesen beiden Informationen ist es für die Adressaten der Konfliktfrühwarnung zudem wichtig, die Faktoren zu kennen, die einen möglichen Kriegsausbruch beschleunigen können. Sind diese Faktoren bekannt und die entsprechenden Informationen verfügbar, kann eine aufwändige Beobachtung oder qualitative Analyse auf jene Länder begrenzt werden, bei denen das Faktorenbündel auftritt.

3.5.4 Einflussfaktoren im Ereignisdaten-Modell

Auch in einem Risikomodell wie der Ereignisdatenanalyse müssen Vorannahmen über Wirkungsmechanismen getroffen und gewichtet werden. Die vorangegangene Bestandsaufnahme der verschiedenen Ansätze in der Konfliktursachenforschung konnte zeigen, dass die Forschung aus gutem Grund verschiedene Theorien für relevant hält. Damit gibt es noch immer keinen wissenschaftlich abgesicherten Konsens, welche Variablen und Hypothesen in einem Modell auf jeden Fall aufgenommen werden müssen (Hegre / Sambanis 2006, Dixon 2009). Erschwerend kommt für diese Arbeit hinzu, dass sie sich nicht nur auf das »onset«, also das Entstehen von Kriegen, und auch nicht auf die »duration«, die Dauer von Kriegen fokussiert, sondern gewissermaßen auf die Dauer des Entstehens. Im Folgenden wird deshalb ein Modell vorgestellt, das die Auswahl der Erklärungsfaktoren in Verbindung mit entsprechenden Hypothesen plausibel macht. In diesem Modell sollen drei Dimensionen des Kommunikationskontextes unterschieden werden, die auf die klassischen aber auch neuen Forschungsarbeiten zur Entstehung von Kriegen zurückgreift und diese anhand ihrer Erklärungssystematik verortet.

In der ersten Dimension werden all jene Ansätze verortet, die Konflikte als Ergebnisse der Politik verstehen. Auf dieser Ebene ist auch die Mehrzahl aller bisherigen Erklärungsansätze zu finden. Sie lassen sich entsprechend des bereits oben vorgestellten und angewandten Systematisierungsvorschlag von Waltz (1959) und Singer (1961) drei unterschiedlichen Ebenen zuordnen: 1.) der Ebene des internationalen Systems (z.B. Realismus / Liberalismus) 2.) der Staatenebene (z.B. Einfluss der Regierungsform auf Kriegswahrscheinlichkeit, Zusammensetzung der Bevölkerung) und 3.) der Individualebene. Unter dem dritten Punkt werden alle Arbeiten subsumiert, die die Entscheidungssituation in Krisen untersuchen und dabei auch auf die Methoden der Psychologie zurückgreifen.

In der zweiten Dimension werden jene Ansätze verortet, in denen der Konflikt als selbstreferentieller Rahmen dient. Hier sind es Elemente, die aus der fortlaufenden Kommunikation innerhalb eines Konfliktes ableitbar sind (z.B. behandelte Themen, der Grad der im Konflikt angewandten Gewalt) und die Einfluss auf den weiteren Verlauf eines Krieges ausüben können. Die Bestimmung von Konfliktstrukturen und deren Einbezug als eigenständiger Erklärungsfaktoren für das Entstehen von Kriegen ist in der Literatur nicht besonders fest verankert. Das bekannteste Beispiel hierfür ist der von Goertz/Diehl (1992) vorgestellte »Enduring – Rivalry«-Ansatz.

Die dritte Dimension bildet all jene Ansätze ab, die auf Veränderung von Konflikten rekurrieren. Damit sind sowohl all jene Erklärungsmodelle gemeint, die die Veränderlichkeit von Einstellungen und Normen thematisieren, aber auch jene, die den technischen Fortschritt und damit neue Waffentechnologien und Informationssysteme beinhalten. Diese Veränderung muss als Ergebnis eigener Prozesse verstanden werden, die hier aber nicht im Mittelpunkt der Analyse stehen. Deshalb wird diese Veränderung einfach über den Faktor »Zeit« operationalisiert.

Abbildung 1:   Kontext der Konfliktkommunikation

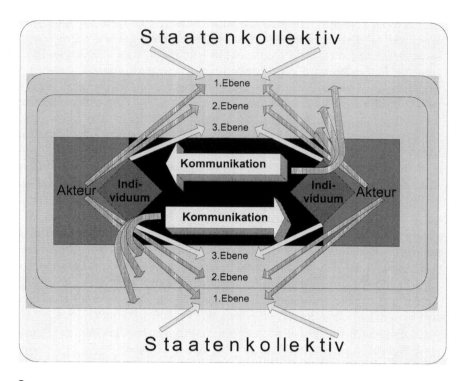

Bereits in verschiedenen Abschnitten dieser Arbeit wurde darauf hingewiesen, dass die bisher vorgestellten Ansätze nicht gut genug erklären können, warum Staaten auch unter unveränderten strukturellen Bedingungen plötzlich mit neuen Konfliktsituationen konfrontiert werden. Konstruktiv haben sich mit diesem Problem vor allem jene Ansätze befasst, die in dieser Arbeit als Erklärungsansätze auf der dritten Ebene bezeichnet werden. Sie versuchen die Wechselwirkungen zwischen der sozialen Konstruktion von Identität, die politische Mobilisierung dieser Identität und die politische Gewalt als Ergebnis dieses Prozesses zu erklären (Sambanis 2002: 227). Autoren wie Brown (1996a), Henderson (1997) oder Fearon (1994) weisen darauf hin, dass sich Normen und Werte, darunter auch die Wertschätzung anderer sozialer Gruppen, verändern können, ohne dass die dahinterstehenden Wirkungsmechanismen von außen erkennbar sind.

142

3.5.5   Formulierung der Untersuchungshypothesen:

Das oben vorgestellte Erklärungsmodell versucht, durch die Abbildung der verschiedenen Dimensionen unterschiedliche in der Forschung diskutierte Einflussfaktoren zu systematisieren. Für eine empirische Analyse muss jedoch eine gezielte und begründete Auswahl einzelner Erklärungsfaktoren erfolgen. Ähnlich dem Vorgehen im »Steps to war«- Ansatz und anderen »behaviour«- orientierten Erklärungsansätzen für zwischenstaatliche Kriege (Senese / Vasquez 2008: 17ff.) soll auch das Analysemodell für das Eskalationsrisiko innerstaatlicher Kriege in dieser Arbeit eine Synthese von Ansätze aus unterschiedlichen Dimensionen beinhalten. Der bisherige Forschungsstand zeigt, dass nur ein Aufeinandertreffen mehrerer Konstellationen ein Kriegsrisiko deutlich erhöht. Daher kann auch erst durch die Kombination unterschiedlicher Erklärungskomponenten ein wirkungsvolles Erklärungsmodell erstellt werden. Doch noch immer sind der Wirkungszusammenhang und die Effekte sich wechselseitig verstärkenden Faktoren in dynamischen Prozessen unklar.

Um der Erkenntnis des unterschiedlichen Wirkungszusammenhangs Rechnung zu tragen, soll durch die Auswahl einzelner Hypothesen dieser unterschiedlichen Dimensionen einerseits ein Querschnitt aktueller Konfliktforschungsansätze gegeben werden und andererseits überprüft werden, welche Dimension den höchsten Erklärungswert liefert.

Folgende Hypothesen sollen im empirischen Teil überprüft werden:

1.)   *Innerstaatliche und zwischenstaatliche Konflikte folgen unterschiedlichen Eskalationsdynamiken*

Die bisherige Forschungsliteratur scheut bei der Kriegsursachenanalyse den direkten Vergleich zwischen inner- und zwischenstaatlichen Konflikten, da implizit davon ausgegangen wird, dass sie unterschiedliche Ursachen aufweisen. Es ist aber davon auszugehen, dass sich die unterschiedlichen Kausalketten auch auf die Eskalationszeiten von Konflikten auswirken. Deshalb müssen inner- und zwischenstaatliche Kriege im Hinblick auf Eskalationszeiten und den zugrunde liegenden Einflussfaktoren getrennt analysiert werden.

2.) *Die Art der umstrittenen Konfliktgegenstände haben Einfluss auf die Eskalationszeiten. (Der Konfliktrahmen in der dritten Dimension)*

Der Konfliktimpuls, verstanden als Kommunikationsform, die den Wunsch zur Änderung des Status quo zum Ausdruck bringt, hat Einfluss auf die Eskalationswahrscheinlichkeit eines politischen Konfliktes. Dieses kann an a) der Intensität mit der ein Konflikt zum ersten Mal erfasst wird und b) den umstrittenen Konfliktgegenständen gemessen werden.

Clausewitz begreift Krieg als Resultat des Wirkungsdreiecks aus Zweck, Ziel und Mittel. Er stellt zudem fest, dass jedes Volk und jede Zeit ihre eigenen Prioritäten setzt und unterschiedlich entscheidet, wann sie bereit ist, für ein bestimmtes Ziel den Gegner zu bekriegen. Clausewitz stellt so den Zugang zu einem Teil des hier vorgestellten Erklärungsmodells her. Ziele können als umstrittene Themen im Konflikt verstanden werden. Außerdem ist jedoch entscheidend, in welcher Form eine Forderung vorgebracht wird: Beginnt eine Kommunikation mit Drohungen oder bereits mit begrenzt eingesetzter Gewalt ist die Chance auf einen nachfolgenden friedlichen Konfliktaustrag weitaus geringer als bei einem Konfliktaustrag, der zunächst mit friedlichen Mitteln versucht, eine Konfliktlösung herbeizuführen.

3.) *Das politische Regime, verstanden als Konfliktbewältigungspotenzial der beteiligten Akteure, hat Einfluss auf die Eskalationswahrscheinlichkeit politischer Konflikte. (Der Konfliktrahmen in der dritten Dimension)*

Vor allem in der Erforschung des zwischenstaatlichen »demokratischen Friedens« werden normative Argumente für die größere Friedfertigkeit von Demokratien aufgezeigt (Maoz / Russett 1993, Russett 1993). Nur wenige Autoren beziehen dieses Argument auch auf innerstaatliche Konflikte. Dabei ist es durchaus einleuchtend, wenn argumentiert wird, dass Demokratien im Vergleich zu Autokratien grundsätzlich andere Konfliktaustragungsmuster zeigen, da hier der politische Konflikt zum festen Bestandteil der Systemeigenschaft gehört (Gromes 2005). Demokratien führen ständig innergesellschaftliche politische Konflikte, für die sie jedoch eine Vielzahl unterschiedlicher Konfliktaustragungsnormen anbieten. Aufgrund der unterschiedlichen Aushandlungswege, die Demokratien bereitstellen, ist davon auszugehen, dass innerstaatliche Konflikte in diesen Systemen wesentlich längere Eskalationszeiten aufweisen als in Autokratien.

4.) *Die Konfliktbelastung von Staaten beeinflusst ihre Fähigkeit zur friedlichen Konfliktlösung. (Der Konfliktrahmen in der zweiten Dimension)*

Die Häufigkeit von Kriegen ist ungleich verteilt. Das haben Untersuchungen zu Staatenpaaren, die immer wieder gegeneinander Krieg führen, gezeigt (Goertz / Diehl 1992a, Goertz / Diehl 1993). Bisher wird die unterschiedlich hohe Konfliktbelastung vor allem durch politische Regime oder Persönlichkeiten an der

Spitze von Regierungen erklärt. Weitgehend unberücksichtigt blieb jedoch der Aspekt, dass frühere kriegerische Erfahrungen Staaten durchaus in ihrer Fähigkeit zur friedlichen Konfliktlösung beeinflussen können. Das Argument kann in zweifacher Hinsicht gestützt werden. Erstens sind Staaten die eine hohe kriegerische Konfliktbelastung aufweisen, in ihrer Fähigkeit, das beanspruchte Gewaltmonopol aufrecht zu erhalten bereits geschwächt. Dies könnten innerstaatliche Gruppierungen als Chance begreifen und versuchen, in dieser Phase ihre politischen Absichten gegen den Staat mit kriegerischen Mitteln durchzusetzen.

5.) *Regionale Austragungsmuster beeinflussen die Eskalationswahrscheinlichkeit politischer Konflikte. (Der Konfliktrahmen in der zweiten Dimension)*

Dieser These liegt die Beobachtung zugrunde, dass Krieg und Frieden sich auffallend häufig auf unterschiedliche Regionen verteilen (Kende 1972). Während Europa und das nördliche bzw. südliche Amerika nach bisheriger Messung vergleichsweise wenig kriegerische Konflikte aufweisen, liegt die entsprechende Anzahl in den Regionen sub-saharisches Afrika, Vorderer- und Mittlerer Orient und Asien weitaus höher. Die Gründe hierfür können ebenfalls auf verschiedenen Ebenen gefunden werden. Zunächst kann angeführt werden, dass Staaten entweder voneinander erfolgreich oder weniger erfolgreich lernen, wie politische Konflikte gelöst werden können. Einen positiven Effekt haben aber auch regionale internationale Organisationen. Als Beispiel hierfür kann die EU angeführt werden, die nicht nur auf supra-gouvermentaler Ebene verschiedene Schiedsgerichte für nationale und internationale Streitigkeiten zur Verfügung stellt, sondern auch in ihren Mitgliedländern respektive den Beitrittskandidaten entsprechende Institutionen einfordert bzw. erzwingt.

6.) *Der Zeitpunkt, zu dem einen Konflikt innerhalb des Untersuchungszeitraums beginnt, beeinflusst seine Eskalationswahrscheinlichkeit. (Der Konfliktrahmen in der dritten Dimension)*

Der Wandel des Konfliktgeschehens und die Diskussion um neue oder alte Formen von Kriegen sind bereits im vorangegangen Kapitel ausführlich beleuchtet worden. Hinter diesen gemessenen Veränderungen des Konfliktaustrags werden neben verbesserten Informationsmöglichkeiten, die auch die Erfassung von Konflikten mit geringerer Intensität erleichtern, ein tatsächlicher Wandel des Konfliktgeschehens vermutet, der durch unterschiedliche Interessen und Kompetenzen von regionalen und globalen Großmächten bestimmt werden. Diese Veränderung von Interessen kann sich auf das Konfliktgeschehen beispielsweise in Form von der Lieferung, dem Lieferenden oder sogar der Sanktionen von schweren Waffen auswirken. Auch die Entwicklung und der Einsatz neuer Waffen können den Konfliktaustrag maßgeblich beeinflussen und die Entscheidungen über Krieg, Frieden oder dem Einsatz andere Gewaltformen entscheiden.

Diese Veränderungen von Werten, technischen Fortschritt und Wirkungslogiken sollen über eine Zeitvariable erfasst werden: Das Jahrzehnt, in dem ein Konflikt beginnt, steht für eine bestimmte Performanz der genannten Variablen, die in etwa vergleichbar sind. Demnach könnte es sein, dass ein Konflikt in den 1950er Jahren anders eskaliert als in den 1990er Jahren oder der nachfolgenden Dekade.

4.   Der CONIS-Ansatz

Die vorangegangenen Kapitel dieser Arbeit haben ein doppeltes Defizit der quantitativen Konfliktforschung aufgezeigt: Erstens bilden die derzeitigen Konfliktdatensammlungen das tatsächliche Konfliktgeschehen nicht oder nur unzureichend ab. Gewaltsame Konflikte werden nur ab einer bestimmten Todesopferanzahl erfasst. Zudem werden nur jene Konflikte abgebildet, an denen ein Staat beteiligt ist. Zweitens sind die theoretischen Konzepte der Konfliktursachenforschung und die verwendeten Konfliktdaten nur selten in Übereinstimmung zu bringen. In der Folge liefert der gesamte Bereich der Kriegsursachenforschung nur unbefriedigende Ergebnisse. Der Ausweg aus diesem Dilemma liegt in einem neuen theoretischen Verständnis politischer Konflikte. Diese sollen, dies ist der Kern des neuen Ansatzes, zukünftig als soziale Systeme verstanden werden, deren Basis die Kommunikation der am Konflikt beteiligten Akteure darstellt und deren Kern die umstrittenen Konfliktgegenstände bildet. Dieses neue Konzept politischer Konflikte wird gekoppelt mit einem modernen Datenerfassungs- und -verarbeitungssystem. So können politische Konflikte theoretisch noch besser fundiert über verschiedene Phasen hinweg, von gewaltlos über den begrenzten Gewalteinsatz bis hin zum Krieg, mit allen beteiligten Akteuren und allen konfliktrelevanten Themen methodisch erfasst und codiert werden. Gleichzeitig können so mehr konfliktbezogene Informationen aufgenommen, für allgemeine Auswertungen aufbereitet oder problemorientiert gezielt abgefragt werden. Aus der bisherigen Konfliktliste wird so ein modernes Informationssystem – ein Conflict – Information –System (CONIS).

4.1   Ziele und Bestandteile von CONIS

Der Ausgangspunkt für die Entwicklung der CONIS-Datenbank war ein Forschungsprojekt, bei dem die Prognosefähigkeit der quantitativen Konfliktforschung verbessert werden sollte (Schwank 2006a). Um dieses Ziel zu erreichen sollte das vergangene und aktuelle Konfliktgeschehen umfassender als bisher erfasst und die Entwicklungswege einer Vielzahl von gewaltsamen und gewaltlosen Konflikten detailliert abgebildet werden. Auf diese Weise sollte die Möglichkeit geschaffen werden, auf der Grundlage dieser Daten zu verbesserten Aussagen über Faktoren zu kommen, die zu einer Eskalation gewaltloser politischer Konflikte führen. Damit steht der CONIS-Ansatz mit seiner Zielsetzung grundsätzlich in der Tradition anderer quantitativer Konfliktdatenbanken (vgl. Doran

1999: 11). Im Besonderen steht CONIS jedoch in einer Entwicklungslinie mit der KOSIMO Datenbank (Pfetsch 1990, 1991i, Billing 1992, Pfetsch / Rohloff 2000b), die ebenfalls, und bisher als einzige Datenbank, gewaltsame und nicht gewaltsame Konflikte erfasst.

Der Mehrwert der CONIS-Datenbank liegt erstens in der Verbindung einer qualitativen Konfliktdefinition mit Ereignisdaten und einer daraus resultierenden umfangreicheren Konfliktdatensammlung mit inter-subjektiv nachvollziehbaren Werten. Diese im nachfolgenden noch näher erläuterte Methodik eröffnet die Möglichkeit, erstmals auch nicht gewaltsame politische Konflikte zu bestimmen. Dies ist ein entscheidender Schritt in der quantitativen Konfliktforschung, da es somit möglich wird, durch Vergleiche der Entwicklungswege von gewaltlosen und gewaltsamen Konflikten neue Kenntnisse über Faktoren zu gewinnen, die eine Eskalation von Konflikten begünstigen.

Zweitens geben die eingesetzte Datenbanktechnik und der Aufbau der Datenbank die Möglichkeit, eine wesentlich höhere Anzahl an Datenpunkten zur Beschreibung des Konfliktgeschehens als bisher bei KOSIMO zu erfassen. Hierdurch kann das Konfliktgeschehen einschließlich seiner Entwicklungsdynamiken dichter beschrieben und mehr relevante Informationen für die Konfliktforschung, aber auch für die Ziele der Konfliktfrühwarnung zur Verfügung gestellt werden.

Neben den Verbesserungen der methodischen und inhaltlichen Ebene soll CONIS drittens eine Vielzahl an Schnittstellen zur Analyse politischer Konflikte anbieten. So sollen Trendentwicklungen und die Mustererkennung auf eine qualitativ höherwertigen und einer quantitativ breiteren Datengrundlage gestellt werden und so die empirische Analyse von Konflikten verbessert und damit auch die Prognosefähigkeit erhöht werden. Insgesamt lassen sich die Ziele der CONIS-Datenbank auf folgende drei Kernpunkte zusammenfassen:

1. Die Verwendung eines Konfliktmodells, das in der Lage ist, alle relevanten Konfliktformen abzubilden und zu klassifizieren. Dabei ist darauf zu achten, dass der Konflikt nicht als statisches, sondern als dynamisches Phänomen betrachtet wird, das sowohl gewaltsame als auch gewaltlose Konfliktphasen durchläuft.

2. Der sorgfältige Umgang mit Informationen, der sich in einer bewussten Auswahl der Informationsquellen, einer großen Genauigkeit bei der Erfassung und einer auf den Benutzer abgestimmten Präsentation der Daten wiederspiegelt.

3. Die Konzeption eines Datenbanksystems, das eine hohe Anzahl an Daten in hoher Qualität erfassen kann, um eine detaillierte Darstellung und Abbildung des Konfliktgeschehens zu ermöglichen und so eine hohe Analysequalität zu gewährleisten. Eine hohe Datenqualität bedeutet, die Daten müssen widerspruchsfrei, verständlich, integer und aktuell sein. Bisherige Datenbanken leiden vor allem unter einem Mangel an ausreichender Datenmenge. Meist werden nur wenige Variablen zum Konfliktgeschehen erfasst.

Alle drei Ziele können nicht getrennt voneinander verfolgt werden, sondern bedingen sich gegenseitig. Dem Datenbankaufbau (Punkt 3) kommt jedoch insgesamt eine herausgehobene Stellung zu: erst durch die Abkehr der im KOSIMO Projekt verwendeten Listendatenbanken und die Hinwendung zu einem Informationssystem mit integrierter relationaler Datenbank ist die Entwicklung komplexer Konfliktmodelle für die quantitative Konfliktforschung sinnvoll. Denn nur durch die Verwendung relationale Datenbanksysteme können solch komplexe Modelle abgebildet und realisiert werden.

Entsprechend dieser drei Zielsetzungen gliedert sich die Darstellung der CONIS Methode wie folgt: Zunächst wird das CONIS Konfliktmodell vorgestellt, das mit einer innovativen Konflikttheorie und einem neuen Modell die verschiedenen Formen des politischen Konfliktes erfassen soll. Im zweiten Unterkapitel werden Organisation und Struktur der Informationsspeicherung beschrieben. Im dritten und letzten Teilkapitel werden die Eigenschaften eines Informationssystems und die sich daraus ergebenden Vorteile beschrieben. Angemerkt sei, dass die Komplexität der technischen und inhaltlichen Ausdifferenzierung und der begrenzte Umfang dieser Abhandlung im Folgenden nur die Hervorhebung einiger zentraler Aspekte erlaubt. Beispielsweise wird im nachfolgenden Teilkapitel zum Konfliktmodell kein vollständiges Codebook wiedergegeben. Dies bezügliche Informationen finden sich im CONIS Codebook, das auf der CONIS Homepage abrufbar ist (www.conis.org).

4.2   Das CONIS-Konfliktmodell

Die meisten quantitativ-empirischen Konfliktmodelle sind geprägt von Fragestellungen, die aus der Forschung zu den Internationalen Beziehungen abgeleitet wurden und zielen damit vor allem auf zwischenstaatliche Konflikte. Dies wirkt sich auf die Erfassung innerstaatlicher Konflikte aus. Hier werden mit dem Schwellenwert von 1.000 Konflikttoten und der Beteiligung mindestens eines Staates am Konflikt die gleichen Messkriterien wie für zwischenstaatliche angewendet. Damit ergibt sich ein Widerspruch zu dem grundsätzlich eher lokal geprägten Charakter innerstaatlicher Konflikte (Berdal 2003, Buhaug et al. 2008, Schwank 2010), die in der Regel weit weniger Kombattanten einschließen als traditionelle Staatenkriege und dem eher auf Zermürbung denn auf Vernichtung zielenden Konfliktaustrag (Kaldor 1999, Münkler 2002). Grundsätzlich lassen die bisherigen Datensammlungen kaum empirischen Aufschluss über jene Themen zu, an denen die aktuelle Konfliktforschung interessiert ist: die verschiedenen Formen inner- und zwischenstaatlicher Konflikte, Entwicklungsdynamiken sowie die internen und externen Strukturen des Konfliktes.

Demnach sind die Ziele des CONIS Konfliktmodells die folgenden:

- CONIS soll sowohl *innerstaatliche* als auch *zwischenstaatliche* Konflikte erfassen[41].
- Für das Verständnis von Entwicklungsdynamiken ist es unbedingt notwendig, gewaltsame und nicht gewaltsame Konflikte bzw. gewaltsame und nicht-gewaltsame Konfliktphasen in den Datensatz zu integrieren.
- Veränderungen sollen in CONIS jedoch nicht nur auf dem Gebiet der Intensität identifiziert und datentechnisch aufbereitet werden, sondern auch der Wandel auf der strukturellen Ebene, wie bei den beteiligten Konfliktakteuren oder den umstrittenen Konfliktgegenständen.
- Darüber hinaus müssen Konflikte Merkmale aufweisen, die eine eindeutige Typologisierung bzw. ein Klassifikationssystem erlauben.

Damit orientiert sich das Konfliktmodell in seiner Zielsetzung in wesentlichen Elementen am KOSIMO Projekt (Pfetsch 1991i, Billing 1992, Pfetsch / Billing 1994, Pfetsch / Rohloff 2000b). KOSIMO konnte jedoch, wie bereits oben ausgeführt, trotz der konzeptionellen Überlegenheit im Vergleich zu den damals auf den Markt befindlichen Datenbanken nicht alle Kritiker von seinen Vorteilen überzeugen. Die Defizite lagen nicht allein in einer ungenügend ausdifferenzierten Methodik, sondern sind zu großen Teilen dem Datenbankaufbau geschuldet. Die Anzahl der gespeicherten Informationen, sowie die Darstellung und Auswertungsmöglichkeiten der Daten lagen hinter den analytischen Ansprüchen des theoretischen Konzeptes. Darüber hinaus gibt es im KOSIMO Ansatz ein gewichtiges methodisches Problem: Der Bezugsrahmen zur Bestimmung politischer Konflikte war nur sehr bruchstückhaft theoretisch begründet. Während sich quantitative Ansätze auf Todesopferdaten beziehen und damit ein, wenn auch umstrittenes, jedoch klares und eindeutiges Merkmal verwenden, fehlt das vergleichbare Äquivalent bei den qualitativen Forschungsansätzen. Damit sind diese Konfliktdaten für Außenstehende nicht über eine Kontrollvariable überprüfbar. Ein wichtiges Kriterium zur wissenschaftlichen Kontrolle der erhobenen Konfliktdaten ging somit verloren.

Die Lösung dieses Problems liegt in einem neuen Verständnis politischer Konflikte: Krieg soll im CONIS-Ansatz als *eine* Phase innerhalb eines komplexen *sozialen Systems* verstanden werden. Soziale Systeme bestehen, je nach theoretischer Sichtweise, vornehmlich aus Handlung (Parsons 1951, Parsons et al. 2001) oder Kommunikation (Luhmann 1984), aus der sich Strukturen bilden bzw. erkannt werden und für eine bestimmte Zeitdauer bestimmt werden können. Besteht beispielsweise die »Kommunikation« von zwei verfeindeten Staaten aus

---

41 Neben der Unterteilung in inner- und zwischenstaatliche Konflikte sprechen einige Autoren noch von transnationalen Konflikten. Dieser Konflikttyp soll hier nicht ausgeblendet werden, wird aber erst an späterer Stelle genauer untersucht.

dem massivem Gebrauch militärischer Gewalt, so entsteht eine Phase im Konflikt dieser beider Parteien, die man als Krieg bezeichnen kann. Im CONIS-Ansatz ist, wie im Folgenden gezeigt wird, die Kommunikation der zentrale Ausgangspunkt für das Verständnis und die Analyse politischer Konflikte.

4.2.1 Politische Konflikte als soziale Systeme

Der Ansatz, politische Konflikte, insbesondere Kriege sowie deren vorherige Entwicklungsstufen, als soziale Systeme zu begreifen, stellt einen neuen theoretischen Ansatz dar und ist die zentrale Innovation von CONIS. Sie gibt damit der Heidelberger Konfliktforschung ein Alleinstellungsmerkmal im Bereich der quantitativen empirischen Konfliktforschung. Ausgangspunkt ist die Annahme, dass alle Formen politischer Konflikte als gemeinsames Merkmal eine zwischen den beteiligten Akteuren wechselseitig stattfindende Kommunikation aufweisen: Im Kern jeglicher politischer Auseinandersetzung steht ein Widerspruch zwischen den Konfliktakteuren. Dieser Widerspruch kann explizit geäußert werden, beispielsweise indem eine bestimmte Position oder ein Verhaltensmuster thematisiert und abgelehnt wird. Der Widerspruch kann aber auch implizit erfolgen. Meist geschieht dies dann in Form einer Handlung, die sich auf Symbole, die für bestimmte Werte oder ein bestimmte Haltung des politischen Gegners stehen, bezieht.

Die Kommunikation in einem Konflikt ist jedoch nicht als einmaliger Akt denkbar. Dies impliziert schon die Minimaldefinition »Widerspruch«, da sich dieser nur auf eine vorangegangene Äußerung beziehen kann. Doch in diesem Modell ist der Widerspruch der Ausgangspunkt für alle sich anschließenden Kommunikationsakte, die aus diesem resultieren. Akteure treten in Beziehung zueinander und äußern ihre Interessen an dem umstrittenen Gegenstand bzw. an einer friedlichen Lösung des Konfliktes. Eine Vielzahl von Kommunikationslinien entsteht, die die Struktur des Konfliktes bilden und die es ermöglichen, von einem sozialen System und seiner Umwelt zu sprechen. Damit ist ein einfaches, schlankes Grundmodell skizziert, das sich prinzipiell auf alle Konfliktszenarien übertragen lässt.

So ist es im CONIS-Ansatz durch die Fokussierung auf die konfliktbezogene Kommunikation möglich, auch gewaltlose Konflikte empirisch zu erfassen und einer Analyse zugänglich zu machen. Ebenfalls sind die weiteren analyserelevanten Fragen nach Art und Anzahl der Akteure, Inhalt der Kommunikation, also beispielsweise die umstrittenen Gegenstände, die Intensität, mit der der Konflikt geführt wird und natürlich die Dauer des Gesamtkonfliktes oder einzelner Konfliktphasen aus der Kommunikation ableitbar.

Außerdem erlaubt die Unterscheidung zwischen Konfliktsystem und Konfliktumwelt die Adaption der im früheren Kapitel dargestellten Kriegsursachenforschung. Denn die Erklärungsansätze auf der ersten Ebene (Staatensystem) lassen sich eindeutig der Umwelt des Konfliktes zuordnen und die zweite und die dritte Ebene (involvierte Staaten und Entscheider) den an der Kommunikation beteiligten Akteuren. Von besonderer Bedeutung ist jedoch, dass durch die empirische Beschäftigung mit dem Konflikt als System auch jene Ansätze eine empirische Grundlage finden, die sich mit den Eskalationsursachen beschäftigen, die aus dem Konfliktgeschehen selbst heraus resultieren. Darunter fallen beispielsweise die umstrittenen Güter oder die sogenannten Ansteckungseffekte zwischen Konflikten. Im Folgenden werden nun zunächst die theoretischen Annahmen weiter ausgeführt, in einem zweiten Schritt das Konzept operationalisiert.

4.2.1.1   Theoretische Verortung

Clausewitz, (vgl. Kap 2.3 dieser Arbeit), der mit der »wunderlichen Dreifaltigkeit« von Volk, Heer und Heeresleitung drei wichtige Bestandteile des Krieges einführt, stellt einen zentralen Referenzpunkt für das CONIS-Modell dar. Allerdings sind es weniger diese drei Ebenen, auf die sich der CONIS-Ansatz bezieht, sondern vielmehr der Akt des Handelns, der die drei Elemente miteinander verbindet: Kriege sind für Clausewitz die Fortsetzung von Politik mit anderen Mitteln – die »anderen Mittel« sind im CONIS-Ansatz entscheidend. Zudem sind für Clausewitz aber die aus der Trinität entspringenden Wechselwirkungen wichtig. Kriege entwickeln ihre Kraft und ihre Dynamik und damit ihre wesentlichen Charaktereigenschaften erst aus diesen heraus: der Spannung zwischen der sich stets auf Ausdehnung angelegten Gewalt, der disziplinierenden Kraft des Militärs, der strategischen Steuerung durch die Politik und dem auf Mäßigung ausgelegten Volk. Clausewitz selbst weist darauf hin, dass keiner der verwendeten Größen als statisch zu betrachten ist, sondern sich über Raum und Zeit wandeln (Clausewitz 2008: 691 ff.).

Clausewitz liefert damit eine theoretische Grundlage, mit deren Hilfe erklärbar wird, warum Kriege in Form, Dauer, Intensität, aber auch in ihrer Häufigkeit über die Zeit hinweg stark variieren können – aber niemals in ihrer Natur: ihrem Ziel des Niederwerfens des Gegners um ihm den eigenen politischen Willen aufzuzwingen. Der spätere Clausewitz selbst hat jedoch festgestellt, dass Kriege Varianzen in der Stärke des Konfliktaustrags, d.h. der eingesetzten Gewalt aufweisen. Einige Kriege werden intensiver als andere geführt, bisweilen lassen sich Varianzen innerhalb desselben Konfliktes nachweisen. Clausewitz spricht zudem vom Krieg als »Chamäleon«, als ein sich ständig in Form und Austrag veränderndes Wesen. Clausewitz kann somit als wichtiger Hinweisgeber für ein Verständnis von Kriegen als (soziale) Systeme gewertet werden.

Weitere Vorarbeiten zu Konflikten als politische Systeme liegen jedoch vor allem in verwandten Forschungsdisziplinen, besonders der Soziologie und der Psychologie vor. Maßgebend nicht nur im Bereich der Soziologie sind Luhmanns Arbeiten zu sozialen Systemen (Luhmann 1984) [42]. Er setzte mit seinen Ausführungen zu System, Sinn und Autopoesis die zentralen Orientierungspunkte, auf die sich eine Vielzahl weiterer Wissenschaftler in der Folge beziehen (Kneer / Nassehi 2000, Reese-Schäfer 2005). Auch Messmer (2003) bezieht sich in seiner theoretischen Arbeit zu sozialen Konflikten auf Luhmanns soziale Konflikte und liegt mit einigen Ausführungen nahe am CONIS-Ansatz. Allerdings sei angemerkt, dass die Entwicklung von CONIS unabhängig von der Arbeit Messmers erfolgte: CONIS wurde bereits in den Jahren 2002 und 2003 entwickelt und programmiert.

Darüber hinaus ist der Systemansatz in etlichen wissenschaftlichen Teilbereichen eingeflossen. So wird in der Politikwissenschaft heute selbstverständlich von politischen Systemen oder vom Parteiensystem gesprochen, allerdings beruhen die populären Ansätze auf den Grundlagen von Parsons (Parsons 1951) oder Easton (Easton 1953a, 1953b) - in anderen Forschungsrichtungen wie der Biologie oder der Medizin sind solche Ansätze wesentlich weiter verbreitet um die komplizierten Prozesse, beispielsweise im Gehirn, besser zu verstehen. Um eine genaue Bestimmung für die Teilgruppe der Konflikte innerhalb der sozialen Systeme zu erreichen, sind eine Reihe von Spezifikationen hinsichtlich des Systems und seiner Umwelt vorzunehmen.

4.2.1.2   Prozesse und Struktur im Konfliktsystem

Konflikte werden meist anhand struktureller Merkmale klassifiziert: innerstaatliche oder zwischenstaatliche Konflikte, »ethnische Konflikte«, »Warlord-Konflikte«, Konflikte um teilbare oder unteilbare Güter usw. (vgl. Kap »Was sind Kriege«). Diese Merkmale sind zugeschriebene Strukturmerkmale. Sie beruhen auf einer zusammenfassenden Bewertung einer unbestimmten Menge an Einzelwahrnehmungen. Daraus ergibt sich, dass analytisch zwischen zwei Ebenen unterschieden werden kann: der Handlungs- bzw. Kommunikationsebene, auf der in verschiedenen Einzelschritten der Konflikt ausgetragen wird und der Aggregationsebene, in der Teilaspekte der Kommunikation, wie beispielsweise der In-

---

42   Luhmann (1984: 32) unterscheidet insgesamt vier Systemtypen: Maschinen (artifizielle Systeme), Organismen (lebende Systeme), Kommunikationen (soziale Systeme) und Bewusstsein (physische Systeme) (vgl. Messmer 2003: 48).

halt oder der Gewaltanteil für einen bestimmten Zeitraum analysiert oder bewertet wird. Diese beiden Aspekte werden im Nachfolgenden eingehender untersucht.

4.2.1.2.1 Die Prozess-Ebene des Konfliktes: Kommunikation

Die Grundeinheit eines Konfliktsystems stellt der Kommunikationsprozess dar. Er wird im CONIS-Ansatz wie bei Luhmann (1984) als eine Art autopoetisches System gedacht. Demnach zieht jede Kommunikation eine sich anschließende Kommunikation nach sich. Findet diese nicht statt oder bleibt diese aus, gibt es entweder keinen Konflikt oder der Konflikt ist beendet[43]. Kommunikation besteht bei Luhmann (1984) aus Information, Mitteilung und Verstehen. Er spricht von einer Synthese aller drei Elemente, durch deren gemeinsames Auftreten beispielsweise einen Sprechakt zur Kommunikation werden lässt. In CONIS gelten im Prinzip auch hier die gleichen Voraussetzungen, um eine Aktion eines beteiligten Akteurs zu einer Kommunikation innerhalb eines politischen Konfliktes und damit zu einer Konfliktmaßnahme werden zu lassen. Um als solche in CONIS codiert zu werden, muss der Akt eine Information aufweisen, die für den Konfliktaustrag relevant ist. Dabei ist es gleichgültig, ob sich die Information direkt auf den umstrittenen Gegenstand bezieht oder ob es sich um eine Information handelt, die auf den Aushandlungsprozess gerichtet ist. Alle weiteren Codierungen zur Struktur des Konfliktes, beispielsweise die im Konflikt umstrittenen Gegenstände, müssen auf Informationen rückführbar sein, die sich aus der Kommunikation der Konfliktbeteiligten ableiten lässt.

Die Form der Mitteilung nimmt in CONIS eine herausgehobene Stellung ein. In CONIS sind prinzipiell alle denkbaren Formen der Mitteilung möglich. Von non-verbal bis hoch gewaltsam und von der Ankündigung über die Durchführung bis zum Ausbleiben einer solchen (beispielsweise die Absage eines Staatsbesuches). Die Art der Mitteilung bildet den Kern für jede Bestimmung der Intensität des Konfliktes. Näheres wird in den nachfolgenden Abschnitten erläutert.

---

43 Für die Anwendung der Theorie sozialer Systeme auf politische Konflikte wird eine Reihe von Konkretisierungen und Regelungen benötigt. Beispielsweise können Staaten ein strategisches Interesse an einer verzögerten Reaktion haben, d.h. sie reagieren nicht unmittelbar auf die Kommunikation eines Akteurs. Wie viel Zeit zwischen zwei Kommunikationen im CONIS-Ansatz liegen darf und weitere Regelungen finden sich im nachfolgenden Unterkapitel zur Bestimmung politischer Konflikte.

Abbildung 2:   Einfaches Kommunikationsmodell

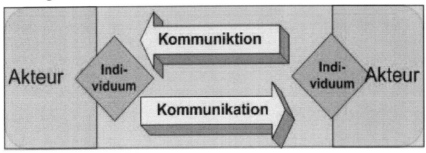

Der Aspekt des Verstehens eines Kommunikationsversuches ist für Außenstehende der am schwersten überprüfbare Teil der von Luhmann geforderten Synthese und wird deshalb im CONIS-Ansatz am niedrigsten gewichtet. Die von Luhmann eingeforderte Reaktion auf einen Sprechakt um diesen als »verstanden« bezeichnen zu können ist in vielen politischen Konflikten nicht zu beobachten, da es von strategischem Interesse sein kann, auf einzelne Kommunikationen nicht direkt zu reagieren. Deshalb ist für die Bestimmung in CONIS entscheidend, ob ein Akt als Kommunikation zu einem politischen Konflikt potentiell erkennbar war. So ist die kurzzeitige Grenzverletzung feindlicher Truppen, die ohne Ankündigung und ohne Beobachtung stattfindet, keine Kommunikation innerhalb eines Konfliktes. Auch die Liquidierung eines Politikers durch einen fremden Geheimdienst ist kein terroristischer Akt, solange dieser Mord als Unfall inszeniert und auch als solcher verstanden wird. In der Regel stellt sich dieses Entscheidungsproblem innerhalb des CONIS-Ansatzes jedoch nicht, da hier nur solche Kommunikationen bzw. Maßnahmen erfasst werden, über die die Medien oder andere zuverlässige Quellen berichten.

Ein weiterer Unterschied zu Luhmanns sozialem System besteht darin, dass im CONIS-Ansatz nicht Systeme miteinander kommunizieren, sondern Akteure. Dabei geht CONIS zunächst vereinfachend von einem geschlossenen Akteur aus, der eindeutig kommuniziert. Dies schließt zwar nicht aus, dass Akteure intern auch widersprüchlich kommunizieren können, doch sind die Entscheidungsprozesse innerhalb der Akteure nur von nachgelagerten Interesse.

Ein empirisches Problem bei der Betrachtung von Konflikten als soziale Systeme ergibt sich bei der Bestimmung von Strukturen. Denn im engeren Sinne bestehen soziale Systeme nur dann, wenn sie aktiv sind, wenn also Kommunikation beobachtbar ist. Da aber de facto alle Konflikte, aus welchen Gründen auch immer, längere oder kürzere Kommunikationspausen aufweisen, wird im folgendem Abschnitt der Frage nachgegangen, wie trotz der Kommunikationspausen Konflikte und deren Strukturen bestimmt werden können.

4.2.1.2.2 Die Struktur-Ebene des Konfliktes

Während die Mikroebene des Konfliktes Aufschluss darüber geben kann, welche Instrumente eine Konfliktpartei zu einem bestimmten Zeitpunkt ergriffen hat oder warum ein Konflikt eine bestimmte Wendung eingeschlagen hat, ist für die meisten Konfliktanalysen ein Blick auf die eher statischen oder längerfristigen Eigenschaften eines Konfliktes notwendig. Ist ein Konflikt innerstaatlich oder zwischenstaatlich? Wird er nur um Territorium oder auch um andere politische Ziele geführt? Welche Akteure sind am Konflikt beteiligt? Wie gewaltintensiv ist der Konfliktaustrag? Diese Zuschreibungen zu Konflikten sind wichtig für eine Klassifikation von Konflikten. Anders als bei den bestehenden Konfliktdatenbanken werden diese Zuordnungen auf die Mikroebene, die Kommunikationen, zurückgeführt. Doch in politischen Konflikten wird nicht permanent kommuniziert. Wie also können Strukturen bestimmt werden?

Die Lösung liegt in einem Verständnis von Struktur, wie Luhmann es für soziale Systeme entwickelt. Demnach dürfen Strukturen nicht als systemerhaltend gedacht werden, im Sinne einer Reproduktion des Konfliktes durch die Strukturen, wie es in der Systemtheorie bei Parsons zu finden ist. Vielmehr entstehen Strukturen im Konflikt durch die häufige Reproduktion der Kommunikation (Luhmann 1984: 382 f.). Dieses Verständnis bedeutet zum einen, dass sich Strukturen während des Verlaufs verändern können, indem bestimmte Arten der Kommunikation nicht mehr wiederholt und durch neue ersetzt werden. Zum zweiten bedeuten Strukturen in Konflikten keine Ausschließlichkeit. Es kann also neben den strukturellen Kommunikationen auch eine Reihe weiterer Kommunikationen stattfinden, die jedoch noch nicht oft genug repliziert wurden, um als Struktur betrachtet oder erkannt werden zu können.

Damit wird deutlich, dass Konflikte häufig nicht nur einer Kategorie zugeordnet werden: Während die Akteure gegeneinander Krieg führen, kann gleichzeitig verhandelt werden. Auch ist es denkbar, dass es während eines hart verhandelten Waffenstillstandes, an den sich die Parteien weitestgehend halten, zu gewaltsamen Zwischenfällen kommt. Die Zuordnung ist bei diesem Verfahren nicht immer eindeutig und deshalb auch nicht immer einfach empirisch messbar. Aus der Analyse der Kommunikationsprozesse lassen sich jedoch Erkenntnisse für verschiedene Ebenen des Konfliktes gewinnen:

- Die Unterscheidung von System und Umwelt. Durch Beobachtung und Interpretation können die kommunizierenden Akteure bestimmt und ihnen verschiedene Rollen zugeschrieben werden. So sind direkt beteiligte Konfliktparteien, d.h. Akteure, die eigene Ziele verfolgen, von solchen zu unterscheiden, die lediglich eine andere Akteursgruppe materiell oder immateriell unterstützen. Die Akteure und deren weitere Eigenschaften – bei Staaten beispielsweise das demokratische Regierungssystem mit Einbindung in ein westliches Verteidigungsbündnis – bilden den Rahmen des Konfliktes (vgl. Croissant et al. 2009: 31 ff.). Dieser kann Aufschluss darüber geben, welche Mittel die Akteure bereit oder in der Lage sind, in den Konflikt zu investieren. Deshalb ist der Rahmen sowohl für die Konfliktanalyse als auch für die Prognose des weiteren Konfliktablaufs eine wichtige Größe. Alle anderen denkbaren Akteure und Kommunikationen gehören zur Umwelt des Konfliktes.

- Die Art und Dauer des Konfliktaustrags: Durch Beobachtung der Kommunikation zwischen den Konfliktparteien können Beginn und Ende von Konflikten festgestellt werden sowie zwischen gewaltsamen und nicht gewaltsamen Konflikten bzw. Konfliktphasen unterschieden werden.

- Der Inhalt und die Folgen von Konflikten: Durch Beobachtung und Interpretation der Information in der Konfliktkommunikation kann festgestellt werden, auf welche Forderungen sich ein Konflikt bezieht. Die Interpretation ist dann notwendig, wenn Forderungen nicht explizit erhoben werden und sich erst aus dem Handeln der Akteure konkludent erschließen lassen. Die Folgen eines Konfliktes ergeben sich durch vergleichende Interpretation des Post-Konfliktstatus mit der Situation vor dem Konflikt und dem Rückschluss, welche Veränderungen tatsächlich auf den Konfliktaustrag zurückzuführen sei.

- Die Intensität eines Konfliktes: Durch Beobachtung und Interpretation der eingesetzten Mitteilungsform lassen sich verschiedene Intensitätsphasen innerhalb eines Konfliktverlaufs bestimmen. Die Interpretation ist dann notwendig, wenn innerhalb einer bestimmten »Maßnahmenklasse« wie zum Beispiel »gewaltsame Maßnahmen« zwischen verschiedenen Gewaltformen differenziert werden muss.

Für alle Bestimmungen und Zuordnungen von Konflikten auf der Makroebene dient die Konfliktkommunikation als Referenzquelle. Allerdings ergibt die Analyse der Konfliktkommunikation nicht immer eindeutige Ergebnisse: Ein Konflikt kann gleichzeitig gewaltsam (mit Kampfoffensiven) und gewaltlos (zeitgleiche Verhandlungen um Frieden) geführt werden. Er kann zugleich um politische Motive (Land oder Territorium) als auch aus privaten Gründen ausgetragen werden. Auch ergibt die teilweise vorhandene große Flüchtigkeit von Konfliktmaßnahmen eine Dynamik, die eine Bestimmung der Konfliktstrukturen erschwert. Um das Modell des politischen Konflikts als soziales System für die empirische Wissenschaft nutzbar machen zu können, wird eine Reihe weiterer Spezifikationen und Regelungen benötigt, die im Folgenden konkretisiert werden.

4.2.2 Die Bestimmung politischer Konflikte

Der CONIS-Ansatz mit seiner eigenen theoretische Herangehensweise, bei der politische Konflikte als Systeme verstanden werden, eröffnet eine Vielzahl neuer Perspektiven auf das Konfliktgeschehen. Eine der wichtigsten davon liegt darin, die Dynamiken von Konflikten beobachtbar und messbar zu machen. Die Analyse von Eskalationswegen politischer Konflikte, d.h. der Dynamik ab Beginn des Interessensgegensatzes bis hin zum Ausbruch der Gewalt, ist ein großer Mehrwert für die empirische Konfliktforschung, war dies doch bisher keinem der bestehenden Ansätze möglich. Der CONIS-Ansatz ermöglicht es außerdem die gesamte Bandbreite politisch motivierter Gewalt zu erfassen. Terrorismus, privatisierter Krieg oder die sogenannten kriegsähnlichen Zustände entfallen in den meisten quantitativen Konfliktdatensammlungen, obwohl sie für die betroffenen Staaten erhebliche Einschränkungen der Sicherheit bedeuten und das internationale System massiv belasten können. Möglich wird dies durch die Fokussierung auf die eingesetzten Mittel und die erst nachgezogene Klassifikation dieser Konflikte.

Allerdings verbinden sich mit dieser neuen Art der Konfliktbetrachtung auch einige methodische Fragen. So bedarf beispielsweise die Selektion und Abgrenzung der Konfliktkommunikation sowie die Bestimmung von Konfliktstrukturen einer einheitlichen Regelung. Im Folgenden wird diese erläutert.

4.2.2.1 Die Abgrenzung politscher von alltäglichen Konflikten

Die Frage nach der Bestimmung politischer Konflikte im Gegensatz zu alltäglichen sozialen Konflikten ist wissenschaftlich bisher nicht besonders tief beleuchtet. Am nächsten kommt dieser Frage die Diskussion zur Unterscheidung von »echten« und »unechten« Konflikten – also Handlungen, die wie Coser (1968) meint, nur zum Abbau von Aggressionen dienen, und solchen, die geführt werden, um politische Ziele zu verfolgen. Für die quantitative empirische Konfliktforschung ist diese Unterscheidung jedoch zunächst zweitrangig, denn auch aus spontanen oder unüberlegten Handlungen können Einschränkungen der Sicherheit oder politische Konsequenzen resultieren. Viel wichtiger ist deshalb die Resonanz, die eine solche Handlung hervorruft. Denn politische Konflikte bestehen nie aus nur einer Aktion, sondern umfassen Aktion und Reaktion mit mindestens zwei Akteuren. Ruft also eine einzige Handlung, beispielsweise ein terroristischer Akt, eine Gegenreaktion hervor, kann von einem Konflikt nach der hier vorgestellten Sichtweise und damit auch von einem sozialen System ausgegangen werden. Dabei ist es unerheblich, ob die Gegenreaktion in einer polizeilichen oder militärischen Gegenmaßnahme oder allein in der Kommunikation über den Anschlag und einer geänderten Verhaltensweise besteht. Wie aber unterscheiden sich politische Konflikte, die in CONIS untersucht werden sollen, von normalen, alltäglichen sozialen Konflikten? Im Wesentlichen sind im CONIS-Ansatz drei Merkmale für politische Konflikte bestimmend.

Politische Konflikte grenzen sich zunächst durch ihre thematische Schwerpunktsetzung ab. In politischen Konflikten müssen Themen angesprochen werden, die die Allgemeinheit - im Sinne einer größeren, sozial bestimmbaren Menschenmenge - betreffen. Dabei sind vor allem solche Themen gemeint, die das aktuelle oder zukünftige Zusammenleben der Gemeinschaft, im Kern also die Sicherheit der Gesellschaft betreffen. Sicherheitsfragen haben sich jedoch in den letzten Jahren stark gewandelt. Zwar bestimmt jede Gesellschaft für sich, welche Aspekte der äußeren und inneren Umwelt sie als sicherheitsrelevant definieren (Buzan et al. 1998), doch wäre eine reine Fokussierung auf subjektive Sicherheitsvorstellungen und damit eine Kontextualisierung des Sicherheitsbegriffs gefährlich, wenn nicht falsch. Denn in autoritären oder autokratischen Staaten wäre somit sicherheitsrelevant, was das Herrschaftsregime als solches definiert. Angriffe gegen die politische Opposition würden bei einer zu engen Kontextualisierung keine politischen Konflikte darstellen. Gleiches gilt für Staaten mit geringer Staatlichkeit: Auch hier könnte ein Bezug auf den politischen oder institutionellen Rahmen der jeweiligen Gesellschaft zu dem Fehlschluss führen, dass Kriegsherren zum Alltag gehören und deshalb ihr Agieren keine Konfliktsituation darstellt. Vielmehr muss Herstellung und Wahrung von äußerer und innerer Sicherheit, die Aufrechterhaltung der Lebensgrundlagen, die Verteilung der wirtschaftlichen Güter und die Wahrung von Menschenrechten einer abstrakten Herrschaftsordnung zugeschrieben werden, die nicht immer mit den Regierungen autokratischer oder schwacher Staaten identisch ist.

Eine zweite zentrale Zielsetzung des CONIS-Ansatzes ist es, nicht-gewaltsame politische Konflikte zu erfassen. Legt man die beiden bislang besprochenen Definitionsmerkmale an, also Kommunikation um politische Themen, dann würde dieses Raster noch immer eine Unmenge an empirischen Konfliktsituationen herausfiltern. Doch die quantitative politische Konflikt- bzw. Kriegsforschung kann grundsätzlich nur an solchen Konflikten interessiert sein, deren Austrag eine Vielzahl von Menschen betreffen. Demnach sollen Konflikte zwischen Alltagspersonen, die beispielsweise am Stammtisch tagespolitische Ereignisse diskutieren und dabei in Streit geraten, nicht erfasst werden. Relevant sind hingegen Konflikte zwischen Personen oder Personengruppen, die ihre gesellschaftlichen Forderungen prinzipiell durchsetzen können. Diese Durchsetzungsfähigkeit muss nicht im engeren Clausewitzschen Verständnis vorliegen, also in dem Sinne, dass ein Akteur den Anderen derart überlegen ist, dass er ihn niederwerfen könnte, um ihn seinen Willen aufzuzwingen. Vielmehr ist ein Akteur bereits dann als durchsetzungsfähig zu bezeichnen, wenn er in der Lage ist, beim anderen Kosten in einem solchen Umfang zu verursachen, dass dieser gezwungen ist, sein Verhalten zu verändern[44]. Eine solche Sichtweise gibt genug Raum für die notwendige und hier erwünschte Kontextualisierung, da die Frage nach der Verletzbarkeit oder Verwundbarkeit eines Systems stets individuell ist und sich verändern kann.

Doch auch unter Hinzunahme dieser weiteren Bedingung, der Durchsetzungsfähigkeit der Akteure, verbleibt insbesondere in Demokratien eine große Anzahl gewaltloser politischer Konflikte. Denn gerade dort ist der Streit, also der Konflikt, ein Konstitutionsmerkmal des politischen Systems (Gromes 2005) – auch und gerade zwischen gesellschaftlichen und damit im oben genannten Sinne durchsetzungsfähigen Akteuren. Die meisten davon sind für die empirische Konfliktforschung jedoch vollkommen uninteressant, da sie alltäglich sind und eine Eskalation so gut wie ausgeschlossen ist. Sie würden für die empirische Konfliktforschung bei der Analyse von Konfliktdynamiken keinen Mehrwert liefern.

Die Lösung dieses methodischen Problems liegt in einem Rückgriff auf Luhmanns Überlegungen zu Erwartungsstrukturen (Luhmann 1984: 397 ff.). Damit sind in die Zukunft gerichtete Antizipationen gemeint, die sich auf die Kommunikationssituation beziehen. Beispielsweise kann eine eingeladene Person mit einiger Wahrscheinlichkeit erwarten, tatsächlich wie ein Gast behandelt zu werden (Luhmann 1984: 397). Denn auch wenn es im Vorfeld einen derartigen Besuch noch nicht gegeben haben mag, der geladene Gast also nicht unmittelbar auf eine solche Erfahrung zurückgreifen kann, mag es eine Reihe anderer Kontakte oder Erfahrungen gegeben haben, die eine Struktur für einen derartigen Besuch geschaffen hat. Dies gilt selbst dann, wenn die beiden betroffenen Personen selbst sich vorher noch nie persönlich begegnet sind und sich nur auf die Vereinbarung »Einladung« und »Besuch« geeinigt haben. Jeder Mensch, der in einer Gesellschaft eingebunden ist und mit ihr lebt, verfügt über eine Reihe solcher Erfahrungswerte auf die er in unterschiedlichen Situationen zurückgreifen kann. Diese Erfahrungswerte können auch als Strukturen menschlichen Verhaltens bezeichnet werden. Sie reduzieren die Komplexität der Situation und das Verhalten der entsprechenden Personen in dieser Situation wird berechenbar.

Auch für politische Konflikte gibt es Strukturen: Ein Großteil der politischen Auseinandersetzungen verläuft ritualisiert, das heißt, in erprobten Verfahren. Seien es die Auseinandersetzungen der Gewerkschaften und der Arbeitgeber, der im Parlament ausgetragene Konflikte zwischen Regierungs- und Oppositionsparteien oder die Auseinandersetzungen zwischen einem Industrieverband, dem Import- und dem Exportland um die Höhe von Einfuhrzöllen bestimmter Waren aus Drittländern. In westlichen Ländern können alle Beteiligten mit berechtigter

---

44 Der Gedanke der Sensibilität auf Handlungen eines anderen ist der Interdependenz-Theorie von Keohane und Nye (1977) entlehnt.

Hoffnung davon ausgehen, dass der Konflikt nicht gewaltsam eskaliert. Denn selbst wenn es zu keiner einvernehmlichen Einigung zwischen den Parteien kommen sollte, steht mit der Gerichtsbarkeit ein Instrument zur Verfügung, das allgemein akzeptierte Lösungen herbeiführen kann. Solche Regelungsverfahren können schriftlich verfasst sein, wie beispielsweise in Verfassungen oder in Abkommen zwischen Staaten. Sie können aber auch auf Gewohnheit und Erfahrung zurückgeführt werden. Relevant werden also politische Konflikte dann, wenn ein solches etabliertes Regelungsverfahren nicht zur Verfügung steht oder der Weg, den ein solches etabliertes Regelungsverfahren vorsieht, verlassen wird.

4.2.2.2 Definition politischer Konflikte

Zusammengefasst kann also gesagt werden, dass die Definition politischer Konflikte aus der Perspektive von Konflikten als soziale Systeme folgende Bestandteile umfasst: widerspruchsbehaftete Kommunikation, thematischer Bezug, Durchsetzungsfähigkeit der beteiligten Akteure und Abweichen von etablierten, Sicherheit gewährleistenden und gewaltvermeidenden Lösungsansätzen. Als Definition politischer Konflikte kann deshalb festgehalten werden:

Politische Konflikte sind widerspruchsbehaftete Kommunikationssituationen, in denen durchsetzungsfähige Akteure versuchen, ihre Interessen in gesellschaftspolitischen Belangen außerhalb etablierter Regelungsverfahren durchzusetzen.

Diese Definition politischer Konflikte ist bewusst sehr breit angelegt. Sie umfasst eine Vielzahl unterschiedlicher Konfliktsituationen. Somit soll die Basis für eine ausgiebige Erfassung nicht gewaltsamer Konflikte gebildet werden. Denn nur so kann die Dynamik politischer Konflikte nachvollzogen und analysiert werden. Die weiteren Bestimmungen einzelner Intensitätsstufen in Konflikten erfolgt an entsprechender Stelle.

4.2.2.3 Bestimmung einzelner Konflikte in komplexen Konfliktsituationen

Bei der Definition politischer Konflikte gibt es neben der Abgrenzung von sonstigen sozialen Systemen auch das Problem der Bestimmung einzelner Konflikte innerhalb eines komplexen Konfliktsystems. Als komplexes Konfliktsystem können mehrere, eigenständig geführte aber einander bedingende und beeinflussende Konflikte innerhalb eines geographischen Raumes (z.B. innerhalb eines Staates) oder eines inhaltlichen Bezugspunktes (z.B. Kampf gegen den Terrorismus) verstanden werden. Für die Konfliktanalyse bergen solche komplexen Konfliktsituationen jedoch die Gefahr empirischer Fehlschlüsse. Gerade wenn das Ziel der Analyse, wie hier im CONIS-Ansatz, der Verlauf und die Einflussfaktoren von

Konfliktdynamiken ist. Werden solche komplexen Konfliktsysteme empirisch als einheitlicher Konflikt behandelt, werden die Entwicklungsdynamiken falsch gemessen. Verdeutlicht werden kann dies am Beispiel der Kriege in Ex-Jugoslawien. In etlichen Darstellung wird oftmals nur von dem »Jugoslawien-Krieg« gesprochen, (Melcic 2007), gemeint sind damit aber die Vielzahl unterschiedlicher Konflikte die sich nach 1990 auf dem Gebiet der ehemaligen Republik Jugoslawien abgespielt haben. Ein Blick in entsprechende Studien und in die quantitativen Datenbanken zeigt, dass die Abgrenzungen der einzelnen Konflikte untereinander stark variieren und damit die Anzahl der Konflikte. Doch variiert bei einer ungenauen Abgrenzung nicht nur die Anzahl der erfassten Konflikte, sondern auch die Dauer von Konflikten oder – bedeutsam für die Zwecke der Konfliktfrühwarnung – die Eskalationswege. CONIS als Informationssystem, das für eine verbesserte Konfliktfrühwarnung entwickelt wurde, hat jedoch u.a. die Aufgabe, wesentlich mehr Detailinformationen zur Verfügung zu stellen als vorhandene Konfliktdatenbanken um so die Ursachen für die unterschiedlichen Mengenangaben aufzudecken. Benötigt wird demnach ein System, das Konflikte auch innerhalb von komplexen Konfliktsituationen zuverlässig und eindeutig identifiziert. Deshalb wurde für CONIS ein Verfahren entwickelt, das anhand bestimmter Kriterien die Abgrenzung zwischen miteinander verbundenen Konflikten leistet[45].

Der erste Bezugspunkt in der Bestimmung der äußeren Grenzen eines Konfliktes sind die beteiligten Akteure: kommunizieren alle Parteien miteinander? Im Beispiel Bürgerkrieg in Jugoslawien hatten die serbischen Bosnier im Teilkonflikt Bosnien – Herzegowina wenig oder keine direkte Kommunikation mit den im Kosovo lebenden Albanern, die ihre eigene Unabhängigkeit von der Jugoslawischen Republik einforderten. Deshalb müssen diese Konflikte getrennt behandelt werden.

Das zweite Kriterium fokussiert die Konfliktgüter: Entscheidend ist, dass sich alle Konfliktakteure innerhalb eines Konfliktes auf das gleiche Konfliktgut beziehen. Dabei bedarf es oftmals guter qualitativer Kenntnisse des Konfliktcodierers. In Spanien fordern zwei Volksgruppen Autonomie bzw. Sezession: Basken und Katalanen. In diesem Beispiel ist eindeutig von zwei unterschiedlichen Konflikten auszugehen, da die Forderung der Parteien jeweils separat erhoben wird[46]. In anderen Beispielen jedoch fordern mehrere Parteien das gleiche Gut wie beispielsweise das Ende einer bestimmten Regierung.

---

45 Ich danke insbesondere Florian Winkler, mit dem ich dieses Modell gemeinsam entwickelt und erprobt habe.
46 Für westliche Länder sind diese Konflikte aufgrund des historischen Wissens der meist westlichen quantitativen Konfliktforscher einfach zu bestimmen. Für afrikanische oder asiatische Länder fehlt oftmals dieses Wissen – komplexe Konflikte werden hier oftmals vereinfacht als einzelner Konflikt dargestellt

Eine Trennung oder Aufspaltung eines komplexen Konfliktsystems in verschiedene Teilkonflikte bringt den großen Vorteil mit sich, dass Eskalationswege und Deeskalationswege eindeutig bestimmt werden. Allerdings besteht die Gefahr, dass der empirische Bezug zum Konfliktkomplex und dessen spezifische Einfluss verloren geht. Beispielsweise ist der Bosnienkrieg ohne die vorherigen slowenischen oder kroatischen Unabhängigkeitserklärungen schlechterdings nicht denkbar. Um die Zusammenhänge zwischen den einzelnen Konflikten erfassbar zu machen und entsprechende Daten für die Konfliktanalyse aufzubereiten, wurde im Zusammenhang mit den Entwicklungen an CONIS ein System zur Bestimmung von »Konfliktfamilien« entwickelt[47]:

Abbildung 3:   Muster zur Analyse komplexer Konfliktsysteme

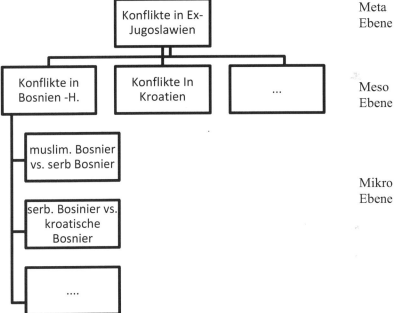

Demnach ergibt sich ein dreigliedriges hierarchisches System, das vom allgemeinen immer genauer spezifiziert[48]. Ausgangspunkt ist, dass Konfliktfamilien

---

47 Mein besonderer Dank gilt in diesem Zusammenhang Florian Winkler, der an der Entwicklung dieses »Denkinstrumentes« maßgeblich beteiligt war.

48 Ursprünglich wurde dieses Modell konstruiert, um den Konfliktbearbeitern zu verdeutlichen, auf welcher Ebene Konflikte zu erfassen sind. Der oben genannte Fragenkatalog lag zum damaligen Zeitpunkt noch nicht vor. Aktuell lässt sich dieses Modell nutzen, um die Zusammenhänge von Konflikten anhand bestmmter Forschungsfragen zu verdeutlichen.

ein gemeinsames Kriterium aufweisen, das sie als familienzugehörig identifiziert. Meist wird hierfür, wie oben erwähnt, der geografische Raum gewählt, denkbar sind jedoch auch inhaltliche Bezugspunkte wie ein gemeinsames Ziel. Auf der untersten Ebene, der sogenannten Mikro-Ebene, sind jene Konflikte angesiedelt, die der CONIS-Ansatz als eigenständigen Konflikt identifiziert (siehe oben). Auf der zweiten Ebene sind jene Konflikte angesiedelt, die neben dem allen Konflikten gemeinsamen Kriterium eine weitere Gemeinsamkeit haben. Beispielsweise solche Konflikte, die nicht nur im gleichen Staat stattfinden, sondern solche, die auch im gleichen Teilstaat ausgetragen werden.

Mithilfe des Modells können also komplexe Konfliktsituationen strukturiert und die jeweils relevanten Konfliktsituationen bestimmt werden. Noch allerdings ist dieses Analysetool sehr einfach gehalten und wenig spezifiziert. Es könnte bei weiteren Analysen zu Konfliktfamilien ausdifferenziert und beispielsweise nach thematischen oder geographischen Gesichtspunkten gegliedert werden. Denn bisher ist die wechselseitige Beeinflussung von Konflikten ein kaum erforschtes Thema in der empirischen Konfliktforschung.

4.2.2.3   Beginn und Ende von Konflikten und Konfliktphasen

Dem Faktor »Zeit« kommt im CONIS-Ansatz eine besondere Bedeutung zu – schließlich ist die Erfassung von Entwicklungsdynamiken einer der Schwerpunkte des Ansatzes. Üblicherweise ist die genaueste kalendarische Erfassung von Konfliktdaten die Jahresebene (Eck 2005). Doch diese zeitliche Einteilung erscheint angesichts der oft beobachtbaren raschen Dynamiken in politischen Prozessen als zu weit gefasst. Zudem ist eine jahresgenaue Codierung für Forschungsfragen die auf temporäre Effekte von Konflikten, wie die Dauer oder eben die Konfliktdynamik zielen, zu ungenau.

Der Rückgriff auf die Konfliktkommunikation gibt ein gut einsetzbares Instrument zur Bestimmung des Beginns eines Konfliktes. Sobald eine Maßnahme beobachtet wird, die entweder einen Konflikt von einem alltäglichen zu einem methodisch relevanten werden lässt (siehe oben), oder ein bestehendes Konfliktsystem in einen anderen Zustand versetzt (siehe unten) wie eine höhere oder niedrigere Intensität, kann der Konfliktbeginn bzw. der Beginn dieser neuen Phase bei entsprechender Informationslage tagesgenau bestimmt werden. Dies wurde auch zu einer der festen Codierungsregeln bestimmt: Falls trotz gründlicher Recherche der genaue Tag nicht bestimmt werden kann, wird der erste Tag eines Monats als Startdatum festgelegt. Falls selbst der Monat nicht benannt werden kann, gilt der erste Januar eines entsprechenden Jahres als Beginn.

Wesentlich problematischer als der Beginn einer neuen Phase ist das Bestimmen des Endes einer Konfliktphase oder des Konfliktes an sich, also die Festlegung der Dauer eines Konfliktes oder einer Phase. Das grundlegende Problem ist, dass das Ende einer Maßnahme nicht gleichzusetzen ist mit dem Ende der Phase. Andernfalls wäre innerhalb von Kriegen, die oftmals von tagelangen Kampfpausen geprägt sind, ohne dass der Krieg beendet ist, verschiedene Phasen zu codieren. Dies würde jedoch nicht der Realität entsprechen, da zum Krieg nicht immer notwendig das Gefecht gehört, sondern schon allein die große Wahrscheinlichkeit ausreichend ist.

Grundsätzlich sind Beendigungen von Konfliktphasen und von Konflikten zu unterscheiden. Das Ende einer Phase kann bestimmt werden durch:

- Offizielle Verlautbarungen und deren Einhaltung. Auch hier ist die Frage, wie lange Vereinbarungen eingehalten werden müssen, um als Phase anerkannt zu werden. In der Regel wurde hierfür der Zeitraum von drei Monaten gewählt. Es sei denn, der spezielle Kontext bzw. Handlungen, die eindeutig eine Deeskalation erkennen lassen, rechtfertigt eine andere Einteilung. Beispiel hierfür wäre der Rückzug von Truppen aus der Frontlinie.
- Durch konkludentes Handeln. Anders als bei zwischenstaatlichen Konflikten werden die wenigsten innerstaatlichen Konflikte formalisiert ausgetragen, d.h. unter Aushandlung, Unterzeichnung, Wahrung und Einhaltung schriftlicher Abkommen. Oftmals ist jedoch zu beobachten, dass Kampfhandlungen eingestellt werden und im Anschluss daran Verhandlungen geführt werden oder der »Alltag« in die ehemaligen Kampfgebiete zurückkehrt. In solchen Fällen wird in der Regel ebenfalls etwa drei Monate nach der letzten Kampfhandlung der Beginn einer neuen Phase erfasst.
- Der schwächste Indikator für das Ende einer Konfliktphase ist der Abbruch von Informationen. In vielen Konflikten ebbt das Interesse der Weltgemeinschaft nach einer bestimmten Zeit ab, besonders dann, wenn nach den ersten spektakulären Kriegsausbrüchen der Konflikt-Alltag mit weniger spektakulären oder seltener werdenden Zusammenstößen weitab der Hauptstadt einkehrt. Dennoch darf die Bestimmung einer z.B. gewaltsamen Phase nicht auf Mutmaßungen beruhen. Deshalb wird auch in jenen Konflikten, in denen nur wenige Informationen vorzufinden sind, gewaltsame Konfliktphasen drei Monate nach der letzten Information als beendet erklärt. Ausnahmen werden jedoch dann gemacht, wenn Nachrichten über den Konflikt darauf schließen lassen, dass es innerhalb des entsprechenden Zeitraums weitere Kampfhandlungen gab, ohne dass darüber berichtet wurde.

Für das Ende von Konflikten gelten die drei Bestimmungsmuster analog. Konflikte werden demnach vor allem dann beendet, wenn erstens die Handlungsmuster innerhalb eines geregelten Rahmens verlaufen oder wenn es zweitens keine Informationen über entsprechende relevante Regelverstöße gibt. Allerdings sind die hier zugrunde gelegten Zeiträume länger. In Anlehnung an das Vorgehen von

Licklider (1993b) zur Analyse des Wiederaufflammens innerstaatlicher Konflikte, werden, drittens, Konflikte als beendet erklärt, wenn diese fünf Jahre nach dem Ende der Kampfhandlungen nicht erneut aufflammen. Abweichend dazu wird vorgegangen, wenn Konfliktziele eindeutig erfüllt wurden, beispielsweise der Wunsch nach Sezession, oder wenn einer der direkt beteiligten Konfliktakteure seine organisatorische Verfasstheit verliert, wie beispielsweise die Deutsche Demokratische Republik durch die deutsche Wiedervereinigung.

4.2.2.4   Transformation von Konflikten und deren Fortführung

In vielen Konflikten lassen sich während des Verlaufs einschneidende Veränderungen beobachten, die dann zur Frage führen, ob es sich noch um den gleichen Konflikt handelt oder um einen neuen, und damit um die Frage, ob der laufende Konflikt beendet werden müsste. Beispielsweise treten Akteure aus den Konflikten aus, oder neue kommen hinzu. Außerdem können sich Konfliktgegenstände verändern. So kann aus der Forderung einer Gruppe nach Sezession des von ihr bewohnten Gebietes die Forderung nach einer Beteiligung an der nationalen Macht entwickeln. Veränderungen des Konfliktgegenstandes können zwar eine wesentliche Veränderung für den Konfliktaustrag bedeuten, sind aber dennoch in der Handlungslogik und im prozesshaften Charakter des Konfliktes als soziales Systems zu verstehen. Konflikte werden dann also nicht beendet, sondern die Veränderungen hinsichtlich der Konstellation oder des Konfliktgegenstandes notiert.

Dies verdeutlicht, dass ein Konflikt aus vielen verschiedenen Informationselementen besteht. In diesem Abschnitt wurden bereits einige genannt wie Akteure, Konfliktgegenstände und Konfliktintensitäten. Wie sich diese Elemente bestimmen und wie sie miteinander agieren wird im folgenden Kapitel konkretisiert.

4.2.3   Das empirische Konfliktmodell

Die Aufgabe des empirischen Konfliktmodells im CONIS-Ansatz besteht darin, das Konzept der auf Kommunikation basierenden und damit sich stets im Wandel befindlichen Konflikte so wirklichkeitsnah wie möglich und so wissenschaftlich abstrakt wie nötig umzusetzen. Gleichzeitig gilt es dabei die Möglichkeiten einer modernen Datenbanktechnologie zu nutzen. Zu den wesentlichen Erkenntnissen aus der Arbeit mit der KOSIMO Datenbank (Pfetsch 1991i, Pfetsch / Rohloff 2000b) und aus ihrer fortlaufenden Aktualisierung gehört die Schwierigkeit, Veränderungen auf unterschiedlichen Ebenen innerhalb des Konfliktes so zu erfassen, dass sie zu keinen Verzerrungen in der empirischen Analyse führen. Beispielsweise muss verhindert werden, dass Intensitätsveränderungen eines Konfliktes die gleiche Implikation im Datensatz besitzt wie die Codierung eines neuen Konflikts. Gleichzeitig sollen so viele Konfliktinformationspunkte wie möglich erfasst und für Auswertungen zur Verfügung gestellt werden. Die Lösung liegt in der Unterscheidung zwischen Informationseinheiten, die während des gesamten Beobachtungszeitraums konstant bleiben und solchen, die sich in der Zeit verändern. Im Folgenden werden die verschiedenen Informationsebenen des CONIS Konfliktmodells kurz erläutert. Sie sind unterteilt in den Block der eindeutigen und damit konstanten Informationen zu einem Konflikt und den dynamischen bzw. sich während eines Konfliktverlaufs verändernden Daten.

4.2.3.1 Konstante und eindeutige Zuschreibungen

Im Konfliktverlauf gibt es nur wenige Informationen, die während des gesamten Verlaufs identisch sind oder unverändert bleiben. Darunter zählen eine Konflikt-Identifikationsnummer, der Name, der Beginn und das Ende eines Konfliktes und die Region, der der Konflikt zugeordnet wurde.

4.2.3.1.1 ID und Konfliktname

Jeder Konflikt erhält neben einem Namen eine eindeutige Nummer, die aus fünf Ziffern besteht. Die erste Ziffer weist auf die Region hin, in der der Konflikt ausgetragen wird. Dabei steht die »1« für Europa, die »2« für Afrika, die »3« für Amerika, die »4« für Asien und die »5« für die Region Vorderer und Mittlerer Orient. Die ungewöhnliche Nummerierung resultiert aus dem Aufbau des Heidelberger Konfliktbarometers, wo traditionell die europäischen Konflikte zuerst beschrieben werden und dann anschließend die übrigen Regionen in alphabetischer Reihenfolge folgen. Weitere Regelungen zur Bestimmung der Konfliktregion siehe unten.

   Die Vergabe des Konfliktnamens folgt ebenfalls einer inneren Logik. Zwischenstaatliche Konflikte werden bei bilateralen Konflikten nach den beiden beteiligten Staaten benannt, wobei in der Regel jener Staat zuerst genannt wird, der zuerst eine Veränderung am status quo erreichen wollte, den Konflikt demnach begonnen hat. Bei mehreren direkt beteiligten Staaten wird die Konstellation anhand eines Bindestrichs gekennzeichnet, Koalitionspartner durch Komma voneinander getrennt. Bei innerstaatlichen Konflikten wird zunächst das betroffene Land genannt, in der Klammer folgt dann eine oder mehrere nicht-staatliche Konfliktparteien oder der umstrittene Gegenstand, falls dieser aussagekräftiger ist.

4.2.3.1.2 Konfliktbeginn, Konfliktende

Die Festlegung von Beginn oder Ende von Konflikten richtet sich nach den bereits oben ausgeführten Richtlinien. Entscheidend für den Beginn des Konfliktes ist die erste relevante Maßnahme. Das Ende wird bei Kriegen in der Regel fünf Jahre nach der letzten Maßnahme codiert. Erfasst wird jeweils ein tagesgenaues Datum. Bei Unklarheiten über den genauen Beginn innerhalb eines Monats wird immer der erste Tag des Monats codiert. Bei Unklarheiten über den genauen Beginn innerhalb eines Jahres wird immer der erste Monat des Jahres, der Januar, codiert. Das Enddatum bleibt bei noch aktiven Konflikten stets leer. Beide Daten haben jedoch insofern noch eine wichtige Rolle, als sie Orientierungspunkte für weitere konfliktbezogene Datumswerte besitzen. So dürfen Eintragungen nicht außerhalb dieses von Beginn- und Enddatum begrenzten Zeitraumes liegen.

4.2.3.1.3 Region

Jeder Konflikt wird eindeutig einer Konfliktregion zugeordnet. CONIS unterscheidet ebenso wie das Konfliktbarometer zwischen fünf unterschiedlichen Regionen: Europa, Afrika, Amerika, Asien und die Region Vorderer und Mittlerer Orient (VMO). Dabei ergibt sich die Zuordnung aus dem tatsächlich betroffenen Gebiet. Bei zwischenstaatlichen Konflikten mit Konfliktakteuren aus unterschiedlichen Regionen ergibt sich so eine eindeutige Zuordnung. Der Krieg zwischen USA und dem Irak zum Beispiel wird der Region Vorderer und Mittlerer Orient zugeordnet. Auch bei Staaten, die in mehreren Regionen liegen, wie die Türkei oder Russland, können so klare Zuordnungen erfolgen. Eine Liste der Länder und ihrer Zuordnungen findet sich auf der Homepage des CONIS Projektes (www.conis.org)

4.2.3.1.4 Inner- oder zwischenstaatlicher Charakter eines Konfliktes

Die Unterteilung in inner- und zwischenstaatliche Konflikte nimmt in den Konfliktauswertungen stets eine herausgehobene Position ein. Oftmals wird sie auch einer Konflikttypologie gleichgesetzt. In den CONIS Auswertungen ist ein Konflikt immer eindeutig inner- oder zwischenstaatlich. Ausschlaggebend für die Bestimmung ist allein die Akteurskonstellation eines Konfliktes. Da CONIS die gleichzeitige Codierung von verschiedenen Akteurskonstellationen ermöglicht, ist eine Hierarchisierung der Akteursbeziehungen notwendig. Für die Festlegung der Dimension wurde für CONIS die Ordnung bestimmt, wie sie Tabelle 1 abbildet:

Tabelle 1:   **Akteurskonstellation und Typologisierung**

Akteurskonstellation	Codierung
Staat vs. Staat	Zwischenstaatlicher Konflikt
Staat vs. nicht-staatlicher Akteur	Innerstaatlicher Konflikt
Nicht-staatlicher Akteur vs. nicht-staatlicher Akteur	Innerstaatlicher Konflikt (benannt wird das Land, das überwiegend betroffen ist).

In Fällen, in denen durch eine Veränderung der Akteurskonstellation tatsächlich ein Wechsel dieser Eigenschaft hervorgerufen wurde, wird entweder ein neuer Konflikt eröffnet oder es wird, bei gewaltsamen Konflikten, die Konstellation codiert, die während des Gewaltaustrags vorherrschte.

4.2.3.2   Dynamische Komponenten politischer Konflikte

Neben den konstanten Bestimmungsvariablen versucht der CONIS-Ansatz dem dynamischen Charakter von Konflikten durch die Erfassung einer Vielzahl von Teilsystemen des Gesamtsystems Konflikt widerzuspiegeln. Bei der Festlegung dieser Teilsysteme orientiert sich der CONIS-Ansatz zum einen an bereits vorhandenen Kategorien, wie beispielsweise der Intensität eines Konfliktes, die in anderen Datensätzen jedoch meist nicht oder nur sehr begrenzt dynamisch erfasst werden und solchen neuen Indikatoren, die den Charakter der in CONIS besonders häufig erfassten innerstaatlichen Konflikte besonders gut widerspiegeln. Dazu gehört beispielsweise die Variable »affected country«, die die vom gewaltsamen Konfliktaustrag betroffenen Staaten erfasst.

4.2.3.2.1   Bestimmung von Konfliktmaßnahmen

Die Kommunikation zwischen den Konfliktbeteiligten in CONIS stellt *die* zentrale Informationseinheit dar und ihre Erfassung ist eine der wichtigsten Aufgaben der Konfliktbearbeiter im CONIS Projekt. Alle nachfolgend noch zu erklärenden Strukturdaten des Konfliktes, wie Intensitäten, Akteure, Konfliktgegenstände, Todesopfer, Flüchtlinge sowie der Beginn und das Ende von Konflikten müssen über Konfliktmaßnahmen nachvollziehbar sein. Nur wenn entsprechende Maßnahmen erfasst sind, darf der Konfliktbearbeiter entsprechende Werte bei den Strukturvariablen codieren. Dabei werden alle Mitarbeiter angehalten, über die notwendigen Codierungen hinaus so viele Maßnahmen wie möglich zu erfassen. Denn je dichter die Informationen zu den Konfliktmaßnahmen vorliegen, desto genauer kann der Konfliktverlauf bestimmt und nachvollzogen werden. Doch den Konfliktmaßnahmen ist grundsätzlich noch eine zweite Funktion zugedacht: Sie können dazu dienen, die Wirkungsmechanismen innerhalb eines Konfliktes im Sinne von Aktion und Reaktion abzubilden und für die Analyse von Konfliktdynamiken zugänglich zu machen. Damit können möglicherweise gefährliche, im Sinne von eskalationsanfälligen, von ungefährlichen, also weniger eskalationsanfälligen Konflikten unterschieden werden.

Konfliktmaßnahmen erfüllen so die Funktion der Nachweisbarkeit beispielsweise der Konfliktintensität, die in anderen quantitativen Datenbanken über den Schwellenwert der Todesopfer erbracht wird.

4.2.3.2.1.1 Informationsquellen

Ein erheblicher Einfluss auf die Qualität der für die Analyse benötigten Konfliktmaßnahmen kommt der Frage zu, wie die Informationen zum Konfliktgeschehen gewonnen werden. Dies gilt umso mehr, als der Ansatz auf qualitative Merkmale zur Bestimmung der Existenz, des Umfangs, Dauer und Intensität von Konflikten zurückgreift. Grundsätzlich lässt sich die Debatte um die Informationsgewinnung auf die Frage von public sources versus Expertennetzwerk bzw. public sources in Kombination mit einem Expertennetzwerk reduzieren. Als public sources werden alle Informationen bezeichnet, die der Öffentlichkeit zugänglich sind. Dies umschließt auch solche Informationen, die nur unter Aufwendung einer Gebühr zu erhalten sind.

Für die Erhebung der Konfliktdaten wurden ausschließlich Informationsquellen gewählt, die allgemein zugänglich sind (»public sources«). Darunter zählen Länderanalysen, Lexika, Archive, sowie Onlinequellen, die für die fortlaufende Datenerhebung in zunehmendem Maße bedeutsam sind. Entscheidend ist dabei, dass diese Informationsquellen prinzipiell für Dritte einsichtig und die Konfliktdaten damit replizierbar sind: Jeder Dritte, dem die gleichen Informationen zur Verfügung stehen, sollte zur gleichen Bewertung bzw. Codierung des Konfliktgeschehens kommen wie der ursprüngliche CONIS Codierer. Gibt es neuere Erkenntnisse zu früheren Ereignissen müssen die Ereignisdaten abgeändert bzw. ergänzt werden und die entsprechenden Bewertungen hinsichtlich der Konfliktintensität oder anderer Faktoren angepasst werden.

4.2.3.2.1.2 Systematisierung der Konfliktmaßnahmen

Zwei Schwierigkeiten sind mit den genannten Zielsetzungen verbunden: Zum einen müssen Konfliktmaßnahmen systematisiert und geordnet werden, um sie leichter für die Bestimmung von Konfliktcharakteristika zugänglich zu machen. Zugleich soll diese Systematik helfen, Abläufe im Konfliktgeschehen sichtbar und verständlicher zu machen, um so Eskalations- oder Deeskalationsmechanismen zu verstehen. Zum anderen braucht man ein theoriegeleitetes Vorgehen, um die oftmals sehr komplexen Kommunikationsmaßnahmen im rechten Ausmaß und inhaltlicher Tiefe zu erfassen, um schließlich Ablauf und Wirkungsmechanismen vergleichend analysieren zu können.

Die Problematik wird deutlich, wenn man sich die umfangreichen Möglichkeiten der Kommunikation zwischen Konfliktparteien vor Augen führt. Grundsätzlich stehen Konfliktparteien eine fast unbegrenzte Auswahl an Gesten, Verhandlungstaktiken und Handlungen zur Verfügung, die schwerlich in ihrer Gesamtheit im Detail erfasst werden können. Doch Handlungen sind sich in unterschiedlichem Maße ähnlich: Eine Demonstration ist dem Übermitteln einer diplomatischen Protestnote wesentlich ähnlicher als militärischen Kampfhandlungen. Aufbauend auf diese Merkmale der Ähnlichkeit entwickelte das erste Team, das mit CONIS arbeitete, einen eigenen Katalog, in dem Maßnahmen nach einem dreigliedrigen hierarchischen System in Cluster eingeteilt werden. Auf der ersten Ebene wird zwischen vier Kategorien unterschieden: Politische, ökonomische, militärische und gewaltsame, aber nicht militärische Maßnahmen. Innerhalb dieser vier Kategorien finden sich weitere Subkategorien, die verschiedenen Einzelmaßnahmen thematisch zusammenfassen. Jede der Kategorien oder Subkategorien führt eine Residualkategorie zur freien Ergänzung. So ist gewährleistet, dass alle beobachtbaren Maßnahmen tatsächlich erfasst und kategorisiert werden können.

4.2.3.2.1.3 Vergleichbarkeit und Definition der erfassten Maßnahmen

Das Problem der Bestimmung einer einzelnen Maßnahme ist vergleichsweise anspruchsvoll. Denn nicht immer ist die Informationsqualität zwischen den mehreren hundert erfassten Konflikten vergleichbar. In manchen Agenturmeldungen wird dezidiert über einzelne Handlungen der Akteure informiert, bei anderen Konflikten beschränken sich die Nachrichten auf die Zusammenfassung der Ereignisse aus mehreren Wochen. Zur Überwindung dieser Problematik kann auf verschiedene Vorarbeiten zur Ereignisdatenanalyse zurückgegriffen werden (vgl. Azar 1972, Howell 1983, King 1989). Beispielsweise definiert Rummel (1979: 389), der sich auf die Analyse zwischenstaatlicher Kriegen konzentriert hat, Ereignisdaten als einmalige Ereignisse. Als Beispiele nennt er einen Putsch oder einen Putschversuch oder militärische Zusammenstöße. Er grenzt Ereignisse scharf von anderen Handlungen zwischen den betreffenden Akteuren ab. Diese anderen Handlungen, die er für nicht relevant hält, unterteilt er in drei Kategorien (Rummel 1979: 390):

- Übliche Verhaltensweisen. Beispielsweise Handel zwischen den Staaten, Tourismus, wirtschaftliche Hilfe und alle sonstigen Handlungen, die zwischen den Akteuren regelmäßig stattfinden.
- Festgelegte Verhaltensweisen bzw. Strukturen. Darunter versteht Rummel bilaterale Verträge oder die Mitgliedschaften in den gleichen Internationalen Organisationen.
- Attribute, die die Größe oder Bedeutung eines Staates angeben. Darunter zählt Rummel Bevölkerungsdaten, das Bruttosozialprodukt oder die Staatsfläche. Diese drei Kategorien schließt Rummel mit der einzigen Ausnahme der Unterzeichnung von neuen Verträgen von der Erfassung als Ereignisdaten aus.

Das Vorgehen von Rummel ist interessant, steht doch das Bemühen im Vordergrund, den Datensatz auf relevante Ereignisse zu begrenzen. Allerdings erscheinen die Filter, mit denen Rummel operiert, zu breit. Gerade in einer Krisensituation kann die Einhaltung eines vorher abgeschlossenen Vertrages oder dessen Ratifizierung ein wichtiges Signal an andere Beteiligten im Konflikt sein. Deshalb wird im Gegensatz zu der von Rummel verfolgten Methodik in CONIS auch regelmäßig stattfindende Ereignisse codiert – vorausgesetzt, sie sind konfliktrelevant. So werden regelmäßig stattfindende Treffen zwischen den Konfliktparteien dann zu Konfliktereignissen, wenn dabei konfliktbezogene Diskussionen und Erörterungen stattfinden und diese Einfluss auf den weiteren Konfliktverlauf haben (beispielsweise Treffen während der UNO-Vollversammlung oder Reden im Parlament). Auch können so genannte Alltagsereignisse von Relevanz sein, wenn sie unterbrochen werden oder wieder aufgenommen werden, wie beispielsweise die gegenseitige Zollabfertigung oder der Zugverkehr.

Positiv ausgedrückt sind für den CONIS-Ansatz relevante Kommunikationen all jene, die

- Reaktionen bei der Gegenseite hervorrufen
- Informationen enthalten, die Aufschluss über Dynamiken, d.h. Veränderungen der Konfliktstruktur, geben. Insbesondere können dies politische Reden oder Ankündigungen militärischer oder anderer gewaltsamer Akte sein.
- Informationen enthalten, die für die Abbildung der Konfliktstruktur entscheidend sind.

Dementsprechend werden Kommunikationsereignisse bzw. Ereignisdaten wie folgt definiert[49]:

> »Als Kommunikationsereignisse werden verbale Äußerungen oder physische Handlungen von Akteuren verstanden, die darauf zielen, den Ausgang des Konfliktes zu beeinflussen. Die zu codierenden Ereignisdaten haben einen klar definierbaren Beginn und meist auch ein klares Ende. Sie richten sich in der Regel an mindestens einen klar bestimmbaren Adressaten. Bei <u>verbalen Äußerungen</u> wird als Startdatum jener Tag angegeben, an dem die Äußerungen erfolgen. Als Enddatum wird in der Regel der gleiche Tag codiert. Bei <u>Handlungen</u> gilt jener Tag als Startdatum, an dem die Handlung beginnt oder Aktionen durchgeführt werden. Als Enddatum wird der Tag verzeichnet, an dem die Handlung endet.«

4.2.3.2.1.4 Struktur des Maßnahmencodes

Um den Informationsgehalt einzelner Maßnahmen für die empirische Analyse zugänglich zu machen, wird jede Konfliktkommunikation in kleinere Informationseinheiten disaggregiert und jeweils in eigenen Datenfeldern erfasst. Derzeit umfasst die Eingabe folgende zehn einzelne Datenpunkte:

- Eintrag des Startdatums
- Eintrag des Enddatums
- Bestimmung des handelnden Akteurs
- Bestimmung des Adressaten
- Bestimmung des Ereigniscodes
- Einordnung des Ereignis als verbale Ankündigung oder durchgeführte Handlung
- Bestimmung, ob sich Ankündigung oder Handlung auf den Beginn oder das Ende einer Handlung bezieht (Beispiel Ausrufung des Ausnahmezustands oder Beendigung des Ausnahmezustand)
- Eingabe einer kurzen Beschreibung des tatsächlichen Ereignisses
- Angabe der Informationsquelle
- Kommentarfeld
- Angabe zu den Strukturvariablen, auf die sich die Kommunikation auswirkt

Die meisten dieser Erfassungsschritte sind selbsterklärend. Eine Besonderheit stellen jedoch die beiden spezifizierenden Variablen zur Ankündigung oder Durchführung und zum Beginn bzw. Ende einer Handlung dar. Besonders die zweite Spezifikation benötigt bei einigen Maßnahmen aus dem Katalog eine Kontextualisierung. Denn »Ende« einer Maßnahme kann in Fällen, in denen eine solche vorher nicht codiert war, auch das Ausbleiben einer solchen bedeuten, obwohl diese erwartet wurde. Wenn beispielsweise zwei Länder die Aufnahme von

---

49   Eine ähnliche Struktur einer Definition findet sich auch bei Azar (1972).

bilateralen Gesprächen zwar vereinbaren, aber dann doch wieder absagen, würde »Ende« hier das Ausbleiben einer Ankündigung bedeuten. Um diese Information abzusichern, werden entsprechende Nachrichten auch im Feld »Beschreibung« hinterlegt. Damit können auch ausbleibende oder nicht stattgefundene Handlungen in der Analyse berücksichtigt werden.

4.2.3.2.2   Die Intensität von Konflikten

Eine der wichtigsten Variablen in der quantitativen Konfliktforschung stellt die Intensität eines Konfliktes dar, also die Frage, in welchem Ausmaß Gewalt eingesetzt wird[50]. Der CONIS-Ansatz wurde zur Verbesserung von Konfliktfrühwarnmodellen entwickelt und zielt auf die Analyse von Konfliktdynamiken, das heißt auf die Bestimmung von Eskalations- und Deeskalationswegen. Dabei wurde aufbauend auf dem KOSIMO Ansatz (Pfetsch 1991a, Pfetsch / Billing 1994, Pfetsch / Rohloff 2000b) ein neues dynamisches Konfliktmodell erarbeitet, das in der Lage ist, Konfliktverläufe komplett abzubilden: vom nicht gewaltsamen Beginn über eine gewaltsame Eskalation bis hin zur Beilegung. Eine Besonderheit hierbei ist, dass das Modell auch die aktuelle Diskussion um neue Kriegsformen berücksichtigt.

Anders als bisher werden die Kommunikationen der Konfliktakteure als Bewertungsgrundlage für die Intensität eines Konfliktes herangezogen. Der Vorteil dieses Verfahrens ist, dass damit auch die nicht-gewaltsamen Konflikte auf eine klare Bewertungs- und Bemessungsgrundlage zurückgeführt werden und Daten über Konfliktverlauf und -dauer für die Forschung gewonnen werden. Eine methodische Herausforderung bleiben die Bestimmungs- und Abgrenzungskriterien zwischen den einzelnen Stufen.

Zunächst werden die beiden »großen« Klassen des dynamischen Intensitätenmodells in CONIS bestimmt: Kriege und Krisen. Beide Formen des politischen Konfliktes sind für die Ziele der Konfliktfrühwarnung entscheidende Zielgrößen. Während Kriege jenen Zustand beschreiben, der zwar medial die größte Aufmerksamkeit erfährt, ist für den Frühwarnexperten der Zustand der Krise wesentlich interessanter. Denn in diesen Phasen entscheidet sich, ob ein drohender Krieg tatsächlich ausbricht. Durch einen Abgleich eskalierter und nicht eskalierter Konflikte kann eingegrenzt werden, welche Konfliktformen besonders kriegs-

---

50   Wie in früheren Abschnitten dargestellt, unterscheidet UCDP zwei Konfliktstufen: »armed conflict« (zwischen 25 und 1.000 Toten pro Jahr) und »war« (1.000 und mehr Todesopfer pro Jahr). Im COW Datensatz befinden sich nur Kriege mit 1.000 Todesopfern oder mehr pro Jahr. Allerdings enthält der MID Datensatz nicht kriegerische, aber zwischenstaatliche militärische Konflikte.

anfällig sind und welche nicht. Für eine weitergehende Analyse ist hierbei auch jene Konfliktintensität relevant, die noch vor der Krise steht, also in der nicht einmal mit Gewalt gedroht wird: der Disput. Dieser wurde jedoch in den oberen Abschnitten eingehend besprochen.

Sowohl Kriege als auch Krisen sind in ihrer jeweiligen Ausprägungsform unterschiedlich. Die Diskussion zu den unterschiedlichen Ausprägungsformen des Krieges wurde in den früheren Teilen der Arbeit bereits angesprochen. Deshalb erscheint auch im CONIS-Ansatz eine Reflexion über die unterschiedlichen Formen des Krieges und der Krise notwendig.

4.2.3.2.2.1 Die zwei Spielarten des Krieges

In früheren Kapiteln der Arbeit wurde die Problematik des Kriegsbegriffs in der aktuellen Forschung ausführlich erläutert. Knapp zusammengefasst lässt sich sagen, dass der theoretisch bestimmte Kriegsbegriff und die dazugehörige empirische Forschung auseinander fallen. Das heutige Sicherheitsverständnis und das Interesse an internationalen Konflikten ist ein anderes als zu Zeiten des Kalten Krieges. Formale Kriterien wie eine möglichst hohe Anzahl an Todesopfern oder gar eine Kriegserklärung treffen auf heutige Konfliktformen nicht mehr zu. Der große Spannungsbogen innerhalb des Kriegsbegriffs ergibt sich zum einen daraus, dass Staaten heute aus Kostengründen sowie aus Gründen die sich durch die Schranken des internationalen Völkerrechts sowie der Logik des Wettrüstens ergeben, nur sehr selten große Kriege führen möchten. Andere, nicht-staatliche Akteure, die dieser Logik nicht unterliegen, können häufig keine großen Kriege führen. Dennoch sind gerade diese Konflikte, die zum Teil hoch gewaltsam ausgetragen werden, aber aufgrund der geringen Größe und Reichweite der Akteure meist nicht die Schwellenwerte der quantitativen Ansätze überschreiten, ein massiv eingrenzender Faktor der Sicherheit in vielen Staaten der Welt.

Statt einer quantitativen Bestimmung dieser Konflikte ist eine inhaltliche, also qualitative Bestimmung des Kriegsbegriffs notwendig, wie ihn Clausewitz gezeigt hat und wie er bereits in dieser Arbeit diskutiert wurde. Demnach ist es entscheidend, Krieg als ein Instrument der Politik zu erkennen (Clausewitz 2008: 47, 726) und zwar unabhängig von der Beschaffenheit und dem Organisationsgrad der Akteure.

Mit anderen Worten: Krieg ist an der Art der Kommunikation erkennbar: massive Gewaltanwendung, die dem Gegner so schweren Schaden zufügen soll, dass er den eigenen Bedingungen Folge leistet. Dies war beispielsweise beim Krieg der USA gegen den Irak der Fall: Eine der Forderung der USA war das Ende des Hussein-Regimes und die Errichtung eines demokratischen Systems im Irak. Im Vorfeld und während des Verlaufs wurde deutlich, dass die Kampfhandlungen erst mit dem Erreichen der Zielsetzung beendet werden sollten. Bis dahin sollten Truppen vernichtet oder zumindest kampfunfähig gemacht werden, die Infrastruktur zerstört und der Bevölkerung vermittelt werden, dass ein Festhalten am bestehenden Regime keine Vorteile für das Land bringen wird. Dieser Art von Krieg entspricht ziemlich genau dem, was Clausewitz im ersten seiner Bücher »Vom Kriege« (2008: 29-101) beschrieben hat.

Allerdings ist ein zentraler Vorwurf gegen Clausewitz, dass er den Kern der aktuellen, innerstaatlichen, manchmal auch ohne staatliche Beteiligung geführten Kriege nicht erfasst, da aktuelle Kriege weniger aus politischen, sondern vielmehr aus ökonomischen Gründen geführt werden. Ihr Ziel ist nicht die militärische und politische Niederwerfung, sondern die Wahrung und Aufrechterhaltung der Kontrolle. Es wäre jedoch falsch zu behaupten, dass ein von Clausewitz geprägtes Kriegsverständnis diese Konflikte nicht einschließen würde (vgl. Kap. 2.6 dieser Arbeit). Vielmehr hatte er ja in seiner wissenschaftlichen Arbeit festgestellt, dass eine Vielzahl aller bis dahin beobachteten Kriege entgegen seiner eigenen Annahme in ihrem gesamten Ausmaß nicht darauf ausgelegt waren, den Gegner wirklich niederzuringen, sondern eher auf eine Kompromisslösung hinausliefen. Diese Kriege bezeichnet Clausewitz als »begrenzte Kriege«, da sie nicht, wie er ursprünglich für alle Kriege auszumachen glaubte, die Tendenz zum Absoluten aufweisen. Dieses analytische Verständnis von Kriegen ist gut mit den eher desriptiv angelegten neueren Kriegsbegriffen wie »Neue Kriege«,(Münkler 2002) »Kleine Kriege« (Daase 1999) oder »low intensity wars« (Holsti 1992) in Verbindung zu bringen. Auch diesen Konfliktformen wird von den meisten Autoren nicht die Fähigkeit zugeschrieben, eine eindeutige oder klare politische Lösung herbeizuführen.

Darüber hinaus gibt es jedoch auch Gewaltanwendungen, die aufgrund ihres geringen Ausmaßes und des geringen Schadens, den sie verursachen, nicht als Krieg bezeichnet werden können. Diese Phasen eines Konfliktes können dennoch enorme politische Auswirkungen haben und einem Krieg unmittelbar vorgeschaltet sein.

4.2.3.2.2.2 Krisensituationen in Konflikten

Neben der puren statistischen Zählung unterschiedlicher Kriegstypen gilt das zweite Hauptinteresse der quantitativen Konfliktforschung der Krisenforschung. Sie bilden das Anschauungsmaterial, aus der die Gefährlichkeit einer Situation abgeschätzt werden kann oder aus denen erlernt werden kann, wie Krisen gelöst werden können. Eine der am häufigsten analysierten Fallbeispiele hierbei ist die Kubakrise von 1962 (White 1996, Allison / Zelikow 1999). Die große Bedeutung der Krisenforschung spiegelt sich auch in der Namensgebung des International

Crisis Behaviour Projekts oder aber in der Zielsetzung des Military Interstate Disputes-Datensatzes des COW Projektes. Auch die einflussreiche International Crisis Group hat sich auf die Analyse von Krisen spezialisiert. Das Ziel der Krisenanalyse innerhalb der empirischen Konfliktforschung ist es, in vergleichbaren Fällen solche Strategien zu unterscheiden, die unter gleichen Umständen zu einer Eskalation, und solche, die zu einer Deeskalation geführt haben.

Bestehende Datensätze haben jedoch den Mangel, dass sie das Krisenphänomen singulär bzw. nach einer nicht einsehbaren Fallauswahl betrachten. Dabei können sie die eigentlich relevanten Informationen oftmals nicht liefern, also ob ein Konflikt weiter eskaliert ist oder friedlich beigelegt werden konnte (siehe MID). Nur durch eine möglichst breite Erhebung von Krisenszenarien ist jedoch bestimmbar, welche spezifischen Konfliktsituationen eine tatsächliche Gefahr darstellen und welche gemeinhin friedlich und sicher gelöst werden können.

Inhaltlich kann man sich der Bestimmung einer Krisensituation durch das Merkmal Androhung von Gewalt nähern. Darunter fällt auch die begrenzte oder vereinzelt durchgeführte Anwendung von Gewalt, um den Charakter der Drohung zu unterstützen. Entsprechend dieser Beobachtung und in Anlehnung an frühere analytische Arbeiten zu Eskalationen von Kriegen (Billing 1992) bezeichnet der CONIS-Ansatz Konfliktsituationen, in denen dieser Umgang mit Gewalt beobachtbar ist, als Krisen. Aus konflikttheoretischer Sicht beschreiben Krisen die Konfliktphasen, in denen eine Eskalation zu einem kriegerischen Konflikt möglich erscheint. CONIS unterscheidet diese Phase in zwei Stufen: Krisensituationen, in denen noch keine Gewalt oder Gewalt nicht mehr angewendet wird und Krisensituationen, in denen Gewalt bereits begrenzt bzw. vereinzelt angewendet wird. Darüber hinaus identifiziert CONIS noch eine weitere Intensitätsstufe: der Disput. Dispute sind politische Konflikte im Sinne von CONIS, die ohne Androhung oder Anwendung von Gewalt ausgetragen werden.

4.2.3.2.2.3 Das dynamische Intensitäten-Modell

Die nachfolgende Abbildung gibt den möglichen Verlauf eines politischen Konfliktes als Idealtypus wieder. Zunächst beginnt er als gewaltloser Disput. Nachfolgend wird zur Durchsetzung von Forderungen zuerst mit Gewalt gedroht (gewaltlose Krise), schließlich kommt es zu ersten kleineren Scharmützeln (gewaltsame Krise). Es entwickeln sich daraufhin lokal begrenzte militärische Zusammenstöße, die an Heftigkeit gewinnen (begrenzte Kriege) und schließlich so geführt werden, dass es am Ende eindeutige Sieger oder Verlierer geben könnte. Nach einer Phase der systematischen Gewaltanwendung schwächen sich die Kämpfe ab - an Stelle breit angelegter militärischer Aktionen treten wieder lokal begrenzte Militäraktionen, die sich weiter abschwächen und schließlich nur noch

zu vereinzelten Zusammenstößen der Gegner führen. Doch selbst diese militärischen Zusammenstöße werden von allen Beteiligten vermieden, statt dessen wird
zunächst mit einer erneuten Aufnahme der Kampfhandlungen gedroht bis der
Konflikt nur noch verbal ausgetragen wird. Das Modell ist also für die Messung
von Konfliktphasen aus beiderlei Entwicklungsrichtungen offen. Es kann somit
sowohl Eskalationen als auch Deeskalationen erfassen.

Abbildung 4:   Das dynamische Konfliktmodell

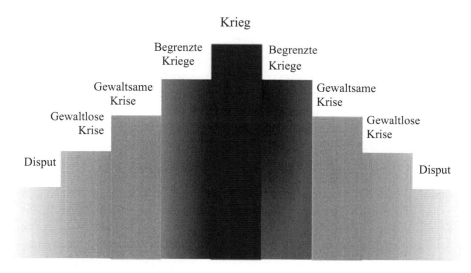

Diese Phasenbestimmung lässt sich prinzipiell auf alle Arten des Konfliktes an-
wenden. Innerstaatliche Konflikte und andere asymmetrische Konflikte sind einzelnen Konfliktphasen jedoch meist schwieriger zuzuordnen als zwischenstaatliche: Terrorismus beispielsweise ist eine Konfliktform, die einerseits als die
neue Art des Krieges bezeichnet wird (Münkler 2002), zum anderen aber aufgrund des oftmals singulären Auftretens und begrenzten physischen Schadens
nur schwerlich als Krieg zu bezeichnen wäre. Dass die Aktionen der Roten Armee Fraktion (RAF) in Deutschland in die gleiche Konfliktkategorie wie der
Bürgerkrieg im Kongo einzuordnen sei, ließe sich auch nur schwer begründen.
Allerdings lässt sich nicht bezweifeln, dass der RAF-Terrorismus von Anfang an
eine Krise für das politische System der Bundesrepublik Deutschland darstellt
(Aust 2008). Besonders deutlich wurde dies während der Ereignisse des sogenannten »Deutschen Herbstes« 1977. Auf der anderen Seite sind »Terrorattack-
en«, wenn sie häufig und in enger zeitlicher Abfolge verübt werden, unter takti-
schen Gesichtspunkten dem Guerillakampf sehr nahe (Dixon / Heilbrunn 1956)
und fallen dann der Kategorie »begrenzte Kriege« zu. Die Unterscheidung, ob
Entführungen, Sprengstoffanschläge oder Morde und Mordversuche unter Krieg

oder unter dem Oberbegriff der Krise zu fassen ist, lässt sich manchmal erst aus einer längeren Ex-Post Betrachtung bestimmen.

Auch andere Konfliktformen, die bei Autoren wie Münkler als »Neue Kriege« bezeichnet werden, sind nicht immer zweifelsfrei als tatsächliche Kriege zu erkennen. Besonders dann, wenn die Gewalthandlungen begrenzt sind und die Anzahl der beteiligten oder betroffenen Personen besonders klein ist. Dies verdeutlicht, dass Kommunikationsarten allein nicht immer ausreichend sind, um Konflikte einer Konfliktstufe zuzuweisen. Allerdings ist die Akzeptanz eines Graubereichs zwischen zwei Konfliktstufen unvermeidbares Wesensmerkmal einer qualitativen Konfliktbestimmung.

4.2.3.2.2.4 Definitionen der einzelnen Intensitätsstufen

Im Einzelnen werden die fünf Intensitätsstufen wie folgt definiert:

- »Disput«: Durch einen klar geäußerten Widerspruch bezogen auf eine vorherige Kommunikation konstituiert sich das Konfliktsystem oder wird aufrechterhalten. Kennzeichen dieser Phase ist, dass der Widerspruch zwar gewaltlos, aber abseits bestehender Regelungsverfahren ausgetragen wird. Diese Intensitätsstufe entspricht daher weitgehend den Bestimmungen des Grundkonfliktes von politischen Konflikten.
- »Gewaltlose Krise«: Neben dem verbal geäußerten Widerspruch wird von mindestens einer Seite mit der Anwendung von Gewalt gedroht. Diese Androhung von Gewalt kann explizit oder durch Handlungen erfolgen.
- »Gewaltsame Krise«: In dieser Phase wird Gewalt vereinzelt und begrenzt eingesetzt. Die beobachtbare Gewalt hat noch überwiegend symbolischen Charakter. Ihr Ausmaß ist zu gering, als dass dem Gegner massiver Schaden zugefügt werden könnte.
- »Begrenzte Kriege«: Die Zusammenstöße mit Gewaltanwendung werden zahlreicher, die Übergriffe entsprechen geplanten Aktionen und das Ausmaß der Gewaltanwendung wird komplex. Dennoch entsprechen die kriegerischen Handlungen aller beteiligten Akteure nicht dem Ausmaß, das nötig wäre, um einen anderen beteiligten Akteur zu unterwerfen.
- »Krieg«: Mindestens einer der Gegner setzt Gewalt systematisch und in einem Ausmaß ein, das ausreichend ist, einen anderen beteiligten Akteur zu unterwerfen.

Für die empirischen Auswertungen hat sich gezeigt, dass die Analyse von fünf Intensitätsstufen nicht geeignet ist, um einen Überblick des Konfliktgeschehens zu geben. Deshalb werden die einzelnen Stufen, entsprechend der Vergleichbarkeit des Gewaltcharakters, zu drei Intensitätsklassen zusammengefasst:

Tabelle 2: Bestimmung von Intensitätsklassen

Intensitätsklasse	Intensitätsstufe
Gewaltlose Konflikte	Stufe 1: Dispute
	Stufe 2: gewaltlose Krisen
Konflikte mittlerer Intensität	Stufe 3: gewaltsame Krisen
Hoch gewaltsame Konflikte, bzw. kriegerische Konflikte	Stufe 4: begrenzte Kriege
	Stufe 5: Kriege

4.2.3.2.2.5 Bestimmung der Konfliktstufen über Schlüsselereignisse

In der CONIS Methodik findet eine qualitativen Annäherung an den Konfliktbegriff und dessen verschiedene Intensitätsstufen statt. So werden aus dem CONIS Katalog der codierten Maßnahmen einzelne Instrumente bestimmt, die üblicherweise für eine Konfliktstufe kennzeichnend sind. Diese Maßnahmen werden in CONIS als Schlüsselereignisse bezeichnet. Bereits eines dieser Schlüsselereignisse erschließt die Intensität eines Konfliktes. Nur wenn diese oder eine vergleichbare Kommunikation vorliegt, kann eine Intensitätsstufe vergeben werden. Die Dauer der Intensitätsvergabe ergibt sich aus der Dauer der Maßnahmen. Bei unklarer Informationslage kann für den Zeitraum von höchstens drei Monaten, gemessen nach Ende der entsprechenden Maßnahme, eine höhere Intensität bestimmt werden. Die nachfolgende Tabelle gibt eine Auswahl von Schlüsselereignissen für jede Stufe, getrennt nach inner- und zwischenstaatlichen Konflikten.

Tabelle 3: Beispiele für notwendige Schlüsselereignisse zur Bestimmung von Konfliktintensitäten

	Innerstaatlicher Konflikt	*Zwischenstaatlicher Konflikt*
Disput	Unerlaubte Demonstration, unerlaubte Formierung einer Opposition, Generalstreik	Reklamation eines Grenzverlaufs, ungebetene Einmischung in die inneren Angelegenheiten eines Landes
Gewaltlose Krise	Hassreden, Aufruf zu Gewalttaten, Unblutige Putsche / versuche	Androhung von militärischer Gewalt, Truppenaufmärsche an der Grenze, Manöver in Krisengebieten, Verletzung des Luftraums mit kriegsfähigem Gerät, z.B. Raketenüberflug, Verhängung von Wirtschaftssanktionen
Gewaltsame Krise	Gewaltsame Ausschreitungen bei Demonstrationen mit Todesopfern, vereinzelte Terroranschläge, blutiger Putsch / Putschversuch	Vereinzelte Grenzscharmützel, Abschuss eines Flugzeuges

	Innerstaatlicher Konflikt	Zwischenstaatlicher Konflikt
Begrenzter Krieg	Serien von Terroranschlägen, lokal begrenzte Vertreibung der Zivilbevölkerung, militärische Zusammenstöße mit kleineren Einheiten der Staatsarmee	lokal begrenzte militärische Handlungen
Krieg	Systematisch geführte Angriffe auf Hauptstadt / Regierungssitz, Zerstörung wichtiger oder grosser Teile der Infrastruktur	Flächendeckend, systematisch geführte militärische Operationen, Angriffe auf Hauptstadt / Regierungssitz unter gleichzeitigem Einsatz von Herr, Marine, Luftwaffe

4.2.3.2.3 Die umstrittenen Güter eines Konfliktes

Neben der Anzahl und der Intensität von Konflikten bildet die Frage nach den Gründen und Ursachen von Kriegen den Schwerpunkt der quantitativen Konfliktforschung (vgl. hierzu Kap. 3). Allerdings ist die Frage, warum ein Krieg geführt wird, nicht zu verwechseln mit der Frage, worüber er geführt wird.

Unter methodischen Gesichtspunkten sind in der bisherigen Forschung zwei ähnliche Konzepte zu unterschieden: Im ersten wird nach den Konfliktgegenständen (engl: *issues*) (vgl. Mansbach / Vasquez 1981, Holsti 1991, Pfetsch / Rohloff 2000b) gefragt, im zweiten nach dem, was am besten mit »auf dem Spiel stehend« (engl. *stake*) zu übersetzen ist (Rummel 1975). Beispiele für die erste Forschungsrichtung sind Begriffe wie »Regierungsmacht« oder »Ressourcen«. Bei der zweiten sind Positionen, Werte und Normen eingeschlossen, die sich nicht allein aus den Konfliktgegenständen ergeben. So wäre zu argumentieren, dass für die USA im Konflikt mit dem Irak nicht allein die Frage nach der Existenz vermeintlicher Raketen die Strategie beeinflusste, sondern auch der Anspruch, als Weltmacht wahrgenommen zu werden und den Einfluss auch in dieser Weltregion durchzusetzen.

Theoretisch fundieren lässt sich dieser Ansatz in der Konfliktforschung auch über Clausewitz. Auch er fragt nicht nach den Ursachen, wohl aber nach den bestimmte Zwecke häufiger zu gewaltsamen Konflikten führen als andere (Clausewitz 2008: 37). In der Methodik der Erfassung von Konfliktinhalten ist es jedoch nicht möglich, sich den Vorgaben Clausewitz' zu unterwerfen, zwischen Zielen und Zwecken des Konfliktes zu unterschieden (vgl. Kap. 2.6).

Konfliktgüter werden in methodischer Hinsicht als hinreichende, aber nicht notwendige Bedingungen von Konflikten gesehen. Im Gegensatz zu der von Coser (1968) vorgeschlagenen Konfliktunterscheidung zwischen echten und unechten Konflikten, wonach echte Konflikte vorliegen, wenn sie zur Erreichung eines bestimmten Zieles geführt werden, während unechte Konflikte nur zum Abbau von Aggressionen ausgetragen werden, wird hier angenommen, dass relevante

Konflikte auch dann vorliegen, wenn für Dritte zunächst nicht klar ist, warum oder worüber sie geführt werden[51].

CONIS bietet durch die kommunikationszentrierte Sichtweise eine Vielzahl von inhaltsbezogenen Analysemöglichkeiten. Die primäre Variable hierfür ist »Konfliktgegenstand«, im englischen als »items and issues« bezeichnet. Sie gibt die im Konflikt umstrittenen Güter wieder. Insgesamt unterscheidet CONIS zehn Konfliktgegenstände, die in einigen Fällen durch weitere Unterkategorien spezifiziert werden können.

Tabelle 4: Übersicht über die in CONIS codierbaren Konfliktgegenstände

Konflikt-gegenstand	Beschreibung	Unterkategorien
Ideologie / System	Konflikte um Ideologie und System kennzeichnen ursprünglich die Ost-West Konfrontation, also vornehmlich die Konflikte, die um eine westliche oder kommunistische Ausrichtung des Staates geführt wurden. Nach 1990 wurden so bspw. viele Konflikte codiert, die zwischen Christen und Muslimen (wie in Nigeria) zu beobachten sind.	Ausrichtung des politischen Systems / Ausrichtung des Justizsystems / Ausrichtung des Wirtschaftssystems
Sezession	Sezessionskonflikte werden innerhalb eines Staates ausgetragen. Die Forderung besteht in der Abspaltung eines Teilgebietes eines bisherigen Staates. In den Subkategorien kann weiter differenziert werden, ob die abgetrennten Gebiete an einen bestehenden Staat angeschlossen werden sollen oder ob das getrennte Teilgebiet ein selbstständiger Staat werden soll.	Mit dem Ziel einer nachfolgenden Eigenstaatlichkeit / Mit dem Ziel des Anschlusses an einen anderen Staat / Sonstige
Internationale Macht	Konflikte um internationale Macht sind durch Konstellationen gekennzeichnet, in denen es einem Staat, i.d.R. einer Großmacht, um die Sicherung des Einflusses in bestimmten Regionen der Welt geht. Waren es bis zum Ende der Ost-West-Antagonie noch vor allem die Auseinandersetzungen um den geopolitischen Einfluss in bestimmten Weltregionen werden aktuell vor allem Konflikte um Abrüstung bzw. Rüstungskontrolle in dieser Kategorie codiert, so bspw. der Konflikt zwischen den USA und Großbritannien und dem Irak.	Abrüstung / Rüstungskontrolle / Sonstige
Territorium	Territorialkonflikte werden in zwischenstaatlichen Konflikten um Grenzen geführt. Zu unterscheiden sind hierbei Konflikte um Land- und um Seegren-	Landgrenze / Seegrenze / Sonstige

---

51 Der Konflikt zwischen der Al Quaida und den USA und anderen westlichen Staaten stellt dafür ein gutes Beispiel dar: Obwohl es unklar blieb, welche konkreten Forderungen die Terrororganisation gegen den Westen stellten, besteht dennoch ein wesentliches sicherheitspolitisches Problem für die vom Terrorismus betroffenen Staaten.

Konflikt-gegenstand	Beschreibung	Unterkategorien
	zen. Bei innerstaatlichen Konflikten sind Territorialkonflikte oftmals mit der Frage um die Ausbeutung von Rohstoffen verbunden. Nota Bene: Sezession oder Autonomie werden, da sie automatisch um Territorium geführt werden, nicht als Territorialkonflikte codiert. Ebenso trifft dies für Lokale Vorherrschaft zu.	
Nationale Macht	Konflikte um nationale Macht beziehen sich auf die Ausübung der Herrschaft (Regierungsgewalt) in einem Land, das auch zukünftig als Einheit bestehen bleiben soll (falls nicht, liegt ein Sezessionskonflikt vor)	Regierung Militärische Führung Sonstige
Ressourcen	Ressourcen wie Öl und Gas bilden eine der wichtigsten Triebfedern gewaltsamer Konflikte. Geht es in innerstaatlichen Konflikten um die reine Ausbeutung von Rohstoffvorkommen, können in innerstaatlichen Konflikten Territorium und Ressourcen vercodet werden.	Öl Erdgas Sonstige Edelgase Goldminen Silberminen Sonstige Edelmetalle Diamanten Wasser Äcker Sonstige
Autonomie	Autonomie-Konflikte werden im Gegensatz zu Sezessionskonflikten nicht um die Abspaltung eines Teilgebietes geführt, sondern um die Einführung oder Stärkung von Rechten der Selbstverwaltung bestimmter Teilgebiete.	
Dekolonialisierung	Dekolonialisierungskonflikte werden im Gegensatz zu Autonomie- und vor allem Sezessionskonflikten nicht bei Abspaltungen des traditionellen Staatsgebietes geführt. Vielmehr ist Kennzeichen von Dekolonialisierungskriegen, dass sich hier Gebiete eines Staates abspalten und die eigene Souveränität anstreben, die dem Staatsgebiet zum Zwecke der Ausbeutung zugeordnet wurden und einen vom Mutterland verschiedenen staatsrechtlichen Status haben.	
Lokale Vorherrschaft	Konflikte um lokale Vorherrschaft werden Auseinandersetzungen innerhalb eines Staatsgebietes genannt, die keine eigentliche politische Zielsetzung (keine Autonomie, keine Sezession) verfolgen, in denen aber die Akteure (Warlords, Rebellengruppierungen) den Machtanspruch der eigentlichen Regierung nicht anerkennen.	

Konflikt-gegenstand	Beschreibung	Unterkategorien
Sonstige	Residualkategorie für alle umstrittenen Konflikt-güter, die sich nicht der oberen Liste zuordnen lassen	

Bei der Codierung der Konfliktgegenstände gibt es neben der Bedingung, dass mindestens ein Konfliktgegenstand erfasst sein muss, keinerlei einschränkende Regelungen. Das heißt, es können beliebig viele Konfliktgegenstände erfasst werden, auch können beliebig viele Unterkategorien ausgewählt werden. Damit soll die Möglichkeit gegeben werden, bei thematisch sehr umfangreichen Konflikten, wie es beispielsweise der Konflikt zwischen Israel und den Palästinensern ist, diese Komplexität in das Datensystem zu übertragen.

Konfliktgegenstände werden in CONIS auf zwei unterschiedliche Arten für die Analyse der Konfliktstruktur zur Verfügung gestellt: als Einzel- und als kombinierte Variable. Der Unterschied liegt darin, dass bei Auswertungen der Einzelvariablen jeder codierte Konfliktgegenstand als eigenständige Variable behandelt wird. D.h. Konflikte, die um mehr als einen Konfliktgegenstand geführt werden, werden im Datensatz entsprechend der Anzahl der Konfliktgegenstände aufgeführt. Damit können sich jedoch Verzerrungen in der Gesamtauswertung ergeben, da bestimmte Konflikte mehrfach genannt werden.

Als kombinierte Variable werden die Konfliktgegenstände in eine einzige Variable überführt. Damit bekommt jeder Konflikt genau einen Wert zugeordnet. Allerdings lassen sich hierdurch nur wenige übereinstimmende Konfliktfälle finden. Die offene Codierungsregel, Konflikte eine beliebige Anzahl von Konfliktgegenständen zuzuschreiben, ergibt die rechnerische Möglichkeit von mehreren hunderttausend unterschiedlichen Kombinationen. Dennoch kann in CONIS eine solche Variable berechnet werden: 1) bezogen auf die Kommunikationsphase, 2) auf Jahresbasis (alle innerhalb eines Jahres erfassten Konfliktgegenstände, 3) bezogen auf die Gesamtdauer des Konfliktes (alle erfassten Konfliktgegenstände während des Konfliktes).

Trotz der technischen Möglichkeit (siehe nächstes Unterkapitel zur Informationsverarbeitung in CONIS), die verschiedenen Informationen zu Konfliktgegenständen in eine einzige Variable zusammenzuführen, eignet sich diese nicht für eine weitere Typologisierung des Konfliktes. Denn die Unterscheidung der Konfliktgegenstände wurde induktiv, aus dem Arbeitsprozess heraus gewonnen. Es wurde demnach kein theoretisches Konzept zugrunde gelegt, aus dem der Katalog erfassbarer Konfliktgegenstände abgeleitet wurde. Deshalb kann mit der vorliegenden Methode auch keine inhaltliche Priorität einzelner Konfliktgegenstände innerhalb eines Konfliktes bestimmt oder erfasst werden. Da auch aus theoretischen Überlegungen heraus weder die Kombination von Konfliktgegenständen abgelehnt noch die Anzahl der erfassbaren Konfliktgegenstände begrenzt werden kann, ergibt sich eine aus Praktikabilitätsgründen nicht mehr handhabbare Anzahl von Kombinationsmöglichkeiten.

Denn werden selbst nur zwei unterschiedliche Konfliktgegenstände erfasst, bieten sich 45 Kombinationsmöglichkeiten, bei drei sind es bereits 120 und im seltenen, aber nicht unwahrscheinlichen Fall, dass fünf Konfliktgegenstände erfasst werden, gibt es bereits mehr als 250 Kombinationsmöglichkeiten mit unterschiedlicher Bedeutung. Rechnet man alle Kombinationsmöglichkeiten zwischen 1 und möglichen 10 erfassten Codierungen zusammen, ergeben sich mehr als 1.000 denkbare »Konflikttypen«. Da dieser Ansatz offensichtlich für eine schmale Konflikttypologie ungeeignet ist, wird eine weitere Möglichkeit benötigt, um die inhaltliche Dimension politischer Konflikte zu erfassen.

4.2.3.2.4 Politische Konflikte und die Dimensionen des Staatsbegriffes

Die zweite Möglichkeit zur Erschließung des Inhalts des Konfliktgeschehens beruht auf einem vollkommen anderen Ansatz als bei den Konfliktgegenständen[52]. Das vorrangige Ziel dieser Methode ist es, jedem Konflikt einen eindeutigen Indikator seiner Thematisierung zuzuschreiben, der aus einem theoretisch fundierten Konzept abgeleitet wurde. So wäre eine weitere Möglichkeit zur Typologisierung politischer Konflikte gewonnen. Außerdem könnten hier bei auffälligen Häufungen bestimmter Konflikttypen innerhalb eines Landes Defizite in der Struktur eines Staates aufgedeckt werden. Ausgangspunkt dieses Ansatzes ist die Hypothese, dass Staaten für die Sicherheit und den möglichst konfliktfreien Ablauf des Alltags Verantwortung tragen. Das heißt, Staaten stellen Regelungen auf und treffen Vereinbarungen, um den inneren und äußeren Frieden zu wahren. Politische Konflikte, insbesondere wenn sie gewaltsam ausgetragen werden, stellen so die Anomalie dieses Idealzustandes dar. In dieser Sichtweise stellen politische Konflikte ein Defizit in der Aufgabenerfüllung des Staates dar.

Um diese Schwachstellen eines Staates zu lokalisieren wird die Staatselementenlehre von Jellinek herangezogen (Jellinek 1914). Demnach konstituiert sich ein Staat stets aus Staatsvolk, Staatsgebiet und Staatsherrschaft. Erst bei Vorhandensein aller drei Ebenen eines sozialen Gebildes kann nach Jellinek von einem Staat gesprochen werden. Die Überlegung für die folgenden Ausführungen lautet: Wenn ein Staat politische Konflikte aufweist, und politische Konflikte werden hier verstanden als potentiell oder tatsächlich die Sicherheit einer Gesellschaft gefährdende Auseinandersetzungen, dann ist als Ursache ein Defekt in der

---

52 Eine weitere Möglichkeit der inhaltlichen Erschließung von Konfliktthemen innerhalb des CONIS-Ansatzes bezieht sich auf die kulturelle Thematisierung politischer Konflikte und findet sich in Croissant et al. (2009).

Staatskonstruktion zu suchen, also in einen der genannten Felder. Anders betrachtet: wäre die Staatsmacht nach den Wünschen und Vorstellungen aller Beteiligten gestaltet, hätte sich das Staatsvolk nach absolut freien Willen und eigenen Wunsch zusammengeschlossen und wären nur die Gebiete in das Staatsgebiet eingeschlossen, wie es seine Einwohner wünschen, dann gäbe es keine politische Konflikte. Folgt man dieser Logik, können politische Konflikte in Staatsgebiet-, Staatsgewalt- und Staatsvolkkonflikte unterschieden werden. Diese Konflikttypen werden nun näher erläutert.

4.2.3.2.4.1 Der Staatsgebietkonflikt

Das Gebiet eines Staates umfasst den bestimmt abgegrenzten Teil der Erdoberfläche, auf dem dieser Staat seine hoheitlichen Rechte ausübt. Dieses Gebiet schließt alle Binnengewässer und die Eigengewässer an der Küste (Häfen, Buchten, Wattenmeer) ein. Außerdem umfasst es das Küstenmeer, das nach Völkerrecht 12 Seemeilen umfassen darf und dehnt sich zudem auf den Luftraum über dem Landgebiet und dem Küstenmeer bis zu der Höhe, ab der der Weltraum beginnt, aus. (Arndt / Rudolf 1994: 23)

Das Staatsterritorium galt in der quantitativen Konfliktforschung lange Zeit als der Bereich, aus dem die meisten Konflikte zu erwarten sind (Vasquez 1987, Holsti 1991), denn die Annahme lautete, dass nur mit einem ausreichend großen Territorium ein Volk sich selbst ernähren kann und die Verfügbarkeit der für den Aufbau von Wohlstand und Macht notwendigen Ressourcen sichergestellt werden kann. Außerdem verbinden Menschen oftmals emotionale Werte mit bestimmten Gebieten. Aber auch Teilgebiete können für Staaten von wichtiger geostrategischer Bedeutung sein. Sei es, dass sie aufgrund geographischer Gegebenheiten einen Staat besonders verwundbar für Angriffe von außen machen, wie dies beispielsweise die Golanhöhen für Israel sind, oder dass sie Wege für weitere Wirtschaftsbeziehungen eröffnen, wie ein Zugang zum Meer oder Seehäfen.

Politische Konflikte, die diesem Bereich zugeordnet werden können, sind für den zwischenstaatlichen Bereich all jene Konflikte, die vorrangig um die Ausdehnung des Staatsterritoriums geführt wurden, wie beispielsweise der Konflikt zwischen Bolivien und Chile, in dem Bolivien auf die Abtretung bestimmter Territorien von Chile drängt, um einen eigenen Zugang zum Meer zu erhalten. Innerstaatliche Konflikte um Territorien sind all jene, in denen eine Abspaltung, also eine Sezession des Territoriums gefordert wird.

4.2.3.2.4.2 Der Staatsgewaltkonflikt

Die Staatsgewalt bezeichnet die Macht des Staates, Gesetze und Regelungen zu erlassen und durch seine Organe durchzusetzen (Hobe / Kimminich 2004: 69 f.). In vielen Schriften wird der Staatsgewalt ein gewisser Vorrang gegenüber den anderen Merkmalen eingeräumt. Erst durch die Ausübung der Staatsgewalt wird ein Gebiet zum Staatsgebiet und ein Volk zum Staatsvolk. Doch keiner der anderen beiden Begriffe hat im vergangenen 20. Jahrhundert einen derart starken Wandel und einen Umbruch des Völkerrechts ausgelöst. Durch immer weitere Abtretungen von Befugnissen und Kompetenzen an Internationale Organisationen haben Staaten in den letzten Jahren einen Großteil ihres Rechts zur Gestaltung an übergeordnete Institutionen verloren.

In der empirischen Konfliktforschung nimmt die Diskussion um Staatsgewaltkonflikte bislang keine große Bedeutung ein. Dies ist erstaunlich, da die Globalisierungsprozesse der letzten Jahrzehnte nicht nur zu einer immer stärkeren Übertragung von Souveränitätsrechten auf Internationale Organisationen geführt haben, sondern auch zu einer Vielzahl heftiger Kompetenzstreitigkeiten. Auch in innerstaatlichen Konflikten ist die Frage nach Regelungskompetenzen und der generellen Ausrichtung des politischen Systems ein häufig beobachtbares Konfliktphänomen.

Dementsprechend sollen hier jene zwischenstaatlichen Konflikte als Staatsmacht-Konflikte bezeichnet werden, die um die Regelungskompetenz einzelner Staaten geführt werden. Dies können Streitigkeiten um Zölle und andere Handlungsbeschränkungen sein (Jianping / Zhixiang 2005). Der Begriff umfasst aber auch die brisanten Auseinandersetzungen um Rüstungsgüter, wie beispielsweise im Krieg zwischen den USA und dem Irak in der Frage, ob der Irak über einen bestimmten Raketentyp verfügt (Croissant et al. 2009: 151 ff.). Er lässt sich aber auch auf den Streit über den Einsatz der Nukleartechnologie beziehen, wie in den Auseinandersetzungen zwischen Israel und dem Iran (Babgat 2006). Bei innerstaatlichen Konflikten sind Staatsmachtkonflikte solche, die um die gesamtinnerstaatliche Regelungskompetenz geführt werden. Das sind zumeist jene Konflikte, in der das Herrschaftssystem eines Landes nicht oder nicht mehr als legitim angesehen wird. Aber er bezieht auch alle Systemkonflikte mit ein, also beispielsweise ob ein Staat von einem autokratischen auf ein demokratisches Regierungssystem (Merkel / Puhle 1999) wechselt oder ob ein Staat sein Rechtssystem auf den Grundlagen der Scharia (Harnischfeger 2006) beziehen möchte.

4.2.3.2.4.3 Der Staatsvolkkonflikt

Das Staatsvolk setzt sich aus der Gesamtheit der Staatsangehörigen zusammen. Es bildet eine Art Vertragsgemeinschaft, aus der wechselseitige Rechte und Pflichten zwischen Staat und Volk erwachsen. Jeder Staat regelt jedoch selbst, wer Staatsangehöriger ist. Er muss sich dabei nur den Regeln des Völkerrechts unterwerfen. Zu einem modernen Staatsvolkverständnis gehört, dass zwischen einzelnen Gruppen des Staatsvolkes Gleichberechtigung herrscht, dass also niemand auf Grund seines Glaubens, seiner Herkunft oder anderer Merkmale benachteiligt oder ausgegrenzt werden darf. Auf der Ebene des internationalen Systems bedeutet dies, dass ein Staat niemals Bestimmungen über eine fremde Staatsangehörigkeit treffen darf. Die Staatsangehörigkeit wird in der Regel auf zwei unterschiedliche Weisen erworben bzw. vergeben: durch die Geburt, d.h. man ist Angehöriger eines Staates, wenn mindestens ein Elternteil diesem Staat angehört[53] (ius sanguinis) oder durch Antrag und Zustimmung. Staatsvolkkonflikte sind demnach solche Konflikte, bei denen mindestens eine Gruppe diesen Status als gleichberechtigtes Staatsvolk ändern möchte.

Der Begriff der Staatsvolkkonflikte ist in der empirischen Forschung weitgehend unbekannt und nicht gebräuchlich. Gleichwohl gibt es eine Reihe von Konflikten, die sich diesem Schemata zuordnen lassen. So weisen z.B. die so genannten »ethnischen« Konflikte das zentrale Merkmal des Staatsvolkkonfliktes auf. Bei »ethnischen« Konflikten äußert zumindest ein Teil der Bevölkerung, dass er sich mit einem anderen nicht verbunden fühlt, sich von diesem abgrenzen will oder von diesem benachteiligt wird.

Im CONIS-Ansatz sollen entsprechend solche Konflikte als Staatsvolkkonflikte bezeichnet werden, in denen einzelne Gruppen sich nicht dem Gesamtstaat zugehörig oder benachteiligt fühlen. Insbesondere in heterogenen Gesellschaften, in denen unterschiedliche Gruppen eng miteinander vermischt leben, äußern sich diese Konflikte in der Forderung nach (weitergehenden) Autonomierechten oder Abschaffung vermeintlicher Diskriminierungsgesetze. Als zwischenstaatliche Staatsmachtkonflikte sollen solche bezeichnet werden, in denen Staaten die Geschlossenheit des Staatsvolkes anderer Staaten nicht oder teilweise nicht anerkennen. Ein Beispiel für solche zwischenstaatlichen Konflikte ist der Konflikt zwischen Ungarn und seinen Nachbarländern, insbesondere Rumänien (Kolar 1997). Das Angebot des ungarischen Staates, im Ausland lebende ungarische Volksstämme könnten die doppelte Staatsbürgerschaft beantragen, wurde von vielen Nachbarländern, insbesondere von Rumänien, als Eingriff in die inneren

---

53 In der Bundesrepublik Deutschland gilt das primär für verheiratete Paare. Bei unverheirateten Eltern muss der Mann die Vaterschaft anerkennen.

Angelegenheiten aufgefasst. Tatsächlich würde so eine von außen induzierte Veränderung des Staatsvolkes herbeigeführt.

Der hier vorgestellte Ansatz, politische Konflikte einem der drei staatlichen Definitionsmerkmale zuzuordnen, ist ein innovativer Beitrag zur Lösung des Problems einer fehlenden differenzierten Konflikttypologie. Bisher gibt es neben den in KOSIMO und CONIS verwendeten Konfliktgegenständen nur zaghafte Versuche, den Inhalt der Konflikte zu erfassen und zu klassifizieren. Im Gegensatz zu der Fokussierung auf Konfliktgegenstände bietet dieser Ansatz die Möglichkeit, einen Beitrag zu einer stärker analytischen Konfliktforschung zu leisten. Konflikte könnten so klassifiziert und eine vergleichende Analyse des Konfliktverlaufs erleichtert werden. Denn durch den Vergleich von beispielsweise Staatsvolkkonflikten, die in einem Fall gewaltlos und in einem anderen kriegerisch eskaliert sind, könnten einfacher und stringenter als bisher Anleitungen zu »best practice« in Krisensituationen gewonnen werden. Weitere Spezifikationen für eine genauere Vergleichbarkeit könnten hierbei beispielsweise durch Hinzunahme von akteursbezogenen Variablen gewonnen werden. Allerdings ist dieser Ansatz, im Gegensatz zu den Konfliktgegenständen, bisher in der Praxis nicht erprobt und muss seine Praktikabilität erst noch unter Beweis stellen. Auch über die eventuelle Einführung von Mischtypen und deren analytische Aussagekraft müsste in weiteren Forschungsarbeiten reflektiert werden. Es bleibt jedoch ein vielversprechender Ansatz, der seine empirische und analytische Relevanz zukünftig erbringen sollte.

4.2.3.2.5 Akteure

Die Analyse von Akteuren spielt traditionell eine zentrale Rolle in der empirischen Konfliktforschung. Über lange Zeit war es ein konstitutives Merkmal für die Bestimmung relevanter Kriege, denn allein Großmachtkonflikte waren für die empirische Konfliktforschung von Interesse. Machtressourcen in Form von militärischem Kriegsgerät und die Verfügbarkeit über notwendige natürliche Ressourcen zur weiteren Aufrüstung waren hier wichtige Variablen zur weiteren Untersuchung. In den letzten Jahren hat sich mit der Forschung zur Friedfertigkeit demokratischer Systeme ein weiterer Forschungszweig etabliert, der vornehmlich auf die Ausgestaltung politischer Institutionen zielt. Mit dem wachsenden Interesse an innerstaatlichen Konflikten geraten in den letzten Jahren vermehrt nicht-staatliche Akteure in den Fokus der quantitativen Konfliktforschung. Doch noch fehlt hier eine ausreichende Datengrundlage für weitere Analysen. Der CONIS-Ansatz widmet dem Bereich der Akteure besonders große Aufmerksamkeit. Gerade die bislang wenig erforschten nicht-staatlichen Akteure werden in CONIS ausgiebig empirisch erfasst. Neben der Akteursqualität nimmt für die

Konfliktanalyse auch die Rolle eines Akteurs innerhalb des Konfliktsystems eine herausgehobene Stellung ein. Diese Aspekte werden in den folgenden Teilabschnitten diskutiert.

4.2.3.2.5.1 Staatliche und nicht-staatliche Akteure in politischen Konflikten

Für lange Zeit galt das vornehmliche Interesse der quantitativen Konfliktforschung, wie oben dargestellt, allein Staaten und deren Konflikten untereinander. In CONIS werden neben den staatlichen Akteuren auch alle nicht-staatlichen Akteure einzeln erfasst und mit weiteren Informationen zur Größe, dem Organisationsgrad, der Art der Bewaffnung und der Art der Finanzierung, soweit dies bekannt ist, vercodet. Aus Gründen der Vereinfachung wird bei nicht-staatlichen Gruppen von der Geschlossenheit aller Akteure ausgegangen, d.h. einzelne Gruppen innerhalb des Akteurs, deren Meinung von den Eliten abweicht, werden in der Akteursdatenbank nicht erfasst. Gegebenenfalls wären diese aber über die erfassten Konfliktmaßnahmen nachvollziehbar. Erst wenn sich eine Gruppe deutlich abspaltet und über eine eigene Organisationsstruktur verfügt und dabei weiter am Konflikt teilnimmt, wird ein eigener, neuer Akteur angelegt.

Eine gewisse Sonderrolle unter den nicht-staatlichen Akteuren nehmen die privaten Sicherheitsfirmen ein. Sie können in CONIS zwar als nicht-staatliche Akteure angelegt werden, allerdings sind die vorgegebenen Möglichkeiten zur weiteren Beschreibung des nicht-staatlichen Akteurs tatsächlich eher auf klassische Bürgerkriegsparteien ausgelegt. Bisher stehen keine weiteren Daten zur militärischen Stärke oder zum personellen Umfang der Firmen zur Verfügung. Es besteht jedoch die Möglichkeit, diese nachzutragen.

Eine dritte Gruppe von Akteurstypen stellen in CONIS internationale Organisationen (I.O.) dar. Diese sind in der Datenbank zentral angelegt. Weitere Informationen, die Rückschluss auf Größe, Macht oder Struktur der I.O. geben, können hinzugefügt werden. Jeder Akteur, der sich an der Konfliktkommunikation beteiligt und Einfluss auf den Verlauf des Konfliktprozesses nimmt, gilt als Bestandteil des Konfliktsystems. Im CONIS-Ansatz werden die Akteure nach definierten Rollen unterschieden, die die Parteien im Verlauf des Konfliktes auch wechseln können.

4.2.3.2.5.2 Direkt beteiligte Parteien

Direkt beteiligte Parteien (in der CONIS-Datenbank als »*Direct Actors*« bezeichnet) sind Staaten oder nicht-staatliche Akteure, die a) selbst Forderungen hinsichtlich konfliktrelevanter Gegenständen erheben (den status quo ändern

wollen) oder b) Ziel bzw. Adressat dieser Forderungen sind und diese zurückgewiesen haben. Damit ein Akteur zum direkten Akteur innerhalb eines Konfliktes
wird, ist es also notwendig, dass er selbst aktiv handelt und beispielsweise eine
Forderung erhebt oder diese aktiv zurückweist. Während der Konfliktlaufzeit ist
es möglich, dass drei oder mehr aktive Akteure an dem Konflikt beteiligt bzw. in
den Konflikt involviert sind. Ein Eintritt oder Austritt während des Konfliktes ist
jederzeit möglich.

4.2.3.2.5.3 Unterstützende Parteien

Unterstützende Parteien (in der CONIS-Datenbank als »*Supporter*« bezeichnet)
verfolgen, anders als die direkten Akteure, nicht aktiv eigene Ziele. Das heißt,
sie nehmen weder selbst an Kampfhandlungen teil, noch formulieren sie Forderungen an andere Akteure oder sind Adressaten dieser Forderungen. Für die
Analyse der Akteurskonstellation ist eine genaue Untersuchung bzw. Feststellung unterstützender Parteien wichtig, denn sie können aus schwachen Akteuren
durch ihre Unterstützung starke machen. Die Bedeutung dieser Variable liegt
nicht nur in den Zeiten des Kalten Krieges mit ihren so genannten Stellvertreterkriegen. Die hohe Bedeutung für die aktuelle Konfliktlage wird am Beispiel der
Konflikte im Irak und in Afghanistan deutlich. Denn der Einsatz der US-amerikanischen Truppen als Kriegspartei endete mit dem Sieg der Nordallianz in Afghanistan und der mit dem Sturz bzw. der Verhaftung Saddam Husseins im Irak.
Seitdem werden die US-amerikanischen Truppen nur noch als Unterstützungs-
partei für die offiziellen afghanischen bzw. irakischen Regierungstruppen gesehen. In der Codierung bietet CONIS die Möglichkeit zwischen verschiedenen
Formen der Unterstützung, zum Beispiel militärische, ökonomische oder politische Zuwendung zu codieren.

4.2.3.2.5.4 Einmischung von Dritter Seite: Interventionskräfte

Die Akteurskategorie Interventionskräfte erfasst analytisch die Rolle der Vermittler oder einer humanitären Intervention. Gerade die zunehmende Bedeutung
der UN-Friedenseinsätze nach 1990 machte die Einführung einer dritten Akteurskategorie notwendig. Vermittler oder UN-Blauhelme verfolgen anders als
die oben besprochenen direkt beteiligten Akteure keine eigenen Interessen im
Sinne der Konfliktanalyse. Im Idealfall lautet ihr Interesse Deeskalation des
Konfliktes, Einstellung der Gewalthandlungen. Natürlich gibt es auch hier Abgrenzungsprobleme. Gerade in den letzten Jahren mit der Ausweitung der Man-
datierung (»robuste Mandate«) kamen die UN-Blauhelme wegen angeblicher

Parteilichkeit oder zu starker Einflussnahme in die Kritik. Dennoch halten wir eine eigene Kategorisierung aus oben genannten Gründen für sinnvoll.

Die Unterscheidung von Konfliktparteien nach ihrer Rolle macht deutlich, dass nicht alle Kommunikationen für die Konfliktanalyse gleich wichtig sind. Um die Konfrontationslinien des Konfliktes zu erfassen, wird die Kommunikation zwischen den direkt beteiligten Akteuren untersucht. Dort, wo diese Kommunikation mit einem Widerspruch versehen ist, wird eine Konfrontation festgestellt und die widersprechende Konfliktpartei als Konfliktgegner erfasst. Ein Akteur kann gegen nur einen, aber auch gegen alle direkt beteiligten Parteien eine Konfrontation führen. Konfrontationslinien in Mehrparteien-Konflikten können sich während des Konfliktes verändern.

4.2.3.2.5.5 Geografische Ausdehnung eines Konfliktes

Ein bisher nur wenig berücksichtigtes Merkmal politischer Konflikte ist ihre geographische Ausdehnung (Reuber / Wolkersdorfer 2001, Buhaug / Lujala 2005, Furlong et al. 2006, Oßenbrügge 2007, Le Billon 2008). Doch im Zusammenhang mit der Diskussion um den vermeintlichen Wandel innerstaatlicher Kriege hat dieser Aspekt in jüngerer Vergangenheit deutlich an Bedeutung gewonnen. Geografie wird demnach in zweierlei Hinsicht diskutiert: Erstens geht es um die Frage, ob das Gebiet, in dem ein Konflikt stattfindet, besondere Merkmale aufweist, wie beispielsweise das Vorkommen von Rohstoffen. Zweitens wird bei innerstaatlichen Konflikten über die Bedeutung der geographischen Ausdehnung der Kampfhandlungen oder des Rückzugsgebietes von Gruppierungen über mehrere Staaten hinweg diskutiert, sogenannte »transnationale Konflikte« (Gledditsch 2007).

In CONIS werden alle Staaten erfasst, in denen der Konflikt gewaltsam ausgetragen wird. Diese können, müssen aber nicht gleich mit den Staaten der »direkt beteiligten Akteure« sein. Deutlich macht dies das Beispiel des Krieges der USA gegen den Irak: An diesem Konflikt waren beide Staaten direkt beteiligt, doch Kampfgebiet war ausschließlich der Irak. Zudem kann sich der betroffene geographische Raum verändern, beispielsweise indem Rebellengruppen in Nachbarstaaten flüchten, sie aber dort von der Armee des ursprünglichen Staates angegriffen werden.

Die Variable »affected country« ermöglicht eine genauere Analyse des Konfliktgeschehens, weil sie eindeutig unterscheidet zwischen Konfliktbeteiligung und Konfliktbetroffenheit. Es kann auf diese Weise analysiert werden, welche Staaten in der Lage sind, ihr Territorium von gewaltsamen Konflikten frei zu halten. Daraus kann schließlich abgeleitet werden, welche Staatsstrukturen zu einer höheren Konflikterfahrung beitragen als andere.

Angaben zu den von Konflikten betroffenen Staaten liegen bei CONIS ebenfalls in drei Datenformaten vor und zwar (1) bezogen auf die Kommunikationsphasen, (2) auf Jahresbasis (alle betroffenen Staaten eines Jahres) sowie (3) auf Basis der Konfliktdauer (alle betroffenen Staaten während des Konfliktes).

4.2.3.2.6 Politische, Militärische, Territoriale Ergebnisse eines Konfliktes

Politische Gewalt wird im CONIS-Ansatz als instrumentell angesehen, auch wenn die dem Konflikt zugrunde gelegte Gewalt nicht immer rational im westlichen Sinne erscheint. Um zu überprüfen, ob Akteure tatsächlich ihre Ziele erreichen, werden Konflikte in CONIS nach den gleichen Regelungen wie im KOSIMO Projekt vercodet. Das heißt, es wird nach den politischen, militärischen und territorialen Ergebnissen *(political, military and territorial consequences)* des Konfliktes gefragt. Möglich wird so die Überprüfung von Forschungsfragen, die sich mit der tatsächlichen Erringung der nationalen Macht, der militärischen Niederwerfung des Gegners oder den Eroberungen von Gebieten beschäftigen. Da solche Ergebnisse auch nur Zwischenergebnisse eines Konfliktes sein können, werden diese Variablen ebenfalls mit einem Zeitdatum erfasst. Auch so können Konfliktdynamiken erklärbar und nachvollziehbar werden. Allerdings genügte die bisher erreichte Datenqualität in diesen Variablen nicht den Anforderungen, um in dieser Arbeit weiter berücksichtigt werden zu können.

4.2.3.2.7 Todesopfer und Flüchtlinge

Die Anzahl der Todesopfer sind in der Heidelberger Konfliktforschung traditionell ein wichtiger Bezugspunkt. Auch wenn im CONIS wie früher im KOSIMO Ansatz Todesopfer bei der Bestimmung der Konfliktintensität keine Schwellenfunktion ausüben, so sind sie dennoch bei der Bestimmung der Intensität wichtig. Sie können als Gradmesser der Gewalt verstanden werden und geben so Aufschluss darüber, wie der Konflikt ausgetragen wird. Die Schwierigkeiten bei der tatsächlichen Bestimmung der Opferzahlen und die problematische Informationslage wurden in den vorangegangenen Kapiteln bereits angesprochen. Im Datensatz werden diese berücksichtigt, indem alle Daten zu Todesopferangaben mit Minimal- und Maximalangaben versehen werden, um die Bandbreite der Angaben widerzuspiegeln. Darüber hinaus erfasst CONIS die Todesopfer in drei Zeitebenen, die den Gepflogenheiten entsprechen, mit denen Agenturen über die Anzahl der Todesopfer berichten. Die erste Ebene ist situationsgebunden, beispielsweise bei einem Angriff oder bei anhaltenden Kämpfen innerhalb eines begrenzten Zeitraums (Variable: *casualties*). Die zweite bezieht sich auf die Angaben zu Todesopfern innerhalb eines Jahres (*casualties* year). Die dritte Ebene erfasst die Todesopferangaben, die sich auf die gesamte Konfliktverlaufszeit beziehen (*casualties total*). Die Erfassung dieser Angaben zeigt oftmals eklatante Widersprüche zwischen den einzelnen erfassten Angaben zu Todesopfern und den Jahres- oder Gesamtangaben. Bei der Einschätzung von Konfliktintensitäten wird jeweils jene Information herangezogen, die unter Abwägung der grundsätzlichen Informationslage im entsprechenden Land und unter Berücksichtigung der ungenauen Informationen in komplexen Konfliktsituationen als die plausibelste erscheint.

Flüchtlingsangaben werden prinzipiell nach den gleichen Kriterien wie Todesopfer erfasst (*refugees, refugees year, refugees total*). Eine Besonderheit in der Erfassung stellt die jeweilige Angabe von Herkunftsland und Zielland dar. So kann ermittelt werden, welche Flüchtlinge so genannte Binnenflüchtlinge sind, die also innerhalb ihres Heimatlandes beispielsweise von einer Region in eine andere flüchten. Aber auch die Flüchtlingsströme zwischen Staaten werden so sichtbar. Ähnlich wie bei den Angaben zu Todesopfern spielt auch hier die Zuverlässigkeit der Informationsquellen eine wichtige Rolle, die bei der Bewertung der Konfliktfolgen stets zu berücksichtigen ist.

4.2.4   Zusammenfassung und Bewertung

Der CONIS Datensatz verbindet die Vorteile einer qualitativen Konfliktdefinition mit denen der quantitativen Ereignisdatenanalyse: Die qualitativen Kriterien bestimmen und kategorisieren Konflikte und deren Erscheinungsformen in Rückbezug auf die Mittel, mit denen sie ausgetragen werden, und die Wirkung, die diese Instrumente des Konfliktaustrags hervorrufen. Die als Ereignisdaten codierten Kommunikationen dienen als Informationsquelle für die Bestimmung der Konfliktstruktur und nach außen als Nachweis der korrekten, qualitativen Bewertung der Konflikte. Zudem bieten die als Ereignisdaten codierten Kommunikationen die Möglichkeit, Konfliktänderungen zu erkennen und abzubilden.

4.3   *Informationen in CONIS*

Informationen sind der zentrale Begriff in CONIS. Die Sorgfalt bei der Auswahl, die Genauigkeit bei der Erfassung und die Übersichtlichkeit bei der Präsentation der Daten entscheiden letztendlich über das Gelingen des gesamten CONIS-Projektes. Die Frage nach der Auswahl der Informationsdaten und entsprechenden Quellen hatte innerhalb der empirischen Konfliktforschung lange Zeit nur einen geringen Stellenwert. Denn für zwischenstaatliche Kriege, die während des Kalten Krieges den Hauptuntersuchungsgegenstand bildeten, waren entsprechende Informationen ausreichend leicht zu bekommen und ihr Wahrheitsgehalt blieb meist unbestritten. Dies änderte sich erst mit der Verlagerung des Forschungsschwerpunktes auf innerstaatliche Kriege. Die Komplexität dieser Konfliktform erforderte eine genaue Auseinandersetzung mit den unterschiedlichen Handlungssträngen vieler innerstaatlicher Konflikte sowie einer eingehenden Auseinandersetzung mit der Frage, ab welchem Zeitpunkt von Konflikt, Krise oder Krieg zu sprechen ist. Mit der rasant wachsenden Anzahl der innerstaatlichen gewaltsamen Konflikte wuchs innerhalb und außerhalb der Gemeinschaft der quantitativen empirischen Konfliktforschung das Interesse an Zahlen, Daten und Fakten, also an den Ergebnissen der Datenerhebung. Auch diesen Anforderungen soll das Informationssystem CONIS genügen. Dabei müssen unterschiedliche Zielgruppen bedient werden. Denn zum einen sah das Forschungsprojekt, in dessen Rahmen CONIS entwickelt wurde, vor, das Informationssystem primär als Instrument der Risikoanalyse einzusetzen. Andererseits sollten jedoch auch zuverlässigere und genauere Daten für die wissenschaftliche Forschung zur Verfügung gestellt werden. In diesem Abschnitt werden nun diese informationsbezogenen Aspekte innerhalb des CONIS Projektes näher beleuchtet.

4.3.1 Auswahl der Informationsquellen

Als eines der wenigen Projekte innerhalb der quantitativen empirischen Konfliktforschung stellt der Heidelberger Ansatz, jeweils aktuell mit dem Konfliktbarometer des HIIK, auch Daten zu Konflikten unterhalb der Kriegsschwelle zur Verfügung. Diese Art von Konflikten, die meist nicht im Fokus der internationalen Presse steht, lässt viele Nutzer der Heidelberger Daten nach der Herkunft der Informationen fragen. Insbesondere für die Konfliktstufe der »gewaltlosen Krise«, die vorrangig für die Zwecke der Konfliktfrühwarnung interessant ist, wird nach der Zuverlässigkeit der Angaben gefragt. Wie im vorderen Teil der Arbeit bereits dargestellt, lassen sich grob drei Arten der Informationsgewinnung innerhalb der quantitativen Konfliktforschung unterscheiden: die Auswertungen öffentlich zugängliche Quellen a) über manueller Auswertungen oder b) über computergestützte Programme, die die Tickermeldungen automatisch codieren oder c) ein mehr ergänzender, als alternativer Weg: über die Beschäftigung von Agenten, die vor Ort leben und konfliktrelevante Daten erheben.

4.3.1.1 Informationsgewinn über öffentlich zugängliche Quellen

Die Verfügbarkeit öffentlich zugänglicher Informationsquellen ist in den letzten Jahren deutlich gestiegen. Dies ist zum einen einem grundsätzlichen Fortschritt bei der Speicherung großer Datenmengen zu verdanken. Denn musste noch zu Beginn der Heidelberger Konfliktforschung und insbesondere bei den ersten Ausgaben des Konfliktbarometers, Anfang der 1990er Jahre, ein Schnipselarchiv erstellt und gepflegt werden, indem Zeitungsausschnitte per Hand und nach Ländern geordnet in einzelne Hängeregister sortiert wurden, so standen ab Ende der 1990er Jahre ganze Archive einzelner Zeitungen auf einer einzigen DVD zur Verfügung. Die Menge an Informationen in Verbindung mit einer sehr genauen Stichwortsuche erleichterte das Auffinden relevanter Informationen erheblich.

Eine weitaus drastischere Veränderung in der Verfügbarkeit öffentlich zugängliche Quellen stellt die Entwicklung und Verbreitung des Internets dar. Für die Erstellung des Konfliktbarometers lässt sich ziemlich genau datieren, dass etwa ab dem Jahr 1999, spätestens aber ab 2000 das Internet zu einer unverzichtbaren Quelle wichtiger Informationen zum globalen Konfliktgeschehen wurde. In diesen Jahren stellte eine Vielzahl von nationalen und internationalen Zeitungen ihre Archive, teilweise sogar aktuelle Ausgaben zur kostenfreien Nutzung ins Internet. Ab diesem Zeitpunkt konnte mit einer bisher unbekannten Aktualität relevante Informationen auch aus den abgelegensten Winkeln der Erde abgefragt werden. Hinzu kam eine wachsende Anzahl von Seiten im Internet, auf denen beispielsweise Mitarbeiter von humanitären Hilfsorganisationen, die im Feld operierten, Informationen zum Konfliktaustrag veröffentlichten. Im Laufe der Jahre entdeckten selbst Rebellenorganisationen, oder allgemeiner, beteiligte nicht-staatliche Akteure, die Wirkung von im Internet verbreiteten Informationen über sich selbst oder über ihre vermeintlichen Erfolge im Kampf. Insgesamt ist die Informationslage ab dem Jahr 2000 wesentlich breiter und quantitativ größer, als in früheren Jahren.

In den 1990er Jahren standen dem Heidelberger Institut für Internationale Konfliktforschung und damit dem KOSIMO Projekt fast ausschließlich die großen, überregionalen deutschen Tageszeitungen und die Neue Züricher Zeitung als Informationsquellen zur Konfliktrecherche zur Verfügung. Hinzu kamen Artikel aus populären und wissenschaftlichen Zeitschriften, sowie themenrelevante Sammelbände und Monographien, die kursorisch gesucht wurden. Bis dahin galt der Teilinformationen sicher und zuverlässig. Doch spätestens mit der direkten Zugänglichkeit zu Informationen, die direkt aus dem Kampfgebiet stammten, beispielsweise Zeitungen aus Bürgerkriegsländern, stellte sich die Frage nach der Richtigkeit und Vertrauenswürdigkeit dieser neuen Quellen. Bis heute ist diese Frage relevant und wird, angesichts der Einsparungen vieler öffentlich finanzierter Medien, die global berichten, wie beispielsweise die BBC von immer größerer Bedeutung.

Eine pauschale und allgemein gültige Antwort auf die Frage nach der Zuverlässigkeit von Informationsquellen kann jedoch es nicht geben. Richtig ist sicherlich, dass zur Einschätzung des Wahrheitsgehalts und der Ausgewogenheit der Berichterstattung eine gute, bis sehr gute Kenntnis des Konfliktes, der beteiligten Akteure und insbesondere der Pressefreiheit des betroffenen Landes vonnöten ist. Als zuverlässig werden in Heidelberg vor allem internationale, unabhängige Medien gewertet, die in aller Regel keine eigenen Interessen, politischer oder wirtschaftlicher Art, in Bezug auf spezielle Konflikte verfolgen. Dazu zählen neben der BBC Medien wie alle westlichen überregionalen Tageszeitungen. Gleiches gilt für wissenschaftliche Publikationen, wobei hier, insbesondere bei Veröffentlichungen aus so genannten »think tanks« eine politische Färbung zumindest überdacht werden muss. Bei allen anderen Informationsquellen wird versucht, erhaltene Informationen durch weitere Quellen zu bestätigen. Ist dies nicht möglich, wird in Einzelfällen Rücksprache mit externen Länderexperten gehalten, um den Wahrheitsgehalt der Meldung einschätzen zu können. Verbleiben Zweifel und ist die Information strukturrelevant, verändert sich beispielsweise eine Intensität, wird die Information ignoriert. Maßgeblich im CONIS-Ansatz ist demnach die intersubjektive Nachvollziehbarkeit aller erfassten Informationen. Deshalb wird bei der Datenerfassung zu jeder Konfliktmaßnahme die Informationsquelle angegeben (siehe auch Seite 173).

Bereits an anderer Stelle war auf die Möglichkeit einer automatisierten Erfassung der Konfliktinformationen über so genannte Leseroboter eingegangen worden, wie sie von Schrodt (1994, 2006) für die Kensas Konfliktdatenbank entwickelt worden ist. Angesichts der großen Informationsflut und dem enormen Arbeitsaufwand, den die Codierung der Konfliktmaßnahmen verlangt, stellt die automatiserte Informationscodierung eine überlegenswerte Alternative dar. Allerdings erscheint es angesichts der differenzierten Sichtweise im CONIS-Ansatz auf komplexe Konfliktsituationen als kaum denkbar, dass über eine automatisierte Texterkennung Informationen fehlerfrei einzelnen Konflikten zugeordnet werden könnte. Denkbar hingegen wäre ein gemischter Einsatz von automatisierte Erfassung und manueller Codierung. So könnte ein automatisiertes System konfliktrelevante Informationen nach Land und möglicherweise der geographischen oder politischen Region innerhalb des Landes vorsortieren, und so dem Bearbeiter, der weiterhin die Nachricht liest, analysiert und bewertet einen Teil der Recherchearbeit abnehmen. Doch nach heutigem Kenntnisstand erscheint die Arbeit eines menschlichen Konfliktanalysten, der die Informationen sachlich bewertet und die Intensität bestimmt, als unverzichtbar.

4.3.1.2 Informationsgewinn über Agenten

Trotz aller Verbesserungen und Fortschritte im Bereich der öffentlich zugänglichen Informationsquellen gab und gibt es erhebliche Zweifel an der Zuverlässigkeit und Glaubwürdigkeit dieser Art der Informationsbeschaffung. Gerade in Ländern mit autoritären Regimen sei die Medienkontrolle derart stark, dass alle vor Ort zugelassenen Zeitungen und Zeitschriften nie frei Bericht erstatten könnten, sondern immer ein geschöntes Bild der Wirklichkeit in diesen Ländern zeichnen müssten. Damit seien aber die für die Konfliktfrühwarnung so wichtigen Informationen über das Stimmungsbild in der Bevölkerung, über die Verschlechterungen der Wirtschaftslage oder über Erfolg oder Misserfolg wichtiger Reformen nicht eruierbar. Auch ausländische Korrespondenten namhafter internationaler, westlicher Zeitungen würden an dieser Situation kaum etwas verändern, dass sie auf die Akkreditierung des ausländischen Regimes angewiesen sein und deshalb ebenfalls eine zu kritische Berichterstattung vermeiden würden.

Um also an die für eine Konfliktfrühwarnung wichtigen Informationen zu gelangen, schlagen diese Kritiker als Ergänzung zu den öffentlich zugänglichen Informationsquellen die Verbindung zu Leuten vor, die im Land selbst leben, gute Kontakte zu einer Oppositionsbewegung bzw. zum politischen Widerstand haben und so Informationen über den Zustand des Landes liefern können, die anderswo nicht zu bekommen seien. Diese Informationen sollen in regelmäßigen zeitlichen Abständen geliefert werden, damit Veränderungen frühzeitig erkannt werden können. In allen bekannt gewordenen Fällen[54] wurde diesen Kontaktpersonen, die auch als Agenten bezeichnet werden, eine gewisse Aufwandsentschädigung bezahlt, in Staaten mit besonders repressiven Regimen lag die Entlohnung aufgrund der Gefahrenzulage etwas höher. In einem Fall soll es jedoch tatsächlich zu einer Inhaftierung einer solchen Kontaktperson gekommen sein. Das Programm zur Anwerbung weiterer Agenten wurde daraufhin eingestellt.

Bereits dieser letzte Punkt verdeutlicht, dass die Arbeit mit diesem Agentenmodell gefährlich sein kann und das Risiko fast ausschließlich von den Leuten vor Ort getragen wird. Doch außer diesem ethischen Problem findet sich noch eine Reihe weiterer Kritikpunkte, die den effektiven Nutzen dieser Art der Informationsbeschaffung fraglich erscheinen lässt. Dies beginnt mit der Auswahl des Agenten. Für die Anwerber ist es im Normalfall nur schwer von außen einsichtig, wie sich die politische Opposition in einem repressiven Staat organisiert, wo

---

54 Diese Informationen wurden dem Autor in persönlichen Gesprächen mitgeteilt. Auch wenn diese zwischenzeitlich einige Jahre zurückliegen, so soll an dieser Stelle dennoch auf die Angabe genauerer Quellen verzichtet werden. Denn ein Großteil dieser Informationen ist inzwischen öffentlich zugänglich und ein Rückschluss auf die damaligen Informanten wäre denkbar.

die Zentren und wo die Peripherie dieser Bewegung liegt. Bei einer unglücklichen Auswahl des Agenten oder bei einer Verschiebung der Kraftzentren innerhalb der Oppositionsbewegung könnten also wichtige Informationen am Agenten vorbei laufen und der erhoffte Informationsvorsprung ist nicht realisierbar. Aber auch die, absolut zu Recht gezahlte Aufwandsentschädigung an den Agenten kann sich mittel-, bis langfristig als kontraproduktiv erweisen. Denn selbst wenn diese Zahlungen keine nennenswerten Höhen erreichen, können sie im Einzelfall für den Agenten einen wichtigen Zuerwerb oder sogar die Existenzsicherung bedeuten. Deshalb dürfte dieser Agent großes Interesse haben, seinen Auftrag nicht zu verlieren und so versucht sein, den Auftraggeber mit interessanten Informationen zu versorgen, umso die Aufmerksamkeit weiterhin auf sich bzw. sein Land zu lenken und die Notwendigkeit seiner Arbeit zu unterstreichen. Der Wahrheitsgehalt oder die Bedeutung dieser Informationen kann deshalb auch geringer ausfallen, als es sich der Auftraggeber wünschen würde.

Im direkten Vergleich beider Ansätze, der Nutzung von öffentlich zugänglichen Informationsquellen und dem zusätzlichen Einsatz von Agenten, gibt es keinen eindeutigen Sieger. Beide haben ihre Vor- und ihre Nachteile, beide können keine Garantie über die Vollständigkeit und Richtigkeit der durch sie gewonnenen Informationen geben. Ein eindeutiger Vorteil der Nutzung öffentlich zugängliche Informationsquellen gegenüber dem Agentenmodell liegt sicherlich in der Kostenfrage. Agenten kosten Geld, das für andere Bereiche der Konfliktfrühwarnung dann nicht zur Verfügung steht. Allein schon aus diesem Grund hat sich die Heidelberger Konfliktforschung bisher stets auf die Auswertung der öffentlich zugänglichen Quellen beschränkt. Der individuelle Eindruck, die jedoch nicht auf einen systematischen Vergleich der Ergebnisse der Konfliktfrühwarnung beruht, ist, dass in Zeiten des Internets mit seinen vielfältigen interaktiven Mitteilungsmöglichkeiten über Videoplattformen, sozialen Netzwerken oder Kurznachrichtendiensten die Informationsmöglichkeiten über öffentlich zugängliche Quellen nicht schlechter ist als über Agentenmodelle. Die Bewertung dieser Informationen ist dann jedoch eine andere Frage.

4.3.2   Der Datenerhebungsprozess in CONIS

Eine der wichtigsten Veränderungen im Arbeitsablauf der Heidelberger Konfliktforschung, die durch CONIS initiiert wurde, ist der Datenerhebungsprozess. Während in den 1990er Jahren die Erfassung der Konfliktdaten in KOSIMO und für das Konfliktbarometer aufgrund mündlicher Kommunikation, oder in Form sehr kurzer Sätze, die dann im Konfliktbarometer abgedruckt wurden, erfolgte, sind für die Erfassung der Konfliktdaten in CONIS sehr umfangreiche, bisweilen auch sehr zeitaufwändige Arbeitsschritte notwendig. Diese jedoch sichern die

Überprüfbarkeit der Konfliktdaten und damit die Qualität des gesamten Projektes. Im Folgenden werden nun die zentralen Merkmale des Datenerhebungsprozesses bei CONIS vorgestellt.

4.3.2.1 Arbeiten in regionalen Arbeitsgruppen und Dezentrale Datenerhebung

Die Ursprünge der Heidelberger Konfliktforschung liegen in den von Professor Frank R. Pfetsch geleiteten Forschungsprojekt, an dessen Ende ein fünfbändiges Kompendium zum globalen Konfliktgeschehen im Zeitraum zwischen 1945 und 1990 sowie die erste Version der KOSIMO Datenbank stand. Dieses erste Forschungsteam, das neben Professor Pfetsch aus sechs weiteren Mitgliedern bestand, bildete auch die Gemeinschaft der Gründungsmitglieder des Heidelberger Instituts für internationale Konfliktforschung und die Redaktion des ersten Konfliktbarometers. Mit dem Abschluss der wissenschaftlichen Qualifikationsarbeiten dieses ersten Teams mussten neue Mitarbeiter für die Konfliktforschung gewonnen werden. Ab Mitte der 1990er Jahre öffnete sich der Verein und lud vor allem junge Studenten zur Verstärkung des Teams ein, das bis dahin ausschließlich aus Promovierenden oder Postdoktoranden bestand.

Bereits ab 1997 war das Team so groß, dass man die Aufteilung in verschiedene Arbeitsgruppen, die nach Regionen gegliedert waren, vornahm. Jedes Team bestand somit aus erfahrenen, langjährigen Mitarbeitern und neuen, jungen Studenten, denen so die Möglichkeit gegeben wurde, Erfahrungen in der empirischen Konfliktforschung zu sammeln. Diese Struktur ist bis heute gültig und organisiert die Datenerhebung der seit Einführung von CONIS stets zwischen 80 und 120 liegenden Anzahl der Mitarbeiter.

Mit einer solchen hohen Anzahl an Mitarbeitern in Verbindung mit den hohen Anforderungen des CONIS Konfliktmodells an Datenanzahl und Informationsquellen musste auch eine technische Möglichkeit gefunden werden, um den Datenerhebungsprozess zu erleichtern bzw. zu ermöglichen. Die Lösung bestand für lange Jahre in einem kleinen Computerprogramm, das lokal auf dem Computer des Mitarbeiters läuft und eine Schnittstelle zur zentralen CONIS-Datenbank aufweist. Die vom Konfliktbearbeiter erfassten Daten wurden dann zusammen mit diesem Programm an den Administrator der Datenbank geschickt und dort eingelesen. Der große Vorteil bestand u.a. darin, dass der Bearbeiter die gesamte Historie des von ihm zu bearbeitenden Konfliktes einsehen und bearbeiten konnte. Diese Lösung wurde ab dem Jahr 2002 entwickelt und umgesetzt, zu einem Zeitpunkt also, in denen der kostengünstige Zugang zum Internet noch nicht verbreitet war. Das Konfliktbarometer 2003 war das erste, dessen Daten auf der neuen Art der Datenerhebung fußten. Erst etwa acht Jahre später konnte die Umstellung auf ein nun serverbasiertes und internetgestütztes Eingabesystem erfolgen. Mithilfe dieses Eingabesystems konnten bis Ende 2008, also in einem Zeitraum von etwa fünf Jahren, mehr als 45.000 per Hand codierte Konfliktmaßnahmen zu 806 politischen Konflikten in CONIS erfasst werden. Hinzu kommt eine Reihe weitere Datensätze, wie die etwa 16.000 Werte für die Jahresintensität oder die knapp 47.000 Datenpunkte für die pro Jahr an den Konflikten beteiligten Akteure.

Um die Datenqualität zu wahren, wurden sowohl in den Programmen der Direkteingabe als auch in der Datenbank selbst eine Reihe von kleinen Tools geschrieben, die offensichtlich falsche oder sich widersprechende Eingaben verhinderten (vgl. Seite 212). Doch neben diesen technischen Instrument der Qualitätssicherung wurde und wird auch auf inhaltlicher Ebene für eine korrekte Datenerhebung gesorgt.

4.3.2.2   Qualitätssicherung während des Datenerhebungsprozesses

Das CONIS Konfliktmodell, das politische Konflikte als soziale Systeme behandelt, verlangt vom Konfliktbearbeiter eine nicht unerhebliche Menge an methodischen Wissen und die Bereitschaft, sich sowohl in die Konflikthistorie als auch in das aktuelle Geschehen einzuarbeiten. Dabei erweist es sich oft als notwendig, auch weitere Konflikte im direkten Umfeld zur Kenntnis zu nehmen und deren Struktur und Verlauf zu kennen. Verschiedene vom HIIK und von CONIS bereitgestellte Instrumente helfen dabei, dem Konfliktbearbeiter ein schnelles Einfinden in die Konfliktstrukturen zu ermöglichen und gleichzeitig die Qualität der Datenerhebung über alle Regionalgruppen hinweg auf einem gleich bleibend hohem Niveau zu sichern.

Das wichtigste Instrument der Qualitätssicherung ist das Arbeiten in Regionalgruppen, bzw. in Sub-Regionalgruppen. Diese gliedern sich entsprechend der sowohl in CONIS als auch im Konfliktbarometer wiederfindende Einteilung der Länder in die Regionen Europa, Afrika, Amerika, Asien und der Region Vorderer und Mittlerer Orient. Darüber hinaus haben die meisten Regionalgruppen weitere Unterteilungen, um die lokalen Besonderheiten der Konfliktsysteme besser zu bestimmen und analytisch fassen zu können. In den regelmäßig stattfindenden Treffen, die von den Regionalgruppenleitern einberufen werden, wird einerseits methodisches Wissen von den langjährigen Mitarbeitern an die Neuen weitervermittelt, gleichzeitig aber auch aufgetretene Schwierigkeiten bei der Codierung einzelner Konflikte in der Gruppe gemeinsam besprochen. Finden sich für diese Fragen keine Referenzbeispiele aus der Vergangenheit wird dieses Problem an ein Gremium, das sich mit diesen Fragen befasst, und zumeist aus den Leitern aller Regionalgruppen besteht, weitergeleitet und dort besprochen. Außerdem lassen sich die Gruppenleiter bei diesen Treffen von ihren Mitarbeitern regelmäßig über ihre Arbeit und den neueren Entwicklungen innerhalb des Konfliktes Bericht erstatten oder bieten Hilfe an, wenn weitere Recherchearbeit notwendig ist. Hinzu kommen in einigen Regionalgruppen feste Abgabetermine für Aktualisierungen des Datensatzes während des Jahres sowie schriftliche Kurzberichte.

Das zweite wichtige Instrument, das zur Sicherung der Datenqualität eingesetzt wird, sind die Konfliktdaten-Eingabemasken. Denn sie enthalten pro Konflikt alle bisher gespeicherten Daten und ermöglichen so jedem Mitarbeiter einen Einblick in die Konflikthistorie, ohne weitere eigene Recherche. Der Mitarbeiter kann nicht zuletzt anhand der erfassten Konfliktmaßnahmen nachvollziehen, welche Akteure oder aktive Gruppierungen für den Konflikt relevant sind, um welche Konfliktgegenstände gekämpft wird und gegebenenfalls, wie gewaltsam der Konflikt bisher ausgetragen wurde. Außerdem sichert die Eingabemaske, wie kurz erwähnt und im nachfolgenden Abschnitt ausführlicher besprochen, durch kleine Programme die Konsistenz des Datensatzes.

Schließlich stellt die jährlich stattfindende Redaktionskonferenz für das Konfliktbarometer des Heidelberger Instituts für internationale Konfliktforschung ein weiteres Instrument der Qualitätssicherung dar. Hier werden im zwölfmonatigen Abstand alle im Beobachtungszeitraum aktiven Konflikte vor einem zehn- bis zwanzigköpfigen Gremium (der Redaktionskonferenz) kurz erläutert und die Vergabe der Konfliktintensität begründet und gegebenenfalls verteidigt. Kann die Rechercheleistung des Konfliktbearbeiters das Gremium nicht überzeugen, wird zur Nacharbeit eingeladen und erst bei einer stichhaltigen Begründung die vergebene Intensität akzeptiert. Gleiches gilt auch für andere, wichtige Variablen wie etwa die beteiligten Akteure, Konfliktgegenstände oder die Anzahl der Todesopfer oder Flüchtlinge. Darüber hinaus wird seit einigen Jahren das komplette Konfliktbarometer an externe Regionalexperten vor Drucklegung geschickt, die dann die entsprechenden Regionalteile des Konfliktbarometers gegenlesen und eventuell abweichende Meinungen an das Redaktionsteam zurückmelden. Sind die Argumente des externen Regionalexperten überzeugend, wird die Korrektur vorgenommen.

Bei den durch die CONIS Gruppe selbst durchgeführten Forschungsprojekten sind zwar in der Regel weniger Mitarbeiter als bei der Erstellung des Konfliktbarometers involviert, doch die Schritte zur Qualitätssicherung sind analog. Auch hier trifft sich die Projektleitung regelmäßig mit den beteiligten wissenschaftlichen Hilfskräften und bespricht mit diesen die Rechercheergebnisse und die vergebenen Konfliktintensitäten und andere Konfliktmerkmale.

Insgesamt hat sich dieses mehrstufige System der Qualitätssicherung bewährt, und in nur sehr wenigen Fällen wurden abweichende Meinungen von dritter Seite an CONIS bzw. das HIIK zurückgemeldet. Meist handelte es sich dabei um Angehörige des diplomatischen Dienstes eines Landes, die mit einer, ihrer Meinung nach zu hohen, Intensitätsvergabe eines Konfliktes in ihrem Land nicht einverstanden waren. Auch wenn diese Einwände aufgrund der korrekt angewandten Methode meist sehr schnell abgewehrt werden konnten, müssen aufgrund der sich stets verbessernden Informationslage bisweilen frühere Einschätzungen korrigiert und verändert werden. Deshalb geben immer nur die aktuellen Versionen des Konfliktbarometers bzw. der CONIS-Datenbank die richtigen Konflikteinschätzungen wieder. Zukünftig sollen alle Datenabweichungen von früheren Versionen kenntlich gemacht und so nachvollziehbarer werden.

4.3.3   Die verschiedenen Ebenen der Ergebnisvermittlung

Der Aufwand, den das neue CONIS Konfliktmodell mit den Konfliktmaßnahmen als theoretische Grundlage und den mehreren zehntausend Datensätze erfordert, lohnt sich nur dann, wenn am Ende genau die Information abrufbar ist, die aus wissenschaftlicher oder anwendungsorientierter Sichtweise benötigt wird. Um den Vergleich mit einem sehr entfernten, gleichwohl prinzipiell vergleichbaren Informationssystems ziehen: auch in großen Wirtschaftsunternehmen mit großen Buchhaltungsabteilungen mag am Ende einer langen Kette von Buchungsvorgängen nur eine Information relevant sein: hat das Unternehmen Gewinne oder Verluste geschrieben? Gleiches mag für die empirische Konfliktforschung gelten, bei der zu Ende eines Jahres regelmäßig eine ähnliche Frage gestellt wird: »Gab es mehr oder weniger Kriege als im vergangenen Jahr? «.
Diese zentrale Fragestellung ist meist jedoch nur der Ausgangspunkt für weitere Recherchen, die das Zustandekommen des Ergebnisses erklären können. Spätestens ab diesem Zeitpunkt stellt sich die Frage nach der möglichen Aufbereitung der vielfältigen Daten aus dem Informationssystem. Für CONIS stellt sich das Problem, dass es eigentlich zwei unterschiedliche Gruppen von Adressaten kennt: entsprechend des ersten Forschungsauftrages, in dessen Rahmen CONIS konzipiert und entwickelt wurde (Schwank 2005) richtet sich das Informationssystems primär an fachkundige Experten, deren primäres Forschungsgebiet jedoch nicht die quantitative empirische Konfliktforschung darstellt. Die zweite wichtige Adressatengruppe sind jedoch genau all jene Forscher, die für ihre Studien auf empirische Konfliktdaten angewiesen sind. CONIS versucht auf unterschiedliche Arten, diese unterschiedlichen Bedürfnisse zu erfüllen.

4.3.3.1   Informationen für den praxisorientierten Anwender

Die wichtigsten Formate, die bisher für die einfache Vermittlung von CONIS Forschungsergebnissen verwendet wurden sind speziell entwickelte Anwenderprogramme, aussagekräftige Chartgrafiken und übersichtliche geographische

Landkarten. Eines der wichtigsten Anwenderprogramme, die bisher in Rahmen von CONIS Forschungsprojekten entwickelt wurde, bezieht sich auf die Konfliktfrüherkennung aufgrund des Pattern-Recognition-Ansatzes und wird ausführlich im folgenden Teilabschnitt erläutert. Bereits an dieser Stelle sei jedoch auf das Unterprogramm »CONIS at a glance« hingewiesen. Es fasst die wesentlichen Informationen zu einem Konflikt in den wesentlichen Punkten zusammen und präsentiert sie in einer sehr benutzerfreundlichen Anwenderumgebung. Aus urheberrechtlichen Gründen kann dieses Programm jedoch nicht online geschaltet werden.

Die bisher am häufigsten verwendete Form zur Darstellung von CONIS-Ergebnissen ist die Abbildung von Charts, d.h. Verlaufsgrafiken, und anderen grafischen Abbildungen. Sie finden sich bisher vor allem in den verschiedenen Ausgaben des Konfliktbarometers und in diversen Schulbüchern, sowie in den verschiedenen auf CONIS Daten basierenden wissenschaftlichen Veröffentlichungen (Schwank 2004, Croissant / Schwank 2006, Schwank 2006b, Schwank 2007, Wagschal et al. 2008, Schwank 2010, Wagschal et al. 2010). In diesen Abbildungen symbolisiert ein Datenpunkt beispielsweise ein Jahr und damit bisweilen mehrere hundert Datensätze. Mit diesen Grafiken können langfristige Entwicklungen einfach und verständlich dargestellt werden.

Eine ebenfalls sehr verständliche Form der Darstellung stellen Landkarten dar, auf denen staatenbezogene Daten über abgestufte Einfärbungen abgebildet werden. So lässt sich beispielsweise schnell erkennen, in welchen Staaten Kriege ausgetragen wurden oder, um langfristige Tendenzen abzubilden, wie hoch die Konfliktbelastung einzelner Staaten über einen längeren Zeitraum hinweg war. Nicht zuletzt dank der Möglichkeit, moderne geographische Informationssysteme mit CONIS zu verbinden können nicht nur neue inhaltliche Erkenntnisse gewonnen werden, sondern auch neue grafische Darstellungsformen gefunden werden.

4.3.3.2   Informationen für die Forschung

Für die Forschung ist die Frage der Präsentationsform der Daten zweitrangig. Vielmehr wird hier vor allem nach Datenumfang und Aktualität gefragt. Das besondere theoretische Verständnis von Konflikten als soziale Systeme, die sich kontinuierlich wandeln und prinzipiell eine nach oben unbeschränkte Anzahl von Konfliktakteuren oder Konfliktgegenständen aufweisen können, steht in gewissem Gegensatz zu den Anforderungen der Konstruktion eines wissenschaftlichen Datensatzes. Denn für viele Auswertungen ist es notwendig, dass jede Datenzeile einen eindeutigen Untersuchungsfall repräsentiert. Die Anzahl der Spalten richtet sich dabei nach der Anzahl der erfassten Variablen. Wenn nun aber die Anzahl der erfassten Variablen im Datensatz stark variiert - das kann beispielsweise durch eine unterschiedliche Anzahl der beteiligten Akteure geschehen – entstehen im Datensatz eine Reihe von leeren Datenzeilen, die von vielen Datennutzern nicht gewünscht sind. In vielen Konfliktdatensätzen werden deshalb nur zwei beteiligte Konfliktakteure genannt und die übrigen Beteiligten nur in ihrer Anzahl angegeben. In CONIS wird ein anderer Weg gegangen. Hier sollen so viele Daten und Informationen wie möglich der Forschung zur Verfügung gestellt werden. Um die gewünschte Form (eine Datenzeile gleich ein eindeutiger Datensatz) beibehalten zu können, werden unterschiedliche Datensätze angeboten, die jedoch alle über die Variable Conflict ID miteinander verknüpft werden können. Bisher sind drei unterschiedliche Datensätze zur Publikation vorgesehen bzw. abrufbar[55].

Traditionell die am häufigsten gestellte Forschungsfrage bezieht sich auf die Anzahl von Kriegen bzw. deren Häufigkeit pro Jahr. Der CONIS Datensatz »MaxInt Years« gibt Aufschluss über die pro Konflikt jeweils höchste erreichte Jahresintensität. Der gesamte Datensatz besteht aus den Variablen Conflict ID, dem Namen des Konfliktes, dem Datum des Konfliktbeginns und ggf. dessen Ende, dem Jahr der Intensität, die Angabe, ob es sich um einen inner- oder um einen zwischenstaatlichen Konflikt handelt und die im Jahr höchste gemessene Intensität. Zusätzlich enthält er in jeder Datenzeile die vom Konflikt jemals erreichte maximale Intensität. Somit kann vom Datennutzer gezielt der Verlauf von Kriegen oder von gewaltsamen Krisen angezeigt und analysiert werden. Außerdem ermöglicht diese Datenzusammenstellung auch die Analyse der Gesamtentwicklung politischer Konflikte über mehrere Jahre hinweg.

Eine Besonderheit des CONIS-Ansatzes stellt die Erfassung der umstrittenen Konfliktgegenstände dar. Wie oben gezeigt wurde, werden pro Konflikt aus einer Auswahlmöglichkeit von neun vorgegebenen Gegenständen plus der Residualkategorie »Sonstige« mindestens ein Wert dieser Variable zugeordnet. Komplexe Konfliktsituationen können bis zu zehn Konfliktgegenstände aufweisen. Konfliktgegenstände können Gegenstand unterschiedlicher Forschungsfragen sein. So kann nach der absoluten Häufigkeit von Konfliktgegenständen pro Jahr gefragt werden um damit »Trendentwicklungen« im Konfliktgeschehen zu erfassen. In diesem Fall muss pro Datenzeile tatsächlich ein Konfliktgegenstand wiedergegeben werden. Die Struktur des Datensatzes »ConIssue« setzt sich dementsprechend aus der ConflictID, dem Namen des Konfliktes, dem Datum des Konfliktbeginns und ggf. dessen Ende, dem Jahreswert, dem codierten Konfliktgegenstand und der Angabe, ob es sich um einen inner- oder um einen zwischenstaatlichen Konflikt handelt. In dieser Auswertung können pro Konflikt und Jahr mehrere Datenzeilen abgedruckt werden. In anderen Fällen mag von Interesse sein, wie viele und welche Konfliktgegenstände pro Konflikt und Jahr zu beobachten waren. Deshalb werden im Datensatz »ConIssuecomb« alle pro

---

55 Siehe: www.conis.org

Jahr erfassten Konfliktgegenstände in eine Zelle kombiniert. Damit entspricht jede Zeile einem eindeutigen Datensatz pro Konflikt und Jahr.

Der dritte wichtige und ebenfalls neue Datensatz bezieht sich auf die Anzahl der von einem Konflikt betroffenen Staaten. Als betroffen gelten alle jene Staaten, in denen ein gewaltsamer Konflikt ausgetragen wurde. Bei nicht gewaltsamen Konflikten werden die am Konflikt direkt beteiligten Staaten als betroffen codiert. Hier liegt vorerst nur eine Variante des Datensatzes vor, nämlich jene, die Auswertungen nach der Anzahl der pro Jahr von einem Konflikt betroffenen Staaten ermöglichen. Der Datensatz »affected countries« ist demnach wie folgt aufgebaut: der ConflictID, der Namen des Konfliktes, das Datum des Konfliktbeginns und ggf. dessen Ende, das entsprechende Jahr, das betroffene Land und der Angabe, ob es sich um einen inner- oder um einen zwischenstaatlichen Konflikt handelt. Anhand dieses Datensatzes kann beispielsweise die Verteilung von Konflikten auf die Länder des internationalen Systems überprüft werden und so die Konfliktbelastung einzelner Staaten berechnet werden.

Schließlich werden auch die am Konflikt direkt beteiligten Akteure in den CONIS Datensätzen ausgewiesen. Dies erfolgt ebenfalls in Form unterschiedlicher Datensätze. In »DirActorYears« wird jeder in einem bestimmten Jahr direkt am Konflikt beteiligte Akteur in einer eigenen Datenzeile ausgewiesen. Die Struktur des Datensatzes beinhaltet die Conflict ID, den Namen des Konfliktes, das Jahr und den Code des beteiligten Akteurs sowie dessen Namen. Im Datensatz »ConstellationYear« werden die im Konflikt beobachtbaren Konstellationen zwischen den Akteuren in Dyaden für jedes Jahr angezeigt. Daraus wird erkennbar, ob es sich um einen innerstaatlichen oder zwischenstaatlichen Konflikt handelt, bzw. wie viele Konfliktkonstellationen überhaupt erkennbar sind.

Die Entscheidung für die getrennte Darlegung der Datensätze wurde im Sinne einer Handhabbarkeit der zu analysierenden Daten getroffen. Dennoch umfasst jeder einzelne Datensatz weit mehr als 10.000 Datensätze. Zudem ermöglicht die sich wiederholende Variable »Conflict ID« eine Verknüpfung der verschiedenen Daten. So können beispielsweise über Programme wie MS Excel oder MS Access die Datensätze zu den vom Konflikt betroffenen Ländern und den maximal erreichten Jahresintensitäten miteinander in Verbindung gebracht und so durch weitere Filter analysiert werden, welche Länder durch eine bestimmte Anzahl von gewaltsamen Konflikten betroffen sind.

4.4   Die Systemkomponente in CONIS

Die politischen Veränderungen seit 1990 haben auch die Rahmenbedingungen für die empirische Konfliktforschung stark verändert. Nicht nur das Konfliktbild hat sich gewandelt - vom zwischenstaatlichen Panzerkrieg hin zu innerstaatlichen Kriegen mit leicht bewaffneten Gruppierungen auf Pick-ups - auch sind neue Formen politischer Gewalt in das Zentrum des Interesses gerückt. Hinzu kommt, dass sich auch die Art und Inhalt der Fragestellungen verändert haben. Waren es bis zum Ende des Ost-West-Konfliktes hauptsächlich die zwischenstaatlichen Konflikte und deren mögliche Bedrohungen für die Sicherheit des Westens, so sind es heute vor allem die zahlreichen innerstaatlichen afrikanischen und asiatischen Konflikte, die im Fokus stehen. Noch vor wenigen Jahren galt das Interesse hauptsächlich der Frage, ob ein Krieg unter Beteiligung einer oder beider Supermächte möglich oder wahrscheinlich ist. Aktuelle Forschungsfragen zielen auf die Wahrscheinlichkeit, ob ein bestimmter Konflikt Flüchtlingsströme generiert und ob damit eine humanitäre Katastrophe zu befürchten oder ob bei Unruhen auch mit einer Gefährdung westlicher Touristen zu rechnen sei. Somit ist klar: Gegenwärtig interessiert sich nicht nur eine kleine Gruppe spezialisierter Wissenschaftler aus dem Bereich der Internationalen Beziehungen für Ergebnisse und Analysen der Konfliktdatensätze. Von regionalen Forschern über Mitarbeiter aus Planungsstäben von Militär, Ministerien und Ämtern ebenso wie von humanitären Hilfsorganisationen bis hin zu Reiseveranstaltern, ebenso wie die breite Öffentlichkeit interessieren sich für empirische gestützte Aussagen zu einer möglichen Verknappung von Sicherheit durch politische Konflikte.

Die unterschiedlichen und zum großen Teil komplexen Fragestellungen an die empirische Konfliktforschung können mit den traditionellen Konfliktlisten nicht beantwortet werden. Diese dienten ursprünglich vor allem dazu, die Anzahl von Kriegen pro Jahr über eine bestimmte Zeitspanne zu ermitteln. Aktuelle Forschungsfragen richten sich häufig auf dynamische Prozesse und verknüpfen zwei oder mehrere Bedingungen miteinander, wie beispielsweise der Bedeutungswandel von Konflikten, die um Rohstoffe geführt werden und deren Ausbruch nach 1945 datiert. Damit wird deutlich, dass die Konfliktforschung ein modernes Informationsmanagement-Instrument benötigt, das flexibel eingesetzt werden kann, um die unterschiedlichen Informationen abzurufen und zu verarbeiten.

Eine wesentliche Eigenschaft von Informationssystemen ist die Möglichkeit, einzelne Elemente eines Systems so miteinander zu verbinden, dass genau jene Informationen abgerufen werden können, die die individuellen Fragestellung beantworten (Krcmar 2005: 28 f.). Dies setzt voraus, dass das Informationssystem genügend Verknüpfungsmöglichkeiten zwischen den enthaltenen Informationen anbietet. Mindestens aber ebenso wichtig ist eine genügend hohe Anzahl an Schnittstellen, die eine Kommunikation zwischen Anwender und Informationssystem ermöglicht und die zudem die Möglichkeit bietet, externe Informationen in das Informationssystem zu integrieren. Informationssysteme sind somit auch immer Kommunikationssysteme: sie kommunizieren mit ihrer Umwelt und geben nach Befehl die entsprechenden Informationen. Neben einem benutzerfreundlichen Eingabesystem ist dafür die Datenbankarchitektur entscheidend, die eine solche Nutzbarkeit erst ermöglicht bzw. über die Flexibilität entscheidet.

4.4.1 Die Daten-Architektur von CONIS

CONIS umfasst - im Vergleich zu KOSIMO und anderen Konfliktdatenbanken aufgrund seines breiten Konfliktverständnisses und seines Anspruchs, Konfliktveränderungen abzubilden, eine hohe Datenmenge. Zudem weisen die in CONIS gespeicherten Daten unterschiedliche Eigenschaften und Merkmale auf. So stellen beispielsweise der Name, der Beginn oder das Ende eines Konfliktes und die Region, der ein Konflikt zugeordnet wird, unveränderliche Daten dar und können aus diesem Grund jedem Konflikt eindeutig zugeordnet werden. Der Mehrzahl der CONIS Variablen werden hingegen mindestens ein Datensatz, häufig aber mehrere Datensätze zugeschrieben. Deutlich wird dies bei den Beispielen Intensität, Konfliktgegenstände, beteiligte Akteure und Maßnahmen. Fast jeder der erfassten Konflikte weist mehr als eine Intensitätsphase, mehr als einen Konfliktgegenstand und mindestens zwei, wenn nicht mehr beteiligte Akteure auf. Hinzu kommt, dass CONIS beispielsweise nicht nur den exakten Verlauf eines Konfliktes anhand der Intensitäten nachzeichnen kann, sondern auch verschiedene eindeutige Werte aufweist, wie beispielsweise die höchste erreichte Intensität innerhalb eines Jahres oder für den Konfliktverlauf.

Neben den konfliktbezogenen Daten finden sich in CONIS außerdem Angaben zu staatlichen und nicht-staatlichen Akteuren. Staaten weisen zwar eine gewisse Kontinuität und damit Eindeutigkeit auf, können aber ihren Namen ändern, wie beispielsweise Birma zu Myanmar. Darüber hinaus können untergegangene Staaten einen Rechtsnachfolger haben, der aber eine unterschiedliche Struktur aufweist wie der Vorgängerstaat und in Fläche, Einwohnerzahl und politischen Strukturen große Unterschiede zum Ursprungsland aufweist. Dies trifft etwa für Russland zu, das hinsichtlich seines Staatsgebietes und –volkes deutlich kleiner als die Sowjetunion ist, die Bundesrepublik Deutschland hingegen ist in Bezug auf diese beiden Aspekte wesentlich größer als die untergegangene Deutsche Demokratische Republik (DDR).

Schließlich gibt es noch eine weitere wichtige Datengruppe, nämlich jene, die die Kommunikation des Informationssystems mit seiner Umwelt dokumentiert. Zu dieser Gruppe gehören beispielsweise all jene Daten, die Aufschluss über Anzahl und Namen derjenigen geben, die Daten zu einem bestimmten Konflikt gesammelt und codiert haben. Aber auch Informationen über Datum und Umfang der letzten Aktualisierung sowie die dabei aufgetretenen Probleme werden in CONIS hinterlegt. Außerdem hat jeder Konfliktbearbeiter die Möglichkeit, Kommentare, Vorschläge und andere Hinweise an die Administratoren der Datenbank zu liefern. In diese letzte Gruppe fallen auch alle Daten, die für den Einsatz der Datenbank in einem benutzerfreundlichen Umfeld, wie zum Beispiel Datenmasken, notwendig sind.

All diese unterschiedlichen Daten müssen in CONIS so organisiert werden, dass sie jederzeit abrufbar und veränderbar sind. Dabei gilt es zu verhindern, dass in der Datenbank sich wiederholende (Redundanzen) oder gar sich widersprechende Daten (Gewährleistung der Reliabilität) gespeichert werden. Diese sind bereits in geringem Umfang eine große Gefahr für die gesamte Datenqualität und damit Aussagekraft der Datenbank. Deshalb unterstützen kleine, integrierte Programme die Redundanzfreiheit und die Reliabilität der Daten und unterstützen so Aufbau und Zielrichtung der Datenbank.

4.4.1.1   Relationen als Grundlage des Datenbankaufbaus

Für die Verwaltung großer Datenmengen gilt die Verwendung einer relationalen Datenbankstruktur als beste und zuverlässigste Lösung (Baloui 1997, Kemper / Eickler 2004). Das Prinzip dieser Datenbankform ist es, komplexe Informationen, wie sie beispielsweise Konflikte aufweisen, in kleinstmögliche, von einander abhängige Teilinformationen aufzuspalten und diese Informationen in Beziehung (Relation) zueinander zu setzen. Durch die Unterscheidung von Informationsblöcken, die pro Konflikt nur einmal erfassbar sind (zum Beispiel Name oder Beginn), und anderen, die einmal oder mehrfach pro Konflikt Beobachter sind, wie Intensitäten, kann eine fast unbegrenzte Anzahl an Informationen in das Datenbanksystem aufgenommen und einem Konflikt zugeordnet werden, ohne dass Redundanzen auftreten oder Informationen verloren gehen.

Eine zentrale Bedeutung für die Verknüpfung der einzelnen Informationsblöcke kommt deshalb den Schlüsselvariablen zu. Diese müssen in jedem Block zu jedem Datensatz in gleicher Form codiert werden. In CONIS ist die Schlüsselvariable für die Erfassung aller Informationen zu Konflikten die »Conflict-ID«, also eine eindeutige Konfliktidentifikationsnummer. Sie besteht in CONIS immer aus fünf Ziffern, wobei die Erste ihrerseits einen Schlüssel für die Region darstellt, dem der Konflikt zugeordnet ist. Für die zweite wichtige Objektgruppe in CONIS, die Akteure, gilt gleiches analog. Auch hier besitzt jeder Staat, aber auch jeder nicht-staatliche Akteur eine eindeutige »Actors-ID«.

Probleme beim Aufbau und der Verwaltung relationaler Datenbanksysteme entstehen vor allem durch redundante Informationen oder durch Datenanomalien. Anomalien sind fehlende Werte innerhalb eines Datensatzes und können gegebenenfalls die Funktionsfähigkeit einer Datenbank stark einschränken. Ein Beispiel hierfür wäre, wenn in einem Datensatz die Schlüsselvariable, also beispielsweise die Konfliktidentifikationsnummer, nicht vergeben ist. Anomalien drohen auch, wenn Bearbeiter unterschiedliche Bezeichnungen oder Schreibweisen für das gleiche Objekt verwenden, wie zum Beispiel »BR Deutschland«, »Bundesrepublik Deutschland«, »BRD« oder einfach »Deutschland«. In Auswertungen wäre es in diesen Fällen nicht möglich, alle Vorkommnisse automatisch im gleichen Objekt, in diesem Beispiel Deutschland, zuzuordnen. Eine dritte Gefahrenquelle für Anomalien stellt das Löschen von Informationen aus der Datenbank dar. Das Verändern bzw. das Löschen von Informationen stellt bei zunehmendem Erkenntnisfortschritt einen normalen Vorgang in der Datenerfassung dar. Problematisch wird dieser Vorgang für die Funktionsfähigkeit einer Datenbank aber dann, wenn durch einen Tischvorgang wichtige Informationen, die ein anderer Stelle benötigt werden, verloren gehen. Ein Beispiel hierfür wäre die Erfassung von Größe und Bewaffnung eines nicht-staatlichen Akteurs, der zwei unterschiedlichen Konflikten zugeordnet ist. Für jeden Konflikt ist jedoch nur jeweils eine derartige Information hinterlegt. Wird nun der nicht-staatliche Akteur aus einem Konflikt gelöscht, geht damit auch die Information verloren, die für den anderen wichtig gewesen wäre.

Um Anomalien zu verhindern, müssen alle in der Datenbank enthaltenen Informationsblöcke, d.h. Tabellen, in die dritte Normalform überführt werden. Der Begriff Normalform ersten, zweiten, dritten usw. Grades beschreibt Regeln, die das Aufteilen von Informationen in bestimmte Tabellen bestimmen und damit Inkonsistenzen innerhalb der Datenbank verhindern. Alle in CONIS enthaltenen Tabellen entsprechend den Bedingungen der dritten Normalform.

4.4.1.2   Teilung in Konflikt- und Akteure-Datenbank

In der Umsetzung des Konflikt- in ein Datenbankmodell hat sich der Aufbau einer zweigliedrigen Datenbank als sinnvoll herausgestellt. Den ersten Teil bildet die Konfliktdatenbank, die statische (wie Konfliktname und Konfliktbeginn) und alle dynamischen Daten (z. B. Intensitäten, Konfliktgegenstände, Akteure) unter Angabe der jeweiligen Dauer zu den Konflikten erfasst. Den zweiten Teil bildet eine Akteursdatenbank, die alle Namen der Staaten seit dem Jahr 1901 sowie eine umfangreiche Datensammlung zu ökonomischen, demographischen und politischen Informationen vorhält. Außerdem werden in der Akteursdatenbank alle an den Konflikten beteiligten nicht-staatlichen Akteure sowie alle die Akteure beschreibenden Strukturvariablen in Zeitreihen erfasst (vgl. Abbildung 5). Die Verbindung zwischen den beiden Datenbanken ist in CONIS über vier Variablen möglich: den direkt beteiligten Akteuren bzw. deren Unterstützungsparteien, über Konfliktmaßnahmen und den dort codierten Parteien oder über die Variable »vom Konflikt betroffener Staat« (*affected country*).

Abbildung 5:   **Schematischer Aufbau der CONIS-Datenbank**

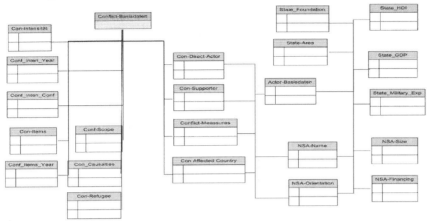

4.4.1.3   CONIS als Data Warehouse

In der gesamten Kriegsursachenforschung kommt strukturellen Länderdaten eine immer größere Bedeutung zu. Die meisten Ansätze argumentieren auf Basis ökonomischer, sozialer, kultureller oder demographischer Besonderheiten eines Landes und leiten daraus eine besondere Anfälligkeit für Kriege ab (vgl. hierzu Kapitel »Wie entstehen Kriege?«). Lange Zeit stellte jedoch die mangelnde Verfügbarkeit solcher Daten ein elementares Problem für die empirische Konfliktforschung dar. Das Correlates-of-War-Projekt reagierte auf diesen Mangel mit der Zusammenstellung eigener Daten zur ökonomischen und militärischen Stärke der Staaten. Auch die skandinavische Konfliktforschung stellte zu Beginn ihrer Anstrengungen fest, dass es keine globale Übersicht über Rüstungsausgaben der Staaten gab und entschloss sich deshalb, eine solche selbst zu erstellen: Die SIPRI Daten sind auch heute noch die zuverlässigsten und am häufigsten zitierten Indikatoren im Bereich der Rüstungsausgaben. Auch in KOSIMO finden sich ähnliche Ansätze: Hier wurden Daten zum politischen bzw. ökonomischen System der am Konflikt beteiligten Staaten hinzugefügt. Diese Daten bzw. die Klassifikation der Staaten beruhten jedoch überwiegend auf den individuellen Einschätzung der Autoren (Pfetsch / Billing 1994).

Im Gegensatz zu den früheren Jahren ist heute eine umfangreiche und detaillierte, zumeist in Zeitreihen verfügbare Sammlung unterschiedlichster Strukturvariablen verfügbar. Institutionen wie die Weltbank stellen - inzwischen kostenfrei - eine große Auswahl von Datensätzen benutzerfreundlich in Excel oder csv-Format zur Verfügung. Um diese externen Datenquellen für CONIS nutzbar zu machen, benötigt die Datenbank entsprechende Schnittstellen. Informationssysteme mit diesen Schnittstellen werden auch als »Data Warehouse« bezeichnet (Krcmar 2005: 89, Muksch 2006).

In diesem Sinne bemüht sich CONIS, externe Daten in die eigene Strukturlogik der Datenbank zu integrieren und sie so für die quantitative Konfliktursachenforschung nutzbar zu machen. Dies wird im Beispiel von Länderstrukturdaten im Wesentlichen durch die einheitliche Verwendung von Länderabkürzungen erreicht. CONIS enthält einige der international üblichen Länderverzeichnisse, darunter der bekannte Standard der Internationalen Organisation für Normung, der ISO Code 3166. Über diese Verbindung können Strukturvariablen überall dort eingesetzt werden, wo Akteure, insbesondere Staaten, codiert werden. Dies ist der Fall bei den direkt beteiligten Akteuren, den unterstützenden Parteien, den vom Konflikt betroffenen Staaten und den Maßnahmen. Auf diese Weise kann nicht nur analysiert werden, ob zum Beispiel demokratische oder autoritäre Regime besonders häufig an Kriegen beteiligt sind, sondern auch, welche Instrumente demokratische oder besonders wohlhabende Staaten in internationalen Konflikten einsetzen.

Die Funktion von CONIS als Data Warehouse ermöglicht auch den Einbezug anderer Konfliktdaten in das System. Beispielsweise kann über die Variable »Akteur« des UCDP Datensatzes überprüft werden, ob CONIS einem Land eine gleich hohe Anzahl kriegerischer Konflikte zuschreibt. Auf diese Weise sind Abweichungen in der Anzeige »Konflikte« zwischen den verschiedenen Konfliktdatenbanken besser erklärbar.

4.4.1.4   CONIS als Hüter der eigenen Datenqualität

Ein weiterer wichtiger Bestandteil der CONIS-Architektur sind kleine Programme, die die logische Konsistenz der Daten gewährleisten. Die mehreren zehntausend Datensätze zum Konfliktgeschehen, die CONIS inzwischen verwaltet, wurden alle ohne Ausnahme manuell codiert und in ein Datensystem eingetragen. Um die Reliabilität und Integrität der Daten zu sichern, wurden mehrere Programme entwickelt, um entweder dem Konfliktbearbeiter direkt bei der Eingabe mitzuteilen, dass eine Inkonsistenz vorliegt oder um den Administrator bzw. den Regionalgruppenleitern jene Konflikte kenntlich zu machen, die Unstimmigkeiten aufweisen. So wird bei der Eingabe der Datumswerte von Akteuren, Konfliktgegenstände, Intensitäten, Maßnahmen und ähnlichen Variablen überprüft, dass der Beginn dieser Eintragungen nicht vor dem erfassten Start des Konfliktes liegt. Weitere Programme stellen sicher, dass bei der Erfassung von Zeitreihen, wie beispielsweise der Intensitätsphasen, weder Lücken noch Überschneidungen in den Datumswerten vorliegen.

Ein weiteres wichtiges Instrument der Qualitätssicherung ist die Überprüfung von codierten Intensitätsphasen und die für diese Zeit erfassten Konfliktmaßnahmen. Da der Maßnahmenkatalog unterschiedliche Handlungen mit einem unterschiedlichen Maß an Gewaltintensität als Codierungsmöglichkeit anbietet, kann überprüft werden, ob für eine bestimmte Intensitätsphase auch die entsprechenden Maßnahmen erfasst wurden. Hier kann das Ergebnis einer Überprüfung sein, dass keine oder zu wenige gewaltintensiven Maßnahmen erfasst wurden, um beispielsweise die Vergabe einer Intensitätsstufe vier oder fünf zu rechtfertigen. Umgekehrt ist es auch möglich, dass innerhalb einer Intensitätsphase auf den gewaltlosen Stufen eins oder zwei gewaltsame Maßnahmen beobachtbar waren, demnach ein Widerspruch zur gewaltlosen Intensitätsstufe besteht. In beiden Fällen erhält der zuständige Konfliktbearbeiter eine Rückmeldung und wird um Überprüfung gebeten.

Diese Beispiele stehen für eine Reihe weiterer Instrumente der Qualitätssicherung innerhalb von CONIS. Die wichtigsten Schritte zur Wahrung und Sicherung wichtiger Datenwerte liegen jedoch außerhalb von CONIS und beginnen mit der gründlichen Einarbeitung und Recherche des Konfliktbearbeiters und reichen über die Kontrolle des Regionalgruppenleiters bis hin zur Präsentation und Diskussion der Rechercheergebnisse in der Redaktionskonferenz des Konfliktbarometers oder ähnlicher Gremien.

4.4.2   Anwendungsgebiete von CONIS

Die wissenschaftlichen Fragestellungen und damit das Anforderungsprofil an empirische Konfliktdaten haben sich, wie oben ausgeführt, in den letzten Jahren stark verändert. Schon lange reicht ein einzelner Datensatz nicht mehr aus, um allen relevanten Fragen entsprechendes Datenmaterial entgegensetzen zu können. Allein aus Gründen der Übersichtlichkeit und der Datenorganisation ist eine gemeinsame Erfassung von Strukturdaten, wie zum Beispiel der Name und der Beginn eines Konfliktes, und der Prozessdaten, wie zum Beispiel Intensitäten oder Maßnahmen, nicht möglich. Im vorangegangenen Abschnitt wurde bereits kurz der Aufbau einer relationalen Datenbank erläutert. Ein Informationsgewinn aus der Vielzahl der unterschiedlichen Tabellen ist jedoch ohne einen weiteren Bearbeitungsschritt nur schwer möglich. Deshalb ist es notwendig, die verschiedene Informationseinheiten aus dem System je nach Anforderungsprofil der Anfrage an das Informationssystem gezielt miteinander zu verbinden, Bedingungen zu formulieren und die ermittelten Datenwerte als eigenes Tabellenblatt auszugeben. Je nach Art der Anfragen an das Informationssystem können unterschiedliche Einsatzprofile klassifiziert werden, die im Folgenden kurz erläutert werden.

4.4.2.1   CONIS als Administrationssystem

Eine der einfachsten, aber auch der zentralen Aufgaben eines Informationssystems ist die Erfassung, Speicherung und Wiedergabe von Informationen. Meist besteht hier auch die Möglichkeit zur Aggregation der Daten. Die Buchhaltung in Wirtschaftsunternehmen ist ein gutes Beispiel für ein Administrationssystem. Ganz ähnlich funktioniert hier auch CONIS: Analog zu den Belegen in wirtschaftlichen Buchhaltungssystemen werden in CONIS Konfliktmaßnahmen als Grundlage aller weiteren Bewertungen behandelt. Aus einer oder mehreren Konfliktmaßnahmen werden Intensitäten und andere Indikatoren des Konfliktes gebildet. Zu jedem bestimmten Zeitpunkt kann eine Bilanz gezogen werden, die für einen bestimmten Zeitraum, beispielsweise für ein Jahr, die erfassten Informationen nach bestimmten Gesichtspunkten, wie beispielsweise die höchste pro Konflikt gemessene Intensität, auswertet. Als Ergebnis erhält der Anwender eine Reihe von Zahlenwerten, deren Bedeutung dann in der subjektiven Einschätzung des Anwenders liegt. Das als bei der nachfolgend behandelten Funktion als Dispositionssystem wird der Tatsache, dass für das aktuelle Jahr entweder mehr oder weniger Kriege gezählt werden konnten, hierbei keinerlei Bedeutung beigemessen. Neben den bereits angegebenen Jahresintensitätshöchstwerten kann CONIS zu jeder anderen erfassten Variable entsprechende Auswertungen liefern.

4.4.2.2   CONIS als Kontrollsystem

Kontroll- oder Dispositionsaufgaben von Informationssystemen bauen auf den Funktionen des Administrationssystems auf. Während sich aber Administrationssysteme rein auf die Wiedergabe bzw. Darstellung von Informationen beschränken, werden in Kontrollsystemen weitere Informationen an den Anwender weitergegeben. In Wirtschaftsunternehmen wird beispielsweise bei der Erreichung eines gewissen Lagerbestandes eine Meldung an den Einkauf ausgelöst, damit dieser das entsprechende Verbrauchsmaterial besorgt. Für den Sektor der Konfliktforschung wurden in einem vorderen Teil der Arbeit bereits die WEISS und KENSAS Datenbank sowie die Arbeiten von Schrodt (Schrodt 1994, Schrodt / Gerner 2000, Schrodt 2006) vorgestellt. Diese Ansätze arbeiten ähnlich schwellenwertorientiert: Wenn beispielsweise innerhalb eines bestimmten Zeitraums zu oft mit Gewalt oder Krieg gedroht, also ein bestimmter Schwellenwert erreicht wird, löst dieses System eine Konfliktfrühwarnung aus.

In CONIS werden, zumindest derzeit, Konfliktmaßnahmen nicht tagesaktuell erfasst. Zudem fehlen bislang Auswertungen, die es erlauben würden, ähnlich wie im WEISS- oder KENSAS-Projekt, entsprechende Schwellenwerte festzulegen. Mit fast identischer Methodik wie bei CONIS werden allerdings im Konfliktbarometer des Heidelberger Instituts für Internationale Konfliktforschung auf jährlicher Basis Intensitätswerte pro Konflikt veröffentlicht. Etliche internationale Organisationen verwenden diese Daten als Kontrollwerte und beginnen mit einer genaueren Analyse, sobald intern festgelegte Werte erreicht werden, wie beispielsweise eine Intensitätsstufe zwei für einen zwischenstaatlichen Konflikt. In diesem Fall funktioniert CONIS bzw. die CONIS-Methodik wie ein Kontrollsystem.

Allerdings, und dies wird im nachfolgendem Teil der Arbeit mit den empirischen Analysen aus der CONIS-Datenbank deutlich, ist das Erreichen der Intensitätsstufe zwei selbst für zwischenstaatliche Konflikte weder ein notwendiges noch ein hinreichendes Kriterium für die weitere Eskalation eines Konfliktes bzw. eines drohenden Kriegsausbruchs. Damit CONIS wirklich als Kontrollsystem eingesetzt werden kann, sind weitere Erkenntnisfortschritte zum Eskalationsverhalten politischer Konflikte notwendig. Diese Arbeit will insgesamt und insbesondere durch die Darstellungen des empirischen Konfliktgeschehens im nachfolgenden Kapitel zu einer beitragen.

4.4.2.3   CONIS als Entscheidungsunterstützungssystem

Eine der anspruchsvollsten Einsatzmöglichkeiten von Informationssystemen ist jene als Entscheidungsunterstützungssystem. Entscheidungsunterstützungssysteme sind interaktive EDV-gestützte Programme, die Manager oder andere Entscheidungsträger mit Modellen, Methoden und problembezogenen Daten in ihren Entscheidungsprozessen unterstützen (Gluchowski et al. 2008: 63). Das Einsatzgebiet sind zumeist unübersichtliche, schlecht strukturierte Entscheidungssituationen, für die kein klares Entscheidungsvorgehen festgelegt ist. Sie ähneln damit sehr stark Programmen zur Risikoabschätzung (vgl. Kap 3.3.2). Entscheidungsunterstützungssysteme werden als interaktive Instrumente eingesetzt, die flexibel auf immer neue, sich verändernde Probleme angewandt werden sollen. Ein wichtiges Unterscheidungsmerkmal zu den beiden zuvor genannten Einsatzgebieten von Informationssystemen ist, dass Entscheidungsunterstützungssysteme weniger zur Aufdeckung der Probleme dienen, sondern bei der Entwicklung von Strategien helfen, die zur Beseitigung der Probleme führen (Gluchowski et al. 2008: 64). Entscheidend dabei ist jedoch, dass das Informationssystem keine Lösungen vorschlägt, sondern nur unterstützende Informationen liefert. Beim fallbasierten Schließen steht der menschliche Entscheidungsprozess im Vordergrund.

CONIS wurde im Rahmen eines Drittmittel-finanzierten Forschungsprojektes direkt für den Einsatz als Entscheidungsunterstützungssystem konzipiert und eingesetzt. In diesem ersten CONIS-Forschungsprojekt, das im Auftrag des Amtes für Humanitäre Hilfe der Europäischen Kommission (ECHO) durchgeführt wurde, sollte ein Instrument entwickelt werden, dass bei neuen Konflikten eine Einschätzung zur Höhe des Eskalationsrisikos sowie zur Höhe des Risikos einer durch den Konflikt ausgelösten Flüchtlingsbewegung liefert. Die Problematik dabei war und ist noch immer, dass sowohl die Bedingungen der Eskalationen politischer Konflikte als auch die Bedingungen für Flüchtlingsbewegungen nur schlecht erforscht sind und deshalb keine Aussagen über Wirkungsmechanismen vorliegen. Deshalb wurde als methodische Grundlage das Fall-basierte Schließen (engl. *case based reasoning*) gewählt (Aamodt / Plaza 1994, Avesani et al. 2003). In diesem Verfahren können grob vier Schritte unterschieden und für die Herausforderungen des Projektes adaptiert werden (Schwank 2006a). Erstens: Anhand ausgewählter, relevanter Indikatoren werden aus der Datenbank Konflikte ermittelt, die dem neuen Konflikt sehr ähnlich sind. Im zweiten Schritt wird überprüft, welchen Verlauf, also beispielsweise kriegerische Eskalation und Flüchtlingsbewegung, die ähnlichsten Konflikte genommen haben. Dies kann als erste Einschätzung für das Risikopotenzial dieses neuen Konfliktes verwendet werden. In einem dritten Schritt werden die Fälle, die eine möglichst hohe Übereinstimmung zum Ausgangskonflikt aufweisen, einer genaueren Überprüfung unterzogen. Mithilfe des Fachwissens von Experten, die entweder bei der Europäischen Kommission selbst arbeiten oder von dieser angefragt werden, kann im Detail nachvollzogen werden, warum es in den Vergleichsfällen beispielsweise zu Flüchtlingsbewegungen kam. Entsprechend wird der neue Konflikt überprüft, ob sich auch hier ähnliche Bedingungen finden lassen. In einem vierten, nicht obligatorischen Schritt werden die Ergebnisse aus den vorangegangenen Arbeitsprozessen reflektiert und festgestellt, ob der vorhandene Algorithmus zum Aufspüren der ähnlichen Fälle verbessert werden kann. Im gegebenen Fall sollte eine Rückmeldung an die Programmierer erfolgen. Gerade dieser letzte Schritt verdeutlicht, welche Bedeutung die Auswahl der Bestimmungskriterien für möglichst ähnliche Konflikte darstellt.

CONIS unterstützt diesen Vorgang vor allem in den ersten drei Schritten (für eine ausführliche Darstellung siehe: Schwank 2006a). In einer ersten Eingabemaske (siehe Abbildung 6) können Werte zu insgesamt sieben verschiedenen Variablen des zu untersuchenden, neu aufgetretenen Konfliktes eingegeben werden. Der Bearbeiter entscheidet, wie viele Felder er ausfüllt und damit, wie viele Variablen er zur Berechnung in das System eingibt. Außerdem kann der Bearbeiter entscheiden, mit welcher Gewichtung er die einzelnen Indikatoren berechnen lassen will. Der hinterlegte Algorithmus berechnet nun mit abgestimmten Prozeduren für nominal-, ordinal- oder intervallskalierten Variablen die ähnlichsten Konflikte.

Abbildung 6: Eingabemaske des CONIS Pattern Recognition Model

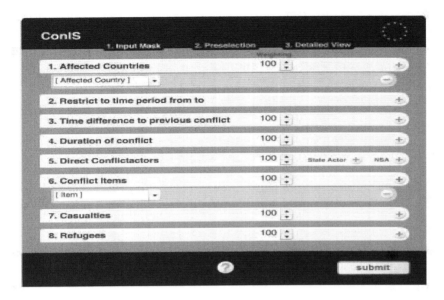

Im nachfolgenden Ausgabebild (ohne Abbildung) zeigt das System die Ergebnisse der Ähnlichkeitsanalyse. Entsprechend dem Grad der Übereinstimmung werden in einer Liste die ähnlichsten Konflikte aufgezeigt. Neben der Konfliktidentifikationsnummer, dem Namen und dem Beginn bzw. dem Ende des Konfliktes wird auch angezeigt, ob der Konflikt auf eine kriegerische Stufe (Intensitätsstufe vier oder fünf) eskaliert ist und ob Flüchtlingsbewegungen zu verzeichnen waren. Auch der Grad der Übereinstimmung jeder angegebenen Variable wird mit eingeblendet. Anhand dieser Informationen kann der Anwender bereits erkennen, ob der neu aufgetretene Konflikt Tendenzen zu einer kriegerischen Eskalation und / oder zum Hervorrufen von Flüchtlingsbewegungen aufweist.

Der dritte Schritt des fallbasierten Schließens sieht vor, dass der Anwender die ausgewählten Fälle genauer betrachtet, entsprechendes Detailwissen heranzieht und so noch einmal überprüft, ob vom System ermittelten Ergebnisse der Ähnlichkeitsberechnung tatsächlich weiterführend sind. Hier kann CONIS mit der ganzen Fülle der gespeicherten Informationen helfen. Durch einen Mausklick auf einen der Konflikte der Ergebnisliste eröffnen sich weitere Ausgabebilder, das sogenannte »CONIS at a glance« (siehe Abbildung 7). Diese Konfliktübersicht zeigt detaillierte Informationen zum Konflikt, wie Art, Anzahl und Namen der beteiligten Akteure, umstrittene Konfliktgegenstände, die erfassten Maßnahmen und die ermittelten Intensitätsphasen.

Abbildung 7 Ergebnisübersicht - CONIS at a glance

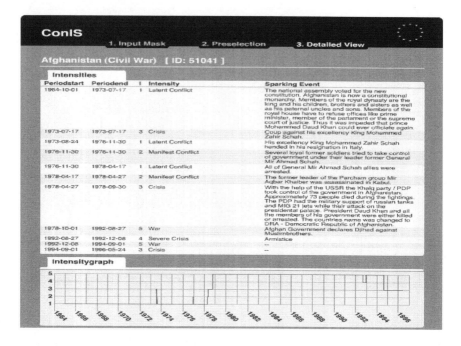

Zur besseren Verständlichkeit werden die Intensitätsphasen als Verlaufsgraph visualisiert. Um den Anwender Möglichkeit zur eigenen weiteren Recherche zu geben, wird zu jeder Konfliktmaßnahme, die die Grundlage für jede weitere Codierung darstellt, die Informationsquelle angegeben.

5. Empirische Auswertungen zum Konfliktgeschehen

Die bisherigen Ausführungen zu Anspruch und Konzeption des CONIS-Ansatzes machen deutlich, dass die neuen CONIS Daten detailliertere und tiefere Einblicke in das weltweite Konfliktgeschehen seit 1945 erwarten lassen. Der nun folgende dritte Teil der Arbeit, die Auswertung der empirischen Daten, gliedert sich in zwei Kapitel. Zunächst werden in einer *Gesamtübersicht* die Strukturen des Konfliktgeschehens seit 1945 analysiert. Diese Gesamtübersicht wiederum gliedert sich in einen ersten Abschnitt, der Anzahl bzw. Häufigkeiten politischer Konflikte jeweils gesamt und nachfolgend im Zeitverlauf zeigt. Im zweiten Abschnitt werden Details des Konfliktgeschehens getrennt für inner- und zwischenstaatliche Konflikte dargestellt.

Im nachfolgenden zweiten Kapitel der empirischen Analysen werden Auswertungen zur *Entwicklung von Kriegen* dargestellt und erläutert. Auch dieses Kapitel untergliedert sich in zwei Abschnitte. Im ersten Teil werden Strukturen und Merkmale zu Konfliktdynamiken und Eskalationsgeschwindigkeiten gewaltsamer Konflikte erläutert. Im zweiten Abschnitt werden Einflussfaktoren auf die Eskalationsgeschwindigkeiten innerstaatlicher Kriege analysiert. Dieser Abschnitt bildet den Absch luss dieser Arbeit und leitet über zu der Gesamtbetrachtung.

5.1 *Globale Konfliktübersicht – Strukturen*

Der hier vorgestellte Datensatz umfasst die 60 Jahre zwischen 1945 und 2005. Für diesen Zeitraum wurden insgesamt 674 unterschiedliche Konflikte in der Datenbank erfasst, wovon 259 als zwischenstaatliche Konflikte und 415 als innerstaatliche gezählt wurden. Dies entspricht einer Verteilung von knapp 38% zwischen- und 62% innerstaatlicher Konflikte. Von den 674 erfassten Konflikten blieben 57 auf der niedrigsten Stufe »Disput« (46 davon zwischenstaatlich, das entspricht etwa 80%), d.h. in diesen Konflikten blieb es im Wesentlichen bei der Artikulation eines Widerspruchs. Weitere 145 Konflikte (zwischenstaatlich: 98, innerstaatlich: 47) erreichten die Stufe »gewaltlose Krise«, d.h. in diesen Konflikten wurde mit Gewalt gedroht, jedoch ohne dies in die Tat umzusetzen. Damit blieben insgesamt 202 der erfassten politischen Konflikte gewaltlos, davon 144 (71%) zwischenstaatliche und nur 58 (29%) innerstaatliche Konflikte. Für die Konfliktstufe »gewaltsame Krise« konnten insgesamt 212 Konflikte, davon 145 (68%) innerstaatliche und 67 (32%) zwischenstaatliche, gezählt werden.

Abbildung 8: Verteilung aller CONIS Konflikte nach der höchsten gemessen Intensität

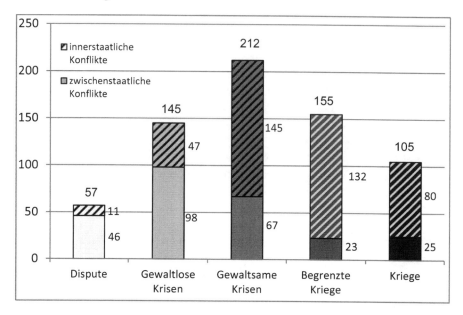

Die beiden höchsten Intensitätsstufen, »begrenzter Krieg« und »Krieg« spiegeln Konflikte wider, in denen Gewalt massiv und im kriegerischen Sinne[56] eingesetzt wird. Auf der weniger gewaltsamen dieser beiden Stufen (»begrenzte Kriege«) wurden zwischen 1945 und 2005 insgesamt 155 Konflikte ausgetragen. Davon wurden 132 innerstaatlich und 23 zwischenstaatlich geführt. Die höchste Intensitätsstufe (»Krieg«) erreichten im gleichen Untersuchungszeitraum insgesamt 105 Konflikte, 80 davon innerstaatlich und 25 zwischenstaatlich.

Damit werden in der Intensitätsklasse »hochgewaltsame Konflikte«, also die Stufen 4 und 5 zusammengenommen, 260 kriegerische Konflikte erfasst, von denen 212 als innerstaatliche und 48 als zwischenstaatliche Konflikte zu werten sind. Dies entspricht einer prozentualen Verteilung von 82% innerstaatlicher gegenüber 18% zwischenstaatlicher Konflikte. Diese Dominanz von innerstaatlichen Konflikten wurde in der quantitativen empirischen Konfliktforschung lange Zeit übersehen, da die Datensätze die Bedeutung innerstaatlicher Konflikte nicht entsprechend herausstellten.

Insgesamt erlaubt CONIS einen breiten Überblick über das globale Konfliktgeschehen seit 1945. Etwa 30% aller erfassten Konflikte blieben gewaltlos, 31%

---

56 Zu einer genaueren Definition der Intensitätsstufen siehe Teilkapitel »Die Intensität von Konflikten« auf Seite 171.

wurden auf mittlerer Intensität ausgetragen und die restlichen 39% zählen als Konflikte hoher Gewaltintensität.

Eine weitere Erkenntnis, die aus dieser ersten Konfliktübersicht gewonnen werden kann, ist die stark heterogene Verteilung im Sektor »gewaltlose Konflikte« zwischen inner- und zwischenstaatlichen Konflikten. Dies verwundert, da intuitiv zu erwarten wäre, dass angesichts der Vielzahl innerstaatlicher politischer Konflikte eines jeden Staates die gemessene Anzahl der innerstaatlichen gewaltsamen Konflikte weit über jener der zwischenstaatlichen liegt. Allerdings beeinflusst hier die CONIS Methode massiv den Umfang des erfassten Datensatzes. CONIS erfasst nur solche politischen Konflikte, die, neben anderen einschränkenden Kriterien, außerhalb eines etablierten Regelungverfahrens ausgetragen werden. Eine Vielzahl der innerstaatlichen Konflikte verläuft jedoch innerhalb etablierter, gewaltvermeidender Verfahren – und verlassen diesen erst im Moment des Gewaltausbruchs. Da aber über viele Abweichungen aus dem Regelungsverfahren in nichtgewaltsamen Konfliktphasen nicht berichtet wird, beispielsweise das heimliche Anhäufen von Waffen oder friedliche Proteste, die noch innerhalb der Regelungsverfahren liegen, kann CONIS nicht für sich in Anspruch nehmen, bei gewaltlosen Konflikten über Daten im Sinne einer Vollerhebung zu verfügen. Die erfassten gewaltlosen Konflikte sind mit einem Anteil von 71% ganz überwiegend zwischenstaatliche Konflikte, bei hochgewaltsamen Konflikten (Stufe 4 und 5) hingegen dominieren mit einem Anteil von 82% eindeutig innerstaatliche Konflikte.

Bemerkenswert ist die hohe Anzahl der Konflikte auf der Intensitätsstufe »Krise«. Diese Konfliktaustragungsart, die bestimmt ist durch vereinzelte Gewaltaktionen mit einer niedrigen Anzahl von Todesopfern, wird in den anderen Datensätzen nicht separat erfasst. In CONIS stellt sie die am häufigsten beobachtbare Konfliktstufe dar. Damit wird deutlich, dass die bisherige quantitative Konfliktforschung eine besonders wichtige und offensichtlich weit verbreitete Bedrohung bzw. Einschränkung von Sicherheit nur unzureichend erfasst hat.

5.1.1   Das Konfliktgeschehen 1945 – 2005 im Überblick: Veränderungen während des Untersuchungszeitraums

Eine der grundlegenden Fragen in der Konfliktforschung ist jedoch nicht nur, wie viele Kriege es innerhalb eines bestimmten Zeitraumes gab, sondern auch welcher Entwicklungstrend sich erkennen lässt. Nimmt die Zahl der Kriege zu oder ab?

Abbildung 9:   Gesamtüberblick Konfliktpanorama 1945 – 2005

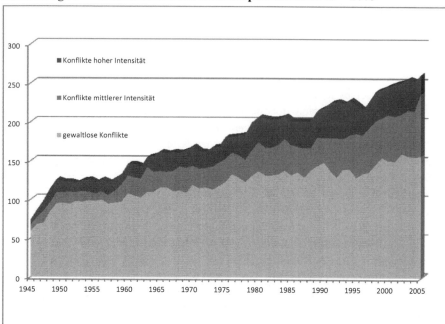

Drei Auffälligkeiten des globalen Konfliktprofils, wie sie sich aus Abbildung 9 ergeben, sollen zunächst beschrieben werden. Dabei handelt es sich um (1) die verschiedenen Phasen zwischen Wachstum und Stagnation im Gesamtkonflikt-bild, (2) den relativ hohen Anteil an gewaltlosen Konflikten und (3) die Entwicklung der gewaltsamen Konflikte.

5.1.1.1   Entwicklung der globalen Konfliktkennziffern

Auffällig ist zunächst die scheinbar kontinuierlich steigende Anzahl politischer Konflikte. Das Ende des Untersuchungszeitraums stellt auch den bisher höchsten Wert der erfassten Konfliktzahl dar – und zugleich den höchsten Wert der erfassten gewaltlosen Konflikte. Dabei drängt sich die Frage auf, ob diese eine reelle Entwicklung widerspiegelt oder mit der fortlaufenden Konflikterfassung erklärt werden kann, die jedes Jahr eine Vielzahl neuer Konflikte aufnimmt. Eine Analyse der einzelnen Konfliktstufen soll hier Klarheit schaffen.

Der hohe Anstieg der Konfliktzahlen zu Beginn des Beobachtungszeitraums zwischen 1945 und 1949 ist bemerkenswert. Ein Blick in die Datenwerte zeigt, dass in diesem Zeitraum die Konfliktanzahl von 74 auf 126 stark anwächst – mit anderen Worte eine Zunahme von knapp 70% in nur vier Jahren. Dies lässt sich durch den besonderen Zuschnitt des Untersuchungszeitraums mit Beginn ab 1945 erklären. Das Ende des Zweiten Weltkrieges war einerseits tatsächlich gleichbedeutend mit einem Ende der meisten bis dahin ausgetragenen kriegerischen Konflikte. Jedoch ergab sich aus der Nachkriegssituation eine Reihe von neuen politischen und geografischen Bedingungen sowie akteursspezifischen Konstellationen, die zu neuen Konflikten und Konfliktlinien führten. Aus diesen Gründen erscheint bei Vorlage der empirischen Daten die Wahl des Beginns der Untersuchungsperiode als sinnvoll. Bei genauerer Betrachtung von Abbildung 9 ist jedoch erkennbar, dass nach der ersten Steigerung der Konfliktzahlen zwischen 1945 und 1949 eine Periode der Konsolidierung erfolgt, in der die Gesamtanzahl weitestgehend stabil bleibt.

Danach setzt ab 1958 im Zuge des Dekolonialisierungsprozesses eine lange Periode der stetigen Zunahme von Konflikten ein, die bis 1980 anhält und wiederum von einer knapp zehnjährigen Phase der Konsolidierung abgelöst wird. Mit dem Ende des Kalten Krieges ab 1988 steigt die Anzahl der Konflikte dann wieder deutlich an. Nachfolgend lässt sich eine Dynamik verzeichnen, welche während der gesamten Beobachtungsdauer in dieser Deutlichkeit einmalig ist: Die Anzahl der Konflikte sinkt von weltweit 229 im Jahre 1994 auf 216 im Jahre 1996[57]. Im Anschluss jedoch beginnt erneut ein Anstieg der Konfliktzahlen bis zum Ende der Untersuchungsperiode.

5.1.1.2 Die Entwicklung gewaltloser Konflikte

Der Anteil an gewaltlosen Konflikten (Konfliktstufen 1 und 2) ist während des gesamten Untersuchungszeitraums auffällig hoch und bildet stets die Mehrzahl aller beobachteten Konflikte (vgl. Abbildung 9). Es soll an dieser Stelle noch einmal betont werden, dass der CONIS Datensatz nicht beansprucht, gewaltlose Konflikte im Sinne einer Vollerhebung abzubilden. Vielmehr handelt es sich bei den nichtgewaltsamen Konflikten um solche, die mit dem vorhandenen Instrumentarium erfasst werden konnten. Bei dieser Form der Darstellung ist zudem darauf hinzuweisen, dass es sich hierbei nicht um Konflikte handelt, die permanent gewaltlos verlaufen, sondern nur in der entsprechenden Untersuchungseinheit – hier also das Kalenderjahr – gewaltlos ausgetragen wurden. Sie bilden jedoch gewissermaßen das Reservoir, aus dem laut Untersuchungskonzept gewaltsame Konflikte entstehen oder erneut eskalieren können. Wie die Auswertungen

---

57 Dieser Effekt findet sich auch bei anderen Forschungsinstituten wie der Uppsala Datenbank (vgl. hierzu Wallensteen / Sollenberg (2001)).

zeigen, sind ein Drittel aller in der Datenbank erfassten Konflikte tatsächlich gewaltlos geblieben.

Die nachfolgend abgedruckte Abbildung 10 schlüsselt die beiden zusammengefassten Intensitätsstufen auf; anders jedoch als in Abbildung 9 nicht als Schichtmodell sondern als Verlaufsdiagramm. Die helle, gestrichelte Konfliktlinie bildet dabei die Entwicklung der Konflikte auf der niedrigsten Konfliktstufe ab - also der Konflikte, die entweder nur die Tatsache eines Interessengegensatzes dokumentieren oder nach einer Eskalation wieder mit diplomatischen Mitteln gelöst werden. Die dunklere, durchgezogene Linie stellt diejenigen Konflikte dar, die zwar friedlich, aber unter Androhung von Gewalt oder bereits mit verschärften diplomatischen Mitteln ausgetragen werden.

Abbildung 10:   Globale Entwicklung gewaltloser Konflikte (Stufe 1+2)

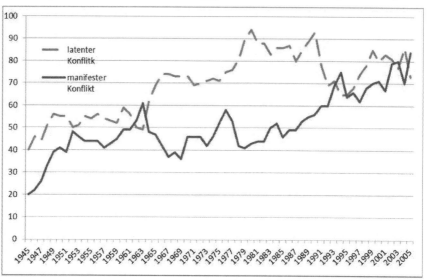

Aus dieser Darstellung lässt sich erkennen, dass die Anzahl der in CONIS erfassten gewaltlosen Konflikte deutlich zugenommen hat. Von ursprünglich 60 gewaltlosen Konflikten im Jahre 1945 (davon 40 Dispute und 20 gewaltlose Krisen) auf 157 im Jahre 2005 (davon 73 Dispute und 84 gewaltlose Krisen). Auffällig ist vor allem, dass seit dem Ende der 1970er Jahre die Anzahl der Konflikte auf Stufe 2 kontinuierlich zunimmt. Dies bedeutet, dass das internationale Staatensystem und auch die einzelnen Staaten mit einer immer höher werdenden Zahl von gewaltsamen Konflikten konfrontiert werden.

5.1.2   Die Entwicklung gewaltsamer Konflikte

Das Schichtenmodell auf Seite 222 zeigte in der hellen, oberen Linie die Entwicklung der Konflikte mittlerer Intensität und in den anderen Linien den Verlauf der beiden höchsten Intensitätsstufen 4 und 5. Auffällig ist, dass die Anzahl der gewaltsamen Konflikte im Untersuchungszeitraum deutlich angestiegen ist. Auch ein Blick in die Datenwerte verrät, dass die Anzahl der Konflikte mittlerer und hoher Gewalt zum einen im Vergleich zum Ausgangsniveau klar angestiegen ist, gleichzeitig wird jedoch auch deutlich, dass die Zahlen breiten Schwankungen unterliegen. Dies gilt besonders für Konflikte hoher Intensität (Stufe 4 und 5, oberste Schicht). So nimmt die Anzahl der kriegerischen Konflikte zu Ende der 1970er Jahre stark zu und erreicht Mitte bis Ende der neunziger Jahre einen Stand, der zuvor nie erreicht wurde. Allerdings wird aus der nachfolgenden Abbildung 11 ersichtlich, dass sich die Entwicklung der Intensitätsstufen 4 und 5 unterschiedlich vollzieht.

Ebenso durchläuft die Anzahl der Konflikte mittlerer Intensität während des Untersuchungszeitraums eine deutliche Veränderung. Während der Anteil der Konflikte auf dieser Intensität in den 1950er Jahren weniger als 10% der Gesamtanzahl beträgt, liegt er in den neunziger Jahren bei etwa 20%. Dies bedeutet also nicht nur eine Steigerung bezüglich der Häufigkeit, sondern auch einen deutlichen Bedeutungsgewinn im Vergleich zu den anderen Austragungsarten.

Auch hier ermöglicht eine Darstellung der Entwicklung der einzelnen Intensitätsstufen über den Untersuchungszeitraum tieferen Einblick in das Kriegsgeschehen der letzten 50 Jahre. Dargestellt wird die Anzahl der »Kriege« (unterste Linie), der »ernsten Krisen« (mittlere Linie) und der »gewaltsamen Krisen« (oberste Linie). »Ernste Krisen« unterscheiden sich von »Kriegen« dadurch, dass die Gewalt weniger systematisch und organisiert ausgetragen wird, »gewaltsame Krisen« sind politische Konflikte, in denen physische Gewalt gegen Menschen eingesetzt wird und Menschen dabei zu Tode kommen, die aber unterhalb der in den Stufen 4 und 5 definierten Gewaltintensität bleiben.

Die Verlaufsgrafik zeigt, dass unter den beiden »hochgewaltsamen« Konfliktformen »Kriege« im Vergleich zu »gewaltsamen Krisen« seltener sind und grundsätzlich eher eine Ausnahme unter den politischen Konflikten darstellen. Für den gesamten Untersuchungszeitraum ergibt sich ein Durchschnittswert von neun Kriegen pro Jahr. Tatsächlich schwankt die Kriegsanzahl in einem Bereich zwischen nur zwei (z. B. 1952 und 2005) und 18 Kriegen (1981) pro Jahr. Bemerkenswert erscheinen die unterschiedlichen Phasen in der Kriegshäufigkeit in den letzten 60 Jahren: Nach einem kurzen, jedoch steilen Anstieg der Kriegszahlen sinken diese zu Beginn der 1950er Jahre und bleiben in der folgenden Dekade bei einem Schnitt von etwa vier Kriegen pro Jahr. In den 1960er Jahren beträgt die Durchschnittszahl bereits 6,6 Kriege pro Jahr, wobei hier das Jahr

1967 einen ungewöhnlichen Anstieg verzeichnet. In den 1970er Jahren liegen die Durchschnittswerte bereits bei neun Kriegen per annum; die 1980er sind jedoch laut CONIS das kriegerischste Jahrzehnt im Beobachtungszeitraum: Im Schnitt wurden in dieser Dekade jedes Jahr fast 14 Kriege ausgetragen. Im Vergleich zu den 1950er Jahren bedeutet dies eine Zunahme um mehr als das Dreifache. In den 90er Jahren liegt der Durchschnitt bei 12,3 und für den restlichen Untersuchungszeitraum (2000 bis 2005) bei 9,5 Kriegen, allerdings mit einer starken Abnahme zum Ende der Periode.

Abbildung 11:   Globale Entwicklung gewaltsamer Konflikte (Stufe 3+4+5)

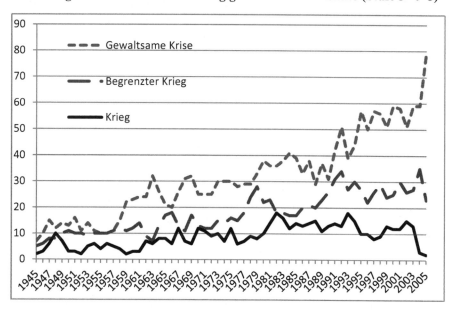

Verändert man jedoch den Blickwinkel und fokussiert anstatt auf die Jahrzehnte auf die Perioden der Entwicklungsdynamik und nimmt dabei alle drei Konfliktverlaufskurven in den Blick, so fällt u.a. auf, dass zu Ende der 1980er Jahre eine erstaunliche Entwicklung einsetzt: Alle drei Konfliktintensitäten weisen mit kurzen Zeitverschiebungen einen erheblichen Anstieg auf, eine Entwicklung, die am deutlichsten anhand der »ernsten Krisen« zu erkennen ist. Fast zeitgleich erreichen in den Jahren 1993/1994 alle drei Konfliktindikatoren ihrer Klimax und entwickeln sich danach unterschiedlich weiter. Besonders auffällig ist der sprunghafte Anstieg der Konflikte, die auf der Intensitätsstufe »gewaltsame Krise« ausgetragen werden.

Doch die Grafik zeigt auch, dass solche gleichzeitigen oder leicht zeitversetzten Anstiege aller drei Intensitätsstufen kein singuläres Phänomen darstellen. Ähnliche Phänomene zeigen sich zu Beginn und Ende der 1960er, Anfang und

Ende der 1970er sowie Anfang der 1980er Jahre. Diese Beobachtung wirft die Frage auf, ob jene Entwicklungen eher zufällig sind oder doch eine gemeinsame Ursache haben. Letzteres würde dafür sprechen, dass es tatsächlich einen Einfluss der globalen Systemebene auf den Ausbruch von Kriegen gibt.

Um diese Frage jedoch gründlich zu untersuchen, ist eine detaillierte Untersuchung der Konfliktzahlen notwendig. Zur Analyse des Einflusses des Staatensystems auf die Konfliktzahlen werden im Folgenden die Konflikte in inner- und zwischenstaatliche Kriege unterteilt, wobei auch die Entwicklung des internationalen Staatensystems berücksichtigt wird.

5.1.3   Entwicklung inner- und zwischenstaatlicher kriegerischer Konflikte

Bereits oben wurde auf die unterschiedliche Anzahl inner- und zwischenstaatlicher Konflikte hingewiesen und festgestellt, dass gewaltsame Konflikte erstens zum überwiegenden Teil innerstaatlich geführt werden und zweitens, dass die häufigste Konfliktstufe des gewaltsamen Konfliktaustrags die »gewaltsame Krise« ist. Abbildung 12 zeigt die Entwicklung kriegerischer Konflikte unterteilt in inner- und zwischenstaatliche Konflikte. Für die Auswertung wurde auf das dreistufige Intensitätsklassensystem zurück gegriffen, d.h. die Stufe 3, gewaltsame Krisen werden als Konflikte mittlerer Intensität bezeichnet, Konflikte der Stufe 4 und 5, begrenzte Kriege und Kriege, als kriegerische Konflikte. Die Klasse der gewaltlosen Konflikte, Stufe 1 und 2, werden in der nachfolgenden Abbildung ausgeblendet.

Die Grafik zeigt erhebliche Unterschiede in der Entwicklung von inner- und zwischenstaatlichen Konflikten. Deutlich wird, dass innerstaatliche Konflikte während des gesamten Konfliktzeitraums fast kontinuierlich an Anzahl und Bedeutung gewinnen, während zwischenstaatliche gewaltsame Konflikte sich im gesamten Untersuchungszeitraum in einem engen Entwicklungskorridor bewegen und zumindest in Bezug auf kriegerische Konflikte zum Ende der Untersuchungsperiode an Bedeutung verlieren. Grundsätzlich häufiger sind im zwischenstaatlichen Bereich »gewaltsame Krisen«, also Konflikte, in denen Gewalt nur begrenzt eingesetzt wird.

Abbildung 12: Entwicklung inner- und zwischenstaatlicher gewaltsamer Konflikte 1945 – 2005

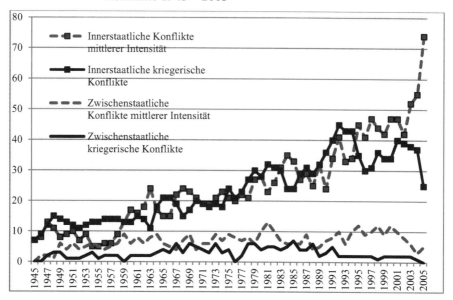

Innerstaatliche gewaltsame Konflikte dominieren von Beginn der Untersuchungsperiode an das Konfliktgeschehen. Dieses Analyseergebnis steht im Gegensatz zu einigen anderen empirischen Auswertungen, bei denen eine größere Häufigkeit innerstaatlicher Konflikte zumeist erst ab Mitte der 1960er Jahre erkannt wird (vgl.Pfetsch / Rohloff 2000a). Diese Angaben beruhen jedoch auf Datensätzen mit wesentlich weniger erfassten Konflikten.

Aus Abbildung 12 ist erkennbar, dass im Verlauf des Untersuchungszeitraums erhebliche Veränderungen im Konfliktaustrag zu beobachten sind. Besonders deutlich wird dies bei einer Untersuchung der Konfliktperiode ab Mitte der 1980er Jahre. Hier zeigen zunächst die beiden innerstaatlichen gewaltsamen Konfliktklassen einen deutlichen Anstieg. Nachdem aber kriegerische Konflikte 1992 ihren neuen Höhepunkt erreicht haben, sinkt die Anzahl kriegerischer Konflikte in den folgenden Jahren deutlich ab und liegt 1996 mit 30 kriegerischen Konflikten bei einem Wert, der jenem von 1988 entspricht. In den folgenden Jahren steigt die Häufigkeit innerstaatlicher kriegerischer Konflikte zwar erneut an, sinkt aber ab 2001 (40 kriegerische Konflikte) deutlich ab. Zum Ende der Untersuchungsperiode liegt die Anzahl kriegerischer Konflikte mit 25 Konflikten noch einmal deutlich niedriger als 1996.

Dennoch wäre es falsch, mit dem Rückgang der Konflikte auf den höchsten Eskalationsstufen von einer friedlich werdenden Welt zu reden. Die CONIS Daten machen deutlich, dass gewaltsame Konflikte mit geringem Gewalteinsatz an

Häufigkeit so stark zugenommen haben, dass statt dessen von einer strukturellen Veränderung des Konfliktgeschehens gesprochen werden muss: Nicht durch umfassende und große Gewaltszenarien wird der Zusammenhalt von Gesellschaften seit 1990 immer häufiger bedroht, sondern durch eine Vielzahl kleiner Gewaltakte. Damit verlieren jene Konflikte, die in CONIS als »gewaltsame Krise« erfasst werden, ihren Charakter als Übergangsstufe von friedlichen zu hoch gewaltsamen Konflikten und entwickeln sich offensichtlich zu einer eigenständigen Konfliktform.

5.2   *Zwischenstaatliche Konflikte*

In der Diskussion um alte und sogenannte »neue Kriege« (vgl. Kap: Konzeption des Kriegsbegriffs), um Wandel des Konfliktaustrags, zusammenbrechende Staaten und neue Konfliktformen hat sich die Konfliktforschung in den letzten Jahren im Schwerpunkt dem innerstaatlichen Konfliktaustrag zugewandt. Dies ist angesichts der großen Forschungsdefizite auf diesem Gebiet zwar nachvollziehbar (Sambanis 2004), hat aber in der Radikalität der Abkehr von der alten Forschungsagenda zu dem unerfreulichen Effekt geführt, dass das Konfliktgeschehen zwischen Staaten noch immer mit dem Instrumentarium und aus der Sichtweise des Kalten Krieges analysiert wird (Vasquez 2000c, Diehl 2004, Vayrynen 2006). Unklar ist deshalb geblieben, wie zwischenstaatliche Kriege aktuell ausgetragen werden. Welchen Einfluss hat der enorme technologische Fortschritt, die sogenannte »*Revolution of military affairs*« bzw. der »*Information Warfare*« und die Ausbreitung der Demokratie auf den Konfliktaustrag zwischen den Staaten? Im Folgenden werden mit den Möglichkeiten der CONIS-Datenbank die äußeren und inneren Merkmale des zwischenstaatlichen Konfliktaustrags zwischen 1945 und 2005 analysiert. Im Fokus stehen dabei jene Fragen, die mit dem Konfliktaustrag und besonders mit beobachtbaren Dynamiken und Veränderungen in Verbindung stehen.

5.2.1   Zwischenstaatliche Konflikte - Begriffsbestimmung

Der CONIS-Ansatz unterteilt dichotom zwei unterschiedliche Konflikttypen: Sicherheitsbedrohungen, die von anderen Staaten kommen und damit völkerrechtlichen Verregelungen unterliegen und solche, die innerhalb des Staatengebietes entstehen (vgl. hierzu auch Kap. »Der CONIS-Ansatz«). Demnach werden in der CONIS Analyse Konflikte dann als »zwischenstaatlich« erkannt, wenn zwei Staaten gegenüber dem jeweils anderen divergente Interessen artikulieren und folglich unter der Rubrik »*Constellation*« als Dyade codiert werden. Damit wird jedoch auch ausgeschlossen, dass sogenannte »Stellvertreterkriege«, bei denen Staaten lediglich Unterstützungsleistung für einen anderen Staat oder einen nicht-staatlichen Akteur liefern, in den Untersuchungsdatensatz einfließen. Eine weitere Problematik besteht darin, dass bestimmte Staaten aufgrund von Staatszerfall oder schwacher Staatlichkeit nicht mehr als staatliche Akteure zu erkennen sind. Wenn ein Staat, ein Militärbündnis oder eine internationale Organisation in einem laufenden gewaltsamen Konflikt intervenieren, kann nicht von einem »klassischen« zwischenstaatlichen Konflikt gesprochen werden. In diesen Fällen wird eine qualitative Bestimmung als zwischenstaatliche Konflikte vorgenommen.

Zum besseren Verständnis werden im Folgenden jene Konstellationen genauer definiert, die dazu führen, dass ein Konflikt als »zwischenstaatlich« codiert wird. Neben den oben genannten »reinen« zwischenstaatlichen Konflikten, bei denen zwei Staaten einen Interessengegensatz pflegen, gibt es noch folgende andere Formen:

- *Internationalisierte Konflikte:* Als internationalisiert gelten Konflikte, wenn sie ursprünglich als innerstaatliche Konflikte (in der Konstellation nicht-staatlicher Akteur gegen Staat) beginnen und in ihrem Verlauf durch die Einmischung eines zweiten Staates zum zwischenstaatlichen Konflikt werden. Dies ist beispielsweise beim Libanesischen Bürgerkrieg oder den afghanischen Kriegen der Fall.
- *Interventionen:* Eine gewisse Parallele zu den internationalisierten Konflikten weisen Interventionen auf. Während jedoch bei internationalisierten Konflikten ein Staat als dritte Partei eindeutig eigene Interessen hinsichtlich des Konfliktgegenstands vertritt, ist dies bei Interventionen nicht der Fall. In der Regel werden sie durch von Bündnissen entsandte und befehligte Einsatztruppen vollzogen (UN, NATO, u.a.).
- *Transnationale Konflikte*: Der Begriff des transnationalen Konfliktes erfährt derzeit in der Forschungsdiskussion eine verstärkte Aufmerksamkeit (Carlsnaes et al. 2002, Gledditsch 2007, Buhaug / Gledditsch 2008). Als transnationale Konflikte gelten solche, in denen ein nicht-staatlicher Akteur mit einem Staat einen Konflikt führt, wobei der nicht-staatliche Akteur sein Rückzugsgebiet oder Rekrutierungsgebiet nicht auf dem Gebiet des betroffenen Staates hat. Als Beispiele hierfür ließe sich der Konflikt Al-Quaida vs. USA anführen.

Unabhängigkeitskriege oder *Dekolonialisierungskonflikte* hingegen werden so-lange *nicht* als zwischenstaatlich codiert, wie die eigenständige Staatlichkeit des

Sezessionsgebietes noch nicht anerkannt ist[58]. In der Regel werden Unabhängigkeitskriege somit als innerstaatlich gewertet.

5.2.2 Analyse des zwischenstaatlichen Konfliktgeschehens 1945 -2005

Die folgende Abbildung 13 gibt einen Überblick über die Eskalationsanfälligkeit aller erfassten zwischenstaatlichen Konflikte unter Berücksichtigung der jeweils höchsten erreichten Intensität. Zudem unterteilt sie Konflikte in solche, die bereits beendet sind und jene, die bei Ende der Untersuchungsperiode (2005) noch ausgetragen wurden und bei denen somit nicht ausgeschlossen werden kann, dass sie in ihrem folgenden Verlauf noch auf eine höhere Stufe eskalieren. Aber auch wenn deshalb nur die beendeten Konflikte (mittlerer Teil der Abbildung) zur Analyse herangezogen werden, wird deutlich, dass zwischenstaatliche Konflikte nur in Ausnahmen auf kriegerisches Niveau eskalieren. Von den 178 beendeten zwischenstaatlichen Konflikten bleiben 37, und damit 21% aller beendeten Konflikte, auf der untersten Konfliktstufe. In diesen Konflikten wurden nur diplomatische Mittel angewandt und keine Gewalt angedroht oder zur Schau gestellt. Weitere 56 dieser Konflikte blieben ebenfalls gewaltlos, obwohl hier bereits der Einsatz von Gewalt drohte. Damit sind über 50% aller in CONIS erfassten und bereits beendeten zwischenstaatlichen Konflikte gewaltlos geblieben. Das bedeutet, dass ein Großteil der bei CONIS verzeichneten zwischenstaatlichen Konflikte, und damit nur jener Teil aller zwischenstaatlichen Konflikte, die außerhalb etablierter Regelungsverfahren laufen und damit per se ein gewisses Eskalationsrisiko in sich tragen, von den Staaten friedlich gelöst werden kann.

In weiteren 56 beendeten Konflikten wurde Gewalt mindestens einmal eingesetzt, wodurch sie die Konfliktstufe 3 (»gewaltsame Krise«) erreichten. Dies ist besonders bemerkenswert, da sich hier zeigt, dass in einem Großteil der Fälle durch die Überschreitung der Gewaltschwelle keine Eigendynamik freigesetzt wird, die zu einer weiteren Eskalation des Konfliktes führt. Genau diese Konflikte sollten also in weiteren Untersuchungen als exemplarische Beispiele dienen, um zu analysieren, wie eine kriegerische Eskalation, also auf Stufe 4 oder 5, verhindert werden kann. Dies gilt natürlich auch für die nicht-gewaltsamen Krisen, also für Konflikte der Stufe 2.

---

58 In der Frage der Anerkennung von Staaten verlässt sich CONIS in der Regel auf Drittquellen wie dem Länderverzeichnis des Auswärtigen Amtes der Bundesrepublik Deutschland, und den offiziellen Listen der Internationalen Organisation für Normung (ISO), den ISO – Standardlisten ISO 3166-1, ISO 3166-2 und ISO 3166-3. Siehe hierzu auch Kapitel: »Der CONIS-Ansatz«.

Abbildung 13: Höchste erreichte Eskalationsstufe zwischenstaatlicher Konflikte

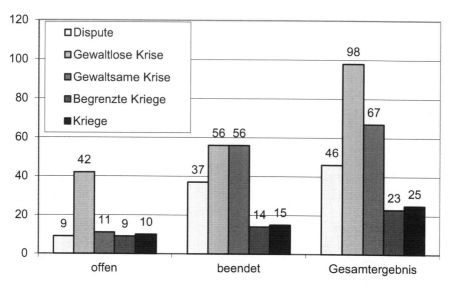

Weitere 14 Konflikte werden auf Stufe 4 ausgetragen, in ihnen wird Gewalt also kriegerisch, aber doch begrenzt eingesetzt. Und nur 15 der bereits beendeten zwischenstaatlichen Konflikte - das entspricht acht Prozent aller erfassten zwischenstaatlichen und beendeten Fälle - erreichen die höchste Intensitätsstufe »Krieg«. Die linke Balkengruppierung der Abbildung 13, welche die Verteilung der noch offenen Konflikte wiedergibt, zeigt jedoch ein etwas anderes Konfliktbild. Hier ist die Verteilung der Konflikte nahezu gleichmäßig, einzige Ausnahme bilden die Konflikte auf Stufe 2, die deutlich über dem sonstigen Niveau liegt. Der Anteil der kriegerischen Konflikte (Stufe 4 und 5) ist prozentual gesehen höher als bei den bereits beendeten Konflikten. Dies könnte dadurch erklärbar sein, dass Konflikte, die einmal als Kriege geführt wurden, nur schwer als beendet bezeichnet werden können, speziell wenn sie kein klares Ergebnis gebracht haben, und deshalb möglicherweise eine längere Gesamtdauer haben als gewaltlose Konflikte.

Das Ergebnis dieser Analyse zeigt, dass es neben den bisher gut erforschten zwischenstaatlichen kriegerischen Konflikten eine Reihe anderer Konflikte gibt, die eventuell ähnliche Eskalationswege eingeschlagen haben, dann aber vor Überschreitung der Gewalt- oder Kriegsschwelle beigelegt oder zumindest eingehegt werden konnten. Damit kann – die Natur des Konfliktes betreffend – der spätere Clausewitz bestätigt werden. In seiner Nachricht von 1827 (vgl. Kap. »Konzeptionen des Krieges«) hatte er erklärt, dass das Streben zum Absoluten im Kriege nicht unumstößlich ist, sondern von politischen Prozessen gesteuert und so »gezähmt« werden kann.

5.2.3   Globale Entwicklung zwischenstaatlicher Konflikte 1945 – 2005

Unter Berücksichtigung der Entwicklung aller zwischenstaatlichen Konflikte von 1945 bis 2005 ergibt sich folgender Überblick über die Entwicklung zwischenstaatlicher Konflikte: Während des gesamten Untersuchungszeitraums dominieren eindeutig nicht-gewaltsame Konflikte. Die Anzahl der Gewaltkonflikte erscheint im direkten Vergleich gering.

Auffallend ist, dass die maximale Anzahl zwischenstaatlicher Konflikte bereits für die 1980er Jahren beobachtet werden kann und somit im Gegensatz zur Gesamtbetrachtung aller politischen Konflikte steht: Hier war eine kontinuierliche Zunahme zu beobachten, die ihren Klimax erst zum Ende der Beobachtungszeit hatte. Das bedeutet, dass die Staatenwelt nicht nur immer weniger zwischenstaatliche kriegerische Konflikte, sondern offensichtlich auch - den Kriterien des CONIS-Ansatzes entsprechend – immer weniger gewaltlose zwischenstaatliche Konflikte führt.

Abbildung 14:   Globale Entwicklung zwischenstaatlicher Konflikte
1945 – 2005

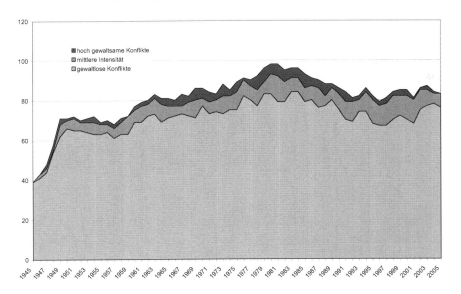

Diese CONIS Auswertungen bestätigen für den Bereich der zwischenstaatlichen Kriege die Beobachtungen anderer Konfliktforschungsinstitute und einzelner

Forscher, die einen Rückgang dieser Konflikte in den letzten Jahren feststellten (Holsti 1996, Pfetsch / Rohloff 2000b, Wallensteen / Sollenberg 2001, Gledditsch et al. 2002). Es wäre jedoch fatal, aus dem Rückgang der Anzahl zwischenstaatlicher Kriege vorschnell abzuleiten, dass diese »unmodern« geworden seien oder gänzlich verschwinden würden (Mueller 1990, Mueller 2006, Vayrynen 2006). Denn wie das Schichtenmodell in Abbildung 14 zeigt, nehmen die kriegerischen Konflikte zwar ab Mitte der 1980er Jahre ab. Dennoch gibt es eine nicht unerhebliche Anzahl von Konflikten auf Stufe 3, also solchen zwischenstaatlichen Konflikten, bei denen die Grenzen der Diplomatie bereits durch die Ausübung von physischer Gewalt überschritten wurden. Daraus kann erstens abgeleitet werden, dass das Gewaltverbot der UN-Charta doch häufiger durchbrochen wird, als es ein begrenzter Blick auf die reinen Kriegszahlen glauben lassen würde. Zum zweiten lässt die Anzahl der Konflikte auf Stufe 3 erkennen, dass Staaten Gewalt als Lösung nicht prinzipiell ausschließen. Angesichts der noch immer hohen Anzahl vorhandener Atomwaffen und weiterer Staaten, die danach streben, in Besitz der Atomwaffe zu kommen, wäre es deshalb geradezu fahrlässig, die Gefahr von zwischenstaatlichen Kriegen in Abrede zu stellen (Paul 2006).

Abbildung 15: **Zwischenstaatliche Konflikte - Entwicklung der gewaltsamen Intensitätsstufen (3, 4 und 5) 1945 - 2005**

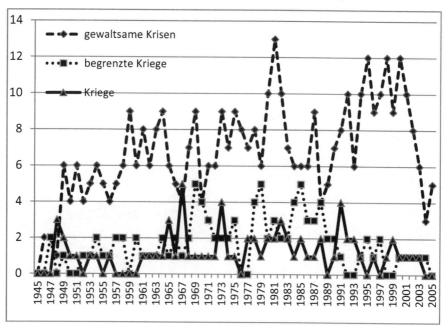

Dies verdeutlicht auch Abbildung 15, welche die Verlaufskurven für die gewaltsamen Konfliktstufen einzeln aufzeigt. Deutlich wird dabei erkennbar, dass das zwischenstaatliche kriegerische Konfliktgeschehen, symbolisiert durch die unterste (Kriege) und (meist) mittlere (begrenzte Kriege) Verlaufslinie, durch relative Stabilität geprägt ist. Während des gesamten Untersuchungszeitraums variieren die Kriegszahlen nur in der sehr engen Bandbreite von null bis fünf. Die höchste Anzahl von zwischenstaatlichen Kriegen lässt sich 1967 beobachten, als die arabischen Nachbarstaaten Israel angreifen (6-Tage-Krieg), während parallel in Vietnam der Krieg andauert.

Die Konflikte auf der mittleren Intensitätsebene, symbolisiert durch die oberste Verlaufslinie, zeigen in mehreren Jahren eine Entwicklung, die eine Interdependenz dieser mit den kriegerischen Intensitätsstufen nahelegt. Deutlich wird dies etwa in den 1960er Jahren, als zunächst die Anzahl der Konflikte auf mittlerer Intensität (nach vorherigem Anstieg) abnimmt, während gleichzeitig die Anzahl der kriegerischen Konflikte steigt. Dieselbe Wechselwirkung lässt sich für den Zeitraum um 1979/1980 feststellen, als in umgekehrter Richtung die Anzahl der begrenzten Kriege sinkt und zeitgleich die Anzahl der mittleren Intensitätsstufe »gewaltsame Krise« steigt. Die Interdependenz setzt sich nach dem Beginn der 1990er Jahre fort, wenn auch mit geringerer Dynamik. Zunächst ist ein Rückgang der kriegerischen Konflikte bei gleichzeitigem Anstieg der gewaltsamen Krisen zu beobachten. In den nachfolgenden Jahren verharren die gewaltsamen Krisen auf vergleichsweise hohem Niveau und auch die Anzahl der kriegerischen Konflikte bleibt gering.

Staaten scheinen also die kriegerische Konfliktlösung immer stärker zu meiden und ziehen stattdessen eher punktuelle Gewaltanwendung auf niedrigerem Niveau vor. Die stark abnehmende Anzahl der Gewaltkonflikte gegen Ende der Untersuchungsperiode und speziell der Konflikte mittlerer Intensität nach dem Jahr 2000 bestätigen diese Annahme.

5.3   Innerstaatliche Konflikte

Im Gegensatz zu zwischenstaatlichen Konflikten wurden innerstaatliche Kriege von der klassischen quantitativen Forschung lange Zeit nur wenig beachtet (Mack 2002, Sambanis 2004). Dies änderte sich jedoch nach dem Ende des Kalten Krieges und den humanitären Katastrophen in Ruanda und Somalia, jeweils ausgelöst durch innerstaatliche kriegerische Konflikte und verstärkt durch schwache Staatsapparate, die mit der Bekämpfung der sicherheitspolitischen Herausforderung überfordert waren. Während der Staatszerfallskriege in Jugoslawien und besonders nach dem NATO Einsatz zum Schutz des Kosovo, welche die Aufmerksamkeit auf die Heckenschützen und das Phänomen der »Feierabendkämpfer« rückte (Kaldor 1999), regten die afrikanischen Kindersoldaten und das grundsätzlich enthemmte und wenig an klassischen politischen Zielen orientierte Kampfverhalten der Rebellengruppierungen im subsaharischen Afrika zu weiteren Mutmaßungen über das veränderte Konfliktgeschehen an (Münkler 2002). Tatsächlich jedoch wurden diese Überlegungen auf nur wenige empirische Beispiele gestützt. Der quantitative empirische Nachweis für Veränderungen des Konfliktaustrags blieb außen vor. So hat sich in den letzten Jahren eine fast schon mythologisch zu nennende Beschreibung des innerstaatlichen Konfliktgeschehens entwickelt, die ohne quantitative Datengrundlage nur schemenhaft die Entwicklung des innerstaatlichen Konfliktgeschehens skizzierte. Mit der speziell auf die Besonderheiten innerstaatlicher Konflikte abgestimmten CONIS Methode können hier neue Einblicke werden.

5.3.1 Begriffsbestimmung

Wie ausgeführt, ist im CONIS-Ansatz die dichotome Einteilung von inner- und zwischenstaatlichen Konflikten primär an die Frage der Konstellation der beteiligten Akteure und nicht an geographische Aspekte geknüpft. Das heißt, immer dann, wenn ein Staat und ein nicht staatlicher Akteur aufeinander treffen und einen politischen Konflikt austragen, wird dieser als innerstaatlicher Konflikt geführt. Neben dieser klassischen innerstaatlichen Konfliktform gibt es eine weitere Konstellation, die in CONIS als innerstaatliche Konflikte geführt werden: Konflikte ohne staatliche Beteiligung. Diese Konflikte werden jenem Staat zugeordnet, auf dessen Territorium sie geführt werden. Sollte ein nicht-staatlicher Akteur auf zwei unterschiedlichen Staatsterritorien aktiv sein und dort gegen andere nicht-staatliche Akteure oder die Zivilbevölkerung vorgehen, wird dieser Konflikt entsprechend der Anzahl der betroffenen Staaten geteilt und entsprechend betitelt (siehe dazu Kap. Der CONIS-Ansatz).

5.3.2 Analyse des innerstaatlichen Konfliktgeschehens

Die CONIS-Datenbank umfasst zum Stand 30.12.2005 insgesamt 415 unterschiedliche innerstaatliche Konflikte. Davon waren zum Ende des Untersuchungszeitraums 183 laufend und 232 beendet. Insgesamt eskalierten 80 Konflikte bis zur höchste Intensitätsstufe »Krieg« und weitere 132 bis zur Intensitätsstufe »begrenzter Krieg«. Demnach wurden 212 von 415 erfassten Konflikten auf einem kriegerischen Niveau ausgetragen. Im Vergleich zu den Werten für zwischenstaatliche Konflikte mit 48 kriegerischen Konflikten, davon 25 Kriege und 23 begrenzte Kriege, ergeben sich hier mehrere signifikante Unterschiede.

Abbildung 16: Höchste erreichte Intensität innerstaatlicher Konflikte

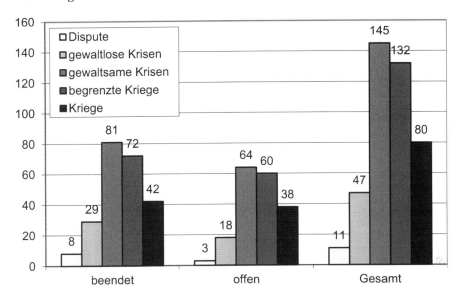

Erstens sind kriegerische Konflikte auf der innerstaatlichen Ebene damit wesentlich zahlreicher als auf der zwischenstaatlichen. Zweitens werden prozentual gesehen innerstaatliche Konflikte wesentlich häufiger auf hohem Gewaltniveau ausgetragen. Ergänzend ist zu erwähnen, dass zudem 145 innerstaatliche Konflikte zumindest phasenweise auf der Konfliktstufe 3 geführt wurden, wodurch sich eine Summe von insgesamt 354 innerstaatlichen Konflikten ergibt, in denen Gewalt in unterschiedlicher Weise angewendet wurde. Innerhalb der nicht gewaltsamen Konfliktstufen verbleiben 47 Konflikte auf Stufe 2, und elf Konflikte auf Stufe 1. Die Unterscheidung in bereits beendete und noch offene Konflikte zeigt, dass die prozentuale Verteilung auf alle Konfliktstufen nahezu identisch ist. Verwunderlich mag im Vergleich zu den zwischenstaatlichen Konflikten der niedrige Wert an nicht-gewaltsamen Konflikten erscheinen. Doch soll an dieser Stelle noch einmal darauf hingewiesen werden, dass innerstaatliche gewaltlose Konflikte nur dann in den Datensatz aufgenommen wurden, wenn sie von den herkömmlichen etablierten, gewaltvermeidenden Normen des Konfliktaustrags, das sind in der Regel die in der Verfassung vorgegebenen Konfliktlösungsansätze, darunter ggf. das Recht zur freien Meinungsäußerung, die Versammlungsfreiheit, bzw. polizeiliche Eingreifrechte oder Gerichtsverfahren, abweichen. Zudem ist für viele innerstaatliche Konflikte die Informationslage eher schlecht. Besonders dann, wenn diese in Entwicklungsregionen mit schwacher Nachrichteninfrastruktur oder innerhalb von Staaten mit einer starken Medienkontrolle des Staates stattfinden.

5.3.3   Globale Entwicklung innerstaatlicher Konflikte 1945 – 2005

Wie Abbildung 17 zeigt, steigt die Anzahl der innerstaatlichen kriegerischen
Konflikte im Untersuchungszeitraum kontinuierlich und stark an. Die Grafik verdeutlicht zudem, dass darüber hinaus auch die Konflikte auf Stufe 3, der mittleren Intensitätsklasse, und die nicht gewaltsamen Konflikte kontinuierlich zugenommen haben. Wurden zu Beginn des Untersuchungszeitraums nur 35 innerstaatliche Konflikte gezählt, sind es zu Ende des Beobachtungszeitraums, im
Jahre 2005, mehr als fünfmal so viele, nämlich insgesamt 180. Von den 35 innerstaatlichen Konflikten im Jahre 1945 waren 21 gewaltlos und jeweils sieben wurden als Konflikte mittlerer Intensität und als kriegerische Konflikte ausgetragen.
Im Jahre 2005 waren von den 180 erfassten innerstaatlichen Konflikten 81 gewaltlos, 74 wurden auf mittlerer Intensität ausgetragen und 25 waren kriegerisch.
Der Anstieg der Konfliktzahlen, erfolgt weitestgehend stetig, wenn auch in unterschiedlichen Geschwindigkeiten. Beispielsweise ist deutlich zu erkennen, dass
mit dem beginnenden Zerfall der Sowjetunion, also ab Mitte der achtziger Jahre,
die Anzahl der kriegerischen Konflikte stark ansteigt. Erst nach 1992 nimmt sie
wieder ab, um in Folge jedoch erneut anzusteigen.

**Abbildung 17:   Globale Entwicklung innerstaatlicher Konflikte
1945 – 2005**

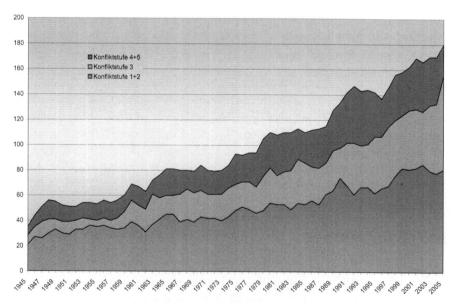

Zum Ende des Untersuchungszeitraums ist deutlich zu erkennen, dass die Zahl
der kriegerischen Konflikte abnimmt, dafür jedoch die Anzahl der Krisen stark

238

ansteigt. Doch zunächst sollen noch einmal genauer die einzelnen Entwicklung-
en der Konfliktformen überprüft werden.

Abbildung 18 differenziert im Vergleich zur Abbildung 17 die Intensitätsklasse »kriegerische Konflikte« in die beiden Konfliktstufen »Krieg« (unterste Linie)
und »begrenzte Kriege« (mittlere Linie). Hinzu kommt die Entwicklungskurve
für die Konfliktstufe »gewaltsame Krise«. Die beiden gewaltlosen Konfliktstufen
bleiben aus Gründen der Übersichtlichkeit unberücksichtigt.

**Abbildung 18: Entwicklungslinien der gewaltsamen innerstaatlichen
Konflikte nach einzelnen Stufen 1945 bis 2005**

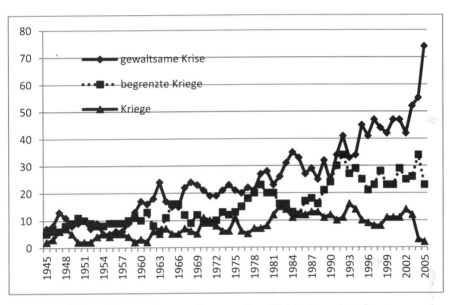

Die Ausdifferenzierung der gewaltsamen Konfliktstufen zeigt einprägsam, dass
sich das innerstaatliche Konfliktgeschehen im Laufe der Untersuchungsperiode
deutlich gewandelt hat. Bis etwa zu Beginn der 1980er Jahre nehmen die innerstaatlichen Gewaltkonflikte in der Gesamtzahl zu, wobei eine tendenziell homo-
gene Entwicklung der drei Konfliktstufen erkennbar ist. Ab Mitte der 1980er
Jahre beginnt sich dies jedoch zu verändern. Die Konfliktstufen wandeln sich
immer stärker zu eigenständigen Konfliktformen, die sich weitgehend unabhängig voneinander entwickeln. Auffällig dabei ist, dass ab etwa 1993 die innerstaatlichen Kriege tendenziell rückläufig sind, während die Anzahl der begrenzten
Kriege in einem Entwicklungskorridor um den Wert 25 pendelt. Die Anzahl der
gewaltsamen Krisen jedoch steigt kontinuierlich an und erreicht ab etwa 2002
extrem hohe Zuwachsraten. Zum Ende der Beobachtungsperiode erreicht der

Konflikttyp »innerstaatliche gewaltsame Krise« eine Dominanz, die ohne Vergleich im bisherigen Untersuchungszeitraum bleibt.

Gerade diese starke Zunahme an Konflikten im Bereich der »gewaltsamen Krisen«, also an gewaltsamen Konflikten, die jedoch unterhalb der CONIS Kategorie »Krieg« oder »begrenzter Krieg« liegen, weckt Neugierde an den Ursachen dieser explosionsartigen Zunahme bzw. lässt angesichts dieser enormen Steigerung Zweifel an der Zuverlässigkeit der Zahlen aufkommen.

In der Tat sprechen zwei Faktoren für eine Überzeichnung des gemessenen Verlaufes. Erstens fällt in diesen Zeitraum, zumindest zwischen 2001 und 2003, die Umstellung der Erhebungsmethodik von dem bis dahin üblichen vierstufigen KOSIMO- auf das neue fünfstufige CONIS-Modell. Verbunden war dies mit der Einführung einer neuen Datenorganisation und eines für jeden Konflikt separaten Erfassungsvorgangs, der aufgrund des Rückbezugs auf Konfliktmaßnahmen viel stärker auf einzelne Konfliktdynamiken abzielt. Diese beiden methodischen Veränderungen, die zum einen zu einer größeren Sensibilisierung für unterschiedliche Gewaltformen gesorgt haben und zum anderen eine Ausdifferenzierung vorhandener komplexer Konfliktsysteme herbei führten, könnten zumindest einen Teil des Anstiegs erklären. Der zweite Faktor der den Anstieg der gewaltsamen Krisen als Artefakt entlarven könnte, ist der starke Ausbau des Internets, das in diese Jahre fällt und die gleichzeitig beobachtbare Zunahme der Online-Auftritte von Zeitungen mitsamt deren Archiven und anderen Informationsquellen. Ab diesen Zeitpunkt waren Informationen über Konflikte wesentlich einfacher und in großer Diversität verfügbar. Die herkömmlichen Printmedien, die zuvor die wichtigste Informationsquelle des KOSIMO Ansatzes waren, konnten schon allein aus Kostengründen nur einen Teil dieser Informationen drucken und damit Zugänglichkeit herstellen. Da beide Faktoren nicht nur einzeln, sondern gleichzeitig aufgetreten sind und in ihrem Zusammenwirken sich gegenseitig verstärkt haben können, erscheint die Annahme, dass der erhebliche Anstieg der gewaltsamen Krise ab 2001 eher ein Artefakt denn auf der tatsächlichen Konfliktentwicklung zurückzuführen sei, als durchaus vertretbar.

Auf der anderen Seite sprechen auch eine Vielzahl anderer Faktoren gegen eine solche Interpretation: So ist zwar die Umstellung der Methodik in diesen Jahren erfolgt, doch geschah dies nicht nur durch die Umstellung der Datenerhebung, sondern es wurden zunächst alle in KOSIMO und den verschiedenen Jahrgängen des Konfliktbarometers erfassten Konflikte zurückreichend bis 1945 neu recherchiert und entsprechend der CONIS Methode codiert. In den nachfolgenden Jahren wurden im Zuge verschiedener Forschungsprojekte gezielt rückwirkend das zur Verfügung stehende Informationsmaterial inklusive aller neuen Internetquellen und online Archive genutzt, um eventuell übersehene Konflikte neu aufzunehmen. Hinzu kommt, dass bei der laufenden Recherche für das jeweilige Konfliktbarometer ebenfalls Informationen zum aktuellen und früheren

Konfliktgeschehen auf Übereinstimmung mit den CONIS Daten überprüft werden. In diesem Zuge sind in den vergangenen Jahren eine erhebliche Anzahl von neuen Konflikten auch rückwirkend eröffnet worden. Doch auch hier gibt es noch ein zweites Argument, das die Annahme, der Anstieg der gewaltsamen Krisen sei ein Artefakt, entkräften kann. Denn auffällig ist, dass ab Mitte der neunziger erstmals die These von den sogenannten »Neuen Kriegen«, »Kleinen Kriegen« oder »Konflikten der dritten Art« (Holsti 1996, Daase 1999, Kaldor 1999) Eingang in die Literatur fand. Dies ist in etwa jener Zeitraum, in dem der CONIS Datensatz einen stärkeren Anstieg der gewaltsamen Krisen beim gleichzeitigen Rückgang der begrenzten Kriege feststellen kann. Dies würde dafür sprechen, dass es sich bei dieser Konfliktform bzw. der Dominanz dieser Konfliktform tatsächlich um eine eigenständige Entwicklung handelt und kein reines Kunstprodukt einer besseren Datenverfügbarkeit vorliegt.

In Abwägung beider Argumentationsstränge lautet das Fazit zur Verlässlichkeit der Verlaufslinie der gewaltsamen Krisen wie folgt: die Anzahl der aktuellen Konflikte (ab 2001) auf Stufe 3 beruht auf harten Kriterien und sorgfältiger Einschätzung und kann deshalb als zuverlässig bezeichnet werden. Die Ausgangsbasis (bis Ende der 1990er Jahre) beruht ebenfalls auf sorgfältig recherchierten Daten und mehrmaligen Überprüfungen. Dennoch gilt für diesen Zeitraum noch immer das Argument einer generell schlechteren Nachrichtenlage und eventuell des geringeren Interesses der Medien an und in bestimmten Weltregionen oder Staaten. Deshalb kann hier nicht ausgeschlossen werden, dass die tatsächliche Anzahl beobachtbarer Konflikte auf Stufe 3 über den Messwerten liegt. Dennoch ist davon auszugehen, dass diese Differenz eher graduell ist und ein deutlicher Anstieg dieser Konflikte stattgefunden hat. Dafür spricht auch die zunehmende Beschäftigung der Wissenschaft mit dieser neuen oder massiv auftretenden Konfliktart ab Mitte der 1990er Jahre.

Insgesamt bleibt festzuhalten, dass tatsächlich eine deutliche Veränderung des innerstaatlichen Konfliktaustrags feststellbar ist. Besonders für die aktuelle Situation scheint zu gelten, dass innerstaatliche gewaltsame Konflikte nur mehr in seltenen Ausnahmen auf der Intensitätsstufe Krieg ausgetragen werden und sich die Akteure in aller Regel für eine der Form nach milderem Konfliktaustrag entscheiden. Die Radikalität dieser Entwicklung ist im Beobachtungszeitraum einmalig und noch wenig ist über diese Konfliktform der »gewaltsamen Krise« geforscht worden. Es erscheint besonders lohnenswert der Frage nach der Eigenständigkeit dieser Konfliktform nachzugehen und sie in Abgrenzung zur These der Konfliktstufe 3 als Transitform zum Krieg zu untersuchen. Doch generell stellt sich die Frage nach weiteren Eigenschaften der beschriebenen Konfliktintensitäten. Im CONIS-Ansatz werden für jeden Konflikt eine Reihe weiterer Variablen erfasst, die im Folgenden ausgewertet werden.

Die früheren Kapitel dieser Arbeit konnten zeigen, dass die Diskussion der letzten Jahre um Konflikte und Kriege in engem Zusammenhang mit der Bildung neuer Konflikt- und Kriegsbezeichnungen steht, wie beispielsweise »Neue« und »Alte« Kriege, »Ressourcen-« oder »Wasserkriege«, »Kleine« und »Große Kriege«. Um die unterschiedlichen Konfliktformen näher zu beschreiben, wurden weitere neue Konflikttypen oder –klassen, sogenannte »Bindestrich-Konflikte« (Imbusch / Zoll 2006: 71) eingeführt. Bei ihrer Verwendung ist jedoch keine klare Systematik zu erkennen, die von den Autoren auch häufig nicht angestrebt wird. Zudem mangelt es meist an einem Nachweis der tatsächlichen empirischen Relevanz.

Der CONIS-Ansatz ermöglicht, in Anlehnung an Collier und Levitsky (1997), eine Typologisierung auf verschiedenen Ebenen (vgl. Kap: Der CONIS-Ansatz). Während die erste Ebene zwischen inner- und zwischenstaatlichen Konflikten trennt, können Typologisierungen auf der zweiten und dritten Ebene auf unterschiedliche Bestandteile des CONIS Konfliktsystems, wie beispielsweise der Akteursebene oder jene der Konfliktgegenstände verweisen. Im Folgenden werden einige dieser Subtypen vorgestellt.

5.4.1   Regionale Konfliktentwicklung

Bei der Suche nach Strukturmerkmalen der Konfliktentwicklung besteht einer der ältesten Ansätze der quantitativen Konfliktforschung darin, das Konfliktgeschehen getrennt nach einzelnen Regionen zu untersuchen. Eine der ersten Untersuchungen dazu lieferte Istvan Kende (1971, 1972). Er stellte erhebliche Unterschiede in der regionalen Verteilung des globalen Kriegsgeschehens fest und erklärte dies unter anderem mit den unterschiedlichen Einflüssen der damaligen Supermächte. Während in Kendes Untersuchungsdatensatz, der den Zeitraum von 1945 bis 1970 umfasst, Europa jene Region ist, in der am wenigsten kriegerische Konflikte zu beobachten waren, waren in Asien und speziell Süd- und Südostasien nicht nur die meisten, sondern auch die am längsten andauernden Kriege zu beobachten (Kende 1971: 7). Doch Kende wählt die Einteilung in regionale Untersuchungseinheiten nicht nur aus Gründen des unterschiedlichen Machteinflusses der Supermächte, sondern auch aufgrund der – natürlich mit Abweichungen verbundenen – in etwa gleichen historischen Erfahrung und Umgang mit Kriegen und der vergleichbaren ökonomischen Situation. Auch jüngere Studien zum globalen Konfliktgeschehen wie beispielsweise jene von Fearon / Laitin (2003a) oder Wallensteen und Sollenberg (1998, 2001) greifen bei der Analyse des Konfliktgeschehens auf die Einteilung in Regionen zurück. Auch sie stellen jeweils unterschiedliche Entwicklungen zwischen den Regionen fest.

In den letzten Jahren wurden quantitative Konfliktdaten auch für intraregionale Untersuchungen verwendet. Trautner (1996) analysierte beispielsweise für den Maghreb und weitere islamische Staaten auf der afrikanischen und asiatischen Kontinentalplatte günstige Ausgangsbedingungen für die Beilegung kriegerischer Konflikte anhand der KOSIMO Daten. Andere Studien versuchten, mögliche gemeinsame Ursachen oder andere Gemeinsamkeiten von innerstaatlichen Konflikten und Kriegen vor allem in Afrika zu erkennen (Collier / Hoeffler 2002, Ross 2003, 2004a).

Abbildung 19 zeigt die Verteilung der Gesamtzahlen gewaltsamer Konflikte auf die einzelnen Regionen. Entscheidend für die Zuordnung eines Konfliktes zu einer Region in CONIS ist das vom Konflikt betroffene Land (vgl. Kap. »Der CONIS-Ansatz«). Für die Abbildung wurden wiederum die Stufen 4 und 5 zu kriegerischen Konflikten zusammengefasst.

Abbildung 19: **Anzahl inner- und zwischenstaatlicher gewaltsamer Konflikte nach Regionen**

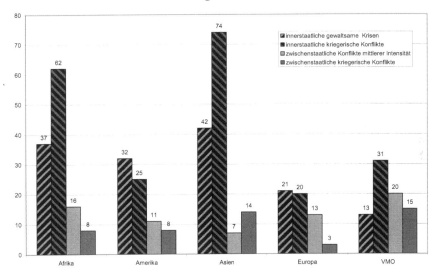

Dabei wurde zwischen inner- und zwischenstaatlichen Konflikten unterschieden. Die Abbildung zeigt deutlich, wie verschieden und ungleich die Anzahl der Kriege auf die einzelnen Regionen verteilt ist. Auch wenn sich weitere Auswertungen noch spezifischer mit der Konfliktbelastung nach Staaten oder Regionen auseinandersetzen, sei an dieser Stelle bereits darauf verwiesen, dass die Anzahl der Staaten in einer Region stark variiert.

Deutlich ist erkennbar, dass in absoluten Zahlen die am stärksten von gewaltsamen Konflikten belasteten Regionen Asien und Afrika sind. In diesen beiden Kontinenten dominieren eindeutig innerstaatliche Konfliktformen. Geradezu auffällig ist, dass in beiden Regionen im Vergleich zu den innerstaatlichen kriegerischen Konflikten der Anteil der zwischenstaatlichen Konflikte gering ist. In der Region »Nord- und Südamerika« ist signifikant, dass es nur in dieser Region mehr innerstaatliche Konflikte auf mittlerer Intensität gibt als innerstaatliche kriegerische Konflikte. Es scheint demnach dort besonders häufig gelungen zu sein, die Eskalation der Gewalt und damit den Ausbruch von Kriegen zu verhindern.

Die Region Vorderer- und Mittlerer Orient (VMO) weist die höchste Anzahl zwischenstaatlicher gewaltsamer Konflikte auf, obwohl sie die geringste Anzahl an Staaten umfasst. Eine der Hauptursachen für diese Häufung ist jedoch der Nahost-Konflikt, der die Kriege des Staates Israel mit seinen Nachbarstaaten zusammenfasst. Europa weist insgesamt die geringste Anzahl gewaltsamer politischer Konflikte auf, wobei die Anzahl innerstaatlicher Konflikte auf mittlerer Intensität noch höher ist als die in der Region VMO.

Doch wie sieht die Entwicklung der Konfliktverteilung im zeitlichen Verlauf aus? Wo haben sich die meisten Konflikte und Kriege abgespielt? Haben sich die Veränderungen auf der internationalen Systembene, wie beispielsweise das Ende des Kalten Krieges, gleichermaßen auf die Weltregionen ausgewirkt? Die Abbildung 20 auf der nächsten Seite veranschaulicht im Schichtmodell die Verteilung der kriegerischen Konflikte nach Regionen. Dabei ist auffällig, dass die Beteiligung bzw. die Betroffenheit von Regionen im Verlauf der Jahre erheblich variiert.

Abbildung 20: Kriegerische Konflikte zwischen 1945 und 2005 nach Regionen

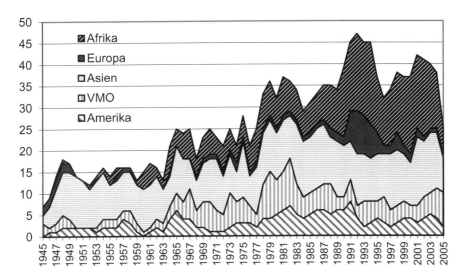

Während ab Mitte der 1980er Jahre die Anzahl der Kriege in Afrika (oberste Schicht) wächst und Afrika somit zum Ende des Untersuchungszeitraums die Region darstellt, in der mit Abstand die meisten Kriege ausgetragen werden, war das subsaharische Afrika bis dahin von vergleichsweise wenigen kriegerischen Konflikten betroffen. Ebenfalls einen erheblichen Anstieg in diesem Zeitraum zeigt die Region Europa (2. Schicht von oben) – allerdings mit dem Unterschied, dass in Europa die Zahl der kriegerischen Konflikte recht schnell wieder abnimmt und seit etwa Mitte der neunziger Jahre auf niedrigem Niveau verweilt. In der Region Asien lassen sich während des gesamten Untersuchungszeitraums nur geringe Schwankungen beobachten. Dabei ist die Region jedoch eindeutig diejenige mit der höchsten Anzahl kriegerischer Konflikte. Anders als in den beiden Regionen Afrika und Europa, spiegelt sich das Ende des Kalten Krieges in Asien nicht in einem Anstieg der Konfliktzahlen wider. Vielmehr verzeichnet Asien in dieser Zeit sogar einen Rückgang der Konfliktzahlen. In der Region VMO (zweite Schicht von unten) finden sich anders als in der Region Asien (mittlere Lage) und ähnlich wie in Afrika und Europa deutliche Unterschiede in der Konfliktanzahl; jedoch liegt hier der größte Anstieg im kriegerischen Konfliktgeschehen Ende der 1970er und Anfang der 1980er Jahre, also weit vor dem Ende des Kalten Krieges. Die Ursache hierfür sind nicht die Kriege um Israel, sondern eher Konflikte, die von der Öffentlichkeit meist nicht in gleicher Weise wahrgenommen wurden. Dazu zählen etwa der Libanesische Bürgerkrieg, die Volksaufstände im Iran, der Golfkrieg zwischen Iran und Irak oder der Westsahara Konflikt.

In der Region Amerika (unterste Schicht) ist zunächst auffällig, dass zumindest bis zu Beginn der 1970er Jahre Anstiege der Konflikthäufigkeit jeweils nur von kurzer Dauer waren. In den achtziger Jahren hingegen liegt die durchschnittliche Anzahl gewaltsamer Konflikte weit über jenen der übrigen Dekaden. Wichtige Konflikte in dieser Zeit sind, neben den dauerhaften innerstaatlichen Kriegen in Kolumbien, die Bürgerkriege in El Salvador und Guatemala. Auffällig ist weiterhin, dass die Anzahl der kriegerischen Konflikte Anfang der neunziger Jahre, d.h. mit dem Ende des Kalten Krieges deutlich zurückgeht.

Insgesamt offenbart die vergleichende Analyse der Regionalentwicklungen einen spannenden Befund. Das Ende des Kalten Krieges hat sich offenbar deutlich verschieden auf die untersuchten Regionen ausgewirkt: In Europa und Afrika wird unmittelbar nach dem Ende der Ost-West Konfrontation ein deutlicher Anstieg der kriegerischen Konflikte verzeichnet. Diese beiden Regionen können so im Hinblick auf Frieden und Stabilität als »Verlierer« des Endes des Kalten Krieges bezeichnet werden. Im gleichen Zeitraum jedoch sinken die Kriegszahlen in Asien und Ozeanien, in der Region Amerika und der Region Vorderer und Mittler Orient. Diese drei Regionen können somit als »Profiteure« des weltpolitischen Umbruchs ab 1989 bezeichnet werden. Allerdings gibt es sowohl innerhalb der Gruppe der »Verlierer« als auch der »Profiteure« deutliche Unterschiede. Während in Europa innerhalb von wenigen Jahren der Anstieg der kriegerischen Konflikte stoppt und bald wieder auf das niedrige Ausgangsniveau sinkt, eskalieren in Afrika die kriegerischen Konflikte nach einem kurzzeitigen Rückgang im Jahre 1994 erneut. Die erhöhte Kriegszahl reicht in Afrika bis weit in das 21. Jahrhundert hinein. Erst in den letzten Jahren ist eine Deeskalation zu erkennen.

Auch innerhalb der Gruppe der »Profiteure« zeigen sich bei nachfolgenden Analysen erhebliche Unterschiede. So ist beispielsweise in der Region Amerika die Anzahl gewaltsamer Konflikte insgesamt tatsächlich gefallen. Im Gegensatz dazu hat sich in Asien zwar die Anzahl der kriegerischen Konflikte nach 1990 verringert, die Häufigkeit von Konflikten auf mittlerer Ebene, die so genannten gewaltsamen Krisen, ist hingegen deutlich gestiegen. Hier ist nicht nur von einer Verschiebung des Konfliktaustrags auszugehen, also von kriegerischen Konflikten hin zu sogenannten »gewaltsamen Krisen«, sondern auch von dem Ausbruch etlicher neuer gewaltsamer Konflikte, die nach dem Grad ihrer Intensität ebenfalls als »gewaltsame Krisen« eingestuft werden. Auch die Region »Vorderer und Mittlerer Orient« profitierte offensichtlich vom Ende der Ost-West Konfrontation insgesamt. Auch wenn der deutlichste Rückgang der Kriege hier bereits ab etwa 1984 zu beobachten ist, gab es zu Beginn der neunziger Jahre einen weiteren Rückgang der kriegerischen Konflikte. Nachfolgend bleibt die Konfliktzahl im Vergleich zu den früheren Jahren auf niedrigem Niveau. Ab 2001 verändert sich das Bild erneut: Die Anzahl der kriegerischen Konflikte steigt. Zu den betroffenen Ländern zählen insbesondere Afghanistan und der Irak. Beide sind nach den Anschlägen vom 11. September 2001 in den Fokus des amerikanischen Krieges gegen den Terrorismus geraten und tragen möglicherweise die einschneidendsten Folgen des epochalen Ereignisses, das ursprünglich die USA getroffen hatte.

Die Gründe für die unterschiedlichen Entwicklungslinien in den Regionen können an dieser Stelle nicht erschöpfend ausgeführt werden. Drei Faktoren erscheinen jedoch besonders relevant und sollten hier kurz Erwähnung finden. Zunächst spielt die Zugehörigkeit zur ehemaligen und ab Mitte der achtziger Jahre zerfallenden Supermacht Sowjetunion eine große Rolle. Dies erklärt die steigende Anzahl der Konflikte in Europa. Ehemalige Teilrepubliken der Sowjetunion lösen sich aus dem Verbund. Unmittelbar in diesem Prozess kommt es zu gewaltsamen Auseinandersetzungen (z. B. die baltischen Staaten Estland, Lettland, Litauen) oder kurz nach der Abspaltung, um neue Grenzziehungen festzulegen (z. B. der Krieg zwischen Armenien und Aserbaidschan um Bergkarabach).

Zweitens: Das Ende des Kampfes der beiden Supermächte um Einfluss auf die Regime einzelner Staaten und deren ideologische Ausrichtung hat regional unterschiedliche Auswirkungen gehabt. Durch die ideologische Unterstützung, noch mehr aber durch die finanzielle und militärische Zuwendungen waren in den Jahrzehnten des Kalten Krieges mehrere Staatsgebilde entstanden, die offensichtlich zu schwach waren, um nach dem Zusammenbruch der Sowjetunion ihren Führungsanspruch aufrechterhalten oder mit friedlichen Mitteln verteidigen zu können. In Europa war dies deutlich anhand des Zusammenbruchs des ehemaligen Jugoslawiens zu erkennen. Auch wenn Jugoslawien innerhalb der osteuropäischen Staaten einen eigene Rolle einnahm, die sich beispielsweise in der Weigerung äußerte, dem Warschauer Pakt beizutreten, so spielte die kommunistische Ideologie doch eine wichtige Rolle für den Zusammenhalt der unterschiedlichen Völker des jugoslawischen Staates (Calic 1996 , Plietsch 2007). Noch deutlicher zeigt sich der Effekt im subsaharischen Afrika mit einer viel deutlicheren Zunahme der Kriege. Hier waren in den 1960er Jahren durch die Entkolonialisierung eine Reihe neuer Staaten entstanden. Beide Supermächte versuchten, ihr Einflussgebiet auf dem afrikanischen Kontinent zu halten (Clapham 2002: 134ff), indem sie den jungen Staaten großzügige Hilfe zukommen ließen. Das Ende der vielfältigen Zuwendungen an die Regime und einzelne Herrscher verursachte ein finanzielles und militärisches Defizit, das in etlichen Fällen den Staatszerfall beschleunigte und nachfolgend zu innerstaatlichem Krieg führte.

Der Unterschied in der Konfliktentwicklung, speziell im Vergleich zwischen Europa und Afrika, ist außerdem im Vorhandensein einer regionalen Ordnungsmacht zu suchen, die das entstandene Machtvakuum füllen oder zumindest Anreize für eine Stabilisierung geben kann. Auch wenn sich die Europäische Gemeinschaft bzw. ab 1993 die Europäische Union, während der »heißen« Phase

der Kriege in Jugoslawien zunächst durch das Scheitern ihrer Verhandlungspo-
litik bemerkbar machte, wurde ihre Rolle in späteren Jahren durchaus positiver
gesehen. Ihre aktive Mitwirkung beim Wiederaufbau und der Einsatz für innere
Sicherheit und der Schutz von Menschenrechten in den verschiedenen ehemaligen Teilrepubliken wie Kosovo oder in Bosnien Herzegowina werden als politisch stabilisierend gewertet. Die Europäische Union ist so zwar nicht als »Frie-
densmacht« aber zumindest als »Zivilmacht« (Jünemann / Schörnig 2003,
Schlotter 2003) aktiv aufgetreten. Auch die wirtschaftlichen Stärke der Europäischen Gemeinschaft und die Aussicht auf eine spätere Aufnahme in diese mag
als Attraktor für eine friedliche Transformation innergesellschaftlicher Konflikte
gewirkt haben.

Insgesamt verdeutlichen die regionalen Auswertungen, dass die Konfliktentwicklungen zwischen den Kontinenten erheblich abweichen. Diese Effekte werden zwar in den jährlichen Konfliktübersichten, wie jene des Heidelberger Instituts für Internationale Konfliktforschung (HIIK) oder des Uppsala Conflict Data
Projects zwar aufgeführt, aber in analytischen Arbeiten der quantitativen Kriegsursachenforschung bisher nur sehr wenig berücksichtigt.

5.4.2   Einfache oder komplexe Konstellationen in Konflikten

Ein wichtiger Aspekt in der Debatte um die Veränderung des Konfliktaustrags
betrifft die Art der direkt beteiligten Akteure. Eine der zentralen Annahmen lautet hierbei, dass das aktuelle Konfliktgeschehen vor allem durch nicht-staatliche,
auf Profit gerichtete Rebellengruppierungen bzw. «Kriegsunternehmer« geprägt
ist. CONIS erfasst nicht nur jeden einzelnen Akteur, der an einem politischen
Konflikt beteiligt ist, sondern ermöglicht zusätzlich die Angabe einer Vielzahl
von beschreibenden Variablen. Bei staatlichen Akteuren stammen diese Daten
aus größeren Datensammlungen internationaler Organisationen, wie zum Beispiel der Weltbank. Bei nicht-staatlichen Akteuren hingegen werden die codie-
renden Konfliktexperten gebeten, soweit es möglich ist, qualitative Angaben zu
Größe, Organisationsgrad, Bewaffnung, politischer Orientierung und Finanzierungsquellen dieser Akteure zu machen. Eine region- und zeitübergreifende Analyse dieser Daten hat jedoch gezeigt, dass diese Informationen nicht durchgehend
in gleicher Qualität zur Verfügung stehen. Deshalb können tiefergehende Analysen zu Art und Qualität nicht-staatlicher Akteure erst in nachfolgenden Arbeiten
geliefert werden.

5.4.2.1   Akteurskonstellation in innerstaatlichen Konflikten

Die nachfolgende Abbildung 21 gibt die Anzahl der an gewaltsamen Konflikten (gewaltsame Krisen, begrenzte Kriege, Kriege) beteiligten staatlichen und nicht-staatlichen Akteure pro Jahr wieder. Mehrfachnennungen sind dabei möglich.

Abbildung 21:   Anzahl der beteiligten staatlichen und nicht-staatlichen Akteure an inner- und zwischenstaatlichen gewaltsamen Konflikten 1945 - 2005

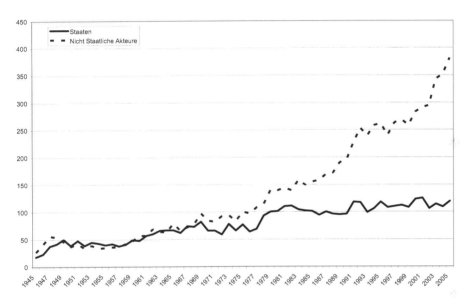

Das heißt, wenn Staaten an mehreren Konflikten gleichzeitig beteiligt sind, werden diese auch mehrfach genannt. Damit gibt die Grafik einen Überblick über die Konfliktkonstellationen, nicht jedoch über die Konfliktbelastung einzelner Staaten, beziehungsweise nicht-staatlicher Akteure. Deutlich wird erkennbar, dass sich die Akteursbeteiligung in gewaltsamen Konflikten im Vergleich zwischen Beginn und Ende der Untersuchungsperiode geändert hat. Während noch in den 1950er Jahren der Anzahl nicht-staatlicher Akteuren eine etwa gleich große Anzahl staatlicher Akteure gegenüberstand, besteht heute ein Verhältnis von 1:3, d.h. einem Staat stehen in der Regel drei nicht-staatliche Akteure gegenüber. Dieses Analyseergebnis ist angesichts der gestiegenen Zahl innerstaatlicher Konflikte nicht vollkommen überraschend. Dennoch knüpfen sich an dieses Ergebnis weitere Fragen. Speziell ist zu untersuchen, ob und wie sich die steigende Anzahl nicht-staatlicher Akteure auf die Akteursstrukturen der Konflikte auswirkt.

Für die nachfolgende Untersuchung wurde aus der CONIS-Datenbank die Informationseinheit »Akteurskonstellation« herangezogen. Als eine Akteurskonstellation werden in CONIS Dyaden bezeichnet, die sich durch die nachdrückliche Formulierung einer Forderung einer Partei gegen eine andere konstituieren. Anders als in anderen, vergleichbaren Datenbanken wird in CONIS nicht nur eine, d.h. die vermeintlich wichtigste Dyade verzeichnet, sondern eine beliebig hohe Anzahl von Konfliktdyaden. CONIS erfasst zudem die Veränderungen der Dyaden im Konfliktverlauf[59].

5.4.2.2   Akteurskonstellation in innerstaatlichen kriegerischen Konflikten

Die Abbildung 22 zeigt die durchschnittliche Anzahl der Akteursdyaden in innerstaatlichen kriegerischen Konflikten. Die durchgezogene Linie gibt die Anzahl der in einem Konflikt beobachteten Konstellationen zwischen nicht-staatlichen und staatlichen Akteuren wieder, die gestrichelte jene zwischen zwei nicht-staatlichen Akteuren. Gut erkennbar ist, dass die Linie im Zeitverlauf grundsätzlich ansteigend ist: Konflikte werden tendenziell immer komplexer. So waren zu Beginn der Untersuchungsperiode im Zeitraum von 1945 bis 1954 im Durchschnitt 1,8 Dyaden zwischen staatlichen und nicht-staatlichen Akteuren zu beobachten, zum Ende der Untersuchungsperiode im Zeitraum von 1995 bis 2004 betrug der Wert 2,4. Bemerkenswert ist jedoch, dass dieser Indikator in den 1980er Jahren mit 2,6 sogar noch höher lag. Komplexe Konfliktsituationen mit einer Vielzahl nicht-staatlicher Akteure ist somit kein Phänomen der 1990er Jahre, auch wenn die Diskussion um neue Kriege dies oft implizit nahe legt. Die Abbildung 22 verdeutlicht insgesamt, dass das lange Zeit übliche Verfahren, jeweils nur eine Konfliktdyade zu codieren (KOSIMO, COW), wichtige Informationen zum Konfliktaustrag unberücksichtigt lässt und zu einer falschen Vorstellung hinsichtlich des Konfliktaustrags führen kann (Garnham 1976, Vasquez 1993).

---

59   Vgl. hier insbesondere die KOSIMO Datenbank, die nur eine Dyade erfasst.

**Abbildung 22: Durchschnittliche Anzahl von Akteursdyaden in
innerstaatlichen kriegerischen Konflikten**

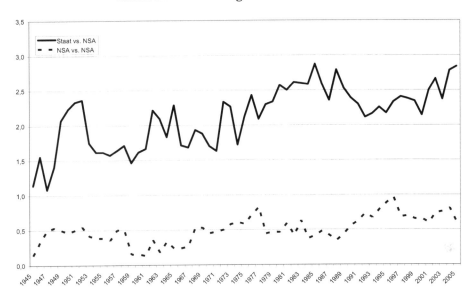

Auch die Verlaufslinie für Konfliktdyaden zwischen zwei nicht-staatlichen Akteuren verläuft tendenziell steigend. Zwischen 1945 und 1954 betrug der durchschnittliche Wert für diese Konstellation in innerstaatlichen kriegerischen Konflikten 0,4, im Zeitraum zwischen 1995 und 2004 lag er bei 0,7. Bemerkenswert
ist hierbei jedoch nicht primär die zunehmende Anzahl dieser Konstellationsart,
sondern die Tatsache, dass diese bereits mit Beginn der Untersuchung zu beobachten ist. Das Phänomen, das sich nicht-staatliche Akteure untereinander bekämpfen, ist also kein entscheidendes Merkmal für die so genannten neuen Kriege (Kaldor 1999, Münkler 2002), und geht nicht mit schwacher beziehungsweise
verschwindender Staatlichkeit einher (Holsti 1996, Rotberg et al. 2004, Schneckener 2004).

Grundsätzlich jedoch scheint die Anzahl der Akteursdyaden nur bedingt geeignet zu sein, um den Wandel des innerstaatlichen Konfliktgeschehens zu dokumentieren. So bleibt festzuhalten, dass grundsätzlich nicht-staatliche Akteure
häufiger an innerstaatlichen kriegerischen Konflikten beteiligt sind. Dieser Effekt ist jedoch nicht so eindeutig, dass er nicht auch, zumindest teilweise, auf die
unterschiedliche Qualität bzw. Quantität von Information über Konflikte zurückzuführen ist. Außerdem spielt bei dieser Analyse die Forschungsleitfrage des
CONIS-Ansatzes eine nicht unerhebliche Rolle. Für die Untersuchung von Konfliktdynamiken müssen komplexe Konfliktsituationen bisweilen in einzelne
Handlungsstränge aufgeteilt werden. Dies beschränkt qua Methode die Anzahl

der Konstellationen pro Konflikt. Es ist jedoch zu vermuten, dass eine tiefergehende Analyse der Art und Qualität der nicht-staatlichen Akteure einen Wandel
auf Seiten der direkt beteiligten Akteure deutlicher werden lässt. Bislang jedoch
fehlen dazu die entsprechenden Daten in einer ausreichenden Qualität.

Zwei wichtige Erkenntnisse hat die Analyse der Akteursbeteiligung an politischen Konflikten erbracht: 1) Die Anzahl, und damit die Bedeutung und der Einfluss nicht-staatlicher Akteure ist während der Untersuchungsperiode stark angestiegen. 2) Kriegerische Konflikte waren von Beginn der Untersuchungsperiode
an im Durchschnitt immer komplexer als frühere Konfliktdatenbanken vermuten
ließen. Bei innerstaatlichen kriegerischen Konflikten liegt jedoch laut CONIS die
Anzahl der Akteurskonstellationen zum Ende der Untersuchungsperiode im
Durchschnitt um etwa 1/3 höher als zu Beginn. Dies ist insofern bemerkenswert,
da CONIS auf die Messung von Konfliktdynamiken zielt und deshalb dazu neigt,
komplexe Konfliktsituationen mit unterschiedlichen Entwicklungsgeschwindig-
keiten in mehrere kleinere Konflikte mit eigener Entwicklungslogik aufzuteilen.
Dass sich die Datenwerte in CONIS dennoch erhöhen, deutet darauf hin, dass
sich der Konfliktaustrag hin zu kleineren nicht-staatlichen Akteuren gewandelt
hat, die aber öfters als früher gemeinsam mit anderen Gruppierungen die gleichen Ziele verfolgen. Dies würde auch den in der Theorie diesbezüglich getroffenen Annahmen entsprechen (Snow 1996, Sambanis 2004).

5.4.2.3   Akteurskonstellation in zwischenstaatlichen Konflikten

Zwischenstaatliche Konflikte werden in CONIS dadurch bestimmt, dass mindestens eine der beobachteten Akteurskonstellationen » Staat versus Staat« lautet.
Daneben ist es durchaus denkbar, dass weitere, auch nicht-staatliche Akteure am
Konfliktgeschehen beteiligt sind und diese weitere Akteurskonstellationen bilden. Abbildung 23 zeigt die durchschnittliche Anzahl der unterschiedlichen Akteurskonstellationen in zwischenstaatlichen kriegerischen Konflikten. Auch hier
wird deutlich, dass in im Durchschnitt mehr als nur eine Konfliktkonstellation zu
beobachten ist. Im Gegensatz zu den innerstaatlichen Konflikten ist hier jedoch
keine Tendenz zu einer grundsätzlich höheren Anzahl beziehungsweise zu einer
größeren Komplexität zu beobachten. Im Gegenteil: Kriegerische Konflikte waren in den 1980er Jahren im Durchschnitt komplexer als am Ende der Untersuchungsperiode. Allerdings zeigt sich für die erhöhten Werte in den 1980er Jahren
vor allem der Konflikt um die im südchinesischen Meer liegende Spratly Inseln
verantwortlich. Aufgrund der hohen Anzahl der an diesem Konflikt beteiligten
Staaten und der geringen Fallzahl zwischenstaatlicher kriegerischer Konflikte in
dieser Periode ist der Durchschnittswert für diesen Zeitraum besonders hoch.

Abbildung 23: **Durchschnittliche Anzahl von Akteurskonstellationen in zwischenstaatlichen kriegerischen Konflikten 1945 – 2005**

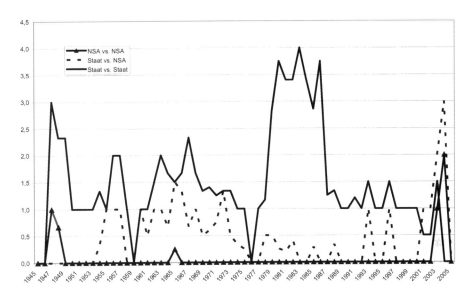

Die Abbildung 23 zeigt außerdem, dass auch nicht-staatliche Akteure an zwischenstaatlichen Konflikten beteiligt sind, jedoch nicht immer im gleichen Maße. Neben dem Anstieg der Anzahl nicht-staatlicher Akteure während der 1960er und 1970er Jahre stieg die Verlaufslinie dieser Konstellation (gestrichelte Linie) zum Ende der Untersuchungsperiode deutlich an. Grund hierfür sind vor allem die kriegerischen Auseinandersetzungen der USA im Irak und in Afghanistan, bei denen die USA während ihres Einmarschs auch von nicht-staatlichen Akteuren angegriffen wurde. Diese Konfliktform (zwischenstaatliche Konstellation plus Beteiligung nicht-staatlicher Akteur) ist jedoch keinesfalls neu und wurde, wie im Theorieteil ausgeführt, bereits von Clausewitz beschrieben.

5.4.3   Kurze und lange politische Konflikte

Neben den Angaben zu Anzahl und Häufigkeit politischer Konflikte nimmt die CONIS-Datenbank für sich in Anspruch, auch im Hinblick auf zeitliche Aspekte des Konfliktgeschehens neue Einblicke zu bieten. Bevor die Studie sich im nachfolgenden Kapitel speziell der Frage von Entwicklungsdynamiken zuwendet, werden an dieser Stelle jedoch zunächst die Dauer des Konfliktaustrags und die dabei beobachtbaren Veränderungen im Untersuchungsverlauf analysiert. Die Dauer von Konflikten stellt, neben dem Ausbruch von Kriegen einer wichtigsten abhängigen Variablen dar (Bennett / Stam 1996, Balch-Lindsay / Enterline 2000, Collier et al. 2003b, De Rouen / Sobek 2004, Cunningham et al. 2009). Zwei forschungsleitende Fragen stehen hier im Vordergrund. 1) Welche Gesamtdauer wiesen politische Konflikte auf? Dies ist nicht nur ein statistischer Wert. Vielmehr verbirgt sich dahinter die Frage, wie schnell Konfliktparteien gewöhnlich in der Lage sind, einen politischen Konflikt beizulegen. 2)Wie lange dauern die Gewaltphasen in politischen Konflikten? Diese Frage gewinnt gerade im Hinblick auf die Einschätzung und Einstufung politischer Konflikte besonderes Gewicht, da die Anzahl der Todesopfer innerhalb der CONIS Methodik als wenig verlässlicher Indikator für die Schwere bzw. Tragweite von Konflikten gilt.

Für die Untersuchungen der zeitlichen Aspekte in politischen Konflikten stellt CONIS prinzipiell zwei Möglichkeiten zur Verfügung: 1) die Analyse der Konfliktphasen und 2) die Untersuchung auf Ebene der Konfliktjahresintensität. Konfliktphasen geben den Zeitraum, in dem eine Konfliktintensität beobachtet werden kann, auf tagesgenauem Niveau wieder. Bei den Konfliktjahresintensitäten hingegen handelt es sich um Jahreshöchstwerte, die aus den Konfliktphasen berechnet werden. Beide Verfahren haben ihre spezifischen Vor- und Nachteile. Der Vorteil der Berechnung anhand der Konfliktphasen liegt aufgrund der tagesgenauen Erfassung in der prinzipiell vorhandenen größeren Genauigkeit. Genau hierin liegt aber auch der Nachteil dieses Verfahrens: Da Nachrichten über politische Dispute beziehungsweise Kampfhandlungen in ihrer Häufigkeit und ihrem Informationsgehalt stark variieren, ergeben sich auch große qualitative Unterschiede innerhalb der Angaben zur Dauer der einzelnen Konfliktphasen. Da das Datenerhebungsprogramm von CONIS jedoch Eingaben auf Tagesbasis erfordert, während viele Informationen zu Kampfhandlungen in unzugänglichen Gebieten jedoch nur mit vagen Zeitangaben vorliegen, wird hier eine Datengenauigkeit vorgegeben, die nicht der Wirklichkeit entspricht. Das zweite Verfahren, die Analyse der Konfliktjahresintensität, weist dieses Problem nicht auf, da hier auf Jahresebene für jeden Konflikt genau ein Wert vorliegt. Der entscheidende Nachteil dieses Verfahrens besteht jedoch in der Nivellierung wichtiger Unterschiede. So ist die Frage, ob eine Gewaltphase nur drei oder dreihundert Tage gedauert hat, nicht unerheblich. Doch bei Verwendung der Konfliktjahresintensität können diese Unterschiede nicht erkannt werden. Ein besonders problematischer Fall sind hier Konfliktphasen, die zwar nur wenige Tage dauern, jedoch über den kalendarischen Jahreswechsel hinweg verlaufen und somit in der Auswertung gleich zwei Konfliktjahre hervorbringen.

Trotz des bekannten Problems der unterschiedlichen Informationslage wird für die folgenden Auswertungen die Konfliktphasen-Methode verwendet. Die auf Tagesbasis berechnete Dauer wird auf dezimale Jahreswerte umgerechnet und auf ein Zehntel genau wiedergegeben. Damit entspricht die kleinste darstellbare Zeiteinheit (0,1 Jahre) in etwa dem Zeitraum von vierzig Tagen. Durch eine monatliche anstatt einer tagesgenauer Betrachtung verliert zumindest ein Teil der Ungenauigkeiten in den Codierungen an Gewicht. Zugleich wird im Vergleich zu den Jahres-Intensitätswerten eine größere Genauigkeit erreicht. Für alle folgenden Auswertungen wurde als frühester Beginn der 01.01.1945 festgelegt, unabhängig davon, ob der Konflikt bereits zu einem früheren Zeitpunkt ausgebrochen war.

Bevor die Dauer der einzelnen Konfliktphasen genauer betrachtet wird, soll zunächst die Gesamtdauer politischer Konflikte dargelegt werden. Eine solche Analyse gibt Aufschluss darüber, mit welcher durchschnittlichen Zeitdauer für die Beilegung eines neu auftretenden Konfliktes gerechnet werden muss.

Abbildung 24: Durchschnittliche Gesamtdauer von Konflikten nach höchster erreichter Intensität

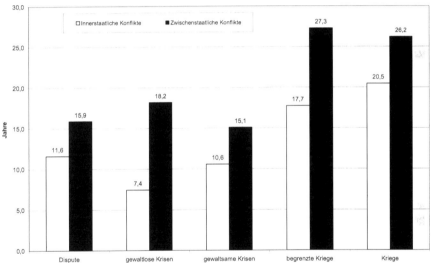

Die Abbildung 24 zeigt die Gesamtdauer der in CONIS erfassten politischen Konflikte, unterschieden nach der höchsten im Konflikt erreichten Intensitätsstufe sowie nach inner- und zwischenstaatlichen Konflikten. Deutlich erkennbar ist, dass zwischenstaatliche Konflikte im Durchschnitt wesentlich länger dauern als innerstaatliche. Bezogen auf alle Konfliktstufen beträgt die durchschnittliche Dauer von zwischenstaatlichen Konflikten 18,5 Jahre, jene von innerstaatlichen hingegen nur 14,4 Jahre. Am langwierigsten sind Konflikte, wenn sie in den Bereich der kriegerischen Konfliktstufen vorgestoßen sind: Innerstaatliche Konflikte dauern dann im Durchschnitt 17,7 (begrenzte Kriege) bzw. 20,5 Jahre (Kriege), zwischenstaatliche sogar 27,3 bzw. 26,2 Jahre. Zudem zeigt die Grafik, dass Konflikte zwar grundsätzlich umso länger dauern, je höher die im Konflikt erreiche Gewaltstufe liegt. Allerdings finden sich Ausnahmen von dieser Regelmäßigkeit beispielweise bei den zwischenstaatlichen »Kriegen«, die von einer durchschnittlich kürzeren Dauer sind als die zwischenstaatlichen »begrenzten Kriege«. Auch umfassen innerstaatliche »gewaltlose Krisen« meist eine geringere Zeitspanne als innerstaatliche »Dispute«.

Die in der obigen Abbildung 24 enthaltenen Werte werfen weitere Fragen nach dem tatsächlichen Anteil der Gewaltphasen am Gesamtkonflikt auf. In den folgenden Abschnitten wird diesen Fragen getrennt nach inner- und zwischenstaatlichen Konflikten nachgegangen.

5.4.3.1   Gesamtdauer innerstaatlicher Konflikte

Die nachfolgende Abbildung 25 gibt die Dauer der innerstaatlichen Konflikte wieder, allerdings getrennt nach laufenden und bereits beendeten Konflikten. Dies erscheint angesichts der gegebenen Eskalationsmöglichkeiten bei Konflikten der Stufe 1-4 als sinnvoll. Bis zum Ende der Untersuchungsperiode (31.12. 2005) waren von den insgesamt 415 innerstaatlichen Konflikten 232 bereits beendet. Diesen standen183 noch laufende Konflikte gegenüber. Die Unterschiede zwischen diesen beiden Kategorien sind auffallend groß. Während die bereits beendeten innerstaatlichen Konflikte eine durchschnittliche Dauer von 10,1 Jahre haben, beträgt die durchschnittliche Gesamtdauer der noch laufenden Konflikte 19,9 Jahre. Dies zeigt, dass es erhebliche Disparitäten in der Möglichkeit zur Beendigung politischer Konflikte gibt. Neben einer Gruppe politischer Konflikte die sich nach durchschnittlich etwa zehn Jahren beenden lassen, gibt es eine nicht unerhebliche Anzahl von Auseinandersetzungen, die offensichtlich für eine einvernehmliche oder sonstige Konfliktlösung nur schwer zugänglich sind.

Abbildung 25: Konfliktdauer innerstaatlicher Konflikte unterschieden nach beendeten und laufenden Konflikten

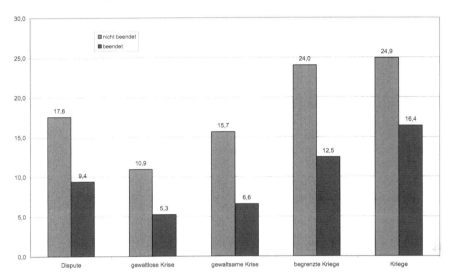

Auch hier zeigt sich der bereits oben beschriebene Zusammenhang, nach dem Konflikte umso länger dauern, je gewaltintensiver sie ausgetragen werden. Dies gilt nicht für die erste Konfliktstufe (»Dispute«), die gewaltlos ausgetragen werden, aber dennoch eine lange Dauer aufweisen. Allerdings ist die Anzahl der Fälle auf dieser Stufe mit 11 von insgesamt 415 sehr gering.

5.4.3.2 Gesamtdauer zwischenstaatlicher Konflikte

Die Abbildung 26 bildet die gleichen Auswertungen für zwischenstaatliche Konflikte ab. Die für die innerstaatlichen Konflikte getroffenen Feststellungen über den Zusammenhang zwischen Intensitätsstufe und Dauer der Konflikte gilt zumindest für die noch nicht beendeten Konflikte in gleicher Weise. Auch bei zwischenstaatlichen Konflikten stellt die gewaltlose Konfliktstufe 1 (»Dispute«) die Ausnahme von der Regel dar. Konflikte von dieser Intensität dauern somit länger als die der unmittelbar nachfolgenden Konfliktstufe »gewaltlose Krise«. Feststellbar ist außerdem, dass zwischenstaatliche Konflikte, sowohl die laufenden als auch die beendeten, eine längere Dauer als innerstaatliche Konflikte aufweisen, wie es auch bereits aus Abbildung 24 hervorgeht. Dennoch erstaunlich lang erscheinen die Konfliktlaufzeiten zwischenstaatlicher kriegerischer Konflikte. Bei einer gesamten Untersuchungszeit von 60 Jahren entsprechen die Konfliktlaufzeiten von 43,2 Jahren (»Kriege«) beziehungsweise 39,1 Jahren (»begrenzte

257

Kriege«) knapp zwei Dritteln der Analyseperiode. Allerdings muss hier berücksichtigt werden, dass sich die in den Abbildungen angegebenen Werte auf die Gesamtlaufzeit des Konfliktes beziehen und somit auch die gewaltlosen Phasen zwischen gewaltsamen Intensitätsstufen einbeziehen. Dennoch gilt auch hier eine Beobachtung, die in ganz ähnlicher Weise schon bei den innerstaatlichen Konflikten getroffen wurde: Ein Teil der Konflikte wird in einem durchschnittlichen Zeitraum von 13 Jahren (Dispute) bis 20 Jahren (begrenzte Kriege) nach ihrem Ausbruch wieder beendet.

Abbildung 26: Konfliktdauer zwischenstaatlicher Konflikte unterschieden nach beendeten und laufenden Konflikten

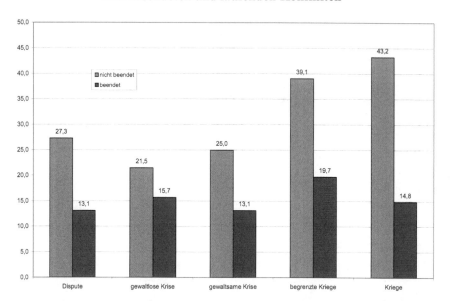

Aus den hier ermittelten Werten soll abschließend ein Aspekt herausgegriffen werden: Die längere Dauer von Konflikten mit hoher Intensität könnte dahingehend interpretiert werden, dass sowohl Dauer als auch Gewalteinsatz Ausdruck eines fehlenden Einigungswillens zwischen den Parteien ist. Es könnte aber auch sein, dass Gewalteinsatz erst der Faktor wird, der eine schnelle Einigung verhindert. Ein genauer Wirkungsmechanismus müsste erst nachgewiesen werden. Denkbar sind jedoch zweierlei Varianten: 1) Der intensivere Gewalteinsatz senkt bei den Konfliktparteien die Bereitschaft, Frieden zu schließen. Je höher der im Konflikt angerichtete Schaden ist, desto schwieriger und langwieriger ist der Weg zurück zum Frieden. 2) Die Dauer der Konfliktphasen steigt mit zunehmender Gewaltintensität. Das heißt, je umfangreicher und systematischer Gewalt eingesetzt wird, desto stärker mobilisiert dies die Verteidigungskräfte des Gegners und desto länger verharrt ein Konflikt auf dieser Intensitätsstufe. Die längere

Dauer dieser Konflikte würde sich so unmittelbar aus der Dauer der gewaltsamen Konfliktphasen erklären. Letztere These wirft die Frage nach der Dauer der Gewaltphasen in innerstaatlichen und zwischenstaatlichen Konflikten auf. Im sich anschließenden Abschnitt wird dieser Frage nachgegangen.

5.4.4   Gewaltsame Konfliktphasen

Für die folgende Untersuchung werden die drei gewaltsamen Konfliktstufen (»gewaltsame Krise«, »begrenzter Krieg« und »Krieg«) wieder in die zwei Intensitätsklassen Konflikte mittlerer Intensität (»gewaltsame Krise«) einerseits und kriegerische Konflikte (»begrenzte Kriege« und »Kriege«) andererseits zusammengefasst. Die zu untersuchende Frage lautet, wie lange die einzelnen Phasen der Gewaltanwendungen im Durchschnitt andauern.

Für die Untersuchung wurden jeweils für inner- und zwischenstaatliche Konflikte zwei Datensätze gebildet: 1) alle Konfliktphasen auf Stufe 3 (»gewaltsame Krise«) von jenen Konflikten, die maximal die Stufe 3 erreicht haben (damit werden alle kriegerischen Konflikte aus dieser Untersuchungsgruppe ausgeschlossen) und 2) alle Konfliktphasen auf Stufe 4 und 5, unabhängig davon, auf welcher der beiden Stufen der Konflikt maximal eskaliert ist. Die Einschränkung unter 1) zielt auf die Analyse von Konflikten auf Stufe 3 als eigene Konfliktform, denn somit werden all jene Konfliktphasen auf Stufe 3 ausgeschlossen, die als Übergangsphase zu bzw. von höheren Konfliktstufen aufgetreten sind. Die Frage, ob der Konflikt beendet wurde, bleibt jedoch unberücksichtigt, da andernfalls die Fallzahl für die letzten Dekaden nur sehr gering ausfallen würden.

5.4.4.1   Dauer der Gewaltphasen innerstaatlicher Konflikte

Die nachfolgende Tabelle 5 zeigt die durchschnittliche Dauer gewaltsamer Konfliktphasen unterteilt nach Konflikten mittlerer und hoher Intensität. Die Datenwerte wurden auf Jahresbasis berechnet, der kleinste erfassbare Datenwert liegt hier jedoch bei 0,01 Jahren, also der Dauer von etwa 4 Tagen[60], der größte denkbare Wert ergibt sich aus der Untersuchungsdauer von 60 Jahren. Die Datenübersicht zeigt deutliche Unterschiede in der Dauer der Konfliktphasen. Dies gilt sowohl für den Vergleich innerhalb einer Intensitätsklasse - die Spannbreite bei Konfliktphasen auf Stufe 3 beträgt 32 Jahre, die für kriegerische Gewalt sogar 55,94 Jahre - als auch beim Vergleich zwischen den Gewaltklassen: Phasen mit

---

60 Darunter liegende Datenwerte, beispielsweise bei eintägigen Konfliktphasenkodierungen, wurden mit 0,01 Jahren kodiert.

Gewalt der mittleren Intensität (Stufe 3) umfassen in der Regel kürzere Zeitspannen als Phasen der innerstaatlichen kriegerischen Gewalt. Deutlich wird dies an den Daten für Mittelwert, Median und Modalwert. Sie alle weisen höhere Werte für die höhere Konfliktstufe aus. Der Median, der angesichts der großen Fallzahl und Spannbreite der Untersuchungsfälle ein aussagekräftiger Indikator für die Unterschiedlichkeit der Konfliktphasen ist, liegt mit 0,64 Konfliktjahre für kriegerische Gewaltphasen etwa ein Drittel so hoch wie für Konflikte auf mittlerer Gewaltintensitätsstufe. Besonders erwähnenswert ist der Modalwert, der den am häufigsten vorkommenden Wert benennt. Er verdeutlicht den qualitativen Unterschied zwischen Konflikten auf Stufe 3 und kriegerischen Konflikten am besten: In der Regel währt die direkte »Belastung« von mittleren Krisen nur einen Zeitraum von maximal 4 Tagen. Dies ist typisch für einzelne Terroranschläge oder eintägige Schusswechsel. Kriegsphasen hingegen wurden am häufigsten auf die Dauer von 12 Monaten codiert. Dies spiegelt den Charakter der Kampfhandlungen wider, die anders als bei Krisen meist aus sich wiederholenden Kreisläufen von Aktion und Reaktion bestehen. Eine Beendigung der Gewaltphase nach wenigen Tagen wird damit offensichtlich unwahrscheinlich.

Tabelle 5:   **Dauer der Gewaltphasen in innerstaatlichen Konflikten**

	Dauer der Phasen in Jahren					
	Anzahl	Mittel-wert	Mini-mum	Maxi-mum	Median	Modalwert
Innerstaatliche Konflikte mittlerer Intensität	770	1,79	,01	32,06	,50	,01
Innerstaatliche kriegerische Konflikte	616	1,91	,01	55,95	,64	1,00

5.4.4.2   Verlaufsanalyse der Gewaltphase innerstaatlicher Konflikte

Die oben vorgestellten Auswertungen über die Entwicklung der Konflikthäufigkeit haben gezeigt, dass sich das Konfliktgeschehen in den letzten Jahren deutlich verändert hat. Die Anzahl der innerstaatlichen kriegerischen Konflikte nimmt prinzipiell ab, die der innerstaatlichen Konflikte auf Stufe 3 jedoch steigt deutlich an. Eine aus dieser Entwicklung ableitbare und bereits erwähnte Überlegung lautet, dass ein Teil der Konflikte auf Stufe 3 zum Ende der Untersuchungsperiode eher als eigenständige Konfliktform gesehen werden müssen – und weniger als Übergangsphase zu oder von kriegerischen Gewaltkonflikten. Wenn diese These von der zunehmend eigenständigen Konfliktform zutreffen sollte, wäre anzunehmen, dass sich dies auch in einer Veränderung der Konfliktphasendauer widerspiegelt.

Für die folgende Analyse wurden die Konfliktphasen in Dekaden unterteilt
und für diese separat ausgewertet. Maßgeblich für die Zuordnung zu einer Dekade war dabei jeweils der Beginn der Konfliktphase. Als Indikator wurde aufgrund der größeren Robustheit gegenüber Normabweichungen der Median der
jeweiligen Dekade ausgewählt.

Abbildung 27: Durchschnittliche Konfliktdauer innerstaatlicher kriegerischer Konflikte und innerstaatlicher Konflikte auf mittlerer Intensität nach Dekaden

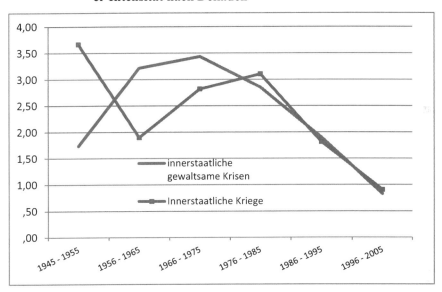

Abbildung 27 bestätigt die Ausgangsüberlegung einer Angleichung bzw. eines
Wechsels der Bedeutung der Intensitätsklassen eindrucksvoll. Die Dauer der
Konfliktphasen auf den unterschiedlichen Intensitätsklassen verändert sich innerhalb des Untersuchungszeitraums deutlich. Während innerstaatliche kriegerische
Konfliktphasen vor allem während des Zeitraums von 1956 bis 1965 deutlich
kürzer werden, steigt ihre Dauer im Vergleich der Mittelwerte in der folgenden
Dekade von 1,90 Jahren auf 3,10 Jahre. In den nachfolgenden Jahren verringert
sich die Dauer für den Zeitraum 1996 bis 2005 sogar auf 0,83. Eine gegenläufige
Entwicklung vollzieht sich zunächst hinsichtlich der durchschnittlichen Dauer
der Konfliktphasen auf mittlerer Intensität. Während die Durchschnittsdauer zu
Beginn der Untersuchungsperiode auf dem vergleichsweise niedrigen Wert von
1,74 Jahren beginnt, steigt sie bis zur Dekade 1966 – 1975 auf 3,44 Jahre an.
Nachfolgend reduziert sich die durchschnittliche Dauer der Gewaltphasen in

Konflikten mittlerer Intensität über 1,90 auf 0,83 Jahre. Konkret bedeutet dies, dass die Phasen des kriegerischen Konfliktaustrags und die Phasen auf mittlerer Intensität sich nach einer Phase divergenter Entwicklung immer stärker annähern, bis sie sich nahezu angeglichen haben. Dies unterstreicht deutlich die Änderung des Konfliktaustrags von aufwendigen Kriegen hin zu immer einfacher strukturierten Konfliktformen.

Tabelle 6: **Dauer gewaltsamer Phasen in innerstaatlichen Konflikten auf mittlerer Intensität nach Dekaden**

	Dauer der Phasen in Jahren					
	Anzahl	Minimum	Maxi-mum	Mittel wert	Median	Modal wert
1945 -1955	57	,01	14,33	1,74	,47	,01
1956 - 1965	78	,01	26,44	3,22	1,0	,01
1966 - 1975	70	,01	32,06	3,44	,33	,01
1976 - 1985	75	,01	22,91	2,85	1,25	,01
1986 - 1995	156	,01	12,75	1,90	,74	,01
1996 - 2005	334	,01	9,0	,83	,41	,01

Tabelle 7: **Dauer gewaltsamer Phasen in innerstaatlichen Konflikten auf kriegerischer Intensität nach Dekaden**

	Dauer der Phasen in Jahren					
	Anzahl	Minimum	Maxi-mum	Mittel wert	Median	Modal wert
1945 -1955	59	,01	55,95	3,67	1,13	,01
1956 - 1965	59	,01	14,41	1,90	,75	,01
1966 - 1975	67	,01	22,35	2,82	,91	,01
1976 - 1985	64	,01	17,01	3,10	1,62	,01
1986 - 1995	144	,01	15,92	1,82	,75	,01
1996 - 2005	223	,01	9,53	,90	,35	,01

5.4.4.3   Dauer der Gewaltphasen zwischenstaatlicher Konflikte

Die nachfolgende Tabelle 8 zeigt äquivalent zur Auswertung für innerstaatliche Konflikte (vgl. Tabelle 5) die Phasendauer für zwischenstaatliche Konflikte mittlerer Intensität und für solche, die auf kriegerischem Niveau ausgetragen werden. Es wird deutlich, dass im Gegensatz zu den innerstaatlichen Konflikten zunächst die niedrigere Konfliktstufe 3 wesentlich längere Laufzeiten aufweist als die gewaltintensiveren kriegerischen Konflikte. Dies gilt sowohl für die maximal erfasste Dauer der Konfliktphasen (23,63 Jahre für Stufe 3 gegenüber 7,92 Jahren für Konfliktphasen der Stufe 4 oder 5), als auch für den Durchschnitt und den Median.

Tabelle 8:   **Dauer der Gewaltphasen in zwischenstaatlichen Konflikten**

	Dauer der Phasen in Jahren					
	Anzahl	Mini-mum	Maxi-mum	Mittel wert	Median	Modal-wert
Konflikte mittlerer Intensität	222	,01	23,63	1,39	,28	,01
kriegerische Konflikte	119	,01	7,92	,80	,24	,01

Diese vollkommen gegensätzlichen Daten zur Dauer der Konfliktphasen unterstreichen die unterschiedlichen Wirkungsmechanismen, die inner- und zwischenstaatlichen Konflikten zugrunde liegen. Die Ursachen für diese Unterschiede liegen jedoch nicht im Zentrum dieser Untersuchung und müssen in nachfolgenden Untersuchungen herausgestellt werden. Zu vermuten ist, dass für die geringeren Werte im zwischenstaatlichen Bereich zum einen die grundsätzliche Ächtung des Krieges und das Verbot des Angriffskrieges verantwortlich sind und dies nicht nur die geringe Anzahl der zwischenstaatlichen Kriege, sondern auch deren Dauer bedingt. Hinzu kommt zum zweiten die durch teure Rüstungsspiralen gestiegenen Aufwendungen für zwischenstaatliche Kriegsführung - lange Kriege will oder kann sich kein Staat auf lange Dauer leisten.

5.4.4.4 Verlaufsanalyse der Gewaltphase innerstaatlicher Konflikte

Neben diesen für den gesamten Untersuchungszeitraum geltenden Überlegungen soll, wie zuvor für die innerstaatlichen Konflikte, überprüft werden, ob sich auch hier innerhalb des Beobachtungszeitraums Unterschiede abzeichnen. Abbildung 28 gibt wiederum die Veränderungen der Durchschnittswerte für die Konfliktphasendauer in Dekaden wieder. Auch für diese Auswertung ergeben sich andere Werte als bei den innerstaatlichen Konflikten.

**Abbildung 28: Konfliktdauer (Durchschnitt) zwischenstaatlicher krieger-
ischer Konflikte und zwischenstaatlicher Konflikte auf
mittlerer Intensität nach Dekaden**

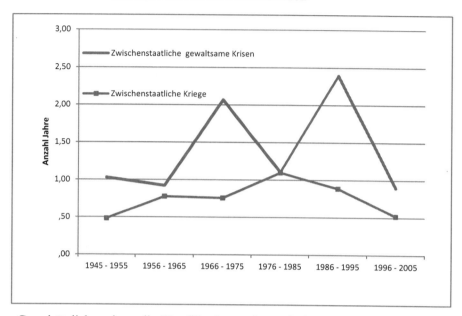

Grundsätzlich weisen die Konfliktphasen für zwischenstaatliche Konflikte im
Vergleich zu denen der innerstaatlichen Konflikte nicht nur wesentlich kürzere
Phasen des Gewaltaustrags – sie entwickeln sich auch unterschiedlich. Für den
Zeitraum zwischen 1956 und 1976 stellen gewaltsame Krisen eine in der Regel
länger anhaltende gewaltsame Konfliktform dar als zwischenstaatliche kriegerische Konflikte. Allerdings besteht während des Beobachtungszeitraums eine
mehrmalig Annäherung beider Verlaufslinien (vgl. auch Tabelle 9 und Tabelle
10): in den Jahren 1956 bis 1965, 1976 bis 1985 und 1996 bis 2005. Hier ist jedoch grundsätzlich eher nicht von einer Substitution kriegerischer Gewalt durch
weniger intensive Gewaltformen auszugehen. Denn anders als bei innerstaatlich-
en Konflikten ist die Fallzahl bei gewaltsamen zwischenstaatlichen Konfliktformen zu gering, um hier von allgemeinen Entwicklungen oder Veränderungen
sprechen zu können.

264

Tabelle 9: **Dauer zwischenstaatlicher Konflikte mittlerer Intensität nach Dekaden**

	Dauer der Phasen in Jahren					
	Anzahl	Mini mum	Maxi- mum	Mittel wert	Median	Modal wert
1945 -1955	29	,01	10,59	1,03	,08	,08
1956 - 1965	42	,01	6,74	,92	,21	,08
1966 - 1975	39	,01	23,63	2,07	,25	,08
1976 - 1985	42	,01	7,09	1,10	,40	,01
1986 - 1995	33	,01	12,66	2,4	,60	,08
1996 - 2005	37	,01	6,03	,90	,29	,01

Tabelle 10: **Dauer zwischenstaatlicher kriegerischer Konfliktphasen nach Dekaden**

	Dauer der Phasen in Jahren					
	Anzahl	Mini mum	Maxi- mum	Mittel wert	Median	Modal wert
1945 -1955	17	,01	1,67	,48	,34	,01
1956 - 1965	17	,01	6,73	,78	,14	,01
1966 - 1975	28	,01	6,32	,76	,16	,01
1976 - 1985	30	,01	7,92	1,10	,24	,08
1986 - 1995	14	,01	2,71	,89	,31	,01
1996 - 2005	13	,01	2,12	,52	,25	,01

5.4.4.5   Zusammenfassung – die Dauer von Konflikten

Zu Beginn dieses Abschnitts wurden zwei forschungsleitende Fragen nach der Gesamtdauer von Konflikten und der Dauer von Gewaltanwendungen in den erfassten Konflikten formuliert, die sich nun wie folgt beantworten lassen.

•   Die Gesamtdauer von Konflikten wird durch zwei Faktoren maßgeblich beeinflusst: Erstens durch den Faktor der Inner- oder Zwischenstaatlichkeit des Konfliktes und zweitens durch die maximal erreichte Intensität des Konfliktes. Dabei gelten folgende Erwartungen: Erstens zwischenstaatliche Konflikte dauern in der Gesamtheit gesehen länger als innerstaatliche. Zweitens steigt die zu erwartende Konfliktdauer mit der Höhe der erreichten Intensitätsstufe.

•   Die Dauer der Gewaltphasen in inner- und zwischenstaatlichen Konflikten verläuft hingegen konträr zur Gesamtdauer dieser beiden Konfliktformen.

Obwohl innerstaatliche Gewaltkonflikte insgesamt kürzer andauern als zwischenstaatliche, sind die Gewaltphasen in innerstaatlichen Konflikten signifikant länger (vgl. auch Abbildung 29).

Eine der zentralen Ausgangsfragen dieses Kapitels zielte auf den Anteil gewaltsamer Konfliktphasen an der Gesamtlänge. Abbildung 29 bildet diesen grafisch ab. Zur Berechnung wurden die hier vorgestellten Werte für die gewaltsamen Konfliktphasen und die ebenfalls bereits präsentierten Gesamtlängen inner- und zwischenstaatlicher Konflikte verwendet. Hier wird deutlich, wie unterschiedlich der Anteil der Gewaltphasen an der Gesamtlänge von Konflikten im Durchschnitt ist: Er liegt zwischen 50% für innerstaatliche Kriege und nur 9% bei zwischenstaatlichen gewaltsamen Krisen.

Abbildung 29: **Anteil der Gewaltphasen an der Gesamtkonfliktdauer für inner- und zwischenstaatliche Konflikte**

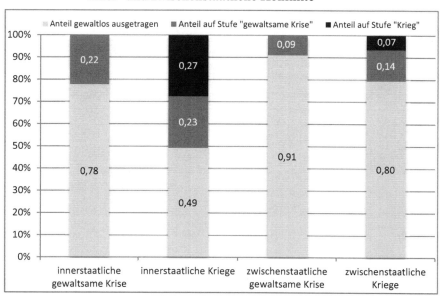

Die hier abgebildeten empirischen Befunde können ausschließlich durch die CONIS-Datenbank geliefert werden und sind somit vollkommen neuartig Die Darstellung visualisiert sehr deutlich, welche Unterschiede im Konfliktaustrag zwischen Kriegen und gewaltsamen Krisen bestehen: gerade bei den innerstaatlichen Konflikten wird sichtbar, dass zumindest in der Gesamtbetrachtung über den gesamten Analysezeitraum die »zeitliche Belastung« für die Bevölkerung durch Kriege mehr als doppelt so hoch ist wie bei gewaltsamen Krisen. Hinzu kommt: die Dauer sagt noch nichts über die eingestezten Instrumente und den Zerstörungsgrad innerhalb der Konflikte aus. An die Befunde knüpfen eine ganze Reihe weitere Fragen an. Ausgehend von der Beobachtung, dass zwischen 50% und 91% der Laufzeit politischer Konflikte für die quantitative Forschung analytisch bislang nicht greifbar waren, stellt sich primär die Frage, was genau in diesem Zeitraum passiert und präziser, welche Wirkungszusammenhänge dort zur Eskalation oder Deeskalation führen.

Diese Ergebnisse sind der Ausgangspunkt für weiterführende Analysen zur Risikoeinschätzung bzw. zum Eskalationsverhalten politischer Konflikte im nachfolgenden zweiten Teil der empirischen Untersuchung. Dort werden jene Phasen von Kriegen näher untersucht, die vor der erstmaligen Eskalation auf eine Stufe 4 oder Stufe 5 liegen.

5.4.5   Umstrittene Gegenstände in Konflikten

Obwohl bereits Clausewitz in »Vom Kriege« auf die Bedeutung der umstrittenen Güter für die Frage der Eskalationsanfälligkeit von Konflikten hinweist, blieb die Frage, warum bzw. um welchen Gegenstand Kriege geführt werden, in früheren Datensammlungen zunächst außen vor (Wright 1965, Singer / Small 1972, Small / Singer 1982). Erst in den 1980er Jahren wurden die Forderungen lauter, die Bedeutung der Konfliktgegenstände auch quantitativ zu messen und ihren Einfluss auf die Eskalationsanfälligkeit von Konflikten zu bestimmen (Most / Starr 1983). In vielen der nachfolgenden Untersuchungen wurden als primäre Kriegsursache für zwischenstaatliche Konflikte einheitlich Landstreitigkeiten genannt (u.a. Kratochwil et al. 1985, Vasquez 1993, Diehl 1999, Hensel 2000, Hensel / McLaughlin Mitchell 2005). Allerdings zeigen etliche dieser Analysen kein differenziertes Untersuchungsdesign, das eindeutig zwischen verschiedenen Konfliktformen oder -typen unterscheidet. Anders ist dies bei Holsti(1991), der eine Veränderung der Konfliktgegenstände im Zeitverlauf feststellen konnte. Ein wichtiges Ergebnis seiner Untersuchung ist, dass in den letzten Jahren zunehmend unklarer wurde, wofür oder worum die Konfliktakteure genau kämpften. Pfetsch und Rohloff (2000b: 129ff.) konnten zeigen, dass Territorialkonflikte besonders häufig im Untersuchungszeitraum 1945-1995 auftraten – allerdings weisen sie als zwei der wenigen Autoren darauf hin, dass bei Auseinandersetzungen um ein bestimmtes Territorium ein erheblicher Unterschied zwischen gewaltlosen Konflikten und Kriegen besteht. Spezifiziert bedeutet dies, dass Territorialkonflikte zwar häufig auftreten– ja sogar den häufigsten Konfliktgegenstand darstellen -, dass sie aber nur selten zu Kriegen eskalieren.

Fearon (1995) spricht bei seiner Suche nach rationalen Erklärungen für Kriege den Konfliktgegenständen ebenfalls eine hohe Erklärungskraft zu. In seinem Modell der rational handelnden Akteure geht er der Frage nach, welche Konfliktgegenstände für die Betroffenen solch einen großen Reiz darstellen, dass sie sogar auf den Verhandlungsweg verzichten und stattdessen bereit sind, das Risiko des Verlustes, das ein Krieg immer in sich trägt, einzugehen (Fearon 1995: 381 ff.)[61]. Dabei weist Fearon auf zwei Punkte hin, die in der Forschung bislang/bis zu diesem Zeitpunkt tatsächlich zu wenig Berücksichtigung fanden. Zum einen werde bei der Unterteilung zwischen »teilbaren« und »unteilbaren« Konfliktgegenständen zu wenig der räumliche und zeitliche Zusammenhang einbezogen: Während bis ins 19. Jahrhundert die Frage der Erbfolge auf Königsthronen einen häufigen Grund für viele Großmachtkonflikte gaben, spielten diese heute keine Rolle mehr. Ähnlich ließe sich derzeit bei religiösen Unterschieden zeigen, dass diese in bestimmten Gesellschafts- oder Staatsstrukturen eine sehr hohe Bedeutung haben, während sie gleichzeitig in einem anderen Kontext, wie beispielsweise in stark ideologisch geprägten autoritären Systemen wie in Nordkorea, keine oder eine nur sehr geringe Rolle spielten (vgl. auch: Young 1995). Das bedeutet, dass Fearon, ähnlich wie Clausewitz, zu dem Ergebnis kommt, dass die Bereitschaft für einzelne Sachfragen oder Konfliktgegenstände in den Krieg zu ziehen, von Volk zu Volk bzw. von Staat zu Staat oder von Kulturkreis zu Kulturkreis unterschiedlich ausgeprägt ist.

Das zweite Argument Fearons bezieht sich auf die Methode der ex-post Analyse bei Kriegsverläufen. Diese zeige, dass meist alle der beteiligten Parteien erhebliche Verluste aus den Kriegen trügen, die insgesamt die möglichen Profite der Kriege überragten, weshalb rationale Erklärungsargumente für Kriege abzulehnen seien. Dieser Argumentation hält Fearon entgegen, dass Konfliktgegenstände durchaus einen rationalen Erklärungsgrund für Kriege darstellten, da aus ex-ante Analysen hervorgeht, dass Akteure sich durchaus Profit aus dem Kriege erhofften und deshalb der kriegerischen Lösung vor einer diplomatischen den Vorzug gäben. Um die Komplexität der Beweggründe der Akteure abbilden zu können, werden in CONIS, anders als im Vorgängermodell KOSIMO, nicht nur maximal drei Konfliktgegenstände erfasst, sondern im Prinzip beliebig viele. Neben neun Hauptkategorien bietet CONIS den Codierern noch eine Residualkategorie »Sonstige« an. Zudem können die vorhandenen Hauptkategorien über Unterkategorien (bspw. bei »Ressourcen« u.a. Wasser, Erdöl, Diamanten) weiter spezifiziert werden. Diese Unterkategorien bleiben jedoch in den folgenden Untersuchungen unberücksichtigt.

Diese Vielzahl an Codierungsmöglichkeiten hat den großen Vorteil, die teilweise unterschiedliche Komplexität der Konfliktsysteme abzubilden und empirisch erfassbar zu machen. Allerdings besteht bei diesem Vorgehen auch das Problem, dass die Fülle an Informationen und Kombinationsmöglichkeiten den klaren Blick auf Anfälligkeiten von Konfliktgegenständen eher verhindert als

---

61 Vgl. auch Bueno de Mesquita(1981) und Morrow (1985).

unterstützt. Abbildung 30 gibt Aufschluss über die Gesamthäufigkeit der einzelnen Konfliktgegenstände und deren Verteilung auf die verschiedenen Intensitätsklassen (gewaltlose Konflikte, Konflikte mittlerer Intensität, kriegerische Konflikte). Die Auswertung bezieht sich sowohl auf inner- wie auf zwischenstaatliche Konflikte. Verwendet wurde die maximale erreichte Intensität eines Konfliktes, Abweichungen in der Codierungsdauer der Konfliktgüter von der Laufzeit des Konfliktes blieben unberücksichtigt[62]. Deutlich erkennbar gibt es erhebliche Unterschiede sowohl in der Gesamthäufigkeit der Nennungen als auch in der Gewaltanfälligkeit einzelner Konfliktgegenstände. Die drei häufigsten genannten Konfliktgüter sind »Nationale Macht«, »Territorien/Gebiete« und »Ideologie / System«. Dies ist insofern von Bedeutung, da die bisherige Literatur von einer einseitigen Dominanz territorialer Konflikte ausgeht. Die dominierende Rolle von Auseinandersetzungen um Ideologie oder System wurde bisher ebenso wenig diskutiert wie die Bedeutung von innerstaatlichen Machtkonflikten.

Abbildung 30: **Häufigkeiten und Eskalationsanfälligkeit von Konfliktgütern in der Gesamtübersicht für inner- und zwischenstaatliche Konflikte**

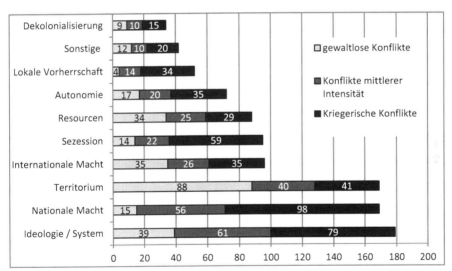

Neben den drei bisher genannten Konfliktgütern gibt es drei weitere, die jeweils in etwa 90 der insgesamt 672 Konflikte codiert wurden. Dies sind »Internatio-

---

62 In die Auswertungen wurden pro Konflikt alle jemals erfassten Konfliktgüter einbezogen. Theoretisch ist es also denkbar, dass ein Konfliktgegenstand bei Erreichung der maximalen Intensität noch nicht oder nicht mehr für den Konflikt codiert wurde. Allerdings liegen die zeitlichen Abweichungen der Konfliktgegenstände von Beginn oder Ende des Konfliktes bei weniger als 5% aller Fälle vor.

nale Macht«, »Sezession« und »Ressourcen«. Mit geringem Abstand folgt dieser Dreier-Gruppe der Konfliktgegenstand »Autonomie« mit 72 Nennungen. Der in CONIS neu eingeführte Konfliktgegenstand »Lokale Vorherrschaft«, eine Bezeichnung für Konflikte in schwachen und zerfallenden Staaten, erreicht 52 Codierungen. »Sonstige« und »Dekolonialisierung« werden insgesamt am seltensten genannt (42 bzw. 34 Nennungen).

Aus Abbildung 30 wird ebenfalls ersichtlich, dass »Nationale Macht« und »Territorium« jeweils in 169 Konflikten codiert wurden. Allerdings führten die 169 »Nationale Macht«-Konflikte in insgesamt 98 Fällen zu Kriegen. Bei den Konflikten um Territorien war dies »nur« 41 Mal zu beobachten. Das bedeutet, dass verschiedene Konfliktgegenstände offensichtlich eine unterschiedliche Eskalationsneigung aufweisen.

Tabelle 11 gibt die Verteilung der erfassten Konfliktgegenstände auf die einzelnen Intensitätsklassen in Prozentwerten wieder. Deutlich erkennbar ist, dass Sezessionskonflikte und Konflikte um Nationale Macht mit 62% bzw. 58% eine hohe Neigung zur kriegerischen Eskalation aufweisen. Territorialkonflikte hingegen werden überwiegend gewaltlos ausgetragen. Nur 24% aller in CONIS erfassten Konflikte um Territorien eskalieren zum Krieg.

Tabelle 11: **Eskalationsanfälligkeit von Konfliktgegenständen – Gesamtüberblick für inner- und zwischenstaatliche Konflikte. Angaben in Prozent**

	gewaltlose Konflikte	*Konflikte mittlerer Intensität*	*Kriegerische Konflikte*	*Gesamt*
Ideologie / System	22 %	34 %	44 %	100 %
Territorium	52 %	24 %	24 %	100 %
Nationale Macht	9 %	33 %	58 %	100 %
Internationale Macht	36 %	28 %	36 %	100 %
Sezession	15 %	23 %	62 %	100 %
Ressourcen	39 %	28 %	33 %	100 %
Autonomie	24 %	28 %	48 %	100 %
Lokale Vorherrschaft	8 %	27 %	65 %	100 %
Sonstige	27 %	24 %	48 %	100 %
Dekolonialisierung	26 %	30 %	44 %	100 %

Der Konfliktgegenstand »Lokale Vorherrschaft« weist den höchsten Eskalationsfaktor auf: 65% aller erfassten Konflikte mit diesem Konfliktgegenstand wurden in der höchsten Intensitätsklasse »kriegerische Konflikte« geführt. Allerdings ist hier zu berücksichtigen, dass die Gesamthäufigkeit dieses Konfliktgegenstandes gering ist.

Bei der Interpretation dieser Zahlenwerte muss zudem bedacht werden, dass Informationen über einzelne Konflikte in sehr unterschiedlicher Menge und Qualität verfügbar sind. So ist die Nachrichtenlage über zwischenstaatliche Territorialkonflikte als wesentlich besser und fundierter zu bewerten als diejenige über innerstaatliche Konflikte um lokale Vorherrschaft. Außerdem werden beispielsweise gewaltlose innerstaatliche Machtkonflikte auch in semidemokratischen Staaten nur vergleichsweise selten als relevante Konflikte erkannt, da bzw. solange sie innerhalb eines gewaltvermeidenden Rahmens ausgetragen werden.

Auch wenn diese Studie nicht auf Basis einer Vollerhebung bei den nicht-gewaltsamen Konflikten erfolgen kann, lassen sich diese Werte als Indikatoren für die Konfliktanfälligkeit von Konfliktgütern interpretieren. Sie müssen als Risikoindikator jener Fälle verstanden werden, von der die Weltöffentlichkeit Notiz genommen hat und die Eingang in die internationale Presse fanden. Die Gesamtübersicht in Abbildung 30 legt den Schluss nahe, dass die genannten Konfliktgegenstände unterschiedlich auf inner- und zwischenstaatliche Konflikte verteilt sind. Die folgenden Auswertungen bestätigen diese Vermutung.

5.4.5.1   Konfliktgegenstände in zwischenstaatlichen Konflikten

Aus Abbildung 31 auf der nächsten Seite ist klar eine unterschiedliche Bedeutung der verschiedenen Konfliktgegenstände erkennbar. Zwischenstaatliche Konflikte werden vorwiegend um Territorien, Internationale Macht und Ressourcen geführt. Ebenfalls von Bedeutung sind die Güter »Ideologie/System« sowie die Residualkategorie »Sonstige«. Gut erkennbar ist wiederum, dass die meist genannten Konfliktgegenstände erheblich unterschiedliche Eskalationsneigungen aufweisen.

Markant ist, dass sowohl Territorial- als auch Ressourcenkonflikte in zwischenstaatlichen Konflikten eine auffallend hohe Neigung zum gewaltlosen Konfliktaustrag aufweisen. Internationale Macht hingegen hat einen deutlich höheren Anteil kriegerischer Konflikte. Die typischerweise innerstaatlichen Themenfelder »Sezession«, »Lokale Vorherrschaft«, »Interne Macht«, »Dekolonialisierung« und »Autonomie« haben nur eine marginale Bedeutung und erklären sich aus den internationalisierten Konflikten, also innerstaatliche Streitfälle, die durch das Eingreifen anderer Staaten eine zwischenstaatliche Dimension gewonnen haben. Auch bei der Analyse der Konfliktgegenstände soll nach Veränderungen während der Untersuchungsperiode gefragt werden: Wurden bestimmte Konfliktgegenstände im Verlauf der sechzigjährigen Untersuchungsperiode wichtiger und verloren andere an Bedeutung? Einer der wenigen wissenschaftlichen Arbeiten dazu bieten Pfetsch / Rohloff (2000b), die allerdings in der zeitlichen Untersuchung vor allem auf Territorialkonflikte zielen und in dieser Analyse nicht

zwischen inner- und zwischenstaatlichen Konflikten unterscheiden (vgl.: 132ff.).
Sie stellen u.a. fest, dass »Territorium« für die gesamte Untersuchungsperiode
der am häufigsten codierte Konfliktgegenstand ist.

Abbildung 31: **Häufigkeiten und Eskalationsanfälligkeit von Konflikt-**
gütern in der Gesamtübersicht für zwischenstaatliche
Konflikte

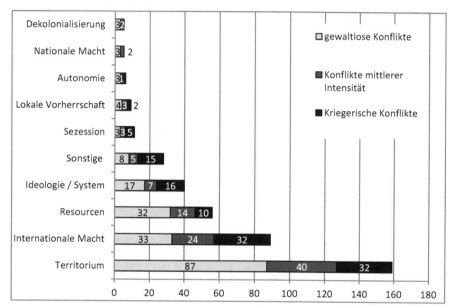

Während Abbildung 31 alle zwischenstaatlichen Konflikte unabhängig von
der erreichten Konfliktstufe darstellt, soll nun untersucht werden, ob dieselben
Beobachtungen auch für hohe Konfliktstufen Gültigkeit besitzen. Für die folgenden Auswertungen wurden nur Fälle in den Datensatz aufgenommen, die im entsprechenden Jahr die Stufe 4 oder 5 aufweisen. Konflikte niedrigerer Gewaltintensität wurden nicht berücksichtigt, da diese zum Teil keine eigenständigen
Konflikte darstellen, sondern lediglich eine gewaltarme Periode eines kriegerischen Konflikts. Kriegerische Konflikte benötigen meist mehrere Jahre, bis sie
beigelegt werden können. In diesem Fall würden die kriegerischen Konflikte
mehrfach gezählt, was zu Verzerrungen der Statistik führen würde. Abbildung
32 beinhaltet somit nur jene Konflikte, die im entsprechenden Jahr hoch gewaltsam waren. Es ist deutlich erkennbar, dass »Territorium« erst ab den 1960er Jahren der häufigste Konfliktgegenstand in kriegerischen Konflikten wird, dann
aber erheblich an Bedeutung einbüßt. Zu Beginn der Untersuchungsperiode, also
ab 1945 bis Anfang der 1960er Jahre, sind »Internationale Macht« und »Ideolo-
gie/System« die wichtigsten Konfliktgüter. Beide stellten schon zu Zeiten des

Kalten Krieges wichtige Kategorien dar und gewannen nach 2001 erneut an Bedeutung. Der Konfliktgegenstand »Ressourcen« zeigt grundsätzlich eine hohe
Korrelation zum Auftreten der Territorialkonflikte. So weist auch die Verlaufsgrafik für Ressourcen in den achtziger Jahren eine erhöhte Anzahl von Territorialkonflikten auf. Eine getrennte Auswertung ist dennoch sinnvoll, da auch Konflikte beobachtet werden können, in denen es den Akteuren nur um die Verfügbarkeit der Ressourcenerträge, nicht aber um eine Kontrolle der entsprechenden
Territorien geht. Die übrigen Konfliktgegenstände wurden aufgrund ihrer gering-
en Anzahl und aus Gründen der Übersichtlichkeit nicht in der Grafik abgebildet.

Abbildung 32: **Konfliktgegenstände in kriegerischen zwischenstaatlichen**
Konflikten 1945 - 2005

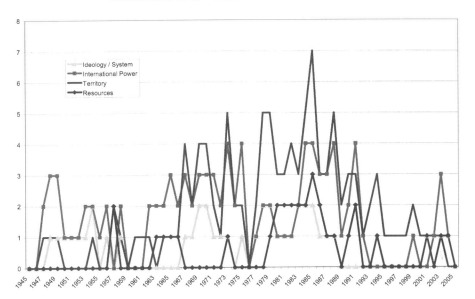

5.4.5.2   Konfliktgegenstände in innerstaatlichen Konflikten

Abbildung 33 zeigt, dass in innerstaatlichen Konflikten »Nationale Macht« der
umstrittenste/häufigste Konfliktgegenstand ist. Danach folgt mit knappem Abstand »Ideologie/System«. Aus der Grafik wird ersichtlich, dass beide Konfliktgüter auch zu einem großen Anteil in Konflikten mittlerer Intensität auftreten.
Mit deutlichem Abstand folgen Konflikte um »Sezession« und »Autonomie«.
Allerdings sind diese beiden Konfliktgüter nicht immer klar voneinander zu
trennen. Etliche nicht-staatliche Konfliktparteien variieren ihre Forderungen im
Laufe des Konfliktgeschehens, abhängig von den politischen Umständen, unter

denen sie glauben, die jeweilige Forderung besser durchsetzen zu können. Doch auch wenn davon ausgegangen werden muss, dass »Autonomie« und »Sezession« substitutiv in Konflikten verwendet werden, zeichnet sich ab, dass die großen Themen in innerstaatlichen Konflikten Herrschaftsfragen sind. Der Konfliktgegenstand »Ideologie/System« kann so als deskriptive Variable verstanden werden, die aufzeigt, anhand welcher Konfliktlinie die Machtfragen aufbrechen.

Abbildung 33: Häufigkeit und Eskalationsanfälligkeit von Konfliktgegenständen in innerstaatlichen Konflikten

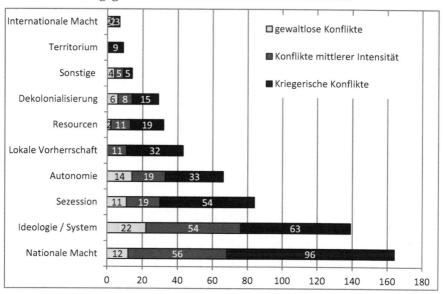

In dieses Bild fügen sich auch die beiden entsprechend der Codierungshäufigkeit nachfolgenden Konfliktgegenstände »Lokale Vorherrschaft« und »Ressourcen« ein. Beides sind Konfliktgründe, denen in der jüngeren Literatur erhebliche Bedeutung zugesprochen wird (Ross 2004b, Reno 2005, Brunnschweiler / Bulte 2009) Doch entgegen der derzeit vorherrschenden Annahme, nach der die meisten innerstaatlichen Konflikte um materielle Güter beziehungsweise aufgrund der Aussicht auf schnellen Reichtum geführt werden (vgl. hierzu Greed and Grievance Debatte nach Collier / Hoeffler(2004b)), haben Ressourcen insbesondere im Vergleich zu nationalen Machtkonflikten eine eher marginale Bedeutung. Ebenfalls eine in Relation zu den anderen Konfliktgütern eher untergeordnete Rolle nehmen mit insgesamt 29 Codierungen die Dekolonialisierungskonflikte ein. Die Konfliktgegenstände »Internationale Macht« und »Territorium« haben insgesamt betrachtet kaum Bedeutung für die Analyse des innerstaatlichen Konfliktgeschehens.

Die jüngere Literatur schreibt, wie erwähnt, dem Konfliktgegenstand »Ressourcen« eine wachsende Bedeutung zu. Die folgende Abbildung 34 zeigt die Anzahl der bedeutendsten Konfliktgegenstände in innerstaatlichen kriegerischen Konflikten im Zeitverlauf 1945 bis 2005. Auffallend und gut erkennbar ist die stetig wachsende Bedeutung nationaler Machtkonflikte. Ihre Bedeutung wächst entsprechend der erfolgreichen Dekolonialisierungsprozesse und neuen Staatsgründungen zu Beginn der 1960er Jahre und ab Mitte der 1970er Jahre deutlich und dominiert mit kleinen Einschränkungen das Konfliktgeschehen bis zum Ende der Untersuchungsperiode. Ebenso aufschlussreich ist die Entwicklung des Konfliktgegenstandes »Ideologie/ System«. Verläuft die Entwicklungskurve zunächst deckungsgleich und schließlich parallel zu jener der Konflikte um nationale Macht, entkoppeln sich diese ab Ende der 1980er Jahre, also mit dem Ende des Ost-West Gegensatzes. Bemerkenswert ist, dass sich ab etwa diesem Zeitpunkt auch die Anzahl der Ressourcenkonflikte deutlich erhöht und ab Beginn der 1990er Jahre parallel wiederum zu jener der nationalen Machtkonflikte verläuft. Insofern kann die verbreitete Annahme, dass Ressourcenkonflikte an Bedeutung gewonnen haben, bestätigt werden. Allerdings liegt die Anzahl der Ideologie-/Systemkonflikte noch immer höher und hat gegen Ende der Umsetzungsperiode sogar an Häufigkeit zugenommen.

Abbildung 34: Entwicklung ausgewählter Konfliktgüter in innerstaatlichen kriegerischen Konflikten

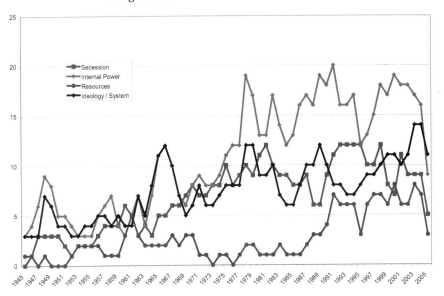

Deshalb erscheint die derzeit so dominierende Beschäftigung mit Ressourcenkonflikten wenn nicht als falsch, so doch zumindest als irreführend.

Denn angesichts der zunächst sinkenden, dann wieder steigenden Anzahl von Ideologie-/Systemkonflikten und des derzeit nicht feststellbaren Wiedererstarkens kommunistischen Gedankengutes liegt die Vermutung nahe, dass es sich bei den neueren Ideologiekonflikten um andere als die bis zum Ende des Kalten Krieges Üblichen handelt. Weitere Arbeiten mit dem CONIS Datensatz legen nahe, dass es sich hierbei vor allem um religiöse Konflikte handelt (Croissant et al. 2009). Konflikte um »Sezession« nehmen ab Mitte der 1960er Jahre zunächst deutlich zu, verlieren dann jedoch ab Beginn der 1980er Jahre kontinuierlich wieder an Bedeutung. Eine Wende tritt hier ebenfalls mit dem Ende des Ost-West-Gegensatzes ein: Sezessionskonflikte verzeichnen an diesem Punkt eine sprunghafte Zunahme. Insgesamt weisen Konflikte um Sezession gerade zu Ende der Untersuchungsperiode größere Schwankungsbreiten auf. Möglicherweise liegt hier auch eine Wechselwirkung mit Konflikten um »Nationale Macht« vor.

5.4.5.3 Zusammenfassung: Bedeutung der Konfliktgegenstände

Es ist festzuhalten, dass »Territorium« und »Internationale Macht« in zwischenstaatlichen Konflikten die beiden wichtigsten und am häufigsten codierten Konfliktgegenstände darstellen. Entgegen der herkömmlichen Annahme in der Literatur und in einigen Forschungsmodellen scheint der Konfliktgegenstand »Territorium «, und damit die vielzähligen Grenzverlaufskonflikte, jedoch sehr gut lösbar zu sein. Obwohl es sich bei »Territorium« um ein klassisches Beispiel eines nicht-teilbaren, und deshalb besonders eskalationsanfälligen Konfliktgegenstand handelt, hat das internationale Staatensystem offenbar Instrumente und Regelungsverfahren gefunden, die für alle Seiten erträgliche und akzeptable Lösungen herbeiführen. Dabei gibt es keinen Zweifel, dass ein Großteil der früheren Großmachtkonflikte, einschließlich des Ersten und Zweiten Weltkrieges auch um den Besitz und die Zugehörigkeit territorialer Gebiete geführt wurden. Deshalb ist das empirische Ergebnis, dass Territorialstreitigkeiten nur mehr sehr selten zum Krieg führen, ein deutliches Zeichen für die Erfolge des Völkerrechts und die Versuche, Regelungsverfahren für territoriale Streitigkeiten zu erreichen. Neben der völkerrechtlichen Lösung der Territorialstreitigkeiten mag eine Rolle spielen, dass die Flächengröße eines Landes in heutiger Zeit offensichtlich keinen großen Einfluss auf den Wohlstand oder Entwicklungsstand eines Staates hat. Durch die technischen Weiterentwicklungen in der Landwirtschaft und den gut funktionierenden globalen Handel stellt eine kleine Fläche und das Fehlen von Ressourcen auf dem eigenen Territorien kein Entwicklungshemmnis dar. Grundsätzlich ist die Anzahl zwischenstaatlicher Konflikte inzwischen so gering, dass man nur schwer von »eskalationsanfälligen« Konfliktgütern ausgehen kann. Angesichts einer globalisierten Welt mit einer Vielzahl von Kontakten und ständig unterhaltenen Beziehungen zwischen den Staaten ist davon auszugehen, dass permanent Widersprüche und Unstimmigkeiten zwischen Staaten auftreten – der Anteil der Konflikte, die gewaltsam eskalieren, ist jedoch verschwindend gering. Angesichts der zuletzt beobachtbaren zwischenstaatlichen Kriege lässt sich allenfalls die Schlussfolgerung ziehen, dass Staaten nicht mehr aus ökonomischen Gründen in Kriege ziehen, sondern dann, wenn sie ihre eigene Sicherheit bedroht sehen. Zukünftige theoretische Arbeiten und Konzeptionen zur Kriegsmessung sollten sich demnach stärker mit den sogenannten Präventiv- oder Präemptiv-Kriegen auseinandersetzen, also solchen Kriegen, die geführt werden, um eine reelle oder vermeintliche, in jedem Fall empfundene Sicherheitsbedrohung, auszuschalten.

In innerstaatlichen Konflikten dominieren Konflikte um »Nationale Macht« sowie um »Ideologie/System«. Summiert man die recht ähnlichen Konfliktgegenstände »Sezession« und »Autonomie« auf, ergibt sich, dass diese zusammen der zweithäufigste Konfliktgegenstand in innerstaatlichen Konflikten sind. Somit gilt, dass innerstaatliche Konflikte besonders dann gewaltsam verlaufen, wenn sie um die Herrschaft innerhalb eines Landes oder um eine mögliche Abspaltung einzelner Landesteile geführt werden. Der Konfliktgegenstand »Ideologie / System« ist zwar der zweithäufigste codierte Wert, vermutlich jedoch eher eine die Konfliktgegenstände »Nationale Macht« oder »Autonomie« und »Sezession« ergänzende Codierung. Gleiches gilt in dieser Hinsicht für den Konfliktgegenstand »Ressourcen«. Auch wenn Ressource als absoluter Wert weit hinter »Ideologie / System« liegt, ist doch auffallend, wie stark die Zunahme von Ressourcenkonflikten im Untersuchungsverlauf ist.

Insgesamt kann festgehalten werden, dass der jeweilige Konfliktgegenstand offensichtlich erhebliche Auswirkungen auf die Konfliktform und das Ausmaß des Gewalteinsatzes ausübt. So zeigen die Daten deutliche Unterschiede in der Eskalationsanfälligkeit. Diese sollte besonders bei weiteren Entwicklungen von Konfliktfrühwarnsystemen Berücksichtigung finden.

5.5   Politische Konflikte und betroffene Staaten

Neben den Eskalationsimpulsen - den Konfliktgegenständen - ist der zweite, in CONIS wichtige Erklärungsfaktor die Reaktions- bzw. Konfliktbewältigungsfähigkeit von Staaten. Dies soll zunächst auf der systemischen Ebene, nachfolgend anhand geografischer und politischer Faktoren erklärt werden.

Der Macht von Staaten und ihr Einfluss auf das internationale Staatensystem steht seit Beginn der Forschungsdisziplin Internationale Beziehungen und im Blickpunkt der Kriegsursachenforschung. Dominierend waren zunächst Ansätze, die sich mit dem Entstehen von Kriegen auf der systemischen Ebene auseinandergesetzt haben (vgl. Kapitel »Wie entstehen Kriege?«). Unter diesen Ansätzen waren wiederum jene Ansätze einflussreich, die sich mit Veränderungen im Staatensystem, beispielweise dem Aufstieg und Fall von Großmächten, und deren Einfluss auf die Kriegshäufigkeit beschäftigt haben. Diese Frage soll zunächst aufgegriffen und weiter verfolgt werden: Wenn die Anzahl der Staaten tatsächlich die Schlüsselvariable für das internationale Konfliktgeschehen darstellt, wie hat sich dann die Veränderung des Staatensystems auf die Anzahl der politischen Konflikte ausgewirkt?

5.5.1 Entwicklung des Staatensystems 1945 - 2005

CONIS hat, neben den Konfliktinformationen, eine zweite Datenbank integriert, die Informationen zu nicht-staatlichen Akteuren aber auch Daten für alle Staaten enthält, die im Untersuchungszeitraum existierten, einschließlich jener, die in dieser Zeit neu gegründet wurden oder untergingen.

Bisher gibt es nur sehr wenige Arbeiten, die sich systematisch und auf empirischer Basis mit der Entwicklung bzw. dem Wachstum des Staatensystems und dessen möglichen Folgenauseinandersetzen, nämlich einem daraus entstehenden Druck auf die vorhandenen Staaten, der sich in Kriegen entlädt(eine der wenigen Ausnahmen: Kratochwil 1986). Das COW Projekt bietet seit 2005 einen neuen Datensatz an, der die Anzahl der Staaten in Jahresreihen angibt[63]. Für das CONIS Projekt, das bereits im Jahr 2003 startete, wurde zuvor ein eigener Datensatz angelegt, der mit den COW Daten weitgehend übereinstimmt, zudem aber Informationen wie den Beitritt zur UN (als Kontrollvariable zu etwaigen Unabhängigkeitserklärungen) enthält und mit vielen anderen bestehenden Datensätzen Verknüpfung findet.

Die Auswertung des CONIS Staatendatensatzes zeigt den kontinuierlichen Anstieg der Anzahl der Staaten (vgl. Abbildung 35). Ausgehend von 1945 bis zum Ende des Untersuchungszeitraums im Jahre 2005 hat sich das Staatensystem stark gewandelt: Von ursprünglich 66 Staaten, davon 51 UN-Mitgliedsstaaten, im Jahre 1945, umfasst das Staatensystem im Jahre 2005 192 Staaten und 191 Mitgliedsstaaten der UN.

Das heißt, die Anzahl der Elemente des Staatensystems ist in den 50 Jahren des Untersuchungszeitraums um fast das dreifache des Ausgangswertes gestiegen. Auffällig ist außerdem, dass bei wachsender Anzahl der Elemente des Staatensystems auch die Bereitschaft der Staaten gestiegen ist, sich der UN anzu-

---

63 Correlates of War Project. 2005. «State System Membership List, v2004.1." Online, http://correlatesofwar.org., für diese Untersuchung besucht am 30.3.2008

schließen und sich damit dem Friedensgebot bzw. den Konfliktaustragungsmo-
dalitäten der Charta zu unterwerfen.

Abbildung 35: Entwicklung des Staatensystems 1945 -2005

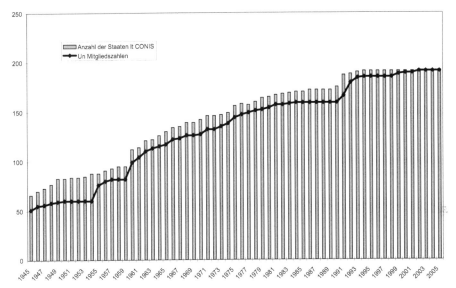

Quelle: Eigene Datenerhebung und www.un.org

Bemerkenswert ist, dass das Wachstum des Staatensystems fast stetig und nicht
sprunghaft erfolgt ist. Allerdings lassen sich zwei Ausnahmen beobachten: Der
erste größere Sprung erfolgte im Zeitraum zwischen 1959 und 1960 von 95 auf
112 Staaten (dies entspricht einem Wachstum von 18 % innerhalb nur eines Jahres), der zweite dann 1991, von 175 Staaten im Vorjahr auf 187 Staaten. Dies
entspricht einem Wachstum von 7 % innerhalb nur eines Jahres. Wird der gesamte Untersuchungszeitraum betrachtet, ergibt sich jedoch eine wesentlich
niedrigere durchschnittliche Wachstumsrate von 1,8 % pro Jahr. Beschränkt man
diese Analyse auf den Zeitraum bis 1994, dem Jahr mit dem letzten größeren Zuwachs an neuen Staaten, kann man auch von einem durchschnittlichen Wachstum von 2,2 % in der Expansionsphase des Staatensystems sprechen.

Das Staatensystem ist zwar, wie aus obiger Grafik ersichtlich, kontinuierlich
über die 60 Jahre des Untersuchungszeitraums gewachsen, jedoch mit erheblichen regionalen Unterschieden. Dies zeigt die folgende Abbildung 36. Deutlich
wird erkennbar, dass es zwar in allen fünf Weltregionen einen Zuwachs an Staaten gegeben hat, dass aber gleichzeitig diese Veränderungen zeitlich und quantitativ stark variieren. Durch die grafische Darstellung lassen sich zwei Antipode
im Hinblick auf die Wachstumsgeschwindigkeiten feststellen. Auf der einen

Seite Afrika, das mit der Dekolonialisierung Ende der 1950er Jahren einen starken und sprunghaften Anstieg verzeichnet. Waren bis 1955 in Afrika nur drei Staaten eigenständig (Äthiopien, Liberia und Südafrika), so hatte sich diese Zahl bis 1965, also innerhalb von nur zehn Jahren, mit 32 existierenden Staaten mehr als verzehnfacht. Dem gegenüber steht Asien, dessen Wachstum kontinuierlich über den gesamten Untersuchungszeitraum erfolgte. Ähnlich, fast schon parallel zu Asien verläuft auch der Anstieg der Anzahl der Staaten in Amerika.

Abbildung 36:   Entwicklung des Staatensystems 1945 - 2005 nach Regionen

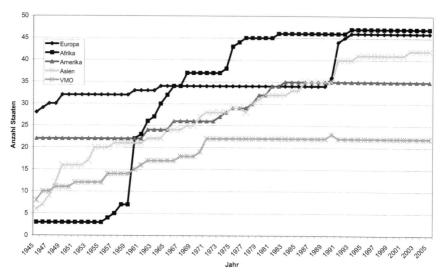

Auch in der Region Vorderer und Mittlerer Orient verläuft der Anstieg gemäßigt, kommt aber bereits zu Ende der siebziger Jahre zum Erliegen. Europa stellt gewissermaßen einen Sonderfall dar: Bis zum Ende der achtziger Jahre bleibt die Staatenanzahl nahezu konstant. Erst mit dem Ende des Kalten Krieges verändert sich das Staatenbild Europas deutlich. Von ursprünglich 34 Staaten im Jahr 1989 steigt die Anzahl auf 47 im Jahr 1993 und bleibt daraufhin konstant bis zum Ende der Untersuchungsperiode.

5.5.2   Das Paradoxon des Neo-Realismus: Entwicklung des Staatensystems und Konfliktgeschehens im regionalen Vergleich

Die Entwicklung des Staatensystems mit seinen spezifischen und deshalb nicht gleichmäßigen Ausprägungen wirft die Frage auf, ob dieser Wandel Einfluss auf die Konflikt- bzw. Kriegshäufigkeit hatte. Im zweiten Theoriekapitel dieser Arbeit, das sich mit der Kriegsursachenforschung beschäftigt, wurden Ansätze besprochen, die auf der Ebene des Staatensystems argumentieren und aus der Beschaffenheit des Systems oder dessen Veränderung Risiken für Kriege erkennen.

Beispielsweise gehen verschiedene Vertreter des Neorealismus (Organski / Kugler 1980, Kugler / Organski 1989), die sich mit den Folgen von Machttransitionen im internationalen System beschäftigen, davon aus, dass Veränderungen auf der Systemebene, hervorgerufen etwa durch den Untergang einer Hegemonial- oder Großmacht, stets mit Konflikten und Kriegen von Mittelmächten verbunden sind. Sie argumentieren, dass jene Mittelmächte versuchten, das entstandene Machtvakuum zu füllen, wobei sie bereit seien, zur Erreichung ihrer Ziele notfalls auch Kriege zu führen. Zum gleichen Ergebnis kommt der Historiker Paul Kennedy (1987), der in seinem Werk von der Antike bis zur Gegenwart diese These anhand von verschiedenen Beispielen belegen kann.

Bei den zentralen Auswertungen der Datenbank zum Konfliktgeschehen weiter oben (siehe Abbildung 12 auf Seite 228) konnte bereits gezeigt werden, dass innerstaatliche Konflikte innerhalb der Untersuchungsperiode weit häufiger vorkommen als zwischenstaatliche. Dies gilt auch für Konflikte auf hoher Intensität, also Kriege.

Abbildung 37:   **Staatensystem, inner- und zwischenstaatliche Kriege**
(1945 – 2005)

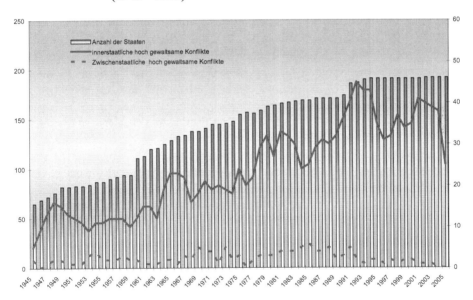

Die Säulen im Hintergrund bilden die Anzahl der Staaten (nicht die der UN-Mitglieder) ab, die rote durchgezogene Linie symbolisiert die Entwicklung der innerstaatlichen kriegerischen Konflikte und die gestrichelte Linie gibt die Anzahl der zwischenstaatlichen Kriege pro Jahr wieder. Aus der Abbildung geht deutlich hervor, dass die Modifikation des Staatensystems nicht mit einer Veränderung der zwischenstaatlichen Konflikte korreliert, sondern vielmehr mit der Entwicklung der innerstaatlichen Konflikte. Dieser Zusammenhang lässt sich auch statistisch nachweisen.

Trotz des eindeutig erkennbaren Zusammenhangs können aus der Gegenüberstellung von Staatenwachstum und innerstaatlichen kriegerischen Konflikten noch keine Rückschlüsse auf ihre Ursachen gezogen werden. Zwar liegt die Vermutung nahe, dass Kriege im unmittelbaren Zusammenhang von Staatenbildungen geführt werden (Sezessions- oder Dekolonialisierungskonflikte), doch spricht die Ungleichzeitigkeit der entsprechenden Anstiege dagegen. Beispielsweise gibt es einen sprunghaften Anstieg der Staatenanzahl 1959 / 1960, doch der Anstieg der Kriege erfolgt erst einige Jahre später, zwischen 1963 bis 1965, und nimmt, 1967 beginnend, wieder deutlich ab. Auch ist der sprunghafte Anstieg der Kriege in den achtziger Jahren nicht aus der Staatenentwicklung abzuleiten, ebenso wenig der nachfolgende, steile und kontinuierliche Anstieg der innerstaatlichen kriegerischen Konflikte, der sich bis in die Mitte der 1990er Jahre fortsetzt. Hier scheint sich eher der systemische Effekt des Zusammenbruchs der Ost-West Konfrontation niederzuschlagen. Erstaunlich ist der starke Rückgang hochgewaltsamer Konflikte gegen Ende des Beobachtungszeitraums, der im Hinblick auf das Staatensystem mit dem Ende des Staatenwachstums und einer damit einhergehenden möglichen Konsolidierung des Systems erklärt werden kann. Auch der CONIS Datensatz untermauert dies durch die Korrelation von zunehmender Schwäche der Supermacht Sowjetunion und Anstieg der kriegerischen Konfliktzahlen. Doch wie Abbildung 37 zeigt, schlägt sich dieser Trend nicht auf der zwischenstaatlichen Ebene nieder. Vielmehr erhöht sich fast ausschließlich die Anzahl der innerstaatlichen Kriege.

Es kann also festgestellt werden, dass ein Einfluss des Staatensystems auf das politische Konfliktgeschehen grundsätzlich nicht ausgeschlossen werden kann. Doch die lange Zeit diskutierten Annahmen des (Neo-)Realismus treffen in geradezu paradoxer Weise gerade nicht zu: Obwohl Machtfragen eine der wichtigsten Triebfedern des Konfliktgeschehens sind, erhöht sich nicht die Anzahl der zwischenstaatlichen Konflikte, sondern jene der innerstaatlichen und dies umso stärker, je mehr Staaten es gibt, wodurch sich auch die Reibungspunkte zwischen Staaten vermehren sollten.

Wenn sich also die Entwicklung des Konfliktgeschehens nicht befriedigend über die quantitative Veränderung des Staatensystems erklären lässt, müssen andere Variablen herangezogen werden. In den folgenden Untersuchungen wird deshalb zunächst die Konfliktbelastung einzelner Staaten, dann jene der Regionen und schließlich der Einfluss des politischen Systems untersucht.

5.5.3   Konfliktbelastung der Staaten

Neben den Ansätzen auf der Ebene des Staatensystems wurden im Kapitel zu den Kriegsursachen auch die Ansätze zu Staaten bzw. deren Strukturen und Performance erläutert. Ebenfalls wurde gezeigt, dass besonders in der Konfliktfrühwarnung sogenannte strukturelle Modelle dominieren. Daneben gibt es jene Ansätze, die sich mit Schwäche der Regierungsmacht oder grundsätzlich schwach ausgeprägter Staatsstrukturen beschäftigen (Holsti 1996, Jenkins / Bond 2001, Ohlson / Söderberg 2002, Fearon / Laitin 2003a) CONIS bietet die Möglichkeit über die Variable »betroffene Staaten« zu überprüfen, welche Staaten von Konflikten direkt betroffen sind. Diese Variable liefert für die Analyse bessere Informationen als die der direkt beteiligten staatlichen Akteure (vgl. Seite 248ff.), da zwischenstaatliche Konflikte meist nur in einem Staat ausgetragen werden und an einem innerstaatlichen Konflikt nicht notwendigerweise auch ein staatlicher Akteur beteiligt sein muss. Außerdem kann in einem sogenannten transnationalen Konflikt, also einem Konflikt zwischen nicht-staatlichen Akteuren und maximal einem Staat, zumindest zeitweise auch mehr als ein Staat betroffen sein. Über die Vercodung des »betroffenen Staates« kann ein Zugang zu den strukturellen Erklärungsansätzen eröffnet werden, der bisher so nicht existiert.

Insgesamt werden für den Untersuchungszeitraum 1.960 Kriegsjahre - also Jahre, in denen ein Konflikt mindestens auf Stufe 4 oder 5 in einem bestimmten Land ausgetragen wurde - gezählt. Im gleichen Zeitraum wurden in der Datenbank Daten zu allen derzeitigen Mitgliedsstaaten der UN erfasst und aus der Differenz von Ende des Untersuchungszeitraums (2005) und Gründungsjahr des Staates die Gesamtanzahl von Länderjahren in Höhe von 8469 errechnet. Bei einer Gleichverteilung würde das bedeuten, dass jedes Land in jedem fünften Jahr seiner Existenz mindestens ein Kriegsjahr zu verzeichnen hätte. Tatsächlich jedoch gestaltet sich die Verteilung extrem heterogen. Wie verdeutlicht, haben knapp weniger als die Hälfte (44%) aller Staaten bisher keine kriegerischen Konflikte aufzuweisen. Etwas mehr als ein Fünftel aller Staaten (22%) hat bereits bis zu fünf Jahre Kriegserfahrung, 15% aller Staaten haben bis zu 15 Jahre und ein weiteres Fünftel (20%) hat sogar mehr als 15 Jahre statistische Kriegserfahrung hinter sich gebracht. Hinzuweisen ist jedoch darauf, dass es sich bei diesen Zahlen um eine rein rechnerische Größe handelt, da erstens Kriegsjahre keine kalendarisch vollen Jahre darstellen und zweitens die Kriegsbelastung der Staaten sich auch durch parallel im gleichen Land stattfindende Kriege errechnen können. Außerdem wird im Ausdruck »Kriegsländerjahr« die tatsächliche Belastung für das Land nicht deutlich, da auch Kriege mit unterschiedlicher Intensität und damit unterschiedlichen humanitären Auswirkungen geführt werden.

Abbildung 38:   Verteilung der Kriegslast auf Staaten

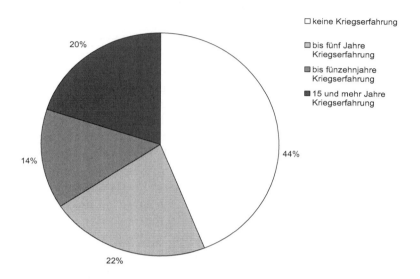

keine Kriegserfahrung

bis fünf Jahre Kriegserfahrung

bis fünzehnjahre Kriegserfahrung

15 und mehr Jahre Kriegserfahrung

Doch auch innerhalb der für Abbildung 38 gebildeten Gruppen gibt es erhebliche Unterschiede in der Gesamtbelastung. Während Staaten wie Indien, Myanmar, Vietnam oder Indonesien jeweils mehr als 100 Kriegsländerjahre aufweisen, liegen Nigeria, Mali und Sierra Leone mit jeweils 16 bzw. 15 Kriegsländerjahren am anderen Extrem der Gruppe. Dennoch bilden diese Länder zusammen mit 32 anderen die Gruppe der am stärksten von Konflikten betroffenen Staaten (20%). Untersucht man in einem zweiten Schritt die Verteilung der Kriegsbelastung auf die eben gebildeten Ländergruppen, ergibt sich ein recht eindrucksvolles Bild (vgl. Abbildung 39) Daraus geht hervor, dass jene 20% aller Länder der Erde, die 15 Jahre und mehr Kriegsbelastung aufweisen, 81% der gesamten Kriegslast schultern, während die Länder mit sechs bis 15 Kriegsländerjahren 13% der gesamten Kriegslast und die übrigen 22% aller Staaten insgesamt 6% der gesamten Kriegslast auf sich vereinen.

Bezeichnend ist somit, dass 20% aller Staaten mehr als 80% der gesamten Kriegslast tragen. Dies zeigt zum einen, dass Staaten erhebliche Unterschiede in der Fähigkeit aufweisen, Kriege zu bewältigen. Zum anderen lässt die Auswertung vermuten, dass Staaten, nachdem sie eine gewisse Menge an Kriegsbelastung durchlebt haben, anfälliger für weitere kriegerische Konflikte sind.

Abbildung 39: Verteilung der Gesamtkriegsbelastung auf Ländergruppen

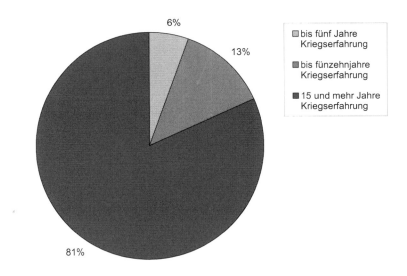

5.5.4   Anzahl der Staaten mit Kriegsbelastung im Verlauf

Von den in Abbildung 40 dargestellten Verlaufskurven gibt die rote Linie die
Anzahl der innerstaatlichen kriegerischen Konflikte (Intensitätsstufe 4 und 5),
die blaue die Anzahl der betroffenen Staaten wieder. Für die Errechnung der Anzahl der betroffenen Staaten wurden Länder-Jahresduplikate entfernt, so dass
jedes vom Krieg betroffene Land nur einmal gezählt wurde. So zeigt sich, dass
über den längsten Teil des Beobachtungszeitraums die Anzahl der innerstaatlichen Kriege über jener der betroffenen Länder liegt. Fast über den gesamten Beobachtungszeitraum hinweg hatte folglich mindestens ein Staat mehr als einen
kriegerischen Konflikt auf seinem Territorium zu bewältigen. Daraus erschließt
sich, dass eine besonders hohe Konfliktanfälligkeit eines Staates, oftmals als
Kennzeichen eines schwachen oder zerfallenden Staates genannt, kein neues
Phänomen der 1990er oder späteren Jahre war, sondern fast von Beginn der Untersuchungsperiode an auftritt. Auffällig dabei ist, dass die Abstände zwischen
beiden Kurven stets variieren. Dies lässt den Rückschluss zu, dass Staaten in der
Lage sind, auch mehrere Konflikte in ihrem Land zu beenden.

**Abbildung 40:   Anzahl innerstaatlicher kriegerischer Konflikte und
Anzahl der betroffenen Staaten**

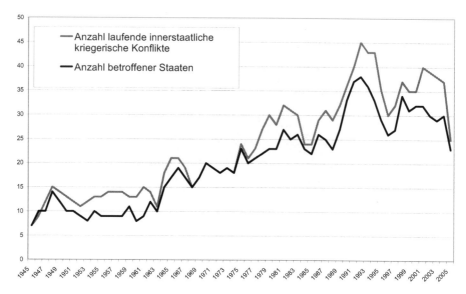

Das Ergebnis, dass bestimmte Staaten scheinbar anfälliger für Kriege sind als andere, wirft die Frage auf, welche Faktoren – neben der hier erläuterten Kriegserfahrung - für eine größere Kriegsanfälligkeit von Staaten verantwortlich sind. Eine der wichtigsten Erklärungsansätze in Bezug auf Staaten und ihre Kriegsanfälligkeit ist jene, die auf den Regimetyp des Staates rekurriert. Im Rückgriff auf
die Diskussion um die Friedfertigkeit von Demokratien bei zwischenstaatlichen
Konflikten (Russett 1990, Henderson 2002) wurde bereits überlegt, ob demokratische Staaten auch auf dem Gebiet von innerstaatlichen Konflikten friedlicher
sind. Diese Überlegung soll nun mit den neuen CONIS Daten ebenfalls überprüft
werden.

5.5.5   Einfluss des politischen Systems

Eine erste Analyse bezieht sich zunächst auf das politische System der beteiligten Staaten. Die zugrunde liegende Hypothese lautet, dass Staaten abhängig von
ihrem politischen System eine unterschiedliche Konfliktneigung aufweisen. Zur
Operationalisierung des Regierungssystems wird der Polity IV Datensatz herangezogen, der für derzeit 160 Staaten über Punktwerte Angaben über das politische System liefert. Dabei steht der Wert von minus 10 für absolut autoritäre
Systeme, der Wert von plus 10 für ausgebildete, etablierte Demokratien. Um die
dazwischen liegenden Werte deskriptiv zu fassen, wurde eine bereits von Hegre

et al. (2001) verwendete Methode übernommen: Staaten im Wertebereich von 6 bis 10 werden demnach als Demokratien, Staaten zwischen -6 bis -10 als Autokratien definiert. Als Semi-Demokratien oder auch Anokratien gelten Staaten mit einem Wert von 5 bis -5. Staaten in einer Transitionsphase (in Polity IV mit Werten wie -88 codiert) werden als Sonstige bzw. Other bezeichnet.

Abbildung 41:   Entwicklung der Regierungssysteme 1945 - 2004 nach Polity IV (160 Staaten)

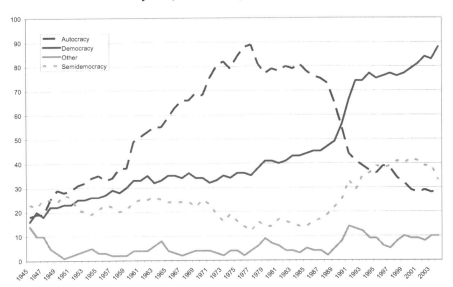

Abbildung 41 zeigt die Entwicklung der Regierungssysteme zwischen 1945 und 2004. Hier wird deutlich, wie sich die Anzahl der unterschiedlichen politischen Regierungssysteme in den knapp sechs Dekaden der Untersuchungsperiode verändert hat. Während ab Ende der 1950er Jahre autokratische Regierungssysteme stark an Bedeutung zunehmen und eindeutig die Mehrheit aller erfassten Staaten autokratisch regiert werden, ändert sich das Bild ab Mitte der achtziger Jahre: Die Anzahl autokratischer Systeme sinkt, die Anzahl der Demokratien hingegen steigt deutlich, bis diese ab Anfang der 1990er die Autokratien als meist beobachtete Herrschaftsform ablösen. Parallel zur Entwicklung der demokratischen Systeme steigt auch die Anzahl der semi-demokratischen Systeme. Die Anzahl der sonstigen Systeme variiert während des gesamten Untersuchungszeitraums innerhalb einer niedrigen Bandbreite zwischen einem und 14 Fällen. Ende der 1980er Jahre steigt die Anzahl von vier auf 14 und bleibt seitdem bei einer Anzahl von ca. zehn Fällen.

5.5.6   Kriegsanfälligkeit von Staaten nach Regierungssystemen

Hegre et al (2001) untersuchten den Einfluss des Regimetypes bereits für das Entstehen innerstaatlicher Konflikte mit dem UCDP Datensatz und stellten eine U-förmige Verteilung in der Konfliktbelastung fest: Je mehr sich Staaten den Extremwerten von +10 oder -10 nähern, desto geringer ist die Kriegsbelastung. Für Abbildung 42 wurde diese Untersuchung mit CONIS Daten wiederholt, jedoch mit den Unterschieden, dass für diese Untersuchung inner- und zwischenstaatliche Konfliktdaten verwendet wurden und die Konfliktbelastung ohne Berücksichtigung der Systemstabilität berechnet wurde. Dabei zeigt sich, dass die Polity-Extremwerte zwar tatsächlich zu einer Abschwächung der Kriegsbelastung führen, die höchste Kriegsbelastung jedoch bei »-7« bzw. »+8« zu verzeichnen ist, also jeweils knapp unter den Polity-Maximalwerten. Die geringste Kriegsjahresanzahl liegt jedoch bei einem Wert von »+1«. Die CONIS Daten legen insofern eher eine »M«-förmige Verteilung nahe.

Abbildung 42:   Verteilung der Gesamt-Kriegsbelastung von Staaten nach Polity IV Werten

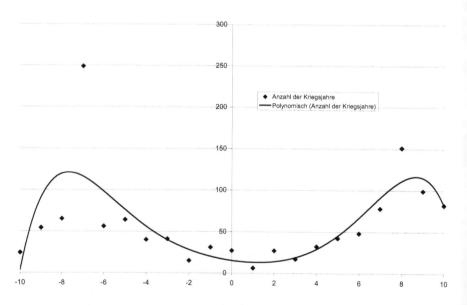

Allerdings erfasst diese Abbildung nicht die Anzahl der Länderjahre auf den einzelnen Indexwerten, gibt also keine Auskunft darüber, ob die Anzahl der Kriegsjahre nicht der Verteilung der Länderjahre auf den entsprechenden Indexwerten entspricht. Abbildung 43 bietet diese Information und zeigt die Verteilung der aufsummierten Anzahl der Existenz- und der Kriegsjahre nach Regierungssystem. Für jedes Jahr, in dem sich ein Land in einer bestimmten Regierungssystemklasse befindet, erhöht sich die jeweilige blaue Säule um eine Einheit, in jedem Jahr, in dem ein Land mit einem entsprechenden Regierungssystem von einem Krieg betroffen war, die rote. Grundsätzlich möglich ist demnach aber auch, dass die rote Säule größer als die blaue ist, da ein Land von mehreren Kriegen betroffen sein kann.

Aus der Abbildung wird ersichtlich, dass im Beobachtungszeitraum deutlich mehr autoritäre Systemjahre (3133) als demokratische (2635), semi-demokratische (1469) und sonstige (337) existieren. Gleichzeitig wird erkennbar, dass gemessen an der Anzahl der Systemjahre die Kriegsbelastung ungleich verteilt ist. So weisen Demokratien, obwohl sie nur eine geringere Anzahl an Systemjahren zur Gesamtsumme beitragen als Autokratien, eine höhere Kriegsjahresanzahl auf als jene. Noch deutlich geringer ist der Unterschied zwischen Länder- und Kriegsjahren für semi-demokratische und vor allem für sonstige, also sich in einer Transition befindende Staaten.

Abbildung 43:   Kriegsanfälligkeit von Staaten nach Regierungssystemen

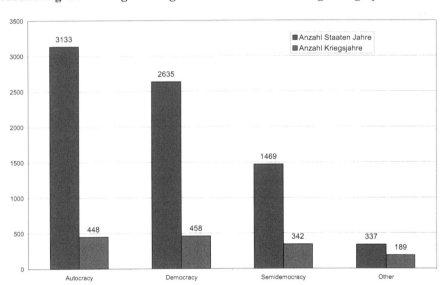

Aus den in Abbildung 43 enthaltenen Zahlenwerten lässt sich ein Belastungsindikator bilden, der sich aus der Anzahl der Kriegsjahre geteilt durch die Anzahl der Länderjahre berechnet (vgl. Tabelle 12). Daraus ergibt sich, dass autokratische Systeme mit einem Wert von 0,14 tatsächlich die geringste Kriegsbelastung aller Regierungssysteme aufweisen. Übertragen bedeutet dies, dass pro Jahr im Durchschnitt nur jedes siebte Land mit einem autokratischen System einen kriegerischen Konflikt führt. Für Staaten mit einem demokratischen Regierungssystem ergibt sich ein Wert von 0,17 und damit eine rechnerische Kriegsbelastung für jedes sechste Land. Semi-Demokratien, also Staaten mit einem Polity IV Indexwert von -5 bis +5, haben mit 0,23 einen deutlich höheren Belastungswert: Hier verzeichnet bereits etwa jedes vierte Land einen Krieg. Den höchsten Belastungsindex aller Regierungssysteme haben jedoch Staaten in einer Transitionsphase. Hier ist es statistisch gesehen jedes zweite Land, das Krieg führt. Im Grunde ist dies nicht weiter überraschend, da das Definitionsmerkmal dieser Ländergruppe ist, dass sich der Regierungstypus nicht klar bestimmen lässt, beispielsweise weil die tatsächliche Herrschaftsausübung aufgrund interner Kämpfen unklar bleibt.

Tabelle 12:   Kriegsbelastungsindikator nach Regierungssystem

Regierungssystemtyp	Belastungskoeffizient
Autocracy	0,14
Democracy	0,17
Semidemocracy	0,23
Other	0,56

Eine Analyse der Kriegsbelastung von Staaten im zeitlichen Verlauf der Untersuchungsperiode zeigt deutlich, dass autokratische Systeme von Mitte der 1960er Jahre bis zum Beginn der 1990er Jahre besonders anfällig für kriegerische Konflikte waren. Auffallend ist der Maximalpunkt zu Beginn der 1990er Jahre, als viele der autokratischen Systeme im Zuge des Endes der Ost-West Konfrontation offensichtlich ihre Legitimität verloren hatten und deshalb in interne Machtkämpfe verwickelt waren.

Demokratische Systeme weisen seit Mitte der 1980er Jahre eine vermehrte Neigung zu kriegerischen Auseinandersetzungen auf. Ihr Anteil steigt seit Mitte der 1980er Jahre rapide an und erreicht kurz vor Ende der Untersuchungsperiode nach einer kurzen Phase des Rückgangs einen neuen Höhepunkt. Demokratien sind, dies lässt sich als Fazit bereits an dieser Stelle ziehen, keine perfekten Konfliktlöser.

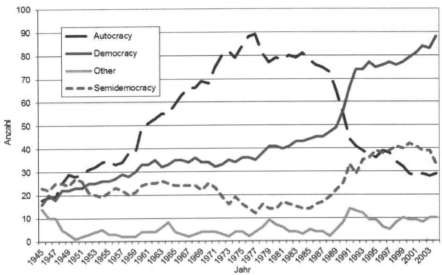

Ebenfalls stark zugenommen haben die Konflikte in semi-demokratischen Staaten. Hier bildet das Ende des Kalten Krieges den Ausgangspunkt für eine erhebliche Zunahme. Eindrucksvoll mutet der starke Rückgang von kriegerischen Konflikten in autokratischen Systemen an. Sie scheinen nach der starken Zunahme und dem Erreichen des Maximalpunktes Anfang der 1990er Jahre geradezu zu einem Hort der Stabilität zu werden.

5.5.7   Zusammenfassung: Staaten und Kriege

Der vergleichende Blick auf die Entwicklung des Staatensystems und die Entwicklung der Anzahl inner- und zwischenstaatlicher Kriege hat Erstaunliches gezeigt: Obwohl die Anzahl der Staaten innerhalb des Beobachtungszeitraums von ursprünglich etwa 60 auf nun knapp 200 mehr als verdreifacht hat und damit ein endliches Gut, nämlich Territorium, von mehr Konfliktparteien nachgefragt wird, ist die Anzahl der zwischenstaatlichen Kriege nicht nur gleichgeblieben, sie hat sich sogar leicht reduziert. Im Gegenzug konnten immer mehr Völker ihren Wunsch nach Selbstbestimmung verwirklichen. Doch hat dies nicht zu einem Rückgang der innerstaatlichen Gewalt geführt, sondern im Gegenteil zu einer immer größeren Häufigkeit innerstaatlicher Kriege. Dieses Phänomen stellt eine echte Paradoxie der Theorie des politischen Realismus dar.

Die Analyse auf der Staatenebene hat ein ebenfalls beeindruckendes Ergebnis geliefert: Es sind immer wieder die gleichen Staaten, die von Kriegen heimgesucht werden. Nur etwa 20% aller Staaten tragen 80% der Kriegsbelastung im Beobachtungszeitraum. Darüber hinaus konnte gezeigt werden, dass etwa 45% aller Staaten zwischen 1945 und 2005 keinen einzigen Krieg auf eigenem Territorium erleiden mussten. Dies ist nicht nur aus rein wissenschaftlicher Perspektive ein hoch interessantes Ergebnis, es besitzt auch hohe praktische Relevanz. Denn diese im hohen Maß ungleiche Verteilung der Kriegsbelastung für Staaten bedeutet ein ebenso unterschiedliches Maß an Kriegsrisiko, bezogen auf den einzelnen Staat. Einige Staaten sind demnach wesentlich gefährdeter als andere, einfach weil sie schlechte Konfliktlöser sind. Vorausgesetzt, dass alle Staaten der Welt in etwa gleichartigen politischen Problemen ausgesetzt sind, können einige diese Herausforderungen friedlich meistern, während andere in Krieg, Not und Zerstörung abgleiten. Dies könnte ein entscheidender Hinweis für die Kriegsursachenforschung, aber ebenso für die Weiterentwicklung von Konfliktfrühwarnprogrammen sein. Es gilt demnach, nicht nur auf die Bedrohungen von Sicherheit zu fokussieren, sondern zumindest im gleichen Maße auch auf die Konfliktlösungskompetenz eines Staates zu achten.

Die Konfliktlösungskompetenz eines Staates ist jedoch nicht, das haben die weiteren Analysen gezeigt, mit dem Regimetyp bzw. dem Demokratisierungsgrad eines Staates gleichzusetzen. Zwar gilt auch unter Verwendung des CONIS Datensatzes, dass Staaten an den jeweiligen Enden des Polity IV Datensatzes, also stabile Autokratien und stabile Demokratien, weniger kriegsgefährdet sind als Regime in der Transition. Doch überraschenderweise sind stabile Demokratien insgesamt öfters in Kriegen involviert als Autokratien. Wie sehr die oft wiederholte Formel von Demokratie gleich Frieden einer gründlichen Revision bedarf, verdeutlichte die Analyse im Zeitverlauf. Die steigende Zunahme von an Kriegen beteiligten Demokratien nach dem Ende des Ost-West-Konfliktes erklärt sich vor allem durch die hohe Anzahl innerstaatlicher Kriege, die in diesen oftmals jungen Demokratien zu beobachten sind. Hier erscheint eine eingehende weitere Analyse dringend erforderlich.

Nach der Beschreibung des Konfliktgeschehens seit 1945, wie es sich nach der CONIS Methodik darstellt, wendet sich die Studie ihrer zweiten zentralen Fragestellung zu: Wie hoch ist das Risiko, dass neue politische Konflikte zu Kriegen, d.h. zu Konflikten der CONIS Stufe vier oder fünf eskalieren? Explizit wird nicht nach den Ursachen von Kriegen gefragt, da dies, wie im vorderen Teil (siehe Kap. 3) der Arbeit gezeigt wurde, nach dem derzeitigen Stand der Forschung nicht beantwortbar ist. Stattdessen soll nach den erwartbaren Eskalationsdynamiken gefragt werden. Eine solche Fragestellung ist angesichts der problematischen Datenlage nicht nur deshalb besser, weil sie keine ja oder nein Antworten verlangt, sondern sich auf die Bestimmung von Risikoräumen beschränkt. Diese Fragestellung ist auch deshalb zu bevorzugen, da sie den Bedürfnissen der meisten Interessenten an Konfliktfrühwarnung besser entspricht als Kriegsursachenanalysen. Beispielsweise wird für Hilfsorganisationen ersichtlich, welche Zeithorizonte für Vorbereitungen bei einem ersten Ausbruch einer Krise bis zur möglichen Eskalation verbleiben und Staaten oder Staatsorganisationen können erkennen, wie viel Zeit für eine externe Konfliktbearbeitung bleiben.

Auch wenn die vorherige Exploration des globalen Konfliktgeschehens ergeben hat, dass Konflikte auf Stufe 3, also jene mit gemindertem Einsatz von Gewalt, die am häufigsten zu beobachtbare Gewaltform in CONIS darstellt, sollen im Folgenden ausschließlich Kriege betrachtet werden. Kriege sind nicht nur meist mit weit höheren humanitären Kosten verbunden als gewaltsame Konflikte unter der Kriegsschwelle - sie stellen auch die am stärksten organisierte Konfliktform dar. Deshalb bieten sie einen besseren Ansatzpunkt für eine Analyse der Entwicklungsdynamiken und damit für die Entwicklung datengestützter Frühwarnsysteme. Dies schließt jedoch nicht aus, dass durch eine Modifizierung des im Folgenden angewendeten Verfahrens in Zukunft auch Konflikte auf Stufe 3 prognostiziert werden können.

6.1   *Ereignisdatenanalyse als Instrument der Konfliktfrühwarnung*

Für die Einschätzung von Eskalationsrisiken kommt in dem hier zu Grunde gelegten Ansatz dem Faktor »Zeit« eine große Bedeutung zu. Denn neben der Frage, ob ein bestimmtes Konfliktsystem das Risiko einer kriegerischen Eskalation in sich trägt, ist aus praxisbezogener Sichtweise relevant, wie schnell bzw. innerhalb welchen Zeitraums mit einer solchen Entwicklung zu rechnen ist. Zudem beinhaltet die Risikoabschätzung die Identifikation jener Faktoren, welche das Entstehen von Kriegen wahrscheinlicher machen (Box-Steffensmeier / Jones 2004: 8).

Diese Arbeit betritt damit wissenschaftliches Neuland. Schließlich stellt bisher keine andere Datenbank Datenmaterial für eine entsprechende Analyse zur Verfügung. Daher soll zunächst grundlegend und explorativ das Eskalationsverhalten kriegerischer Konflikte untersucht werden. Dabei wird gezielt betrachtet, wann Konflikte innerhalb des Untersuchungszeitraums zum ersten Mal die Schwelle vom Nicht-Krieg zum Krieg durchbrechen. In einem zweiten Abschnitt wird dann die Eskalationsdauer errechnet, sowie die Wahrscheinlichkeit der gewaltsamen Eskalation eines neuen politischen Konflikts innerhalb einer bestimmten Zeiteinheit. Aufbauend auf diesen Ergebnissen wird anschließend, anhand eines auf die Ereignisdaten zugeschnittenen Regressionsverfahrens, die Einflussstärke bestimmter Faktoren auf die Eskalationsgeschwindigkeit bestimmt. Schließlich wendet sich die Arbeit einer Frage zu, der in vielen wissenschaftlichen Arbeiten zur Konfliktfrühwarnung bisher nur eine sehr nachrangige Bedeutung zugemessen wird: Wie hoch ist die Gefahr, dass eine Nachkriegssituation erneut gewaltsam eskaliert?

6.2   Häufigkeit von Kriegsausbrüchen

Die Frage nach den Eskalations*risiken* politischer Konflikte weckt zunächst Informationsbedarf über das grundsätzliche Eskalations*verhalten* politischer Konflikte. Im vorangegangenen Kapitel wurde zwar die Anzahl der laufenden kriegerischen Konflikte und deren Veränderungen während des Untersuchungszeitraums vorgestellt. Dabei wurde jedoch die Dimension der Eskalationsdynamiken, also Fragen nach Anzahl und Art der durchlaufenen Intensitätsstufen bzw. der Verweildauer auf den jeweiligen Intensitätsstufen der in der CONIS-Datenbank erfassten politischen Konflikte, ausgeblendet.

Die im Theorieteil bereits erwähnte Diskussion um die sogenannten »neuen Kriege« hat andernorts den Eindruck vermittelt, dass die Kriegswelt der neunziger Jahre von neu entstandenen Kriegen dominiert wird (Münkler 2002) und Kriege alter Form nicht mehr existierten. Diese unzutreffende Vorstellung stand in merkwürdigem Kontrast zur gleichzeitig stattfindenden Diskussion um den sogenannten »Konfliktsockel« – der eher deskriptiv verfolgten als empirisch nachgewiesenen Theorie, dass das jeweilige Kriegsgeschehen vorwiegend von einer Vielzahl jahre- bis jahrzehntealter Konflikte dominiert wird, die als »unlösbar« gelten (Goertz / Diehl 1993, Derouen / Bercovitch 2008). Merkwürdigerweise blieb dieser Widerspruch bis heute von empirisch-quantitativer Seite unkommentiert.

Die Abbildung 45 schließt die Lücke der empirischen Analyse und zeigt die Anzahl aller in CONIS erfassten Kriege pro Jahr innerhalb des Zeitraumes 1945 – 2005 und deren Altersstruktur. Für die Berechnung des Alters wird jenes Jahr als Beginn gewertet, in dem der Konflikt zum ersten Mal als Krieg geführt wird. Dieses Jahr bildet das Referenzjahr für alle weiteren Berechnungen. Demzufolge werden Pausen zwischen Kriegsphasen ebenfalls gezählt. Denn kriegerische Konflikte existieren im CONIS Datensatz auch dann weiter, wenn sie nicht mit kriegerischen, sondern mit gewaltlosen Mitteln ausgetragen werden. Für die Abbildung werden vier unterschiedliche Altersgruppen gebildet: Konflikte mit einem Alter von 0-1 Jahr, 3-5 Jahren, 6-9 Jahren und 10 Jahre und mehr.

Abbildung 45: Altersstruktur inner- und zwischenstaatlicher kriegerischer Konflikte

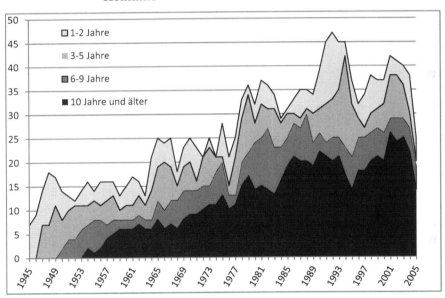

Die Abbildung zeigt deutlich, dass die Existenz eines Konfliktsockels von älteren Konflikten (10 Jahre und mehr) bereits ab Mitte der 1950er Jahre nachgewiesen werden kann[64]. Entsprechend der Begrenzung des Untersuchungszeitraums – der Beginn von Konflikten wird frühestens mit dem Jahr 1945 erfasst – wächst dieser Konfliktsockel stetig an. Allerdings gibt es hierbei auch Phasen, in denen der Anteil dieser älteren Konflikte rückläufig ist. Ziemlich deutlich wird dies zu Mitte der 1990er Jahre, als Kriege, die ihren Ursprung als Systemkonflikte wäh-

---

64   Die CONIS Datenerfassung beginnt erst nach Mai 1945, also nach dem Ende des zweiten Weltkrieges. Vorherige Konfliktdaten sind nicht erfasst. Deshalb ist der frühestmögliche Zeitpunkt für einen solchen Konfliktsockel tatsächlich 1955.

rend des Kalten Krieges haben, auslaufen oder beendet werden. Eines der bekanntesten Beispiele hierfür ist der innerstaatliche UNITA - Konflikt in Angola (1975 – 2002). Abbildung 45 lässt aber noch weitere Rückschlüsse auf das Konfliktgeschehen zu: Der starke Anstieg von Kriegen zu Ende der 1970er Jahre ist, wie die Grafik zeigt, überwiegend auf das erneute Aufflammen älterer Konflikte zurückzuführen – dies zeigt der starke Anstieg der Schicht, die Konflikte zwischen zwei und fünf Jahren wiedergibt. Hingegen ist die starke Zunahme von Kriegen zu Ende der 1980er Jahre tatsächlich dem Entstehen neuer Konfliktsituationen geschuldet – dies zeigt die breite helle Schicht. Insgesamt ist aus der Grafik gut erkennbar, dass die Gesamtbelastung von Kriegen innerhalb eines Jahres auf einer Mischung unterschiedlich lang laufender Konflikte beruht. Dies ist insofern von Bedeutung, da Maßnahmen zur Konfliktbearbeitung oder Prävention bisher diesen Umstand kaum Rechnung getragen haben bzw. eine Differenzierung in dieser Art in der wissenschaftlichen Analyse bisher kaum Wiederhall gefunden hat.

Für eine Risikoabschätzung von Eskalationen bleiben zwei wichtige Fragen unbeantwortet: 1) Innerhalb welchen Zeitraums entstehen Kriege, durchlaufen also Konflikte die Eskalation bis zum erstmaligen Kriegsausbruch? Diese Frage ist für die Konfliktfrühwarnung entscheidend, weil sie ja meist vor der Entstehung von neuen Krisensituationen warnen will. 2) Von den Konflikten, die zum ersten Mal kriegerisch eskalieren analytisch zu trennen sind jene Konflikte, in denen Kämpfe abflauen aber nach einer unbestimmten Zeit erneut eskalieren. Auch hier ist die Frage nach der Eskalationsdynamik von Interesse. Da der Schwerpunkt dieser Arbeit jedoch auf neu eskalierten Konflikten liegt, wird im nächsten Abschnitt die Anzahl von neu eskalierten Kriegen pro Jahr untersucht.

6.2.1   Neu eskalierte kriegerische Konflikte im Beobachtungszeitraum

Die Abbildung 46 auf Seite 297 zeigt, dass die Gefahr des erstmaligen Ausbruchs eines Krieges (Stufe 4 oder 5) im Beobachtungszeitraum sehr unterschiedlich verteilt ist. Auffällig sind die stark schwankenden Ausschläge, die den Wechsel zwischen einer hohen Anzahl neu eskalierter Konflikte und dem nachfolgendem Rückgang widerspiegeln. Die Verlaufslinie lässt mehrmals einen »M«-förmigen Verlauf erkennen, das heißt, nach einer Doppelspitze befindet sich die Indikatorenlinie für kürzere Zeit auf niedrigem Niveau, bevor neue Top-Werte erreicht werden. Dieser M-Verlauf lässt sich beispielsweise bei den innerstaatlichen Konflikten deutlich für die Jahre 1964 – 1972, 1976 – 1980 oder 1986 – 1996 erkennen, bei letzterem allerdings mit einer stark nach oben gezogenen zweiten Spitze.

Abbildung 46:   Anzahl der neu eskalierten Kriege pro Jahr - 1945 – 2005

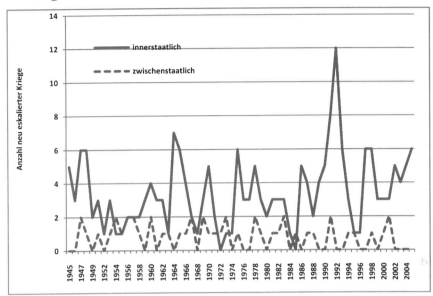

Auffallend sind die starken Schwankungen in der Verlaufslinie – die Entwicklung verläuft sprunghaft und nur in wenigen Zeiträumen als eindeutige Trendlin-
ie – anders als die Gesamtzahl der laufenden kriegerischen Konflikte (siehe Auswertungen im vorangegangen Kapitel). Aufgrund fehlender vergleichbarer Daten
hat sich die quantitative Forschung bisher jedoch kaum mit diesen Phänomen beschäftigt. Doch aus den Erkenntnissen der Literatur zur Kriegsursachenforschung
(vgl. Kap 3) lassen sich zwei Vermutungen ableiten. Erstens: Veränderungen auf
der Staatensystem-Ebene sorgen für Instabilitäten zwischen den Staaten und führen zu einer größeren Konfliktneigung. Zweitens: auf der Ebene der konfliktbezogenen Ansätze könnten sogenannte »Ansteckungseffekte« dazu führen, dass
aus bestehenden Krisensituationen durch die Eskalation eines Konfliktes im gleichen oder im Nachbarland der »Funke der Gewalt« auf andere krisenhafte Situationen überspringt und dies zur kriegerischen Eskalation führt. wie es beispielsweise beim Auseinanderbrechen der Sowjetunion oder Jugoslawiens beobachtet
werden konnte.

Der Beginn der 1990er Jahre stellt in Abbildung 45 im Vergleich zu den früheren Jahreswerten eine Besonderheit dar: Der Spitzenwert von zwölf neu ausgebrochenen innerstaatlichen Kriegen liegt fast doppelt so hoch, wie der bisherige Maximalwert aus den 1960er Jahren mit sieben neuen innerstaatlichen Kriegen. Diese hohe Anzahl an neu eskalierten Kriegen unterstützt die weiter oben
getroffene These, dass die frühen 1990er Jahre tatsächlich eine Zäsur im bis dahin beobachtbaren Konfliktgeschehen darstellen: nun wird deutlich, dass diese

Veränderungen nicht allein auf eine Transformation bestehender Konflikte zurück zu führen ist, sondern tatsächlich neue Kriege zu beobachten sind. Vor diesem Hintergrund wird verständlich, dass diese eindrückliche Erfahrung Anfang
der 1990er Jahre zu einem Ruf nach neuen und effektiven Konfliktfrühwarnsystemen laut wurde (vgl. Davies / Gurr 1998, Esty et al. 1998) und dass diese
Generation an Frühwarnansätzen ausschließlich auf die Entdeckung neu eskalie-
render Kriege zielen, und nicht auf die Re-Eskalation bestehender Konflikte.

Für die Aufdeckung der Eskalationswege, das Verfahren, dem hier zunächst
nachgegangen werden soll, ist die Frage nach dem Beginn von Kriegen wichtig,
bevor dann nach der Intensitätsstufe unmittelbar vor Ausbruch des Krieges gefragt werden soll.

6.2.2   Wie beginnen kriegerische Konflikte?

Für die Entwicklung einer effektiven Konfliktfrühwarnung ist die Nachzeichnung von Eskalationswegen sinnvoll, um so die kritischen Entwicklungspfade
von Konflikten zu erkennen. Eine besondere Rolle spielt in diesem Ansatz die
Frage, wie Kriege als politische Konflikte beginnen. Schließlich ist Frage, ob
und in welcher Form Kriege frühzeitig erkennbar sind von grundlegender Bedeutung für diesen Ansatz.

Wie im Theorieteil ausgeführt, ist nach der CONIS Methode jeder Krieg das
Ergebnis eines vorangegangenen Handlungsprozesses oder wie Clausewitz es
wesentlich prägnanter ausdrückte, der Krieg die Fortsetzung der Politik mit anderen Mitteln. Wenn Krieg also das Ergebnis eines nicht erfolgreichen politischen Aushandlungsprozesses ist, dann hat sich dieser, dies ist die zweite theoretische Annahme des CONIS-Ansatzes, so deutlich aus den alltäglichen Kom-
munikationsprozessen herausgehoben, dass er empirisch messbar ist[65].

Tabelle 13 zeigt, auf welcher Stufe kriegerische Konflikte das erste Mal in der
CONIS-Datenbank erfasst werden. Sie offenbart einen überraschend hohen Anteil an Konflikten, die bereits auf kriegerischen Intensitätsstufen beginnen. Bei
innerstaatlichen Konflikten liegt der Anteil bei mehr als 30%, bei zwischenstaatlichen immerhin noch bei knapp 17%. Dieser Wert ist deshalb von Brisanz, da er

---

65   Als Konfliktbeginn wird in der CONIS Methode der Zeitpunkt bestimmt, indem der
      Kommunikationsprozess zwischen zwei Akteuren zum ersten Mal die Indikationsmerk-
      male politischer Konflikte erfüllt. Diese sind: 1) widerspruchsbehaftete Kommunikation,
      2) Kommunikation über ein Themenfeld, das die Bedrohung der Sicherheit von mindes-
      tens einer politischen Gruppierung beinhaltet; 3) die Form und Art der Kommunikation
      liegt außerhalb des erprobten oder genormten Konfliktaustrags, beziehungsweise es wird
      angekündigt, die legitimierte Konfliktaustragungsform zu verlassen. Ausführlicher wird
      dies im CONIS Methodenteil beschrieben.

bedeuten würde, dass für mehr als ein Viertel aller Kriege keine Vorwarnung möglich gewesen wäre.

Tabelle 13: **Erste erfasste Intensitätsstufe kriegerischer Konflikte**

	Intensitätsstufen					Gesamt
	1	**2**	**3**	**4**	**5**	
Innerstaatliche kriegerische Konflikte	44 (20,8%)	54 (25,5%)	50 (23,6%)	51 (24,1%)	13 (6,1%)	**212** **(100%)**
Zwischenstaatliche kriegerische Konflikte	16 (33,3%)	15 (31,3%)	9 (18,8%)	3 (6,3%)	5 (10,4%)	**48** **(100%)**
Gesamt	**60** **(23,1%)**	**69** **(26,5%)**	**59** **(22,7%)**	**54** **(20,8%)**	**18** **(6,9%)**	**260** **(100%)**

Erklärbar ist dieser vermeintlich hohe Anteil von Kriegen ohne Vorlaufzeit im CONIS Datensatz über zwei Wege. Erstens könnten im Erhebungsprozess der Konfliktdaten bestimmte Informationen übersehen oder verloren gegangen sein. Zweitens könnten die Codierungsregeln des CONIS-Ansatzes bestimmte Arten von politischen Konflikten aus methodischen Gründen ohne Vorlaufzeit beginnen. Die ersten Daten wurden in die CONIS-Datenbank im Jahre 2003 eingefügt. Damals wurde unter den üblichen zeitlichen Restriktionen eines Drittmittelprojektes eine erhebliche Konfliktanzahl nach der neuen Methodik codiert. Datenquellen waren unter anderen die erfassten Daten der KOSIMO Datenbank (Pfetsch 1991a, Billing 1992, Pfetsch / Billing 1994) sowie die entsprechenden Konfliktbände (Pfetsch 1991b, 1996) und die bis dahin erschienen Konfliktbarometer des Heidelberger Instituts für Internationale Konfliktforschung. Außerdem wurden weitere externe Quellen unter anderen auch über das Internet genutzt. In den nachfolgenden Jahren gab es mehrere Forschungsprojekte, in deren Verlauf die Datenbank ständig überarbeitet und »rückwärtige updates« vorgenommen wurden. Dank einer immer größeren Verbreitung des Internets und der Freigabe früher nicht erreichbarer Archive konnten Datenlücken geschlossen oder sogar falsche Informationen korrigiert werden. Dennoch ist nicht auszuschließen, dass für einige Kriege noch immer keine Informationen über einen nicht gewaltsamen Vorlauf verfügbar sind und diese deshalb entsprechend codiert wurden.

Aber auch methodische Gründe können ursächlich sein: Die Codierungsregeln von CONIS lassen in nur wenigen Ausnahmen die Erfassung von Kriegen ohne Vorlaufzeit zu. Dies ist nur dann möglich, wenn a) ein Krieg unmittelbar aus einem anderen hervorgeht (z. B. inner-irakische Aufstände nach dem Krieg USA versus Irak – Saddam Hussein), b) ein Staat unmittelbar nach seiner Gründung kriegerische Konflikte, etwa mit der vorherigen Besatzungsmacht bzw. Kolonialmacht führt (z.B. Osttimor 1974, 1999), c) wenn sich ein Subsystem aus einem bestehenden kriegerischen Konfliktsystem abspaltet, beispielsweise wenn sich ein nicht staatlicher Akteur spaltet (z. B. Ost Kongo, Bosnien-Herzegowina) oder d) der kriegerische Konflikt sich tatsächlich spontan, also ohne deutlich erkennbare Vorzeichen, entwickelt hat. Da die Gründe, warum der Beginn eines Konfliktes auf einer kriegerischen Stufe codiert wurde, nicht systematisch erhoben wurde, können nur erfahrungsgestützte Vermutungen für die methodischen Gründe geäußert werden. Eine größere Bedeutung besitzen besonders die genannten Faktoren a) bis c), jedoch je nach Untersuchungsphase mit unterschiedlichem Gewicht. Während der Entkolonialisierung in den 1960er Jahren konnte häufiger beobachtet werden, dass der unter b) genannte Fall eintrat: Separatisten kämpfen um die Unabhängigkeit ihres Gebietes, nach Eintritt der Staatlichkeit wird der Konflikt gewaltsam oder kriegerisch mit dem ehemaligen Konfliktgegner weitergeführt. Die als a) und c) bezeichneten Möglichkeiten eines Konfliktbeginns ohne Vorlaufzeit sind eher mit der Veränderung des Konfliktaustrags ab den 1990er Jahren zu erwarten: das Ende des Kalten Krieges bedeutete auch eine starke Veränderung für die ideologisch geführten Konflikte in den verschiedenen Regionen der Welt. Außerdem bedeutete das Ende des Ost-West Konfliktes oft auch das Ende der finanziellen oder waffentechnischen Unterstützung für ideologisch genehme Konfliktparteien, also entsprechende Regierung oder Rebellengruppe. In der Folge wurden die Kohärenz der Akteure geschwächt, Konfliktsysteme instabil und differenzierten sich aus. In diesen Fällen entfällt die Möglichkeit, eine nicht gewaltsame Vorlaufphase festzustellen bzw. zu codieren. Auch wenn für diese Konflikte keine Daten auf nicht-gewaltsamem Niveau vorliegen, sind sie nicht generell für ein Konfliktfrühwarnsystem ungeeignet. Allerdings ist ihre Eskalationslogik jedoch eine andere als bei Konflikten, die eine Eskalation entsprechend des CONIS Konfliktmodell aufweisen. Deshalb werden diese Konflikte bei allen nachfolgenden Analysen aus dem Untersuchungsraster herausgenommen.

6.2.3   Eskalationswege: Die Intensitätsstufe vor Ausbruch des Krieges

Aus Tabelle 13 auf Seite 299 (»Erste erfasste Intensitätsstufe kriegerischer Konflikte«) wird ersichtlich, dass von den 260 inner- und zwischenstaatlichen kriegerischen Konflikten für immerhin 188 ein Eskalationsweg zu verzeichnen ist. Die Tabelle zeigte, auf welcher Intensitätsstufe die Kriege zum ersten Mal erfasst wurden. Für eine Konfliktfrühwarnung ist jedoch neben der ersten erfassbaren Intensitätsstufe auch von Interesse, welche Intensitätsstufe ein Konflikt unmittelbar vor Ausbruch des Krieges einnimmt. Die Abbildung 47 zeigt dies.

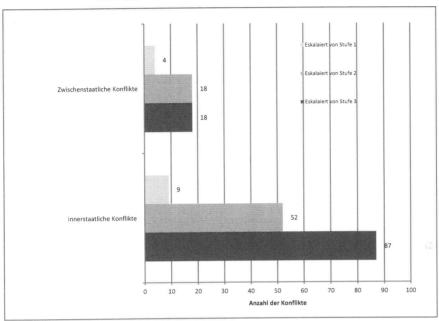

Die Auswertung der Grafik zeigt, dass die CONIS Intensitätsstufen ein guter Indikator für die Eskalation eines Konfliktes sind. Die überwiegende Anzahl aller Konflikte eskaliert aus einer Stufe heraus, die im CONIS-Ansatz als »Krise« (Stufe 3 und Stufe 2) bezeichnet wird. Dies ist insofern eine wichtige Information für die Forschung im Bereich der Konfliktfrühwarnung, als deutlich wird, dass Kriege im Vorfeld ihrer Eskalation ganz überwiegend Situationen aufweisen, die als Krise erkannt werden können.

Außerdem scheint bei innerstaatlichen Konflikten eine kriegerische Eskalation umso wahrscheinlicher, je höher die erreichte Konfliktstufe ist. So weisen 87 innerstaatliche kriegerische Konflikte als letzte Stufe vor der hoch intensiven Konfliktphase die Stufe »gewaltsame Krise« auf. Dies entspricht einem Anteil von 59% aller innerstaatlichen Konflikte mit einem »politischen« Vorlauf[66]. Weitere 52 innerstaatliche Konflikte, dies entspricht 35%, verzeichnen als letzte Stufe vor dem kriegerischen Konfliktausbruch die Stufe 2, »gewaltlose Krise«. Diese Intensität wird als Phase definiert, in der deutliche Anzeichen für die Möglich-

---

66 Der Wert errechnet sich aus der Gesamtzahl von 212 innerstaatlichen kriegerischen Konflikten abzüglich der 64 Konflikte, für die keine vorkriegerischen Intensitätsphasendaten vorliegen. Die verbliebene Anzahl von 148 Konflikten ist der Divisor für die nachfolgenden Anteilsberechnungen.

keit einer gewaltsamen Eskalation erkennbar sind, z. B. anhand der Ankündigung von Gewalt. So weisen also 94% aller innerstaatlichen kriegerischen Konflikte, bei denen eine Vorphase codiert ist, symbolische oder tatsächliche Signale der Gewalt auf. Und nur 9 von diesen 148 Konflikten, das sind 6%, eskalieren von einem Disput direkt zu einem kriegerischen Konflikt.

Bei zwischenstaatlichen Konflikten ergibt sich ein ganz ähnliches Bild. Ebenso aus Abbildung 47 wird ersichtlich, dass insgesamt 90% (jeweils 45% von Stufe 2 »gewaltlose Krise« und Stufe 3 »gewaltsame Krise«), und damit ein fast ebenso hoher Anteil wie bei den innerstaatlichen Konflikten, vor ihrer Eskalation als »Krise« erkennbar sind. Das heißt, auch in diesen Konflikten werden Signale der Gewalt gesendet. Im direkten Vergleich zeigt sich jedoch, dass der Anteil der Konflikte, die von Stufe 2 aus eskalieren, etwas höher liegt als bei den innerstaatlichen Konflikten. Vier der hier betrachteten zwischenstaatlichen kriegerischen Konflikte sind von Stufe 1 aus eskaliert.

Tabelle 14:   **Eskalationssprünge nicht gewaltsamer Konflikte auf Kriegsniveau**

	Innerstaatliche Konflikte			*Zwischenstaatliche Konflikte*		
	Kriege gesamt	*Begrenzte Kriege*	*Kriege*	*Kriege gesamt*	*Begrenzte Kriege*	*Kriege*
Eskaliert von Stufe 1	9	8	1	4	4	0
Eskaliert von Stufe 2	52	43	9	18	15	3
Eskaliert von Stufe 3	87	78	9	18	17	1
Ohne Vorlaufzeit	64	51	13	8	3	5

Einen zusammenfassenden und dabei noch etwas detaillierteren Einblick in das Eskalationverhalten politischer Konflikte gibt die Tabelle 14. Sie zeigt deutlich, dass Konflikte zumeist auf die niedrigere der beiden kriegerischen Konfliktstufen eskalieren, die begrenzten Kriege (Stufe 4). Bei innerstaatlichen Konflikten beträgt dieser Anteil 87%, bei zwischenstaatlichen 90%.

Damit ergibt sich zusammenfassend folgendes Bild: Innerstaatliche Konflikte weisen öfters als zwischenstaatliche Konflikte einen im CONIS Modell angenommenen Verlauf auf, nachdem zuerst Gewalt sporadisch eingesetzt wird und die Situation erst danach zu einem Krieg eskaliert. In zwischenstaatlichen Konflikten ist dagegen häufiger eine sprunghafte Eskalation von gewaltlosen Krisen hin zum Krieg zu beobachten. Auch diese Information ist für die Weiterentwicklung von Konfliktfrühwarnsystemen wichtig: Die Eskalationsdynamiken von inner- und zwischenstaatlichen Konflikten scheinen sich zu unterscheiden. Dies könnte auf die militärische Stärke der beteiligten Akteure als Einflussfaktor verweisen. Staaten sind, aufgrund ihrer für den Kampfeinsatz ausgebildeten und in der Regel stets bereitstehenden Armeen, eher in der Lage, aus Situationen ohne Gewalt heraus Kriege zu führen. In innerstaatlichen Konflikten benötigen die nicht-staatlichen Akteure möglicherweise eine längere Zeit der Vorbereitung und Allokation von Ressourcen, um Kriege führen zu können. Die Phase der gewaltsamen Krise könnte so eine Phase der Mobilisierung für nicht-staatliche Akteure sein. Doch wenngleich an dieser Stelle bereits wichtige Informationen über das Eskalationsverhalten politischer Konflikte gewonnen wurde, bleibt die Kernfrage dieses Kapitels noch offen: Welche Bedeutung nimmt der Faktor Zeit für die Analyse ein? Wie schnell – oder wie langsam - eskalieren politische Konflikte?

6.3   *Das Eskalationsrisiko eines neuen politischen Konflikts*

Die zentrale Frage dieses Abschnitts lautet, wie neu entstandene politische Krisensituationen in Hinblick auf ihr Eskalationspotenzial einzuschätzen sind: Besteht ein solches und wenn ja, wie schnell ist mit einer gewaltsamen Eskalation zu rechnen? Wie schnell eskalieren politische Konflikte? Wann besteht die Gefahr, dass neu beobachtete Konflikte gewaltsam eskalieren? Diese Frage nach Bestimmungsmerkmalen eskalationsanfälliger, sogenannter »toxischer« Konflikte ist elementar für jegliche Form der Konfliktfrühwarnung. Denn die vorangegangene Auswertung der CONIS Daten hatte gezeigt wie hoch die Anzahl der nicht oder nur wenig gewaltsamen politischen Konflikte liegt. Allerdings bleibt bei einer Vielzahl dieser Konflikte bzw. Krisen eine weitere Eskalation während des gesamten Verlaufs aus. Aus dieser Beobachtung ergibt sich die entscheidende Frage, ob »gefährliche« von »ungefährlichen« Konflikten generell unterscheidbar sind. Da bisher jedoch - nicht zuletzt aufgrund der fehlenden Daten - keine vergleichbaren Arbeiten vorliegen, die das Thema dieser Arbeit in einer ähnlichen Methodik angehen und Orientierung geben oder ein gewisses Vorwissen für die nachfolgenden Datensatzanalysen liefern würden, betritt die Arbeit an dieser Stelle empirisches Neuland.

6.3.1   Verwendete Methode

Die im Folgenden verwendete Ereignisdatenanalyse ist in den Sozialwissenschaften relativ neu und ein vergleichsweise selten genutztes Instrumentarium, das jedoch in den letzten Jahren zunehmend an Zuspruch und Bedeutung gewonnen hat (Beck 1998, vgl. Box-Steffensmeier / Jones 2004). Ereignisdatenanalysen verfolgen die Frage, wie lange eine variable Einheit einen bestimmten Zustand einnimmt, bevor sie sich verändert. Sie messen also den zeitlichen Abstand zwischen zwei unterschiedlichen Zustandsformen. Der Vorteil der Ereignisdatenanalyse liegt darin, dass sie erstens den Faktor Zeit ins Zentrum der Untersuchung rückt und einen analytischen Ansatzpunkt liefert und zweitens jene Variablen bestimmt, die das Eintreten der Zustandsveränderung begünstigen. Außerdem kann bei Verwendung entsprechender Regressionsverfahren, beispielsweise des Cox Verfahrens, gezeigt werden, welche Faktoren eine Veränderung der Prozessdauer herbeiführen können. Damit eignet sich die Ereignisdatenanalyse in idealer Weise für die Verfolgung der Ziele dieser Arbeit – der Untersuchung der Eskalationsprozesse von kriegerischen Konflikten. Analysiert wird also die Phase, die zwischen dem Beginn des Konfliktes und dem Ausbruch der kriegerischen Gewalt steht.

Die Ereignisdatenanalyse wurde bereits mehrfach für den Bereich der Friedens- und Konfliktforschung verwendet (vgl. auch Box-Steffensmeier / Jones 1997, Beck 2001, Beck / Katz 2001, 2004). So untersuchten Hegre et al (2001) den Zusammenhang zwischen einem Regimewechsel und dem Ausbruch innerstaatlicher Kriege, Fearon (2004) sowie Montalvo / Reynal-Querol (2007) die Dauer von Kriegen, Elbadawi et al (2008) die Gefahr von erneuten Eskalationen in Post-war Situationen, ähnlich wie Hartzell / Hoddie (2003). Etliche der früheren Untersuchungen blieben in ihrem heuristischen Erkenntniswert jedoch nicht zuletzt deshalb zweitrangig, da aussagekräftige Datensätze fehlten.

Innerhalb der verschiedenen Ansätze der Ereignisdatenanalyse lassen sich grob zwei verschiedene Funktionen unterscheiden: die Berechnung von so genannten »Überlebensfunktionen« und die die Berechnung von Risikolinien. Zunächst soll die Überlebensfunktion vorgestellt werden. Die Ereignisdatenanalyse, die auch als Überlebensfunktion bezeichnet wird, die ihren Ursprung in der Medizin hat, bildet jene Wahrscheinlichkeit $S(t)$ ab, mit der ein bestimmtes Ereignis (in unserem Fall die Konflikteskalation) erst nach einen zuvor definierten Zeitpunkt eintritt. Die zugehörige Formel, welche die Funktion von S(t) definiert, lautet demgemäß zunächst:

Formel 1: **Überlebensfunktion**

$$S(t) = P(T > t)$$

S(t) ist also die Wahrscheinlichkeit *P* dafür, dass das tatsächliche Eintreten eines Ereignisses zu einem späteren Zeitpunkt T als dem angenommenen Zeitpunkt t stattfindet. In unserer Anwendung bedeutet dies, dass jene Wahrscheinlichkeit abgebildet wird mit der die nicht-gewaltsame Phase eines Konfliktes über einen zuvor definierten Zeitpunkt im Konflikt hinaus andauert.

Als sinnvolle Einheit von *t* erscheint in unserem Fall, aufgrund des Beobachtungszeitraumes von insgesamt 60 Jahren, das Jahr. Um die entsprechenden Berechnungen durchführen zu können, muss der zugrundeliegende Datensatz zunächst synchronisiert werden, mit anderen Worten: die kalendarische Zeitachse (z.B. Konflikt K verläuft von 1967 – 1980 nicht-gewaltsam) muss in eine Zeitachse der Beobachtungszeit überführt werden, in der alle Ereignisse einen gemeinsamen Nullpunkt haben (entsprechender Konflikt K würde somit von Jahr 0 bis 13 nicht-gewaltsam verlaufen). Diese Daten werden in einem weiteren Schritt aufsteigend, also von der kürzesten bis zur längsten Dauer, angeordnet. Will man nun beispielsweise die Wahrscheinlichkeit $S(t)$ dafür berechnen, dass Konflikte mehr als 13 Jahre nicht-gewaltsam verlaufen (dementsprechend gilt: $t = 13$ und $T > 13$, die Dauer des Konfliktes muss also im synchronisierten Datensatz mindestens von 0 bis 13 reichen), erfolgt dies gemäß:

Formel 2: **Wahrscheinlichkeit für Eskalation nach frühestens 13 Jahren**

$$S(t) = \frac{n(t \geq 13)}{n}$$

wobei n $(t \geq 13)$ die Anzahl der Konflikte, die mindestens 13 Jahre nicht-gewaltsam verlaufen, n hingegen die Gesamtzahl der betrachteten Konflikte bezeichnet.

Ein entscheidender Faktor muss jedoch bei der Berechnung der »Nicht-Eskalations-Wahrscheinlichkeit« berücksichtigt werden: Nicht alle Konflikte sind zum Beobachtungszeitpunkt, also im Jahr 2005, bereits beendet. Sind diese Konflikte bereits eskaliert, ist dies für unsere Betrachtung unerheblich, da lediglich der Zeitraum von Beginn bis zur Eskalation des Konfliktes berücksichtigt wird, sind jene jedoch bislang nicht eskaliert, stellt dies ein Problem für die Berechnung dar, da kein abgeschlossener Zeitraum vorliegt. Um einem Ausschluss dieser Fälle entgegenzuwirken, wird der Kaplan-Meier-Schätzer herangezogen, welcher eben solche Fälle in die Berechnung inkludiert.

Formel 3: **Kaplan-Meier-Schätzer**

$$\hat{S}(t) = \prod_{t_i \leq t} \frac{n_i - d_i}{n_i} = \prod_{t_i \leq t} 1 - \frac{d_i}{n_i}$$

Mit Hilfe dieser Formel wird die bedingte Wahrscheinlichkeit für eine Nicht-Eskalation von Konflikten über den Zeitpunkt t hinaus, unter der Bedingung dass diese Konflikte unmittelbar vor diesem Zeitpunkt noch nicht eskaliert sind, abgeschätzt. n_i bezeichnet hierbei die Anzahl der Konflikte, die unmittelbar vor dem Zeitpunkt t_i unter dem Risiko der Eskalation standen, d_i hingegen die Anzahl, der bis zum Zeitpunkt t_i stattgefundenen Eskalationen. Im Detail geht diese Formel folgendermaßen vor: Sie berechnet für jeden Zeitpunkt t_i, der bis zum Erreichen des auszuwertenden Zeitpunktes t den Anteil bzw. die Wahrscheinlichkeit der Nicht-Eskalationen und kumuliert diese Werte. Dabei ergeben sich die einzelnen zu berücksichtigenden Zeitpunkte t_1, t_2, t_3...t_j aus dem zuvor synchronisierten und aufsteigend angeordneten Datensatz: Für jeden Zeitpunkt t_i, der in dieser Aufstellung mit einem Ereignis (gewaltsame Eskalation oder aber Ende der Beobachtungszeit vor einer Eskalation) geführt wird und der zugleich vor oder gleichzeitig zu dem betrachteten Zeitpunkt t liegt, muss also die Wahrscheinlichkeitsrechnung

Formel 4 Wahrscheinlichkeitsrechnung für Zeitpunkt

$$S(t_i) = \frac{n_i - d_i}{n_i}$$

durchgeführt werden, doch erst das Produkt dieser Einzelwerte $S(t_1) \cdot S(t_2) \cdot S(t_3) \cdot$ ... $\cdot S(t_j)$ ergibt die bedingte Wahrscheinlichkeit $\hat{S}(t)$ für $t \leq t_j$.

6.3.2   Die Eskalationswahrscheinlichkeit politischer Konflikte

Die Art und Dauer von Eskalationsprozessen politischer Konflikte wurde bisher – auch aufgrund der fehlenden Daten – quantitativ noch nicht untersucht. Gleiches gilt für die Wahrscheinlichkeit, dass eine gegebene politische Krisensituation als Krieg eskaliert. Es liegen also keine vergleichbaren Zahlen- oder Erfahrungswerte vor, auf die diese Studie zurückgreifen könnte. Deshalb wird im Folgenden zunächst die Frage analysiert, welche Formen bei Eskalationsprozessen unterschieden werden können und ob hierbei die im ersten empirischen Teil vorgenommene Unterteilung zwischen inner- und zwischenstaatlichen Konflikten auch für die Eskalationsprozesse Relevanz zeigt: Eskalieren also inner- und zwischenstaatliche Konflikte – in zeitlicher Hinsicht -in etwa gleich? In einer zweiten Analyse wird mit einem auf die Ereignisdatenanalyse zugeschnittenen Regressionsverfahren der Einfluss verschiedener Faktoren auf die Risikolinie einer gewaltsamen Eskalation einberechnet.

Ein Effekt dieser Arbeit wird sein, dass die jährlich im Konfliktbarometer des Heidelberger Instituts für Internationale Konfliktforschung (HIIK) veröffentlichten Daten für eine analytische Nutzung im Sinne der Konfliktfrühwarnung zugänglich gemacht werden. Denn die in CONIS erfassten Daten sind im Umfang und Codierung jenen im Konfliktbarometer jährlich veröffentlichten Konfliktübersichten sehr ähnlich. Meist werden die Daten bei der Erfassung für das Konfliktbarometer in CONIS aktualisiert und später lediglich im Zuge von Forschungsarbeiten überarbeitet. Das Konfliktbarometer kann so als Gradmesser für folgendes Szenario gelten: ein nicht kriegerischer, inner- oder zwischenstaatlicher Konflikt gerät in den Blickpunkt der Öffentlichkeit, wird als bedrohlich wahrgenommen und im Konfliktbarometer entsprechend auf Stufe zwei oder drei gewertet. Ungeklärt blieb aber bisher, ob und wenn ja, in welchem Zeitraum mit einer gewaltsamen Eskalation dieser Konflikte zu rechnen sei.

Um die Dauer der Eskalationsprozesse politischer Konflikte zu ermitteln, wird für jeden Konflikt eine imaginäre Verlaufslinie erstellt, die zeigt, wann ein Konflikt gewaltsam eskaliert ist bzw. ob und wann er beendet wurde. Im Unterschied zu den im Konfliktbarometer veröffentlichen höchsten Jahres-Intensitätswerten eines Konfliktes wird im CONIS Datensatz jegliche Intensitätsveränderung tagesgenau erfasst. So stehen im gegebenen Falle mehrere Intensitätswerte pro Konflikt und Jahr bereit (vgl. Kap. CONIS-Ansatz). Deshalb können nicht nur jahresbezogene, sondern auch tages- oder bei Bedarf auch monatsbezogene Verlaufslinien erstellt werden. Durch den Vergleich vieler Fälle lässt sich so erkennen, innerhalb welcher Zeitfenster eines Konfliktverlaufs die Gefahr einer kriegerischen Eskalation besonders hoch ist.

Problematisch an diesem Vorgehen ist jedoch, dass der CONIS-Ansatz nicht für sich beanspruchen kann - und auch nicht will -, dass alle denkbaren gewaltlosen sicherheitsbedrohenden politischen Konflikte in der Datenbank erfasst werden. Die fehlende Vollerhebung der nicht gewaltsamen Konflikte bedingt jedoch eine Verzerrung der Datenanalyse: Bei gewaltlosen Konflikten, welche weit häufiger als zwischenstaatliche zu beobachten sind, steht zu erwarten, dass deren durchschnittliche Eskalationszeit weitaus länger ist als jene der innerstaatlichen.

Der CONIS-Ansatz setzt zwar in der theoretischen Fundierung des Kriegsbegriffs voraus, dass alle Kriege eine gewaltlose Vorlaufzeit aufweisen. Dabei zeigten die vorangegangenen Ausführungen, dass nicht alle Datensätze diese Eigenschaft von Kriegen berücksichtigen. Die Methodik der Ereignisdatenanalyse geht jedoch auch implizit davon aus, dass nicht alle Vorphasen eines Krieges konzeptionell erfasst werden können. Deshalb wird neben der ersten Auswertung, die sich auf den kompletten Datensatz bezieht, eine zweite Analyse durchgeführt, die sich nur auf jene Konflikte bezieht, die kriegerisch eskaliert sind.

6.3.3   Vorbereitende Veränderungen des Datensatzes: Zensierung der Daten

Der Untersuchungszeitraum dieser Studie umfasst die Jahre 1945 bis 2005 – jedoch liegen nicht alle Laufzeiten der untersuchten Konflikte vollständig in diesem Untersuchungszeitraum: Einige Konflikte haben vor 1945 begonnen, andere sind zum Ende der Beobachtungszeitraum noch nicht beendet. Auf einen Zeitstrahl übertragen, überragen die entsprechenden Daten also den Untersuchungszeitraum teilweise links und rechts.

Die besondere Herausforderung dieser Studie liegt darin, dass bei einem Großteil der in CONIS erfassten Konflikte nicht gesagt werden kann, ob eine hochgewaltsame Eskalation noch eintreten wird: Bei allen nicht beendeten politischen Konflikten, die auf Stufe 1, 2 oder 3 erfasst sind, besteht theoretisch die Möglichkeit, dass sie in ihrem weiteren Verlauf zu einem kriegerischen Konflikt eskalieren.

Zudem liegt bei einem nicht unerheblichen Teil der nicht gewaltsame Beginn kriegerischer Konflikte weit vor Beginn des Untersuchungszeitraums im Jahr 1945. Dies trifft insbesondere bei zwischenstaatlichen Territorialkonflikten zu, wie beispielsweise dem Konflikt zwischen England und Argentinien um die Falklandinseln (Konfliktbeginn 1820) oder dem Streit zwischen Bolivien, Chile und Peru um Boliviens Zugang zum Meer (Konfliktbeginn nach Ende des Salpeterkrieges 1884). Bei einigen innerstaatlichen Konflikten liegt der Konfliktbeginn noch in viel weiter zurück reichenden Perioden, wie beispielsweise im Konflikt zwischen Israel und Palästinensern. Hinzu kommt, dass bei weiteren Konflikten, die vor dem eigentlichen Untersuchungszeitraum beginnen, nicht in allen Fällen erfasst ist, ob es bereits vor dem Beginn der Untersuchungsperiode kriegerische Konfliktphasen gab. Daraus entsteht die Gefahr von Fehlschlüssen in Bezug auf die Dauer von Eskalationsprozessen.

Um hier eine Verzerrung zu vermeiden, wird für die Analyse der früheste Zeitpunkt eines Konfliktbeginns für alle Konflikte einheitlich auf den 1.1.1945 festgelegt. Alle anderen bereits vorhandenen Konfliktbeginn-Daten, die nach diesem Datum liegen, wurden beibehalten. Aus der Veränderung des Datensatzes ergibt sich die Frage, welche Auswirkungen die Kürzungen des Beobachtungszeitraums auf die Auswertungen erzielen. Die »linke Zensierung« (Konfliktbeginn vor 1945) führt zu einer Reduzierung der analysierten Fälle und zu einer Beschränkung der maximal erreichbaren Eskalations- bzw. Vorwarnzeit auf 60 Jahre. Die »rechte Zensierung« (Konflikt bis Ende des Untersuchungszeitraumes nicht beendet oder eskaliert) bedeutet, dass Konfliktfälle in die Untersuchung einbezogen werden, die gewaltlos ausgetragen werden, aber noch nicht beendet sind. Zur Berechnung wird ihnen als Enddatum das Ende der Untersuchungsperiode, also der 31.12.2005, zugeschrieben. Trotz der Zensierungen geht es im Folgenden darum, das Risiko einer gewaltsamen Eskalation eines bis dahin gewaltlosen Konfliktes zu berechnen.

6.3.4   Vom Disput zum Krieg: Durchschnittliche Eskalationszeiten aller
         erfassten Konflikte

Für die erste Analyse[67] des Datensatzes wurden die oben genannten Konflikte
ohne Eskalationszeit, d.h. ohne Vorwarnzeit, aus dem Untersuchungsdatensatz
ausgeschlossen. Relevant für die Untersuchung bleiben damit insgesamt 602 Fälle, die sich in 351 innerstaatliche und 251 zwischenstaatliche Konflikte unterteil-
len. Von den in CONIS mit einer Vorlaufzeit erfassten innerstaatlichen Konflikten sind 148 (42,2%) gewaltsam eskaliert, 203 (57,8%) wurden entweder ohne
kriegerische Kampfhandlungen beendet oder laufen noch immer unterhalb der
Kriegsschwelle. Von den zwischenstaatlichen Konflikten mit einer Vorlaufzeit
sind nur 40 (15,9%) eskaliert, 211 (68,8%) blieben bis zu ihrer Beilegung oder
bis zum Ende der Untersuchungsperiode ohne kriegerische Kampfhandlungen.

Tabelle 15:   **Überblick Fallauswahl für Kaplan-Meier-Analyse**
                   (Konflikte ohne Vorwarnzeit ausgeschlossen)

	Gesamtzahl	Anzahl der hoch gewaltsamen Eskalationen	Zensiert	
			N	Anteil
Innerstaatliche Konflikte	351	148	203	57,8%
Zwischenstaatliche Konflikte	251	40	211	84,1%
Gesamt	602	188	414	68,8%

Einen genauen Überblick über das Eskalationsverhalten der innerstaatlichen
Konflikte bietet Tabelle 16[68]. Sie zeigt einzelne Werte der Daten, die einer Kap-
lan-Meier-Schätzung zugrunde liegen. Nach einem halben Jahr sind von den insgesamt 351 untersuchten innerstaatlichen Konflikten bereits 22 (6,3%) gewaltsam eskaliert und ebenfalls 22 (6,3%) zensiert, also als beendet behandelt, ohne
dass sie ein kriegerisches Gewaltniveau erreicht haben. Daraus folgt, dass 87,5%
aller innerstaatlichen Konflikte die auf Stufe eins, zwei oder drei beginnen, nach
einem halben Jahr noch auf demselben Niveauintervall weiterlaufen. Nach fünf
Jahren sind 25,6% aller erfassten innerstaatlichen Konflikte gewaltsam eskaliert,
27,4% wurden bereits wieder beendet bzw. zensiert, und die übrigen 47,0% laufen weiter unterhalb der Kriegsschwelle. Zum Ende der Untersuchungsperiode
sind 42,2% aller erfassten innerstaatlichen Konflikte kriegerisch eskaliert, 57,5%

---

67   Für alle Analysen wurde SPSS, Version 13 verwendet.
68   Hierbei handelt es sich um eine überarbeitete Tabelle der in SPSS ausgegebenen Auswer-
      tungstabelle. Aus Gründen der Übersichtlichkeit wurden einzelne Werte herausgegriffen,
      da die gesamte Auswertungstabelle mehr als 15 Seiten umfasst.

werden ohne kriegerische Handlungen beendet oder der Untersuchungszeitraum endet bevor diese Konflikte beigelegt sind. Nur ein innerstaatlicher Konflikt, nämlich der indische Regionalkonflikt um den Tempel in der Stadt Ayodhya, wird über die Gesamtuntersuchungsdauer beobachtet, ohne dass eine Eskalation oder das Konfliktende eintritt.

Tabelle 16: Eskalierte und beendete innerstaatliche Konflikte

Konfliktdauer in Jahren	Kriegerische Eskalationen		Beendete / Zensierte Konflikte		Verbleibende Konflikte	
	Anzahl	Anteil an Gesamt	Anzahl	Anteil an Gesamt	Anzahl	Anteil an Gesamt
0,0	0	0,0%	0	0,0%	351	100,0%
0,5	22	6,3%	22	6,3%	307	87,5%
1,0	39	11,1%	38	10,8%	274	78,1%
1,5	51	14,5%	47	13,4%	253	72,1%
2,0	59	16,8%	58	16,5%	234	66,7%
2,5	66	18,8%	67	19,1%	218	62,1%
3,0	71	20,2%	76	21,7%	204	58,1%
4,0	82	23,4%	85	24,2%	184	52,4%
5,0	90	25,6%	96	27,4%	165	47,0%
6,0	99	28,2%	107	30,5%	145	41,3%
7,1	103	29,3%	121	34,5%	127	36,2%
9,0	113	32,2%	134	38,2%	104	29,6%
10,3	118	33,6%	141	40,2%	92	26,2%
15,0	128	36,5%	164	46,7%	59	16,8%
19,7	136	38,7%	174	49,6%	41	11,7%
29,5	142	40,5%	187	53,3%	22	6,3%
40,2	146	41,6%	192	54,7%	13	3,7%
47,3	148	42,2%	196	55,8%	7	2,0%
60,0	148	42,2%	202	57,5%	1	0,3%

Bei den zwischenstaatlichen Konflikten ergeben sich etwas andere Werte (vgl. Tabelle 17). Hier liegt der Anteil der kriegerisch eskalierten Konflikte stets niedriger als der Vergleichsdatensatz der innerstaatlichen Konflikte zum gleichen Zeitpunkt. Nach einem halben Jahr beträgt so der Anteil der kriegerisch eskalierten zwischenstaatlichen Konflikte an der Gesamtmenge zwischenstaatlicher Konflikte 2,8%, (zum Vergleich innerstaatlich: 6,3%), nach einem Jahr 3,6% (11,6%) und nach etwa 5 Jahren 9,2% (25,6%). Nach 37,3 Jahren sind bereits alle zwischenstaatlichen kriegerischen Konflikte, die tatsächlich kriegerisch werden, eskaliert, für die innerstaatlichen Konflikte liegt der Vergleichswert bei 47,3 Jahren.

Tabelle 17: **Eskalierte und beendete zwischenstaatliche Konflikte**

Konfliktdauer in Jahren	Kriegerische Eskalationen		Beendete / Zensierte Konflikte		Verbleibende Konflikte	
	Anzahl	Anteil	Anzahl	Anteil	Anzahl	Anteil
0	0	0,0%	0	0,0%	251	100,0%
0,5	7	2,8%	8	3,2%	236	94,0%
1,0	9	3,6%	13	5,2%	229	91,2%
1,6	12	4,8%	23	9,2%	216	86,1%
2,1	15	6,0%	27	10,8%	209	83,3%
3,5	18	7,2%	46	18,3%	187	74,5%
5,3	23	9,2%	75	29,9%	153	61,0%
7,7	25	10,0%	98	39,0%	128	51,0%
10,8	28	11,2%	110	43,8%	113	45,0%
15,1	32	12,7%	132	52,6%	87	34,7%
24,2	34	13,5%	157	62,5%	60	23,9%
37,3	40	15,9%	176	70,1%	35	13,9%
41,0	40	15,9%	181	72,1%	30	12,0%
50,0	40	15,9%	199	79,3%	12	4,8%
60,0	40	15,9%	205	81,7%	6	2,4%

Innerstaatliche politische Konflikte im Sinne des CONIS-Ansatzes haben, soweit sie erfasst wurden, damit nicht nur ein wesentlich höheres Eskalationsrisiko, sie bleiben auch weit länger eskalationsgefährdet als zwischenstaatliche Konflikte. Dies unterstreichen auch die Auswertungen nach der Kaplan Meier Methode für die Mittelwerte (Durchschnittswert) und den Median der Eskalationszeit inner- und zwischenstaatlicher Konflikte (vgl. Tabelle 18). Im Mittelwert liegt die Eskalationszeit für innerstaatliche Konflikte bei 23,5 Jahren, für zwischenstaatliche sogar bei 47,5. Im Median liegt der Wert für innerstaatliche Konflikte mit 14,2 Jahren wesentlich niedriger.

Die Abbildung 48 zeigt eine grafische Analyse der Überlebenszeitfunktion politischer Konflikte unter Verwendung der Kaplan-Meier Methode. Die horizontale x-Achse zeigt die Zeit, die seit der Erfassung des Konfliktes vergangen ist. Die maximale Beobachtungsdauer entspricht dabei dem Untersuchungszeitraum von 60 Jahren. Die horizontale y-Achse zeigt die Wahrscheinlichkeit an, dass der Konflikt mit nicht-kriegerischen Mitteln weitergeführt wird, also auf Stufe eins (Disput), zwei (gewaltlose Krise) oder drei (gewaltsame Krise) zu verorten ist. Die Linien geben die Verlaufslinien getrennt für innerstaatliche (untere Linie) und zwischenstaatliche Konflikte (obere Linie) an. Die Markierungen auf der Linie (Kreuze) zeigen das Ende eines Untersuchungsfalls an. Bei einem anschließenden Absinken der Verlaufslinie ist der entsprechende Konflikt eskaliert. Denn durch die Eskalation eines Konfliktes zu einem bestimmten Zeitpunkt sinkt die Wahrscheinlichkeit, dass ein Konflikt über diesen Zeitpunkt hinweg unterhalb der Kriegsschwelle bleibt. Bei einer horizontalen Fortführung hingegen wurde der Konflikt beendet, ohne gewaltsam eskaliert zu sein.

Abbildung 48: Wahrscheinlichkeit einer nicht-kriegerischen Fortführung aller in CONIS erfassten Konflikte

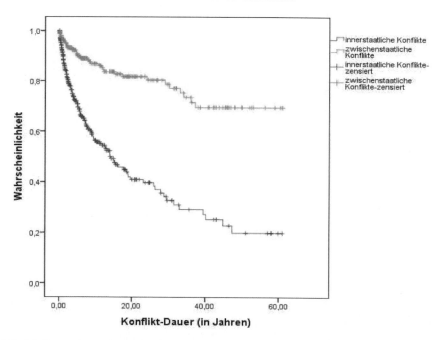

Die Linien weisen einen deutlich erkennbaren unterschiedlichen Verlauf auf. Die in CONIS erfassten innerstaatlichen Konflikte eskalieren insgesamt deutlich häufiger als zwischenstaatliche: Nach 60 Jahren, in denen ein Konflikt auf der Stufe eins, zwei oder drei ausgetragen wurde, beträgt die Wahrscheinlichkeit, dass ein innerstaatlicher Konflikt weiterhin unterhalb der Kriegsschwelle ausgetragen wird, etwa 20%. Bei den zwischenstaatlichen liegt diese Wahrscheinlichkeit hingegen bei etwa 75%. Somit tragen innerstaatliche Konflikte im Vergleich zu zwischenstaatlichen selbst nach 60 Jahren ein knapp vierfach höheres Risiko für eine kriegerische Eskalation.

Die Anwendung der Kaplan-Meier Methode zeigt auch in den Schätzwerten die deutlichen Unterschiede zwischen inner- und zwischenstaatlichen Konflikten. Unter Anwendung auf alle erfassten politischen Konflikte ergibt sich für innerstaatliche Konflikte eine erwartete durchschnittliche Eskalationszeit von 23,5 Jahren. Für zwischenstaatliche Konflikte liegt dieser Wert mit 47,5 Jahren mehr als doppelt so hoch.

Tabelle 18: **Schätzwerte für die Dauer bis zum Ausbruch kriegerischer Gewalt für inner- und zwischenstaatliche Konflikte**

	Mittelwert[a]			
			95%-Konfidenzintervall	
	Schätzer	Standardfehler	Untere Grenze	Obere Grenze
Innerstaatliche Konflikte	23,478	1,896	19,763	27,194
Zwischenstaatliche Konflikte	47,543	1,934	43,752	51,334
Gesamt	34,237	1,507	31,283	37,191

Die deutlichen Unterschiede im Eskalationsverhalten zwischen inner- und zwischenstaatlichen Konflikten zeigt auch der Log-rank Test (vgl. Kleinbaum / Klein 2005: 57 ff.). Mit einem Chi-Quadrat Wert von 66,974 und einem eindeutigen Signifikanzwert werden die Unterschiede zwischen den beiden untersuchten Gruppen deutlich unter Beweis gestellt.

Tabelle 19: **Log-rank Test für alle erfassten inner- und zwischenstaatlichen Konflikte mit Vorlaufzeit**

	Chi-Quadrat	Freiheitsgrade	Sig.
Log Rank (Mantel-Cox)	66,974	1	,000
Test auf Gleichheit der Verteilungen der Werte für inner- und zwischenstaatliche Kriege			

Insgesamt lassen sich aus den Auswertungen zwei wichtige Informationen ablesen: Wenn ein neuer Konflikt zum ersten Mal in die Konfliktdatenbank aufgenommen wird bzw. im Konfliktbarometer auf einer nicht kriegerischen Stufe aufgeführt wird, dann, so zeigt die Kaplan-Meier Analyse, ist die Dauer bis zu einer Eskalation stark abhängig von der Frage, ob der Konflikt inner- oder zwischenstaatlich ausgetragen wird. Innerstaatliche Konflikte, die neu in den Datensatz aufgenommen werden, bergen weit länger eine Eskalationsgefahr als zwischenstaatliche in sich. Zudem ist das Risiko, dass innerstaatliche Konflikte auch lange nach ihrem Beginn noch eskalieren, höher als bei zwischenstaatlichen[69].

Doch diese Analysewerte müssen unter der einschränkenden Prämisse bewertet werden, dass die CONIS-Daten keine Vollerhebung für die nicht kriegerischen Konflikte darstellen. Wie oben festgestellt, ist es für die Datenerhebung wesentlich einfacher zwischenstaatliche nicht gewaltsame Konflikte zu entdecken, als innerstaatliche. Damit kann unterstellt werden, dass die unterschiedlichen Werte für inner- und zwischenstaatliche Konflikte sich allein aus der unterschiedlichen Datenqualität für nichtgewaltsame Konflikte erklärt. Um diesen Effekt zu egalisieren, wird für die nachfolgende Auswertung die Fragestellung leicht verändert. Wie verändert sich das Auswertungsergebnis, wenn die Analyse auf jene Daten beschränkt wird, für die CONIS den Anspruch der Vollerfassung erhebt, also für alle kriegerischen Konfliktformen (Intensitäten 4 und 5)?

6.3.5   Die Eskalationszeit von Kriegen

Die folgende Analyse ist auf jene Konflikte beschränkt, die mit einer messbaren Vorlaufzeit kriegerisch eskaliert sind. Die Leitfrage lautet entsprechend für diesen Abschnitt: Wie schnell eskaliert ein kriegerischer Konflikt? Die Anzahl der untersuchten Fälle entspricht der Anzahl der Ereignisse aus Tabelle 15: 148 innerstaatliche und 40 zwischenstaatliche Konflikte. Entsprechend der Definition des Datensatzes befinden sich keine Konflikte in der Untersuchungsgruppe, die nicht gewaltsam eskaliert sind und deshalb als zensierte Fälle aufgeführt werden.

Tabelle 20:   **Überblick Fallauswahl für Kaplan-Meier Analyse der kriegerisch eskalierten Konflikte (Konflikte ohne Vorwarnzeit ausgeschlossen)**

Scope	Gesamtzahl	Anzahl der Ereignisse	Zensiert	
			N	Prozent
Innerstaatliche Konflikte	148	148	0	0%
Zwischenstaatliche Konflikte	40	40	0	0%
Gesamt	188	188	0	0%

---

69   Allerdings ist dieses Analyseergebnis auch der Linkszensierung der Daten geschuldet (vgl. Seite 15). Der Falklandkonflikt hätte somit eine nicht-kriegerische Vorlaufzeit, die weit über den errechneten 37,3 Jahren läge).

Das Ziel dieser Analyse ist es, die kritischen Phasen einer Eskalation genauer zu bestimmen um eine bessere Vorbereitung auf mögliche Eskalationen zu ermöglichen. Abbildung 49 zeigt die Wahrscheinlichkeit einer nicht-kriegerischen Fortsetzung eines Konfliktes zu einem bestimmten Zeitpunkt. Ein Vergleich mit Abbildung 48, die auch die zensierten Konflikte enthält, zeigt deutliche Unterschiede. Während in Abbildung 48 die Verlaufslinien für inner- und zwischenstaatliche Konflikte sich klar voneinander abheben, verlaufen die Eskalationslinien in Abbildung 49 fast synchron. Sie zeigen deutlich, dass das Risiko einer kriegerischen Eskalation im Konfliktverlauf für inner- und zwischenstaatliche Konflikte fast identisch ist.

Abbildung 49: **Wahrscheinlichkeit einer nicht-kriegerischen Fortführung aller in CONIS erfassten Kriege**

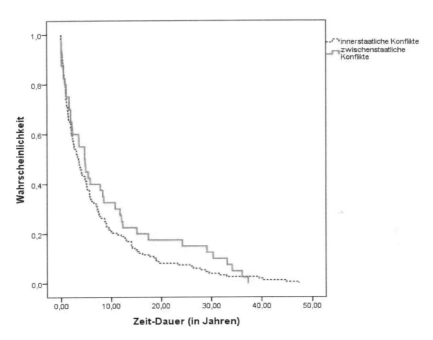

Tabelle 21 zeigt einen systematischen Vergleich der Eskalationszeiten von inner- und zwischenstaatlichen Konflikten und deren Anteil zu einem bestimmten Zeitpunkt gemessen an der Gesamtmenge aller eskalierenden Konflikte. Ausgehend von der leitenden Fragestellung dieses Abschnitts lässt sich feststellen, dass nach einem Jahr bereits rund ein Viertel aller kriegerischen Konflikte eskaliert ist (innerstaatlich 26,4%, zwischenstaatlich 22,5%). Nach etwa 3,5 Jahren sind bereits etwa die Hälfte aller Konflikte kriegerisch eskaliert (innerstaatlich 52,0%, zwischenstaatlich 45,0%) und nach 5 Jahren etwa 60%. Daraus lässt sich für die

Konfliktfrühwarnung ableiten, dass auch die Frage nach dem Alter eines Konfliktes einen nicht unerheblichen Erklärungsbeitrag zur Ermittlung seiner »Gefährlichkeit« liefert.

Tabelle 21: **Eskalationszeiten aller kriegerischen inner- und zwischenstaatlichen Konflikte im Vergleich**

	Innerstaatliche Konflikte				Zwischenstaatliche Konflikte			
Zeit in Jahren	Kriegerische Eskalationen		Verbliebene Konflikte		Kriegerische Eskalationen		Verbliebene Konflikte	
	Anzahl	Anteil	Anzahl	Anteil	Anzahl	Anteil	Anzahl	Anteil
0,0	0	0,0%	148	100,0%	0	0,0%	40	100,0%
0,5	22	14,9%	126	85,1%	7	17,5%	33	82,5%
1,0	39	26,4%	109	73,6%	9	22,5%	31	77,5%
1,5	51	34,5%	97	65,5%	12	30,0%	28	70,0%
2,0	59	39,9%	89	60,1%	15	37,5%	25	62,5%
3,5	77	52,0%	66	44,6%	18	45,0%	22	55,0%
5,0	90	60,8%	58	39,2%	23	57,5%	17	42,5%
7,1	103	69,6%	45	30,4%	25	62,5%	15	37,5%
9,0	113	76,4%	35	23,6%	27	67,5%	13	32,5%
10,3	118	79,7%	30	20,3%	28	70,0%	12	30,0%
15,0	128	86,5%	20	13,5%	32	80,0%	8	20,0%
19,7	136	91,9%	12	8,1%	33	82,5%	7	17,5%
29,5	142	95,9%	6	4,1%	29	72,5%	11	27,5%
39,5	145	98,0%	3	2,0%	40	100,0%	0	0,0%
40,2	146	98,6%	2	1,4%	40	100,0%	0	0,0%
47,3	148	100,0%	0	0,0%	40	100,0%	0	0,0%
60,0	148	100,0%	0	0,0%	40	100,0%	0	0,0%

Entsprechend des veränderten Datensatzes sind auch die Schätzwerte für die Eskalationszeiten inner- und zwischenstaatlicher Konflikte wesentlich kleiner als in der ersten Analyse (vgl. Tabelle 18). Dies zeigt die Analysetabelle nach dem Kaplan-Mayer Verfahren in Tabelle 20 . Lag die durchschnittliche Eskalationszeit unter Berechnung aller in CONIS erfassten Konflikte bei 23,5 Jahre für innerstaatliche und 47,5 Jahre für zwischenstaatliche Konflikte, beträgt sie bei dem Datensatz, der sich rein auf jene Konflikte bezieht, die tatsächlich zu Kriegen eskaliert sind, 7,0 Jahre (innerstaatlich) und 9,5 Jahre (zwischenstaatlich).

Tabelle 22:   **Mittelwerte und Mediane zur Eskalationszeit (nur Kriege)**

	Mittelwert[a]			
			95%-Konfidenzintervall	
	Schätzer	Standardfehler	Untere Grenze	Obere Grenze
Innerstaatliche Konflikte	6,997	,773	5,482	8,511
Zwischenstaatliche Konflikte	9,513	1,820	5,946	13,081
Gesamt	7,532	,723	6,116	8,948
a. Die Schätzung ist auf die längste Überlebenszeit begrenzt, wenn sie zensiert ist.				

Der erhebliche Unterschied in der Eskalationszeit zwischen inner- und zwischen-staatlichen Konflikten, die im vorherigen Abschnitt für alle erfassten Konflikte mit einem Wert für den Log Rank Test von über 64 errechnet wurde, liegt bei der Beschränkung auf die wirklich eskalierten Kriege mit 1,2 wesentlich niedriger. Für die praktische Konfliktfrühwarnung ist dieser Wert insofern von Bedeutung, dass es de facto keinen Unterschied in der aktiven Konfliktbearbeitungszeit zwischen inner- und zwischenstaatlichen Konflikten gibt. Zwar können nach der CONIS Methode wesentlich mehr zwischenstaatliche Konflikte erfasst werden, die gewaltlos bleiben. Doch die akute Zeit einer Eskalationsgefahr ist für beide Konflikttypen beinahe identisch.

Tabelle 23:   **Log-rank Test für alle erfassten inner- und zwischenstaatlichen Konflikte mit Vorlaufzeit**

	Chi-Quadrat	Freiheitsgrade	Sig.
Log Rank (Mantel-Cox)	1,203	1	,273

Test auf Gleichheit der Verteilungen der Werte für inner- und zwischenstaatliche Kriege

6.4 Risikofaktoren für die Eskalationszeiten innerstaatlicher Konflikte

Ein wichtiges Ergebnis aus der Tabelle 21 ist, dass die Anzahl der kriegerischen Eskalationen eines politischen Konfliktes innerhalb der ersten fünf Jahre besonders hoch liegt. Außerdem zeigte die Analyse, dass die erste Annahme zum Eskalationsverhalten von inner- und zwischenstaatlichen Konflikten nicht bestätigt werden konnte und zu widerrufen ist: Inner- und zwischenstaatliche Konflikte weisen doch ein in etwa vergleichbares Eskalationsverhalten auf, wenn die Auswertungen auf eskalierte Konflikte begrenzt wird. Doch für eine empirisch gestützte Risikoabschätzung politischer Konflikte sollen weitere Einflussfaktoren untersucht werden. Im Kapitel zum Stand der Kriegsursachenforschung wurde bereits ein Modell entworfen, in dem verschiedene Variablen einbezogen wurden, die einen Einfluss auf Eskalationswahrscheinlichkeit und die Dynamik des Prozesses ausüben sollen. Diese werden im Folgenden getestet.

6.4.1   Das Erklärungsmodell

Als zu erklärendes Ereignis wird, wie in den vorangegangenen Untersuchungen, die Eskalation eines bis dahin nicht kriegerischen Konfliktes zum kriegerischen Konflikt (erstmaliges Erreichen der Konfliktstufe vier oder fünf) gewählt[70]. Die folgenden Auswertungen beschränken sich auf innerstaatliche Konflikte, da in der vorangegangenen Analyse signifikante Unterschiede zwischen inner- und zwischenstaatlichen Konflikten im Bereich der gewaltlos gebliebenen Konflikte nachgewiesen wurden. Die höhere Anzahl innerstaatlicher Kriege seit 1945 begründen ein größeres Forschungsinteresse an dieser Konfliktform.

Das im vorderen Teil der Arbeit vorgestellte Erklärungsmodell geht grundsätzlich davon aus, dass Krieg das Ergebnis einer oder mehrerer vorangegangener Konfliktphasen, also das Resultate eines Prozesses ist. Die zweite Grundannahme lautet, dass die Eskalation von Kriegen auf dem Einfluss mehrerer, unterschiedlicher Variablen beruht. Für dieses Modell wurden aus der umfangreichen Literatur zur Kriegsursachenforschung insgesamt sechs Faktoren ausgewählt, die das Entstehen von Kriegen, bzw. die Dynamik der Eskalationsprozesse erklären können. Für die Auswahl der Variablen diente zum einen das erweiterte Analysemodell von Singer und zum anderen eine Unterteilung in Variablen, die als Impulse für den Konflikt gesehen werden können und solche, die auf die Konfliktbearbeitungskapazität des Staates abzielen. Beides soll im Folgenden erläutert werden.

6.4.2   Bestimmung des Konfliktanreizes

Der Konfliktanreiz oder Konfliktimpuls wird hier verstanden als Eskalationsfaktor einer Kommunikation, der sich nur aus der Analyse des Konfliktes selbst er-

---

70   Es sei an dieser Stelle jedoch darauf verwiesen, dass etwa 45% der innerstaatlichen und rund 35% der zwischenstaatlichen Kriege nach einer Deeskalation erneut eskalieren. In sofern ist diese Risikoanalyse als Teil einer umfassenden Gesamteinschätzung zu sehen, die sich aus noch nicht eskalierten und nicht mehr gewaltsamen Konflikten zusammensetzen sollte. Gegenstand der Cox-Untersuchung ist jedoch das erstmalige Eskalieren eines politischen Konfliktes. In Ergänzung finden sich am Ende dieses Kapitels noch deskriptive Datenauswertungen zur Häufigkeit von Eskalationen in Post-War Situationen.

kennen lässt. Im Folgenden werden als Konfliktanreize die umstrittenen Konfliktgüter und die erste erfasste Intensität des Konfliktes betrachtet.

Bereits Clausewitz weist darauf hin, dass der größte Impuls für kriegerische Konflikte das Ziel eines politischen Diskurses darstellt. Je größer die Bedeutung dieses Zieles für die Akteure ist, desto schneller ist die Politik bereit, zum Zwecke der Durchsetzung dieses Zieles die entsprechenden Mittel zur Verfügung zu stellen (Clausewitz 2008: 47) Dies deckt sich im Wesentlichen auch mit den empirischen Auswertungen dieser Studie (vgl. Abschnitt »Konfliktgegenstände« ab Seite 181): Bestimmte Konfliktgegenstand weisen eine höhere Eskalationsträchtigkeit auf als andere. So hat sich gezeigt, dass internationale und nationale Macht weitaus stärkere Eskalationsanreize aussenden als andere Konfliktgegenstände. Außerdem ist zu beobachten, dass sich die Anreize über den Beobachtungszeitraum ändern. Um den generellen Einfluss der umstrittenen Konfliktgüter und deren Wandel in die Regressionsanalyse mit einfließen zu lassen, müssen die Konfliktgüterdaten jedoch transformiert werden: Für die nachfolgend vorgesehene Faktorenanalyse der Eskalationswahrscheinlichkeit wird aus methodischen Gründen für jeden Konflikt ein eindeutiger Wert pro Faktor benötigt. Eine Beibehaltung der mehrfachen Nennung von Konfliktgegenständen würde zu einer Verzerrung der Auswertungen führen, da nicht jeder Konflikt gleich viele Codierungen zu Konfliktgegenständen aufweist. Zu diesem Zweck wurde für die Auswertungen auf die oben beschriebene Konflikttypologie (vgl. Kap. 4, besonders ab Seite 185) zurückgegriffen, welche die zehn codierbaren Konfliktgegenstände anhand des Herausforderungsgrades für den Staat strukturiert und in Konflikte um die Staatsmacht, die Staatsgewalt und das Staatsvolk unterteilt.

Die erste Intensität mit der ein Konflikt in die Datenbank aufgenommen wird, drückt aus, mit welcher Vehemenz ein Konfliktthema von den beteiligten Akteuren von Beginn an vertreten wird[71]. Je höher die Konfliktstufe, desto mehr wurde von Beginn an mit Gewalt gedroht oder sie bereits sporadisch eingesetzt. Es ist anzunehmen, dass jene Konflikte, die bereits auf mittlerer Intensität, also Intensitätsstufe 3, beginnen, schneller kriegerisch eskalieren als Konflikte, die zunächst nur verhandelt werden.

---

71   Es sei an dieser Stelle daran erinnert, dass die Erfassung der ersten Intensität einerseits von der CONIS Methodik zur Bestimmung politischer Konflikte bestimmt wird, beispielsweise der Frage ob ein Konflikt innerhalb etablierter Regelungsverfahren ausgetragen wird. Zweitens wird die Erfassung eines politischen Konfliktes und dessen erster Intensität auch von der Zugänglichkeit der Informationen bestimmt.

6.4.3 Bestimmung der Konfliktbewältigungskapazität

Unter den vielfältigen Erklärungsansätzen der Kriegsursachenforschung zielen zahlreiche auf die Fähigkeit der Staaten, kriegerische Konflikte zu bewältigen. So ist beispielsweise die Frage nach dem demokratischen Frieden (vgl Seite 98 dieser Arbeit) vor allem der Ausdruck einer Erwartungshaltung, dass demokratische Staaten bessere d.h. friedliche Lösungen auf politische Probleme finden als autoritäre. Es bedeutet nicht, dass demokratische Staaten per se mit weniger politischen Problemen konfrontiert sind. Im Folgenden werden die ausgewählten Variablen erläutert und operationalisiert.

6.4.4 Demokratisierungsgrad des betroffenen Staates

Die Auswertungen der CONIS-Daten haben gezeigt, dass in der Dimension der akteursbezogenen Ansätze auch mit einem anderen, nicht auf der Anzahl von Todesopfern beruhenden Konfliktverständnis die Ergebnisse der Forschung zum demokratischen Frieden weitgehend bestätigt werden können: Auf der zwischenstaatlichen Ebene gilt, dass Demokratien so gut wie keine Kriege gegeneinander führen, allerdings durchaus Kriegsanfälligkeiten gegenüber anderen Regierungssystemen aufweisen. Für den Bereich der innerstaatlichen Konflikte konnte festgestellt werden, dass für demokratische und autoritäre Regime weniger Kriege zu verzeichnen sind als für andere Regierungssysteme. Da davon auszugehen ist, dass alle Staaten in gleicher Weise von sicherheitsrelevanten Problemen betroffen sind, ist die Schlussfolgerung möglich, dass das Regierungssystem eines Landes Einfluss auf das Kriegsrisiko ausübt. Das Regierungssystem beispielsweise wird durch den Polity IV (Marshall / Jaggers 2007) Wert ermittelt. Für eine Kategorisierung der Polity IV Werte werden die Daten entsprechend der Analyse von Hegre et al (2001: 38) codiert.

Tabelle 24: **Klassifikation der Polity IV Werte**

Polity IV Wert	Klassifikation nach Hegre et al 2001
-10 bis -6	Autokratie
-5 bis +5	Semidemokratisch
6 bis 10	Demokratisch
Alle anderen Werte	Sonstiges

Da nur das von einem Konflikt hauptsächlich betroffene Land zum Zeitpunkt der erstmaligen kriegerischen Eskalation berücksichtigt wurde, ergibt sich für jeden innerstaatlichen Konflikt genau ein Polity-Wert[72]. Da der Polity Datensatz jedoch nicht für alle Staaten der Welt entsprechende Daten bereitstellt, mussten von den bisherigen 351 innerstaatlichen Konfliktdaten 26 aus dem Untersuchungsdatensatz entfernt werden. Für die Analyse mit dem Cox-Regressionsverfahren verbleiben somit 325 Konfliktfälle. Bei den Fällen, die ausgeschlossen werden mussten, handelt es sich um folgende Konflikte:

Tabelle 25: **Wegen fehlender Polity IV Daten aus Cox Regression entfernte Konflikte**

ID	Konflikt	Beginn	Ende	Höchste erreichte Intensität
30131	Suriname (Independence)	26.06.1946	25.11.1975	1
30229	Belize (Opposition)	15.01.2005		3
32004	Suriname (Jungle War)	25.02.1980	31.12.1998	4
10181	Moldova (Transdniestria)	31.08.1989		4
11027	NATO - Iceland (Force Deployment)	28.03.1956	30.11.1956	1
11059	Moldova (Gagauzi)	11.12.1989	23.12.1994	2
20026	Sao Tome and Principe	16.07.2003		3
21001	Madagascar (Independence)	22.02.1946	04.09.1960	4
21005	Kenya (Mau-Mau Uprising)	01.01.1919	31.05.1964	4
21006	Cameroon (Independence)	10.04.1948	19.08.1970	4
21011	Namibia (Independence)	01.01.1946	21.03.1990	4

72 In der CONIS-Methodik ist es grundsätzlich denkbar, dass innerstaatliche Konflikte für begrenzte Zeiträume auch einen anderen Staat im politischen Sinne betreffen. Für diese Auswertungen wurden jedoch derartige Doppelcodierungen entfernt und jedem Konflikt genau ein betroffenes Land zugeordnet.

ID	Konflikt	Beginn	Ende	Höchste erreichte Intensität
21014	Belgian-Congo (Independence)	01.01.1958	30.06.1960	4
21039	Mozambique (Independence)	01.01.1960	25.06.1975	5
30041	Grenada (Putsch)	07.02.1974	05.11.1979	3
40181	Maldives (MDP)	01.09.2003		3
40216	Tonga (Democratization)	04.06.1970		2
40222	Kiribati (Banaba Island)	01.01.1977	12.07.1979	1
40227	Palau (CFA)	30.06.1987	01.11.1993	3
41024	Vietnam (Independence)	01.01.1925	21.07.1954	5
41026	Laos (Independence)	08.04.1945	22.10.1953	4
41028	Malaya (Malayan Emergency)	01.01.1945	01.08.1960	5
41048	Brunei (Federation of Malaysia)	01.01.1961	22.06.1963	4
41062	Vanuatu (Independence)	01.01.1965	30.07.1980	3
41063	Vanuatu (Espiritu Santo)	28.05.1980	31.08.1980	3
41064	Vanuatu (Tanna)	10.06.1980	31.08.1980	3
51034	Yemen South (Independence)	01.01.1959	30.11.1967	5

6.4.5 Kriegsbelastung der Staaten

Die Kriegsbelastung der Staaten ist ein Erklärungsfaktor, der in der bisherigen Literatur nur wenig Berücksichtigung findet (Ausnahmen auf der zwischenstaatlichen Ebene: Goertz / Diehl 1992a, Pfetsch 2000), der jedoch angesichts der Ergebnisse aus dem vorangegangenen Kapitel 5.5.3 ab Seite 283, hoch erklärungsrelevant zu sein verspricht. Die Auswertung über die Anzahl der von kriegerischen Konflikten betroffenen Staaten hat gezeigt, dass die weltweite Kriegslast äußerst heterogen verteilt ist: Etwa 20% aller Staaten tragen 80% der Kriegslast zwischen 1945 und 2005. Darüber hinaus weisen 40% aller Staaten überhaupt keine kriegerische Konflikterfahrung auf. Staaten, die einmal von kriegerischen Konflikten betroffen waren, neigen offensichtlich dazu, auch erneut wieder in das Kriegsgeschehen abzuleiten.

Die Kriegsbelastung (KB) wird zeitabhängig für jedes Jahr (i) berechnet. Sie ergibt sich aus der Anzahl der Jahre, in denen das Land mindestens einen Krieg erlebt hat (KJ), geteilt durch die Existenzdauer des Staates (seit 1945), sprich die

Jahre, in denen dieses Land dem Risiko eines Krieges ausgesetzt war. Diese ergibt sich aus dem Untersuchungsjahr T(i), also 2005, minus des Jahres der Unabhängigkeit des Staates U, wobei gilt U ≥ 1945.

Formel 5:   **Berechnung der Kriegsbelastung**

$$KB\ (i) = \frac{KJ(i)}{T(i) - U}$$

Eigene Formel

Die errechneten Indexwerte reichen von 0 bis 1. Der Wert 0 bedeutet, dass der Staat bis zum Kriegsausbruch mit keinem einzigen kriegerischen Konflikt belastet war, der Wert 1 bedeutet, dass der Staat bis zum Beginn des kriegerischen Konfliktes in jedem Jahr seiner Existenz mindestens einen kriegerischen Konflikt aufweist. Um die Indexwerte für die Cox-Regression nutzen zu können, wurden die Werte in insgesamt vier Clustern zusammengefasst:

Tabelle 26:   **Werte der Clusterwerte für Staaten mit Konfliktbelastung**

Indexwert	Cluster
0	0 = keine kriegerische Konfliktbelastung
0,01 - 0,33	1= geringe Konfliktbelastung
0,34 - 0,66	2 = mittlere Konfliktbelastung
0,67 - 1,0	3 = hohe Konfliktbelastung

6.4.6   Ansteckungseffekte innerhalb von Regionen

Im Kapitel zur Kriegsursachenanaylse wurde als ein weiterer möglicher Faktor für die Ausbreitung von Konflikten die Ansteckung durch andere Konflikte genannt (vgl. Kap. 3.2.2 ab Seite 122). Dies meint, dass durch Konflikte in einem Land die Nachbarstaaten oder ganze Regionen (Europa, Afrika, Amerika, Asien, Vorderer- und Mittlerer Orient) von Instabilitäten erfasst werden können. In den Untersuchungen zu den empirischen Konfliktmerkmalen wurde bereits gezeigt, dass es innerhalb der in CONIS festgelegten Regionen unterschiedliche Häufigkeiten von Kriegen gibt – und sich dabei bestimmte Muster innerhalb der Regionen erkennen lassen (Kap. 5.4.1 ab S. 242).

6.4.7   Veränderung innerhalb der Untersuchungsperiode

Im vorangegangenen Kapitel wurde der Wandel des Konfliktaustrags mehrfach herausgestellt. Besonders deutlich wurde er bei der Untersuchung der unterschiedlichen Dauer kriegerischer Konfliktphasen, den Veränderungen in den Konfliktgegenständen und der unterschiedlichen Anzahl der Akteursdyaden pro Konflikt. Auch waren die Konfliktregionen im Untersuchungszeitraum unterschiedlich stark von kriegerischen Konflikten belastet (Kap 5.4.1). Es scheint somit, als hätten sich die Wirkungsmechanismen im Untersuchungszeitraum tatsächlich verändert. Daher soll nun untersucht werden, ob dies auch für die Eskalationsmechanismen kriegerischer Konflikte zutrifft.

6.5   Anwendung der Cox-Regressionsanalyse

Für diese Analyse wird das Cox Regresssionsverfahren gewählt (Cox 1972)[73]. Mithilfe der Cox Regression kann der Effekt mehrerer Einflussgrößen auf die abhängige Variable gleichzeitig untersucht werden. Das Cox Verfahren ist eines der am häufigsten angewandten Analyseverfahren in der Ereignisdatenanalyse, nicht zuletzt deshalb, weil seine Ergebnisse als besonders robust gelten (Kleinbaum / Klein 2005: 97 ff.). Eine wesentliche Eigenschaft der hier verwendeten »einfachen« Cox Methode ist, dass der Einfluss der Erklärungsvariablen über den gesamten Untersuchungszeitraum hinweg als konstant betrachtet wird (Box-Steffensmeier / Jones 2004). Daraus ergibt sich die Annahme, dass die Wahrscheinlichkeit einer Eskalation über den gesamten Konfliktverlauf gleich verteilt ist. Auch wenn diese eine Vereinfachung gegenüber der Realität darstellt, ist dieses Modell angesichts der robusten Ergebnisse, die es liefert, für eine erste Analyse absolut geeignet.

Das Cox Regressionsmodell bezieht sich auf den Verlauf des Graphen der Risikofunktion, die sogenannte Risikolinie oder Hazard Rate. Die Risikolinie ist die Umkehrung der bisher dargestellten »Überlebenslinie«. Sie zeigt für ein bestimmtes Zeitintervall das Risiko einer kriegerischen Eskalation eines Konfliktes zu einem Zeitpunkt innerhalb dieses Intervalls. Die Risikolinie berechnet sich vereinfacht dargestellt über die Anzahl der ausgeschiedenen Elemente zum Zeitpunkt t, geteilt durch die Anzahl der Elemente, die dem Risiko des Ausscheidens noch unmittelbar vor dem Zeitpunkt t unterlagen. Die Formel hierfür lautet:

---

73   Alle folgenden Auswertungen wurden mit dem Softwareprogramm SPSS durchgeführt. Erläuterungen zum Rechenverfahren bei SPSS finden sich bei Bühl (2006: 687-712).

Formel 6: Funktion der Hazard Linie

$$r(t) = \lim_{\Delta t \to 0} \frac{\Pr[t + \Delta t > t \, | T > t]}{\Delta t} = \frac{f(t)}{S(t)}$$

In der Cox Analyse werden alle errechneten Ergebnisse relativ zur Hazard Base-line interpretiert. Letztere drückt in diesem Fall aus, wie groß das Risiko ist, dass ein nicht-kriegerischer Konflikt zu einem bestimmten Zeitpunkt kriegerisch es-kaliert ohne den Einbezug der anderen Variablen. In der Cox Regression werden der Verlauf dieser Linie und zusätzlich der Einfluss der Kovariablen gemessen. Es geht also in der Interpretation der nachfolgenden Ergebnisse nicht primär um die Frage, ob ein Konflikt kriegerisch eskaliert, sondern welchen Einfluss die Kovariablen auf die Eskalationszeit ausüben (Kleinbaum / Klein 2005: 95 f.). Formal wird die Funktion der Cox Regression zumeist wie folgt wiedergegeben.

Formel 7: Cox-Regression

$$h_i(t) = h_0(t) \exp (\beta'x)$$

Dabei ist $h_{0(t)}$ die baseline hazard Funktion, und $\beta'x$ die Kovariaten und deren Regressionsparameter angeben.

Insgesamt konnten, wie bereits dargelegt, 325 Fälle in die Untersuchung einbe-zogen werden. Von den 325 untersuchten innerstaatlichen Konflikten sind im Untersuchungszeitraum 135 (41,5%) eskaliert, während die verbleibenden 190 Fälle (58,5%) entweder unterhalb der Kriegsschwelle beendet wurden oder ihr Ende außerhalb des Untersuchungszeitraums liegt.

Tabelle 27 zeigt, welche Eigenschaften die 325 Konfliktdaten aufweisen. Die meisten der Variablen sind bereits in früheren Teilen der Arbeit erläutert worden und bedürfen deshalb keiner weiteren Erklärungen. Neu hingegen ist die Va-riable »Conflicttype« – ihre Häufigkeitsverteilung konzentriert sich eindeutig bei Staatsmachtkonflikten (48,9%), gefolgt von Staatsgebietskonflikten (31,7%) und Staatsvolkkonflikten (19,4%). Dies entspricht auch grob der Verteilung der Nen-nungen von Konfliktgegenständen (vgl. Kapitel 5.4.5) und ist deshalb als valide zu betrachten.

Tabelle 27: **Anzahl, Unterscheidung und Häufigkeiten der Kovariaten in der Cox-Analyse (innerhalb der 325 untersuchten innerstaatlichen Konflikte)**

		Häufigkeit	(1)	(2)	(3)	(4)	(5)
Erste erfasste Intensität[a]	Disput	111	1	0			
	gewaltlose Krise	107	0	1			
	gewaltsame Krise	107	0	0			
Region[a]	Europa	56	1	0	0	0	
	Afrika	71	0	1	0	0	
	Amerika	52	0	0	1	0	
	Asien	111	0	0	0	1	
	Vorderer- und Mittlerer Orient	35	0	0	0	0	
Conflict Typ	innerstaatlich Staatsvolk	63	1	0			
	innerstaatlich Staatsgebiet	103	0	1			
	innerstaatlich Staatsmacht	159	0	0			
Kriegs-belastung	keine (0)	164	1	0	0		
	geringe (0,01-0,33)	80	0	1	0		
	mittlere (0,34-0,66)	34	0	0	1		
	hohe (0,67-1,0)	47	0	0	0		
Regime Typ	Autoritäres Regime	84	1	0	0		
	Semidemokratisches Regime	95	0	1	0		
	Demokratisches Regime	120	0	0	1		
	Sonstige	26	0	0	0		
Konflikt-beginn Dekade[a]	1945 -1955	33	1	0	0	0	0
	1956 – 1965	37	0	1	0	0	0
	1966 – 1975	35	0	0	1	0	0
	1976 – 1985	35	0	0	0	1	0
	1986 – 1995	65	0	0	0	0	1
	1996 – 2005	120	0	0	0	0	0

Die ersten Auswertungsergebnisse der Kriegsbelastung von Ländern sind bemerkenswert: 50,4% (164 von 325) der untersuchten Konflikte sind in Ländern zu verzeichnen, die zum Zeitpunkt der Untersuchung noch keine kriegerischen Konflikte (Zensierung oder friedliche Beilegung des Konfliktes) hatten. In 24,6% der Kriegsfälle haben die Staaten bis zu einem Drittel ihrer Existenz unter Kriegsbelastung verbracht. Weitere 10,5% der Kriege finden in Staaten statt, die zwischen einem und bis zu zwei Drittel der Gesamtexistenz unter Kriegsbelastung zu leiden hatten und 14,5% sogar in Staaten, die in zwei Dritteln und mehr ihrer Existenzjahre Kriegserfahrung sammeln mussten.

Die Variable Regime zeigt, dass mit 120 von 325 Fällen – dies entspricht einer Quote von 36,9% - die meisten Kriege in und von demokratischen Systemen geführt werden. Autoritär regiert waren zum Untersuchungszeitpunkt 25,8% der betroffenen Staaten, 29,2% fanden in semi-demokratischen Regimen statt und 8,0% in Sonstigen, also Transitionsländer. Die Kontrollvariable Konfliktbeginn zeigt eine entsprechend der Auswertungen des ersten empirischen Kapitels zu erwartende Verteilung: die beiden letzten untersuchten Dekaden liegen deutlich über den Durchschnitt, die beiden Phasen davor (1966-1975 und 1976-1985) liegen klar darunter.

6.5.1   Ergebnisse der Cox Regression

Die Tabelle 28 zeigt, dass sich von den 6 Kovariablen drei auf Ebene der 0,05% Basislinie als signifikant erweisen. Es sind dies die Intensität, mit welcher der Konflikt zum ersten Mal im Datensatz erfasst wird, die Kriegsbelastung eines Staates, eingeteilt in Klassen und die quasi als Kontrollvariable eingesetzte Variable Konfliktbeginn (Konfliktrahmenvariable der 3.Dimension).

Die Signifikanzwerte der anderen Variablen liegen mit 0,4 (Conflicttyp) und 0,75 (Region) bzw. 0,76 (Regimetyp) weit außerhalb dessen, was üblicherweise als signifikant gewertet werden kann. Allerdings soll an dieser Stelle darauf hingewiesen werden, dass die Aussagekraft von Signifikanzwerten bzw. Irrtumswahrscheinlichkeiten immer auch relativ zur Gesamtgröße der Ereignisse gesehen werden muss. Zwar kann der CONIS-Datensatz nicht für sich beanspruchen, im Bereich der gewaltlos gebliebenen Konflikte einen hohen Abdeckungsgrad zu erreichen, dies haben auch die vergleichenden Auswertungen für inner- und zwischenstaatliche Konflikte in früheren Abschnitten dieser Arbeit gezeigt, doch weist CONIS wie auch das Konfliktbarometer einen höheren Abdeckungsgrad als andere Datensammlungen auf. Zudem sind die Messvariablen für Konflikte auf Stufe drei sehr sensibel. Deshalb kann zumindest für diesen Teilbereich der innerstaatlichen Konflikte ein hoher Erfassungsgrad für die CONIS Daten in Anspruch genommen werden. Ferner muss berücksichtigt werden, dass das Signifikanzniveau nicht die allein ausschlaggebende Aussagegröße ist.

Tabelle 28: **Signifikanzwerte der Kovariablen für die Eskalationszeiten kriegerischer Konflikte**

	Wald	*df*	*Signifikanz*
Erste erfasste Intensität	6,941	2	,031
Conflicttype	1,809	2	,405
Region	1,944	4	,746
Konfliktbelastung	71,157	3	,000
Regimetyp	1,190	3	,755
Konfliktbeginn (Dekade)	68,968	5	,000

6.5.2   Konfliktart und Ausgangsintensität

Auch wenn die Cox-Regression keine Signifikanz für die Kovariable »Conflict-type« ergibt, so haben doch die in einem Konflikt umstrittenen Themen deutliche Auswirkungen auf die Eskalationszeiten. Wie Tabelle 29 zeigt, reduzieren inner-staatliche Staatsvolk- und Staatsgebiet-Konflikte die Reaktionszeit um den Faktor 0,758 bzw. 0,753 im Vergleich zur nicht abgebildeten Referenzkategorie »innerstaatliche Staatsmachtkonflikte«. Dieses Ergebnis kann unter dem Gesichtspunkt interpretiert werden, dass Staatsvolk- und Staatsgebiet-Konflikte von außen betrachtet, nur schwer erfasst werden können. Oftmals sind dies auch Konflikttypen, die längere Zeit nur als historische Erinnerung tradiert und wenn, dann innerhalb des normierten Verfahrens, also beispielsweise der Verfassung, ausgetragen werden und daraufhin schnell in Gewalt münden. Beispiele hierfür sind der Staatszerfall in Jugoslawien und der Völkermord in Ruanda. In beiden Fällen liegen die eigentlichen historischen Erfahrungen, die als Begründung für den Hass auf die andere Gruppe instrumentalisiert wurden, Jahrzehnte, bisweilen auch Jahrhunderte, zurück und die beteiligten Gruppen lebten bis zum Ausbruch des Krieges friedlich miteinander. Deshalb gilt es als generell schwierig, für diese Konflikte, die oftmals vereinfachend als ethnische Konflikte bezeichnet werden, solide Frühwarnindikatoren zu finden.

Tabelle 29: **Einfluss auf das Eskalationsrisiko – der Konfliktimpuls**

	B	SE	Wald	df	Signifikanz	Exp(B)
Conflicttype 1 (innerstaatlich Staatsvolk)	-,277	,269	1,066	1	,302	,758
Conflicttype2 (innerstaatlich Staatsgebiet)	-,284	,242	1,382	1	,240	,753
FirstIntensity (Disput)	-,528	,268	3,877	1	,049	,590
FirstIntensity (gewaltlose Krise)	,037	,250	,022	1	,883	1,038

B = Regressionskoeffizient, SE = zu B gehörender Standardfehler, Wald = Prüfgröße, berechnet durch $\left(\frac{B}{SE}\right)^2$, Df = Freiheitsgrad

Einen noch deutlich größeren Einfluss auf das Eskalationsrisiko weist der Faktor »First Intensity« auf. Dieser zeigt an, auf welcher Intensitätsstufe ein Konflikt in die Datenbank aufgenommen wird bzw. entsprechend der CONIS-Methode wahrgenommen wird.

Bei Konflikten, die auf der ersten Stufe Disput aufgenommen werden, verringert sich die kriegerische Eskalationswahrscheinlichkeit zur nicht abgebildeten Referenzkategorie »gewaltsame Krise« um knapp 40%. Bei Konflikten die auf Stufe 2, gewaltlose Krisen, beginnen, ist der Unterschied zu gewaltsamen Krisen minimal. Dies macht deutlich, dass die Stufe zwei als Ausgangsstufe für kriegerische Konflikte von fast gleicher Bedeutung ist wie gewaltsame Krisen. Es ist also in innerstaatlichen Konflikten unerheblich, ob nur mit Gewalt gedroht wurde, oder ob Gewalt in begrenztem Maße tatsächlich schon angewendet wurde. Dies ist insofern bedeutungsvoll, da bei Auswertungen der Konfliktbarometer-Daten und deren Eskalationsgefahr bislang vor allem auf Konflikte der Stufe drei verwiesen wurde (Schwank 2006; Schwank / Meier 2008).

Im Bereich solcher Variablen, die hier als Konfliktanreiz verstanden werden, hat sich gezeigt, dass die Frage, auf welcher Intensitätsstufe, also mit welchem Drohpotenzial ein Konflikt beginnt, entscheidenden Einfluss auf die Eskalationswahrscheinlichkeit ausübt. Die Frage, ob Gewalt bereits eingesetzt wurde, hat hingegen keine weitreichende Bedeutung. Hier lassen sich zwischen Stufe zwei und drei nur sehr geringe Unterschiede feststellen. Messbare Differenzen der Eskalationswahrscheinlichkeit waren hingegen bei den Konfliktthemen erkennbar.

Es stellt sich abschließend die Frage der Multikollinearität: Messen beide Variablen möglicherweise das Gleiche? Durch den recht hohen SE Wert ist nicht auszuschließen, dass ein Zusammenhang insofern besteht, als dass Staatsvolk-

und Staatsgebiet-Konflikte nur sehr schwer in frühen Stadien zu erkennen sind und deshalb diese beiden Konflikttypen erst dann erfasst werden, wenn mit Gewalt gedroht oder Gewalt bereits sporadisch angewandt wird. Allerdings widerspricht dieser Annahme ein Blick in die Datenbank. Hier werden beispielsweise für Europa sehr viele Staatsvolk-Konflikte angezeigt, die auf gewaltloser Intensität beginnen – und auch bleiben. Wie beispielsweise der inner-rumänische Konflikt um die ungarische Minderheit oder der Konflikt, der zur friedlichen Teilung der Tschechoslowakei geführt hat. Allerdings wären zu diesem Thema noch weitere, spezifischere Auswertungen sinnvoll, um sicherzustellen, dass es sich hierbei nicht um einen rein europäischen Effekt handelt.

6.5.3   Analyse des Konfliktbewältigungspotenzials

Die Variable des Regimetyps zeigt sich weder in den Signifikanzwerten noch in der Veränderung der Wahrscheinlichkeitswerte als besonders durchsetzungsstark. Die Ausprägung »Sonstiges« dient hier als Referenz. Autoritäre und semidemokratische Regime erhöhen die Eskalationswahrscheinlichkeit um etwa 20%, bei Konflikten in demokratischen Regimen[74] verringert sie sich um etwa 5,5%. Die Richtung in der sich die Werte verändern ist zu erwarten gewesen, allerdings überraschen die eher geringen Abweichungen. Auch Pfetsch (2006a) findet unter Verwendung der KOSIMO Daten keinen eindeutigen Zusammenhang zwischen Regimetyp und Kriegshäufigkeit. Allerdings zeigen andere Studien, die den Regimetypwechsel als Erklärung von innerstaatlichen Kriegen heranziehen, wie bei Hegre et al (2001), Sambanis (2001a) oder Gledditch (2002) wesentlich höhere Signifikanzen.

Tabelle 30:   **Einfluss auf das Eskalationsrisiko - Konfliktrahmen I: Regimetyp**

	B	SE	Wald	df	Signifikanz	Exp(B)
Regimetyp (Autoritäres Regime)	,185	,348	,283	1	,595	1,203
Regimetyp (Semidemokratisches Regime)	,186	,343	,295	1	,587	1,205
Regimetyp (Demokratisches Regime)	-,056	,376	,022	1	,881	,945

---

74   Zur Abgrenzung siehe Seite 224.

Der Wert für demokratische Regime kann jedoch in dem Sinne interpretiert werden, dass in Demokratien systemimmanent auch eine freie Presselandschaft herrscht, die eine bessere Berichterstattung politischer Konflikte erlaubt. Somit können hier politische Konflikte früher erkannt und nach Möglichkeiten bearbeitet werden. Doch gleichzeitig wirkt ein weiterer Mechanismus in die entgegengesetzte Richtung, der die sehr ähnlichen Ergebnisse erklären kann: innerhalb demokratischer Systeme ist es schwieriger, den Eskalationsprozess kriegerischer Konflikte vollständig zu erfassen als vergleichsweise in autoritären Regimen. Denn in Demokratien bildet der politische Widerspruch, also der Konflikt, einen wesentlichen Bestandteil des Systems (Gromes 2005). Deshalb ist es für die Konfliktbeobachtung sehr schwierig, innerstaatliche kriegerische Konflikte zu identifizieren und damit empirisch zu erfassen, während sie noch friedlich ausgetragen werden. Auch das in CONIS enthaltene Definitionskriterium, dass Konflikte außerhalb etablierter, gewaltvermeidender Regelungsverfahren ausgetragen werden müssen, schafft hier keine Abhilfe. Eher das Gegenteil ist der Fall. Denn da in Demokratien das politische System grundsätzlich für sich in Anspruch nimmt, alle politischen Konflikte friedlich zu lösen, geraten politische Konflikte wirklich meist erst dann in das CONIS Raster, wenn Gewalt angewandt wurde. In autoritären Systemen ist dies anders: hier sind ein Großteil der politischen Konflikte vom System verboten, besonders dann, wenn es sich um Konflikte um die Staatsmacht handelt. Genau aber diese abweisende Haltung des autoritären Regierungssystems erleichtert eine klare Identifikation politischer Konflikte unterhalb der Gewaltschwelle. Für die Konfliktfrühwarnung und speziell für den CONIS-Ansatz bedeutet dies weitere Forschungsbemühungen für eine bessere Bestimmung »gefährlicher«, aber noch gewaltloser politischer Konflikte in demokratischen Systemen.

6.5.4   Konflikte als selbstreferentielle Rahmen

In der bisherigen Forschung wird davon ausgegangen, dass frühere Konflikte als Erfahrung oder historische Erinnerung auf das aktuelle Konfliktgeschehen erneut einwirken können (Goertz / Diehl 1992a, 1993, Pfetsch 2000, Schwank / Rohloff 2001) oder die Strukturen der Staatlichkeit auf Dauer schädigen und so die Fähigkeit eines Staates zur Aufrechterhaltung des Gewaltmonopols empfindlich reduzieren (Rotberg 2002, Carment 2004, Chesterman et al. 2005). Referenzpunkt ist hier die Klasse der Konflikte, die in Staaten ohne Konfliktbelastung ausgetragen werden. Die Frage, ob ein Land eine kriegerische Vorbelastung aufweist oder nicht, hat entscheidenden Einfluss auf die nachfolgende Konfliktentwicklung und das Eskalationsrisiko.

Tabelle 31:   **Einfluss auf das Eskalationsrisiko - Konfliktbelastung des Staates**

	B	SE	Wald	Df	Signifikanz	Exp(B)
geringe Konflikt belastung (0,01-0,33)	-3,042	,383	63,225	1	,000	,048
mittlere Konflikt belastung (0,34 – 0,66)	-,145	,272	,286	1	,593	,865
hohe Konflikt belastung (0,67 – 1)	-,380	,290	1,712	1	,191	,684

Besonders eindrücklich ist hier das Ergebnis für Staaten, die nur eine geringe Konfliktbelastung aufweisen. Ihr geringeres Eskalationsrisiko, bzw. die verlängerten Eskalationszeiten lässt sich zum einen aus einer offensichtlich größeren Widerstandskraft gegen politische Bedrohungen erklären. Bestimmte Staaten scheinen bessere Widerstandskräfte gegen die kriegerische Eskalation politischer Konflikte aufzuweisen als andere. Man könnte auch sagen, sie verfügen über ein höheres Konfliktbewältigungspotential als andere Staaten. Deshalb dauern hier auch Eskalationsprozesse wesentlich länger bzw. eskalieren politische Konflikte seltener zu kriegerischen Konflikten. Staaten hingegen, die eine mittlere oder hohe Konfliktbelastung aufweisen, verfügen über dieses Managementpotential nicht und entsprechend höher ist in diesen Staaten das Risiko einer gewaltsamen Eskalation. Wenn also in einem Land mit einer bereits vorhandenen mittleren oder hohen Konfliktbelastung ein neuer politischer Konflikt aufbricht, dann reichen in diesen Staaten die Fähigkeiten zu einer gewaltlosen Konfliktbewältigung der entsprechenden Regierungen nicht oder nur kurz, oder der Konflikt eskaliert kriegerisch.

6.5.5   Regionen als Bezugsgröße

Im vorangegangen ersten empirischen Kapitel der Arbeit wurde gezeigt, dass die in CONIS und anderen Datensätzen unterschiedenen Regionen innerhalb des Untersuchungszeitraums deutliche Unterschiede in der Konfliktbelastung aufweisen – dass es aber doch auffällige Gemeinsamkeiten gibt. So sind Europa und die Region Amerika deutlich weniger kriegsanfällig als Afrika, Asien und die Region Vorderer- und Mittlerer Orient. Bereits in früheren Arbeiten wurde der Zusammenhang erkannt und mit Konfliktaustragungsmustern, die sich in der Region verbreiten und von Nachbarstaaten übernommen werden erklärt (Kende 1971, 1972, Trautner 1996). Doch für die Eskalationswahrscheinlichkeiten lässt sich kein starker Einfluss erkennen – Konflikte scheinen in ihrem Eskalationsverhalten weitgehend unabhängig von regionalen Einflüssen zu sein.

Tabelle 32: **Einfluss auf das Eskalationsrisiko – Konfliktregion**

	B	SE	Wald	Df	Signifikanz	Exp(B)
Europa	,296	,412	,517	1	,472	1,345
Afrika	,206	,346	,355	1	,551	1,229
Amerika	-,210	,404	,270	1	,603	,811

6.5.6 Historische Umstände

Der dritte Bestandteil des Rahmens, in dem die Konfliktkommunikation stattfindet, beinhaltet den Gedanken, dass Normen und Werte, aber auch das technische Material sich im Lauf der Zeit verändern und sich dies auf die Eskalationszeiten auswirken kann. Die Signifikanzwerte waren in der Gesamtauswertung eindeutig. Und auch die Unterschiede zwischen Konflikten, die in der ersten Dekade und jene, die in der letzten Dekade begonnen wurden, haben offensichtlich einen entscheidenden Einfluss auf die Eskalationszeiten. Damit scheint Bestätigung zu finden, was sich aus der Analyse der globalen Konfliktprozesse im vorangegangenen Kapitel abgezeichnet hatte: Konflikte beispielsweise der 1960er sind substantiell andere als Konflikte der 1990er Jahre. Sie eskalieren innerhalb unterschiedlicher Zeiträume und sind daher von anderen Wirkungsmechanismen geprägt. Doch auch wenn vieles für diese These steht, kann die klare Ergebnistabelle unten auch abweichend interpretiert werden: demnach sind die unterschiedlichen Werte allein aus den sich immer ausdehnenden Zeiträumen zu erklären, innerhalb derer die Konflikte kriegerisch eskalieren können. Ein Konflikt, der zur Mitte der 1950er Jahre entsteht, hat bei einer einheitlichen Linkszensierung der Daten auf 1945 demnach maximal 10 Jahre Zeit, um kriegerisch zu eskalieren. Ein Konflikt der zur Mitte der 1990er Jahre entsteht, demnach bereits maximal 50 Jahre. Allerdings zeigt ein Blick in die Jahresbezogenen Auswertungen, dass viele der Konflikte aus den 1990er Jahren tatsächlich eher neu entstandene Konstellationen aufweisen. Dennoch: hier könnte weitere, fokussierte Forschung die genauen Ursachen des unterschiedlichen Eskalationsverhaltens aufdecken.

Tabelle 33: **Einfluss auf das Eskalationsrisiko – Der Konfliktbeginn**

	B	SE	Wald	Df	Signifikanz	Exp(B)
Konfliktbeginn 1945-1955	-9,645	1,190	65,700	1	,000	,000
Konfliktbeginn 1956-1965	-6,878	,910	57,151	1	,000	,001
Konfliktbeginn 1966-1975	-5,430	,831	42,713	1	,000	,004
Konfliktbeginn 1976-1985	-4,099	,656	39,000	1	,000	,017
Konfliktbeginn 1986-1995	-1,895	,516	13,516	1	,000	,150

6.5.7   Zusammenfassung der Ergebnisse

Das verwendete Erklärungsmodell basiert stark auf konfliktbezogenen Variablen wie die Art der Herausforderung für den Staat (Konflikttypus), der ersten erfassten Intensität eines Konfliktes und der Konfliktbelastung eines Staates. Nicht alle der verwendeten Erklärungsfaktoren erweisen sich als so erklärungsstark, wie angenommen. Dennoch zeigt sich, dass es verschiedene Einflussfaktoren auf die Eskalationszeiten bzw. das Eskalationsrisiko politischer Konflikte gibt. Als einflussreichste Variable hat sich die Kriegslast eines Staates vor dem Ausbruch eines neuen Konfliktes herausgestellt. Je mehr Kriege ein Staat bereits aufweist, desto höher ist das Eskalationsrisiko bzw. desto kürzer ist die Eskalationszeit. Dies ist eine wichtige Information für die gesamte Forschung zur Konfliktfrühwarnung. Denn bisher wird dieser Aspekt in den gängigen Modellen kaum beachtet. Doch der hier ermittelte starke Einfluss der Erblast lässt es sinnvoll erscheinen, in Zukunft für diese Staaten ein anderes methodisches Vorgehen bei der Feststellung eines Risikofaktors zu wählen, als bei Staaten, die weniger Kriegserfahrung und deshalb auch andere Eskalationswege aufweisen.

Auch der Beginn eines Konfliktes hat offensichtlich Einfluss auf die Eskalationsrisiken einer politischen Auseinandersetzung. Politische Konflikte, die bereits in der gewaltlosen Phase außerhalb etablierter Regelungsverfahren ausgetragen werden, eskalieren langsamer als Konflikte, die erst offensichtlich werden, wenn bereits Gewalt eingesetzt wurde. Dieses Ergebnis erscheint selbstevident, weil eben jene Phasen des Konfliktes, die der Gewaltanwendung vorausgingen, nicht erfasst wurden und damit die Beobachtungszeit vor dem Kriegsausbruch verkürzen. Und dennoch könnte hier als Gegenargument gelten, dass sich die längere Eskalationszeit und das verringerte Eskalaionsrisiko aus den Möglichkeiten der Beeinflussung des Konfliktaustrags ergibt. Je früher ein Konflikt erkannt wird, desto besser sind die Möglichkeiten, auch von außen, auf eine friedliche Bearbeitung des Konfliktes hinzuarbeiten. Daraus ergibt sich vor allem ein Auftrag an die empirische Konfliktforschung, die vorhandene Methodik zu verbessern um politische Konflikte noch früher in den Fokus der Aufmerksamkeit zu stellen und zu einer effektiven Konfliktbearbeitung aufzurufen.

Etwas überraschend scheint die inhaltliche Ausrichtung eines Konfliktes, hier gemessen anhand der Ebene der Staatskonzeption (Staatsmacht-, Staatsgebiet-, Staatsvolkkonflikte), kaum Auswirkungen auf das Konfliktrisiko zu haben. Dies ist insofern erstaunlich, als zu erwarten wäre, dass die unterschiedlichen Wirkungsmechanismen hier zu einer unterschiedlichen Dauer oder Wahrscheinlichkeit der Eskalation geführt hätten. Tatsächlich jedoch ergibt sich die Bedeutung des Konflikttyps stärker aus dem Zusammenwirken mit den jeweiligen Gegebenheiten des einezlnen Staates, in dem der Konflikt stattfindet. In weiteren Analysen sollte jedoch überprüft werden, ob und wenn ja welchen Einfluss die Konfliktgegenstände, einzeln oder in ihrer Kombination, auf das Eskalationsrisiko haben.

Insgesamt können die vorliegenden Ergebnisse der Cox Analyse nur als erste, vorläufige Hinweise auf die tatsächlichen Wirkungszusammenhänge in Eskalationsprozessen verstanden werden. Zukünftige Arbeiten werden dieses Verfahren anhand neuerer Versionen des CONIS Datensätzes wiederholen. Es wäre zu empfehlen, noch einmal die gewaltlosen Phasen der Kriege zu überprüfen und gegenebenenfalls in CONIS zu verändern, oder die Methode an regional oder zeitlich eingeschränkten Konfliktdaten einmal anzuwenden. Insgesamt erscheint dies ein sehr wertvolles Verfahren zu sein, um die Dynamiken politischer Konflikte künftig noch besser zu untersuchen.

6.6   Supplement: Eskalationsanfälligkeit nach Gewaltausbruch

Als Ergänzung zu den obigen Konfliktbeobachtungen soll hier noch der Hinweis erfolgen, dass Verknappungen von Sicherheit nicht nur von neuen kriegerischen Konflikten droht, sondern häufig auch von älteren Konflikten, die nach einer vermeintlichen Waffenruhe erneut eskalieren.

Die diesem Abschnitt zugrunde liegende Frage lautet demzufolge, wie hoch das Risiko dafür ist, dass ein bereits kriegerisch eskalierter Konflikt nach einer Deeskalation erneut zum (begrenzten) Krieg wird. Ähnliche Überlegungen finden sich bereits in Arbeiten, die auf Daten des COW–Ansatzes (Goertz / Diehl 1992a, Goertz / Diehl 1993, Goertz / Diehl 2000) bzw. von KOSIMO (Pfetsch 2000, Schwank / Rohloff 2001) basieren. Bei diesen Analysen verhindern jedoch starre Datenbankstrukturen bzw. unklare Codierungsregeln eine genaue Rückverfolgung des tatsächlichen Konfliktverlaufs. Der CONIS-Ansatz ermöglicht hingegen durch sein systemorientiertes Konfliktverständnis und die erweiterten technischen Möglichkeiten des relationalen Datenbankaufbaus erstmals eine klare Rückverfolgung aller Eskalations- und Deeskalationsprozesse. Dabei bietet der CONIS Datensatz zwei Möglichkeiten, das Auftreten von Re-Eskalationen zu analysieren: über die Auswertung der 1) Maximale Jahresintensitätswerte oder 2) der Konfliktphasen.

Ad 1) Maximale Jahresintensitätswerte geben den höchsten Intensitätswert wieder, den ein Konflikt innerhalb eines Kalenderjahres erreicht hat. Dieser Maximalwert wird jedoch unabhängig davon berechnet, wie lange diese Konfliktphase gedauert hat. Damit ein Konflikt als erneute Eskalation erkannt wird, muss der Konflikt für mindestens ein volles Kalenderjahr unterhalb der Kriegsschwelle ausgetragen worden sein. In einem ungünstigen Fall kann bei dieser Methode jedoch auch eine 22 oder 23 monatige Kampfunterbrechung unerkannt bleiben und als durchgehende Konfliktphase gezählt werden. Dies wäre der Fall, wenn eine kriegerische Konfliktphase bis in die ersten Januartage des Jahres X zu beobachten wäre, dann eine Friedensphase einsetzen würde, die erst in den späten Dezembertagen des Jahres X +1 wieder unterbrochen wird. Damit muss diese Methode als eher ungenau und wenig mess-sensibel gewertet werden. Allerdings ist sie damit wenig anfällig gegenüber Messfehlern, beziehungsweise Codierungsverzerrungen, die sich aufgrund von ungleicher Informationsmenge beziehungsweise Qualität ergeben kann.

Ad 2) Die Dauer einer Konfliktphase ergibt sich direkt aus der Dauer von genau einer oder mehreren, unmittelbar aufeinander folgenden, gleichartigen Konfliktkommunikationen, also Maßnahmen, die die Akteure ergreifen. Damit bei diesem auf Phasen gestützten Verfahren ein Konfliktverlauf als erneute Eskalation erkannt wird, muss eine kriegerische Konfliktphase für mindestens drei Tage unterbrochen sein[75]. Dieses Verfahren ist also wesentlich mess-sensibler als das zuvor beschriebene. Die Problematik liegt jedoch darin, dass die entsprechenden Codierungen nicht für alle Konflikte in gleicher Art vorgenommen werden konnten. Entweder weil die entsprechenden Informationen nicht zur Verfügung standen – die Informationslage über afrikanische Konflikte ist zumeist wesentlich ungenauer als für europäische –oder weil der entsprechende Konfliktbearbeiter eine Kampfunterbrechung von nur kurzer Dauer für nicht wesentlich erachtet hatte[76]. Damit ergibt sich, dass diese zweite Methode zwar grundsätzlich genauer misst, aber auch in gleicher Weise anfällig für unklare oder ungenaue Codierungen ist. Vereinfachend kann gesagt werden, dass Konfliktphasen und deren tagesgenaue Analysen mit entsprechendem Hintergrundwissen gelesen und analysiert werden müssen. Für die bessere Vergleichbarkeit wurden deshalb die Zeitdauerangaben von Konfliktphasen, wie in anderen Auswertungen, auf Jahresdezimalstellen umgerechnet und dann beide Werte berechnet.

Die nachfolgende Tabelle gibt einen Überblick über das Eskalationsverhalten kriegerischer Konflikte nach dem Ausbruch kriegerischer Kämpfe. Auf der linken Tabellenseite ist die Anzahl der beobachteten erneuten Eskalationen zu beobachten. Sie beginnt mit einer 1, die für das einmalige Aufbrechen kriegerischer Gewalt steht und endet mit einer 13, welches bedeutet, dass insgesamt ein einzi-

---

75 Dieser Zeitraum von drei Tagen wurde gewählt, um einerseits auszuschließen, dass es sich bei der Unterbrechung um reine Anschlussfehler in der Datumscodierung handelt, andererseits aber um sicherzustellen, dass ausgehandelte Friedensabkommen, auch wenn sie sich als brüchig erweisen, berücksichtigt werden. Hinweis: Um auszuschließen, dass die angesprochenen Anschlussfehler die analytischen Auswertungen beeinflussen, wurde ein Algorithmus programmiert, der Fehler solcher Art aufspürt. Entsprechende Meldungen werden an die Bearbeiter mit der Bitte um Korrektur weitergeleitet.

76 Obwohl in Schulungen immer wieder auf diese Problematik hingewiesen wird und Bearbeiter um Korrektur ihrer Datenabgaben gebeten werden, lässt sich nicht ausschließen, dass im Datensatz eine solche ungleiche Bewertung von Konfliktsituationen aufzufinden ist.

ger Konflikt 12 Mal erneut kriegerisch ausgebrochen ist[77]. Aus der Tabelle ist ersichtlich, dass innerstaatliche Konflikte weitaus häufiger zu erneuten Eskalationen neigen als zwischenstaatliche. Dies zeigt sich besonders eindrucksvoll daran, dass die erfassten zwischenstaatlichen Konflikte maximal sechs Eskalationen aufweisen. Ferner ist jedoch auch ersichtlich, dass eine nicht unerhebliche Anzahl kriegerischer Konflikte eine sehr begrenzte Anzahl von erneuten Eskalationen aufweisen.

Betrachtet man das Eskalationsverhalten anhand der Jahreswerte der insgesamt 212 beobachteten innerstaatlichen kriegerischen Konflikten weisen 145 von ihnen, das entspricht 68,4%, nur einen gewaltsamen kriegerischen Gewaltzeitraum auf. Das bedeutet dass etwa 1/3 aller innerstaatlichen kriegerischen Konflikte nach mehr als zwölf Monaten geringerer Intensität erneut gewaltsam eskalieren. Bei Berechnung auf Grundlage der Konfliktphasen ergibt sich ein etwas geringerer Wert für Konflikte ohne erneute Eskalation. Hier liegt der Wert bei nur noch 54,2%. Bei zwischenstaatlichen Konflikten liegt der Vergleichswert etwas niedriger: 31 von 48 zwischenstaatlichen kriegerischen Konflikte weisen unter Verwendung der Konfliktjahreswerte nur eine einzige Eskalation auf, das entspricht 64,6%. Unter Verwendung der Konfliktphasen liegt der entsprechende Wert bei 60,4%.

77   Bei letzterem handelt es sich um den Bürgerkrieg in Somalia – 20051 Somalia (Civil War).

337

Tabelle 34: **Anzahl der Eskalationen auf kriegerisches Konfliktniveau unterschieden nach inner- und zwischenstaatlichen Konfliktjahren und Konfliktphasen**

Anzahl der Eskalationen	Innerstaatliche Konflikte		Zwischenstaatliche Konflikte	
	Konfliktjahre	Konfliktphasen	Konfliktjahre	Konfliktphasen
1	145	115	31	29
2	40	51	11	9
3	19	15	2	3
4	5	11	2	5
5	3	8	1	0
6	0	2	1	1
7	0	3	0	1
8	0	0	0	0
9	0	2	0	0
10	0	2	0	0
11	0	0	0	0
12	0	2	0	0
13	0	1	0	0
Gesamt	212	212	48	48

Bei der Analyse der Wertereihen und deren Visualisierung in Abbildung 50 ist auffällig, dass die innerstaatlichen kriegerischen Konflikte zwar prozentual auf die Gesamtheit gesehen etwas häufiger nur eine Eskalation aufweisen. Gleichzeitig zeigen jedoch jene Konflikte, die erneut eskalieren, wesentlich häufiger Re-Eskalation an, als zwischenstaatliche. Dies erklärt sich vermutlich daraus, dass die an innerstaatlichen Konflikten beteiligten nicht staatlichen Akteure eine in der Regel kürzere Mobilisierungsphase benötigen und deshalb leichter erneut kriegerische Handlungen aufnehmen können als Staaten. Außerdem dürfte hierbei eine Rolle spielen, das innerstaatliche Konflikte weitaus schärfer unter internationaler Beobachtung stehen und auch dem Völkerrecht unterliegen, so dass auch aus diesen Gesichtspunkten eine erneute Eskalation schwieriger ist, als bei innerstaatlichen Konflikten.

Abbildung 50: Anfälligkeit kriegerischer Konflikte für Re-Eskalation – Analyse der Konfliktphasendaten

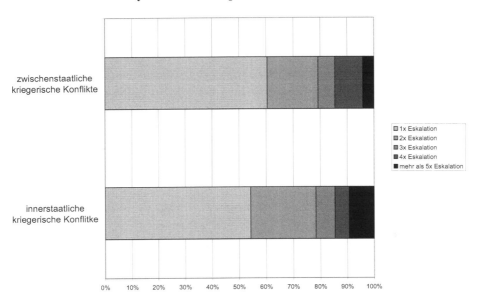

Zusammenfassend kann gesagt werden, dass für beide Konflikttypen, innerstaatliche wie zwischenstaatliche, die generelle Neigung zu einer erneuten Eskalation bei knapp 32,3 % (Konfliktjahre) bzw. 46,4% (Konfliktphasen) liegt. Das bedeutet, dass die Beendigung von Kampfphasen immer mit einer gewissen Skepsis betrachtet und das erneute Aufflammen von kriegerischen Kampfhandlungen einkalkuliert werden muss. Für eine breit angelegte Konfliktfrüherkennung bzw. Konfliktfrühwarnung sollten diese Aspekte weiter erforscht und jene Faktoren, die zur Dauerhaftigkeit von Konfliktbeendigungen beitragen, herausgearbeitet werden. Zudem weisen innerstaatliche Konflikte grundsätzlich höhere Risikowerte für erneute Eskalationen auf als zwischenstaatliche. Dennoch zeigen die Datenwerte für beide Konflikttypen, dass die Gefahr mehrfacher Eskalationen relativ gering ist. Nur knapp fünf Prozent aller beobachteten kriegerischen Konflikte weisen selbst bei Verwendung der sensibleren Konfliktphasenmethode mehr als vier Eskalationen auf.

Diese Auswertungen geben jedoch auch einen entscheidenden Hinweis darauf, dass friedliche Phasen nach einem kriegerischen Konflikt, so genannte »post war-Szenarien« häufig zu einer erneuten gewaltsamen Eskalation neigen. Bisher hat dies die quantitative Konfliktforschung aufgrund fehlender Daten noch nicht nachweisen können. Die Forschung sollte dementsprechend zukünftig verstärkt ein Augenmerk darauf legen, ob Faktoren erkennbar sind, die ein erneutes eskalieren eines bereits deeskalierten Konfliktes beeinflussen können.

7   Fazit

Die Zielsetzung der vorliegenden Arbeit war es, in der immer kleinteiliger und diffuser werdenden Debatte zur Kriegsursachenforschung durch ein viele unterschiedliche Konfliktarten integrierendes und an die laufenden Debatten anschlussfähiges komplexes Konflikt- und Analysemodell einen Gegenpunkt zu setzen. Um dieses Ziel zu erreichen, wurden zunächst nach den eigentlichen Grundlagen der quantitativen Kriegsursachenforschung gefragt, nämlich nach den Wesensmerkmalen des derzeitigen Kriegsgeschehens. Den Ergebnissen der aktuellen theoriegeleiteten Forschung zu zwischen- und innerstaatlichen Konflikten wurden die Möglichkeiten der üblicherweise verwendeten Messverfahren der empirischen Konfliktforschung gegenüber gestellt und überprüft, ob diese geeignet sind, die in den letzten 50 Jahren beobachtbaren Konflikte in ausreichendem Umfang und in ihrer Differenziertheit empirisch zu erfassen. Erst das zweite inhaltliche Kapitel griff dann die Frage nach dem Stand der Kriegsursachenforschung auf. Hier wurden die in der Forschung am häufigsten vorfindbaren Ansätze anhand eines eigens entwickelten Modells systematisiert und entsprechend ihres Erklärungsansatzes geordnet. Als Ergebnis dieses Überblicks wurden neue Hypothesen formuliert, die eine breite Vielfalt der Erklärungsansätze abdecken mit einem ebenfalls neuen methodischen Verfahren überprüft werden sollten.

Einer der wichtigsten Erträge dieser Arbeit stellt die Entwicklung des neuen CONIS Ansatzes dar, der für die empirische quantitative Konfliktforschung Innovationen auf drei Ebenen bietet. Erstens ein auf Kommunikation gestütztes neues Konfliktmodell. Zweitens ein Datenmanagementsystem, das nicht nur erlaubt, wesentlich mehr Informationen zu speichern als die bisher üblichen Listendatenbanken, sondern das damit ermöglicht, eine wesentlich breitere Vielfalt unterschiedlicher Konfliktformen zu erfassen, als es andere Konfliktdatenbanken tun. Drittens gibt der systematische Aufbau der CONIS Datenbank die Möglichkeit, durch Verknüpfungen bestimmter Abfragen jene Informationen zu erhalten, die für moderne Ansätze der Kriegsforschung notwendig sind.

Das neue Konfliktmodell ist das Ergebnis der Auseinandersetzung mit der Kriegstheorie von Clausewitz und die Verbindung mit moderner Systemtheorie. Politische Konflikte werden so im CONIS Ansatz als soziale Systeme verstanden, die sich aus und durch Kommunikation konstituieren. Um relevante politische Konflikte von sonstiger widerspruchsbehafteter Kommunikation zu unterscheiden, wurden auf der Definitionsebene ergänzende Kriterien gewählt. Dazu gehört, dass diese Kommunikation über politisch relevante Themen geführt wird, dass die Akteure auf Grundlage ihrer politischen, sozialen, ökonomischen oder militärischen Stellung in der Lage sind, ihre Interessen grundsätzlich durchzusetzen oder ihnen diese Eigenschaft zumindest vom Konfliktgegner zugesprochen wird. Weiterhin muss der Konflikt außerhalb etablierter, gewaltvermeidender Regelungsverfahren ausgetragen werden. Dieses neue Konfliktmodell bringt für die quantitative empirische Konfliktforschung Vorteile auf mindestens zwei Ebenen: Erstens können durch die Konzentration auf die Konfliktkommunikation die auch bisher nicht systematisch erfassten gewaltlosen Phasen politischer Konflikte auf Grundlage einer intersubjektiv nachvollziehbaren Methode erfasst und so die Eskalationswege bestimmt und nachgezeichnet werden. Dies ist ein entscheidender Vorteil in der Analyse der Entstehung gewaltsamer Konflikte und eröffnet durch den Vergleich zwischen ähnlichen Konflikten die in einem Falle kriegerisch eskaliert und im anderen unterhalb der Kriegsschwelle geblieben sind, neue Wege in der Kriegsursachenforschung. Zweitens ist der neue kommunikationsbasierte Ansatz bessere als die etablierten quantitativen Methoden dazu geeignet, innerstaatliche Konflikte zu erfassen und ihre Intensität zu bestimmen. Die qualitativ ausgerichteten Konfliktdatensätze haben mit ihren starren Regeln hinsichtlich der Todesopferschwellenwerte und der weiteren Bedingung, dass mindestens ein Staat auf einer Seite als Akteur beteiligt sein muss, das tatsächliche innerstaatliche Konfliktgeschehen nur teilweise erfasst. Auch wenn davon auszugehen ist, dass sich das Konfliktgeschehen bzw. die Muster innerstaatlicher Konflikte in Zukunft weiter verändern werden, wird der kommunikationsbasierte Ansatz auch in der Lage sein, neue Konfliktformen zu erfassen.

Die empirische Relevanz des neuen theoretischen Ansatzes ergibt sich jedoch erst mit der Konzeption und Umsetzung einer entsprechenden Datenbankstruktur. Mit der Entwicklung von CONIS als relationaler Datenbank können so die mehreren zehntausend Datensätze zum Konfliktgeschehen fehlerfrei gespeichert und abgerufen werden. Außerdem ermöglicht dieser Aufbau auch die flexible Ergänzung um weitere deskriptive und analytische Variablen ohne dabei einen Informationsverlust oder Einschränkung der bereits vorhandenen Daten hinnehmen zu müssen. Damit können eben genau solche Daten hinzugefügt werden, die in Einzelfallanalysen oder bei Arbeiten mit anderen Konfliktdatensätzen als erklärungsrelevant herausgestellt haben. Diese Hypothesen können so mit den CONIS-Konfliktdaten überprüft und ihre Erklärungsstärke bestimmt werden.

Diese einfache Erweiterungsmöglichkeit des Datensatzes stellt die Anschlussfähigkeit für zukünftige Untersuchungen und Projekte sicher und ermöglicht eine Fortführung der Konfliktforschung auch unter Veränderungen des Forschungsinteresses. Neben der ursprünglichen Zielrichtung, nämlich der Aufdeckung von Ähnlichkeiten zwischen Konflikten und ihren Auswirkungen (Schwank 2005, Schwank 2006a) konnte der Datensatz bereits für zwei Studien der Bertelsmann-Stiftung zur Untersuchung kultureller Konflikte genutzt (Croissant/Schwank: 2006; Croissant et. al. 2008) und auch um georeferentielle

Daten erweitert und speziell für Ressourcenkonflikte verwendet werden (Schwank 2010).

Die CONIS Datenbank, die bereits seit 2003 in Kooperation mit dem Heidelberger Institut für Internationale Konfliktforschung genutzt wird, erzielt jedoch ihren große Analysegewinn nicht zuletzt aufgrund der vielfältigen Abfragemöglichkeiten. Durch die unterschiedlichen Bedingungen, mit denen Abfragen spezifiziert werden können und durch die Verknüpfungsmöglichkeit unterschiedlicher Informationsdatensätze kann ein tiefer Einblick in Konfliktprozesse und deren bestimmende Faktoren gewonnen werden, die andere Datenbanken so nicht liefern.

Der zweite wichtige Beitrag dieser Arbeit auf dem Feld der Kriegsursachenanalyse ist, dass die Bedeutung von dynamischen Prozessen betont und der Begriff der Risikoanalyse gestärkt wurde. Der Vorteil besteht darin, dass dem Kernproblem der Komplexität der Konfliktursachen ein wissenschaftlich fundierter Ansatz entgegengesetzt wird, der nicht Ursachen eines Konfliktes erkennen will, sondern stattdessen die Risikofaktoren eines Eskalationsprozesses in den Fokus nimmt. Damit wird gerade der anwendungsorientierten Forschung ein Analyseinstrument geliefert, das in unübersichtlichen Entscheidungssituationen wichtige Hinweise auf Einflussfaktoren für die weitere Prozessdynamik geben kann, ohne gleichzeitig andere Faktoren auszuschließen oder bereits Aussagen über Wechselwirkungen mit anderen, bisher nicht bekannten Rahmenfaktoren zu geben.

Neben den Erträgen auf der konzeptionellen Ebene bringt diese Arbeit eine Fülle neuer empirischer Konfliktdaten und damit Erkenntnisse auf dem Gebiet der Konflikthäufigkeiten, die teilweise quer zu den vorhandenen Aussagen über die Entwicklung gewaltsamer politischer Konflikte stehen. Dies kann einen neuen Impuls für die gesamte empirische Konfliktforschung bedeuten im Sinne einer Auseinandersetzung, nicht zuletzt in der Frage, welche verwendete Messmethode die besten Ergebnisse zur Modellierung und Erfassen politischer Konflikte ergibt. Die Arbeit konnte zeigen, dass sich neue Erkenntnisse aus der Analyse der CONIS Daten auf verschiedenen Ebenen zeigen. Die wichtigsten Erkenntnisse können in den folgenden Punkten zusammengefasst werden:

Innerstaatliche Konflikte stellen fast mit Beginn der Untersuchungsperiode die wesentlich häufigere beobachtbare gewaltsame Konfliktform dar und nicht, wie lange Zeit vermutet, zwischenstaatliche. Das bedeutet, dass seit dem Ende des 2. Weltkrieges weit häufiger Gefahr für das Leib und Leben der Menschen aus innerstaatlichen Konflikten resultierte, als aus zwischenstaatlichen. Das ist insofern von Bedeutung, weil die empirische Konfliktforschung lange Zeit sich nur auf zwischenstaatliche Konflikte konzentriert hatte und erst mit den humanitären Katastrophen in Ruanda und Somalia begann, sich für innerstaatliche Konflikte tiefergehender zu interessieren. Die CONIS Daten zeigen, dass eine weitergehende Auseindernsetzung mit dieser Konfliktform für die empirische quantitative Konfliktforschung lohnenswert ist.

Die komplette Neu-Erfassung der Konflikte nach der CONIS Methode hat zudem verdeutlicht, welch tiefgehender Einschnitt das Ende des Kalten Krieges für die Konfliktwirklichkeit bedeutet. Ab diesem Zeitpunkt ist ein deutlicher Anstieg der innerstaatlichen Konflikte zu beobachten, die zu Rekordwerten in der Kriegshäufigkeit Anfang der 1990er Jahre führt. Auch setzt ab diesen Zeitraum eine Veränderung des Konfliktaustrags ein, die sich mit den strukturellen Messvariablen des CONIS Ansatzes vor allem in einer Verschiebung der beobachtbaren Intensitäten innerhalb der Gewaltkonflikte niederschlägt: ab den 1990er Jahren werden immer weniger Konflikte auf der höchsten Stufe der Skala gemessen, also als Kriege, dafür stieg zunächst die Anzahl der Konflikte auf Stufe vier, begrenzte Kriege und besonders stark die Konflikte auf Stufe drei, der gewaltsamen Krise. Ein weiterer Hinweis auf die Veränderung des Konfliktgeschehens nach dem Ende des Kalten Krieges ergibt sich nach einem Blick auf die Konfliktregionen. Hier zeigte sich, dass Asien insofern vom Ende des Kalten Krieges profitiert, als dass die Anzahl der hochgewaltsamen Konflikte deutlich abnimmt und Asien ab diesen Zeitpunkt die Bürde der Regionen mit der höchsten jährlichen Kriegsbelastung an das subsaharische Afrika abgibt. Allerdings ging aus der Analyse hervor, dass Europa und besonders Afrika die beiden Weltregionen sind, die besonders negative Auswirkungen der Annäherung der beiden militärischen Supermächte verzeichnen. Beide weisen, jeweils jedoch auf sehr unterschiedlichem Ausgangsniveau, erhebliche Zunahmen kriegerischer Konflikte auf. Wobei es Europa, im Gegensatz zu Afrika, gelingt, diese Entwicklung zu stoppen und die Anzahl der Kriege einzudämmen. Afrika hingegen trägt an der Kriegslast fast bis zum Ende des Beobachtungszeitraums und wird zur Region, in der die meisten Kriege zu beobachten sind. Möglicherweise ist es auch dieser höhere Anteil afrikanischer Konflikte, der auf der Ebene der Konfliktgegenstände ab den 1990er Jahren den Anteil der Ressourcenkonflikte deutlich ansteigen lässt. Auch die Anzahl der Konflikte, bei denen die Akteure um die »lokale Vorherrschaft« kämpfen, steigt nach 1990 deutlich an. Dies ist ein deutliches Zeichen dafür, dass einzelne Staaten tatsächlich schwächer wurden und einige Akteure einzelne lohnenswerte, d.h. in der Regel ressourcenreiche Gebiete unter ihre Kontrolle bringen wollten.

Ein besonders aufschlussreiches und für weitere Arbeiten der Konfliktfrüherkennung nachhaltiges Ergebnis ergab sich aus der Kombination von kriegerischen Konflikten und den hiervon betroffenen Ländern. Hier hatte sich gezeigt, wie ungleich die Kriegslasten der Welt auf die einzelnen Staaten verteilt sind: Etwa 80% aller Kriegsländerjahre verteilen sich auf nur etwa 20% aller Staaten. Das bedeutet, dass einzelne Staaten offensichtlich in einer Spirale aus immer wieder neuen oder sehr langanhaltenden Kriegen gefangen sind. Auch hier liegt ein zentraler Schlüssel für weitere Verbesserungsschritte der Konfliktfrühwarnung: diese Tatsache der unterschiedlichen Konfliktbewältigungskapazität muss Niederschlag in der Konzeption dieser Ansätze finden.

Als letztes zentrales Ergebnis der empirischen Analyse der Konfliktentwicklung, sei noch einmal auf die Entwicklung der Konflikte auf Stufe der mittleren Intensität verwiesen. Wie in der Analyse beschrieben, stellen die Konflikte auf Stufe 3, gewaltsame Krise, seit Ende der 1990er eine absolut dominierende Konfliktform dar. In Folge dessen, dass die quantitative Konfliktforschung traditionell auf Kriege fokussiert ist, wurde auch im CONIS Ansatz diese Stufe 3 als Übergangsphase innerhalb des Konfliktes konzipiert, die das Übergleiten eines friedlich ausgetragenen Konfliktes hin zum Krieg beschreibt. Tatsächlich zeigt die Vielzahl an Konflikten auf dieser Stufe, dass es sich bei einer Vielzahl weniger um eine Transitionsphase handelt, sondern vielmehr um eine eigene Konfliktform. Offensichtlich betreiben viele politische Akteure keine weiteren Anstrengungen, um den Konflikt auf eine höhere Intensität zu heben, sondern wählen bewusst solche Instrumente des Konfliktaustrags, die unterhalb der Kriegsschwelle liegen. Hier werden weitere wissenschaftliche Arbeiten ansetzen müssen, um eine genauere Unterscheidung zwischen »weiter eskalationsträchtigen« und »tatsächlich begrenzt gewalttätig« herbeiführen und methodisch absichern zu können. Auch muss sich die quantitative Konfliktforschung mit der Frage auseinander setzen – und dies möglicherweise im Austausch mit der Gesellschaft – vor welcher Art von Konflikten weitere Frühwarnprogramme in Zukunft warnen sollen: »nur« vor Kriegen oder eben auch vor gewaltsamen Konflikten, die unterhalb der Kriegsschwelle liegen.

Eine letzte Innovation dieser Arbeit lag in der Anwendung der Ereignisdatenanalyse auf nicht-kriegerische Konflikte, um zu überprüfen, innerhalb welchen Zeitraums politische Konflikte kriegerisch eskalieren und welche Faktoren diese Zeitspanne beeinflussen können. Zunächst wurde das empirische Verhalten politischer Konflikte bei der Eskalation gezeigt. Aus einer Darstellung der Zeitreihenwerte wurde erkennbar, dass erstmalige Eskalationen sehr unregelmäßig auftreten und beispielsweise nach dem Ende das Kalten Krieges besonders häufig zu beobachten waren. Dies ließe den ersten Schluss zu, dass Veränderungen der internationalen Ebene einen größeren Einfluss auf die Eskalationsrisiken eines innerstaatlichen Konfliktes ausüben, als zunächst vermutet. Die zweite wichtige Erkenntnis aus der Analyse der Eskalationsprozesse war, dass innerstaatliche Konflikte nur zu einem Anteil von nur etwa 46% als gewaltlose Konflikte in das Analyseraster des CONIS Ansatzes geraten. Weitere knapp 23% werden erstmalig auf der Stufe 3 erfasst. Das heißt, dass sich die Analysen der Eskalationswege auf etwa 70% aller erfassten innerstaatlichen Kriege bezogen. In der Anwendung der Ereignisdatenanalyse zeigte sich unter Verwendung aller in CONIS erfassten Konflikte ein deutlicher Unterschied zwischen dem Eskalationsverhalten inner-

und zwischenstaatlicher Konflikte. Aufgrund des höheren Anteils zwischenstaatlicher Konflikte an den gewaltlosen Konflikten ist es deutlich weniger wahrscheinlich, dass ein in CONIS erfasster zwischenstaatlicher Konflikt eskaliert, als ein innerstaatlicher. Werden jedoch nur die Eskalationswege der Kriege herangezogen, dann zeigt sich, dass inner- und zwischenstaatliche Konflikte fast gleich schnell kriegerisch eskalieren.

Die Analyse der Einflussfaktoren auf das Eskalationsverhalten innerstaatlicher Konflikte hatte gezeigt, dass nicht alle verwendeten Erklärungsfaktoren in gleicher Weise die Eskalationszeiten beeinflussen. Als besonders Erklärungsrelevant hat sich die vorherige Konfliktbelastung der Staaten erwiesen: Je weniger innerstaatliche kriegerische Konflikte ein Staat aufwies, desto geringer ist auch das Risiko, dass ein neuer politischer Konflikt hier kriegerisch eskaliert. Allein dieses Ergebnis ist eine wichtige Information für die empirische Konfliktfrühwarnung. Denn eine mögliche Schlussfolgerung hieraus ist, die Frühwarnmethode auf die spezifische Konflikterfahrung eines Staates anzupassen. Viele Fragen zur Feststellung des Eskalationsrisikos haben in Staaten, die bisher friedlich waren, eine andere Relevanz als von innerstaatlichen Kriegen belastete Länder. Aber auch die anderen überprüften Variablen, wie beispielsweise die Intensitätsstufe, in der ein Konflikt für CONIS erkennbar wird, haben Einfluss auf die Eskalationsrisiken. Nachfolgende Arbeiten können das ausgewählte Set an Erklärungsvariablen sicherlich neu gewichten oder weitere Indikatoren heranziehen. Die Arbeit versteht sich besonders an dieser Hinsicht als Ausgangspunkt einer Reihe weiterer Arbeiten, die das Eskalationsrisiko politischer Konflikte spezifischer bestimmen werden. Dabei wird es von grundsätzlicher Relevanz sein, ob Frühwarn- oder Eskalationsrisikenansätze in Zukunft verstärkt auf Konflikte der mittleren Intensitätsstufe ausgedehnt werden sollten. Die massive Verschiebung hin zu dieser Konfliktintensität lässt eine solche Überlegung als ratsam erscheinen.

Diese Arbeit versteht sich als erster Wegweiser in einer Reihe weiterer Arbeiten, die sich mit Entwicklungsdynamiken und Eskalationswahrscheinlichkeiten politischer Konflikte auseinander setzen werden. Zwei Forschungsaufträge lassen sich aus den vorliegenden Ergebnissen für die Krisen- und Kriegsprävention unmittelbar ableiten:

Erstens sollte zukünftig starker Wert auf die Frage gelegt werden, ab wann Staaten zum ersten Mal in kriegerische Konflikte geraten. Die Ergebnisse aus den empirischen Auswertungen zum globalen Konfliktverlauf haben deutlich gezeigt, dass die Gefahr für die Eskalation eines kriegerischen Konfliktes in bereits kriegsbelasteten Staaten deutlich höher liegt als in Staaten, die keine solche Konflikte aufweisen. Dieser Tatsache ist bisher kaum in den vorliegenden Studien zur Klärung von kriegsbegünstigenden Faktoren berücksichtigt worden. Zweifelsohne nehmen schwache Regierungen, Ressourcenvorkommen und Ungleichverteilungen hohe Bedeutungen für die Erklärung von Kriegen ein. Auch die Frage, ob ein Staat eine demokratische Regierungsform praktiziert oder nicht ist nachweisbar von Relevanz. Doch all diese Studien berücksichtigen nicht die vorhandene Kriegsbelastung. Die meisten der quantitativen Konfliktdatenbanken betrachten Kriege eher als Erscheinungen, die auf der dichotomen Ebene von: »Vorhanden / Nicht vorhanden« untersucht werden. Die bei UCDP und der AKUF in den letzten Jahren vorgenommenen Änderungen, wonach zwei weitere Stufen kriegerischer Konflikte unterschieden werden (minor armed bzw. bewaffnete Konflikte) können zwar diesbezüglich als Fortschritt gesehen werden, lösen das Problem der unentdeckten Vielschichtigkeit und Komplexität noch nicht. Politische Kriege sollten jedoch vielmehr als Ergebnis eines politischen Prozesses verstanden werden, die sowohl extrem heterogene Formen als auch politische und humanitäre Konsequenzen annehmen können. Damit sollte der dominierende Blick auf ökonomisch-strukturelle oder geologische Faktoren hin auf prozessuale Dynamiken und Managementfähigkeiten bzw. Konflikterfahrungswerte gewendet werden.

Daraus ergibt sich der zweite Ansatzpunkt für zukünftige Forschungen: es sollte noch viel stärker, auch mit quantitativen Mess- und Analyseinstrumenten als auch durch qualitative Einzelfalluntersuchungen herausgearbeitet werden, welche Konfliktbewältigungsstrategien sich in vergleichbaren Fällen als erfolgreich herausgestellt haben. Ein wichtiger Beitrag, den die quantitative Konfliktforschung hier beisteuern könnte, ist die Messung von besonders effektiven Bewältigungsstrategien. In einer Art Benchmarking könnten Beispiele erfasst werden, die einen erfolgreichen, d.h. gewaltlosen Konfliktausgang wahrscheinlicher machen. Hierfür ist aber sowohl von forschungstheoretischer Seite als auch von quantitativ-methodischer Seite noch etliche Vorarbeit notwendig: Es müssten unterschiedliche Konfliktlösungsstrategien typologisiert und entsprechende Operationalisierungsmerkmale für die Konfliktdatenerhebung definiert werden. Trotz der noch zu leistenden Vorarbeiten erscheint dieser Weg angesichts der als in CONIS vorliegenden Datenwerte als gangbar und generell als lohnenswert.

Es bleibt festzuhalten, dass diese Arbeit eine Reihe neuer Ideen und Erkenntnisse in die Forschungsdiskussion der quantitativen empirischen Konfliktforschung einbringt. Ihre tatsächliche Relevanz wird sich jedoch erst noch erweisen müssen. Allerdings bieten die theoretischen, konzeptionellen und empirischen Ergebnisse dieser Studie auch die Möglichkeit zu weiteren Forschungsarbeiten, die einzelne Aspekte dieser Arbeit weiter vertiefen, überprüfen oder widerlegen. Es ist ein großer Wunsch des Autors der vorliegenden Studie, dass sich möglichst viele Forscher dieser Aufgabe annehmen.

Literaturverzeichnis

(AKUF), Arbeitsgemeinschaft Kriegsursachenforschung (1988): Kriege 1987. Arbeitspapier Nr. 18 der Forschungsstelle Kriege, Rüstung und Entwicklung. Hamburg, Universtät Hamburg.

Aamodt, Agnar, Plaza, Enric (1994): Case-Based Reasoning: Foundational Issues, Methodological Variations, and System Approaches. In: AI Communications, 7(1), 39--59.

Agrawal, Rakesh, Srikant, Ramakrishnan (1995): Mining sequential patterns. Proceedings of the Eleventh International Conference on Data Engineering (ICDE '95). Taipeh, Taiwan.

Allison, Graham T., Zelikow, Philip (1999): Essence of Decision : Explaining the Cuban Missile Crisis, New York, Longman.

Angell, Norman (1910): The Great Illusion; A Study of The Relation of Military Power in Nations to their Economic and Social Advantage, London, W. Heinemann.

Angstrom, Jan (2005): Introduction: Debating the Nature of Modern Warfare. In: I. Duyvesteyn und J. Angstrom (Hrsg), Rethinking the Nature of War. London; New York: Frank Cass, 1-27.

Arndt, Hans-Wolfgang, Rudolf, Walter (1994): Öffentliches Recht, München, Franz Vahlen.

Aron, Raymond (1980): Den Krieg denken, Frankfurt a.M. Berlin Wien, Propyläen.

Aust, Stefan (2008): Der Baader-Meinhof-Komplex, Hamburg, Hoffmann und Campe.

Austin, Alexander (2003): Early Warning & And the Field: A Cargo Cult Science? In: D. Bloomfield, M. Fischer und B. Schmelzle (Hrsg), Berghof Handbook for Conflct Transformation. Bonn: Berghof Center for Constructive Conflict Management - online document.

Avesani, Paolo, Ferrari, Sara, Susi, Angelo (2003): Case-Based Ranking for Decision Support Systems. In: K. D. Ashley und D. G. Bridge (Hrsg), Case-Based Reasoning Research and Development. Berlin / Heidelberg: Springer, 35-49.

Azar, Edward E. (1972): Conflict Escalation and Conflict Reduction in an International Crisis: Suez, 1956. In: Journal of Conflict Resolution, 16(2), 183-201.

Azar, Edward E. (1980): The Conflict and Peace Data Bank (COPDAB) Project. In: Journal of Conflict Resolution, 24(1), 143-152.

Babgat, Gawdat (2006): Nuclear proliferation: The Islamic Republic of Iran. In: Iranian Studies, 39(3), 307-327.

Balch-Lindsay, Dylan, Enterline, Andrew J. (2000): Killing Time: The World Politics of Civil War Duration, 1820-1992. In: International Studies Quarterly, 44(4), 615-642.

Baloui, Said (1997): Access 97 das Kompendium, Haar bei München, Markt und Technik.

Barnett, Don, Harvey, Roy (1972): The Revolution in Angola; MPLA, Life Histories and Documents, Indianapolis, Bobbs-Merrill Co.

Barnett, Thomas P. (2004): The Pentagon's New Map: War and Peace in the Twenty-First Century, New York, London, Penguin.

Barton, Frederick, von Hippel, Karin (2008): Early Warning? A Review of Conflict Prediction Models and Systems. Center For Strategic & International Studies.

Bayer, Reşat (2006): "Diplomatic Exchange Data set, v2006.1.".

Beck, Nathaniel (1998): Modelling Space and Time: The Event History Approach. In: E. Scarbrough und E. Tanenbaum (Hrsg), Research Strategies in the Social Sciences: A Guide to New Approaches. Oxford, UK: Oxford University Press, 191–216.

Beck, Nathaniel (2001): Modeling Dynamics in the Study of Conflict: A Comment on Oneal and Russett. In: G. Schneider, K. Barbieri und N. P. Gledditsch (Hrsg), Globalization and Armed Conflict. Lanham: Rowman & Littlefield, 165-178.

Beck, Nathaniel, Katz, Jonathan N. (2001): Throwing Out the Baby with the Bath Water: A Comment on Green, Kim, and Yoon. In: International Organisations, 55(2), 487-495.

Beier, Marshall J. (2003): Discriminating Tastes: 'Smart' Bombs, Non-Combatants, and Notions of Legitimacy in Warfare. In: Security Dialogue, 34(4), 411-425.

Bennett, D. Scott, Stam, Allan C. (1996): The Duration of Interstate Wars. In: American Political Science Review, 90(2), 239-257.

Berdal, Mats (2003): How "New" Are "New Wars"? Global Economic Change and the Study of Civil War. In: Global Governance, 9(4), 477-502.

Berger, Lars (2006): Die USA und der islamistische Terrorismus. Herausforderungen im Nahen und Mittleren Osten, Paderborn, Ferdinand Schöningh.

Bernett, Jon (2001): Security and Climate Change. Tyndall Centre for Climate Change Research.

Biermann, Frank, Rohloff, Christoph (1998): Umweltzerstörung als Konfliktursache? In: Zeitschrift für Internationale Beziehungen, 5(2), 273-308.

Billing, Peter (1992): Eskalation und Deeskalation internationaler Konflikte: ein Konfliktmodell auf der Grundlage der empirischen Auswertung von 288 internationalen Konflikten seit 1945, Frankfurt am Main, Bern, New York, Paris, Peter Lang.

Biswas, Bidisha - dot not cite without permission (2003): From Riots to Wars: An Examination of the Relation Between Low Intensity Conflict and Civil War, 1970-1999. The National Conference of the Midwest Political Science Association. Chicago.

Blainey, Geoffrey (1973): The Causes of War, London Basingstoke, Macmillan.

Bloomfield, Lincoln Palmer, Leiss, Amelia C. (1969): Controlling Small Wars; A Strategy for the 1970's, New York, Knopf.

Bond, D., Jenkins, J. C., Taylor, C. L., Schock, K. (1997): Mapping Mass Political Conflict and Civil Society: Issues and Prospects for the Automated Development of Event Data. In: Journal of Conflict Resolution, 41(4), 553-579.

Boulding, Kenneth Ewart (1962): Conflict and defense; a general theory, New York, Harper.

Box-Steffensmeier, Janet M. , Jones, Bradford S. (1997): Time is of the Essence: Event History Models in Political Science. In: American Journal of Political Science, 41(4), 1414-1461.

Box-Steffensmeier, Janet M., Jones, Bradford S. (2004): Event History Modeling: A Guide for Social Scientists, Cambridge, Cambridge University Press New York, NY, USA.

Brecher, Michael (1993): Crises in World Politics : Theory and Reality, Oxford; New York, Pergamon Press.

Brecher, Michael , Wilkenfeld, Jonathan (2000): A Study of Crises, Ann Arbor, University of Michigan Press.

Brecher, Michael, James, Patrick (1986): Crisis and Change in World Politics, Boulder, Westview Press.

Brecher, Michael, Wilkenfeld, Jonathan (1989): Crisis, Conflict, and War, Oxford; New York, Pergamon Press.

Brecher, Michael, Wilkenfeld, Jonathan, Moser, Sheila (1988): Crises in the Twentieth Century, Oxford; New York, Pergamon Press.

Brecke, Peter (2000): Risk assessment models and early warning systems (Modelle der Risikoabschätzung und Frühwarnsysteme). REIHE: Papers / Wissenschaftszentrum Berlin für Sozialforschung ed. Berlin: Wissenschaftszentrum Berlin.

Bremer, Stuart A. (1982): The Contagiousness of Coercion: The Spread of Serious International Disputes, 1900-1976. . In: International Interactions, 9(1), 29-55.

Bremer, Stuart A. (1992): Dangerous Dyads, Conditions Affecting the Likelihood of Interstate War 1816 - 1965. In: Journal of Conflict Resolution, 36(2), 309-341.

Bremer, Stuart A. (1995): Advancing the Scientific Study of War. In: S. A. Bremer und T. R. Cusack (Hrsg), The Process of War. Advancing the Scientific Study of War. Luxembourg: Gordon and Breach, 1-35.

Broicher, Andreas (2005): Gerhard von Scharnhorst : Soldat-Reformer - Wegbereiter, Aachen, Helios.

Brown, Michael E. (Hrsg) (1996a): The International Dimensions of Internal Conflict, Cambridge, Mass., MIT Press.

Brown, Michael E. (1996b): The Causes and International Dimensions of Internal Conflict. In: M. E. Brown (Hrsg) The International Dimensions of Internal Conflict. Cambridge, Mass. : MIT Press, 571-602.

Brunborg, Helge (2001): Contribution of Statistical Analysis to the Investigations of the International Criminal Tribunals. In: Statistical Journal of the United Nations Economic Commission for Europe, 18(2-3), 227-238.

Brunborg, Helge, Lyngstad, Torkild Hovde, Urdal, Henrik (2003): Accounting for Genocide: How Many Were Killed in Srebrenica? In: European Journal of Population, 19(3), 229-248.

Brunnschweiler, Christa N., Bulte, Erwin H. (2009): Natural resources and violent conflict: resource abundance, dependence, and the onset of civil wars. In: Oxford Economic Papers, 61, 651-674.

Brzoska, Michael (2004): "New Wars Discourse" in Germany. In: Journal of Peace Research, 41(1), 107-117.

Bueno de Masquita, Bruce (1978): Systemic Polarization and the Occurrence and Duration of War. In: Journal of Conflict Resolution, 22(2), 241-267.

Bueno de Masquita, Bruce (1981): The War Trap, New Haven / London, Yale University Press.

Bueno de Masquita, Bruce, Lalman, David (1992): War and Reason, Domestic and International Imperatives, New Haven.

Bueno de Masquita, Bruce, Morrow, James, Siverson, Randolph M., Smith, Alastair (1999): An Institutional Explanation of the Democratic Peace. In: American Political Science Review, 93(4), 791-807.

Bueno de Mesquita, Bruce (1985): The War Trap Revisited: A Revised Expected Utility Model. In: American Political Science Review, 79(1), 156-177.

Bueno de Mesquita, Bruce, Morrow, James, Siverson, Randolph M., Smith, Alastair (1999): An Institutional Explanation of the Democratic Peace. In: American Political Science Review, 93(4), 791-807.

Buhaug, Halvard, Cederman, Lars-Erik, Rød, Jan Ketil (2008): Disaggregating Ethno-Nationalist Civil Wars: A Dyadic Test of Exclusion Theory. In: International Organization, 62(03), 531-551.

Buhaug, Halvard, Gates, Scott (2002): The Geography of Civil War. In: Journal of Peace Research, 39(4), 417-433.

Buhaug, Halvard, Gledditsch, Kristian Skrede (2008): Contagion or Confusion? Why Conflicts Cluster in Space. In: International Studies Quarterly, 52(2), 215-233.

Buhaug, Halvard, Lujala, Päivi (2005): Accounting for Scale: Measuring Geography in Quantitative Studies of Civil War. In: Political Geography, 24(4), 399-418.

Bühl, Achim (2006): SPSS 14 Einführung in die moderne Datenanalyse, München, Pearson Studium.

Burton, John W. (1972): World Society, Cambridge, University Press.

Bush, George W. (2002): President Delivers State of the Union Address on January 29, 2002.

Buzan, Barry, Wæver, Ole, Wilde, Jaap de (Hrsg) (1998): Security : A New Framework for Analysis, Boulder, Colo., Lynne Rienner Pub.

Calic, Marie-Janine (Hrsg) (1996): Friedenskonsolidierung im ehemaligen Jugoslawien. Sicherheitspolitische und zivile Aufgaben. , Ebenhausen, Stiftung Wissenschaft und Politik.

Campen, Alan D., Dearth, Douglas H., Goodden, R. Thomas (1996): Cyberwar : security, strategy, and conflict in the information age, Fairfax, Va., AFCEA International Press.

Carlsnaes, Walter, Risse-Kappen, Thomas, Simmons, Beth A. (2002): Handbook of international relations, London ; Thousand Oaks, Calif., SAGE Publications.

Carment, David (2004): Preventing State Failure. In: R. Rotberg (Hrsg) When states fail: causes and consequences. Princeton: Princeton University Press, 1-49.

Carnegie Commission on Preventing Deadly Conflict. (1997): Preventing deadly conflict : final report with executive summary, Washington, DC, The Commission.

Carr, Edward Hallett (1940): The twenty years' crisis, 1919-1939; An introduction to the study of international relations, London, Macmillan.

Chesterman, Simon, Ignatieff, Michael, Thakur, Ramesh (Hrsg) (2005): Making States Work: State Failure and the Crisis of Governance, Tokyo, United Nations University Press.

Chesterman, Simon, Lehnardt, Chia (Hrsg) (2007): From Mercenaries to Markets: The Rise and Regulation of Private Military Companies, Oxford, Oxford Universtiy Press.

Chojnacki, Sven (1999): Dyadische Konflikte und die Eskalation zum Krieg - Prozesse und Strukturbedingungen dyadischer Gewalt in Europa, 1816-1992, Berlin.

Chojnacki, Sven (2004a): Anything New or More of the Same? Types of War in the Contemporary International System. Paper prepared for the 5th Pan-European International Relations Conference "Constructing World Orders" The Hague, September 9-11, 2004. Berlin.

Chojnacki, Sven (2004b): Wandel der Kriegsformen? Ein kritischer Literaturbericht. In: Leviathan, 32(3), 402-424.

Clapham, Christopher (2002): Africa and the International System. The Politics of State Survival, Cambridge, Cambridge University.

Clarke, Richard A., Knake, Robert K. (2010): Cyber war : the next threat to national security and what to do about it, New York, Ecco.

Clausewitz, Carl v. (1980): Vom Kriege (ersm. 1832-1834), Hamburg, Ferdinand Dümmler.

Clausewitz, Carl v. (2008): Vom Kriege, Hamburg, Nikol Verlag.

Cohen, Eliot A. (1996): A Revolution in Warfare. In: Foreign Affairs, 75(2), 37-54.

Cohen, Stephen P. (2004): Nuclear weapon and nuclear war in South Asia: Unknowable futures. In: R. Thakur und O. Wiggen (Hrsg), South Asia in the World. . Hong Kong: United Nations University Press, 39-57.

Coker, Christopher (2001): Humane Warfare, London, New York, Routledge.

Collier, David, Hoeffler, Anke (2001a): Data Issues in the Study of Conflict. Data Collection on Armed Conflict. Uppsala, 1-14.

Collier, David, Levitsky, Steven (1997): Democracy with Adjectives - Conceptual Innovation in Comparative Research. In: World Politics, (49 (April 1997)), 430-451.

Collier, Paul, Elliott, Lani, Hegre, Havard, Reynal-Querol, Marta, Sambanis, Nicholas (2003a): Breaking the Conflict Trap, Washington, World Bank / Oxford University Press.

Collier, Paul, Hoeffler, Anke (2000): Greed and grievance in civil war. World Bank Working Papers Series. Washington D.C.

Collier, Paul, Hoeffler, Anke (2001b): Greed and Grievance in Civil War (World Ban Policy Research Working Papers 2355). Washington, D.C.: World Bank.

Collier, Paul, Hoeffler, Anke (2002): On the Inciedence of Civil War in Africa. In: Journal of Conflict Resolution, 46(1), 13-28.

Collier, Paul, Hoeffler, Anke (2004a): Greed and Grievance in civil war. In: Oxford Economic Papers, 56(4), 563-596.

Collier, Paul, Hoeffler, Anke (2004b): Greed and Grievance in civil war. Oxford Economic Papers. 563-596.

Collier, Paul, Hoeffler, Anke, Söderbom, Mans (2003b): On The Duration of Civil War. In: Journal of Peace Research, 41(3), 253-273.

Collier, Paul, Sambanis, Nicholas (2002): Understanding Civil War - A new Agenda. In: Journal of Conflict Resolution, 46(1), 3-12.

Collier, Paul, Sambanis, Nicholas (2005): Understanding Civil War : Evidence and Analysis, Washington, D.C., World Bank.

Congelton, Roger D. (1995): Ethnic Clubs, Ethnic Conflict, and the Rise of Ethnic Nationalism and Social Communication. In: A. Breton, G. Galeotti und R. Wintrobe (Hrsg), Nationalism and Rationality. Cambridge: Cambridge University Press, 71-97.

Copeland, Dale C. (2000): The Origins of Major War, Ithaca, Cornell University Press.

Coser, Lewis A. (1968): The Functions of Social Conflict, London, Routledge & Kegan Paul.

COW, Correlates of War Projekt (2005): "State System Membership List, v2004.1.".

Cox, D. R. (1972): Regression Models and Life Tables. In: Journal of the Royal Statistical Society, 34(2), 187-220.

Crenshaw, Martha (2000): Terrorism and International Violence. In: M. Midlarsky (Hrsg) Handbook of War Studies II. Michigan: Michigan University Press, 3-24.

Crocker, Chester A., Hampson, Fen Osler, Aall, Pamela R. (2007): Leashing the Dogs of War : Conflict Management in a Divided World, Washington, D.C., United States Institute of Peace Press.

Croissant, Aurel, Schwank, Nicolas (2006): Violence, Extremism and Transformation. Bertelsmann Transformation Index 2006 Findings. In: Bertelsmann Stiftung (Hrsg) Violenc Violence, Extremism and Transformation. Bertelsmann Transformation Index 2006 Findings. München: Bertelsmann Stiftung, 5-85.

Croissant, Aurel, Wagschal, Uwe, Schwank, Nicolas, Trinn, Christoph (2009): Kulturelle Konflikte seit 1945: Die kulturellen Dimensionen des globalen Konfliktgeschehens, Baden - Baden, Nomos.

Cronin, Blaise, Crawford, Holly (1999): Information Warfare: Its Application in Military and Civilian Contexts. In: The Information Society, 15(4), 257-263.

Cunningham, David E., Gledditsch, Kristian Skrede, Salehyan, Idean (2009): It Takes Two. A Dyadic Analysis of Civil War Duration and Outcome. In: Journal of Conflict Resolution, 53(4), 570-597.

Czempiel, Ernst Otto (1981): Internationale Politik: ein Konfliktmodell, Paderborn, F.Schöningh.

Czempiel, Ernst Otto (1993): Weltpolitik im Umbruch, München, C.H. Beck.

Daase, Christopher (1999): Kleine Kriege - Große Wirkung. Wie unkonventionelle Kriegsführung die internationale Politik verändert, Baden-Baden, Nomos.

Daase, Christopher (2002): "Der Krieg ist ein Chamäleon". Zum Formenwandel politischer Gewalt im 21. Jahrhundert. In: Forum Loccum, 21(4).

Daase, Christopher (2003): Krieg und politische Gewalt: Konzeptionelle Innovation und theoretischer Fortschritt. In: G. Hellmann, K. D. Wolf und M. Zürn (Hrsg), Die neuen Internationalen Beziehungen - Forschungsstand und Perspektiven in Deutschland. Baden-Baden: Nomos Verlagsgesellschaft, 161-208.

Daase, Christopher (2004): Demokratischer Frieden - Demokratischer Krieg: Drei Gründe für die Unfriedlichkeit von Demokratien. In: C. Schweitzer, B. Aust und P. Schlotter (Hrsg), Demokratien im Krieg. Baden - Baden: Nomos, 53-71.

Daase, Christopher (2006): Die Theorie des Kleinen Krieges revisted. In: A. Geis (Hrsg) Den Krieg überdenken. . Frankfurt a. Main: Nomos, 151-165.

Davies, John L., Gurr, Ted Robert (Hrsg) (1998): Preventive Measures : Building Risk Assessment and Crisis Early Warning Systems, Lanham, Md., Rowman & Littlefield.

De Rouen, K. R., Sobek, D. (2004): The dynamics of Civil War Duration and Outcome. In: Journal of Peace Research, 41(3), 303-320.

Debiel, T., Fischer, M., Matthies, V., Ropers, N. (1999): Effektive Krisenprävention. Herausforderungen für die deutsche Außenund Entwicklungspolitik. In: Stiftung Entwicklung und Frieden Policy Paper, 12.

Derouen, Karl R., Bercovitch, Jacob (2008): Enduring Internal Rivalries: A New Framework for the Study of Civil War. In: Journal of Peace Research, 45 (1), 55-74.

Dessler, David (1991): Beyond Correlations: Toward a Causal Theory of War. In: International Studies Quarterly, 35(3), 337-355.

Deutsch, Karl Wolfgang (Hrsg) (1957): Political Community and the North Atlantic Area; International Organization in the Light of Historical Experience, Princeton, Princeton University Press.

Diehl, Paul F. (1985): Contiguity and Military Escalation in Major Power Rivalries 1816-1980. In: Journal of Politics, 47(4), 1203-1211.

Diehl, Paul F. (1992): What Are They Fighting For? The Importance of Issues in International Conflict Research. In: Journal of Peace Research, 29(3), 333-344.

Diehl, Paul F. (Hrsg) (1999): A Road Map to War : Territorial Dimensions of International Conflict, Nashville, Vanderbilt University Press.

Diehl, Paul F. (2001): Updating the Correlates of War Militarized Interstate Data Set: Justifications and Reflections "Identifying Wars: Systematic Conflict Research and it´s Utility in Conflict Resolution and Prevention; 8-9 June 2001. Uppsala.

Diehl, Paul F. (Hrsg) (2004): The Scourge of War : New Extensions on an Old Problem, Ann Arbor, University of Michigan Press.

Dinstein, Yoram (1994): War, aggression and self-defence, Cambridge, Grotius.

Dixon, Cecil Aubrey, Heilbrunn, Otto (1956): Partisanen Strategie und Taktik des Guerillakrieges, Frankfurt (a.M.) Berlin, Verlag für Wehrwesen Bernard und Graefe.

Dixon, Jeffrey (2009): What causes Civil War. In: International Studies Review, 11(4), 707-735.

Dixon, William (1994): Democracy and the Peaceful Settlement of International Conflict. In: American Political Science Review, 88(1), 14-32.

Doran, Charles F. (1999): Why Forecasts Fail: The Limits and Potential of Forecasting in International Relations and Economics. In: International Studies Review, 1(2), 11-41.

Doyle, Michael W. (1986): Liberalism and Word Politics. In: American Political Science Review, 80(4), 1151-1171.

Doyle, Michael W. (1997): Ways of War and Peace: Realism, Liberalism, and Socialism, New York, Norton.

Doyle, Michael W., Sambanis, Nicholas (2000): International Peacebuilding: A Theoretical and Quantitative Analysis. In: American Political Science Review, 94(4), 779-801.

Duyvesteyn, Isabelle (2005): Clausewitz and African War: Politics and Strategy in Liberia and Somalia, Oxon; New York, Frank Cass.

Duyvesteyn, Isabelle, Angstrom, Jan (Hrsg) (2005): Rethinking the Nature of War, London ; New York, Frank Cass.

Easton, David (1953a): The political system, an inquiry into the state of political science, New York, Knopf.

Easton, David (1953b): A Systems Analysis of Political Life, New York.

Eberwein, Wolf-Dieter (2001): Humanitäre Hilfe, Flüchtlinge und Konfliktbearbeitung. In: -. Ö.-. Österreichisches Studienzentrum für Frieden und Konfliktlösung (Hrsg) Zivile Konfliktbearbeitung: Eine internationale Herausforderung. Münster.

Eberwein, Wolf-Dieter, Chojnacki, Sven (2001a): Scientific Necessity and Political Utility. A Comparison of Data on Violent Conflicts. Berlin: Wissenschaftszentrum Berlin.

Eberwein, Wolf-Dieter, Chojnacki, Sven (2001b): Stürmische Zeiten? Umwelt, Sicherheit und Konflikt. Discussion Paper P 97 303. Wissenschaftszentrum Berlin.

Eck, Kristine (2005): A Begiiners Guide to Conflict Data. Finding and Using the Right Dataset. Uppsala Conflict Data Program (UCDP).

Elbadawi, Ibrahim A., Hegre, Havard, Milante, Gary J. (2008): The Aftermath of Civil War. In: Journal of Peace Research, 45(4), 451-459.

Elbadawi, Ibrahim, Sambanis, Nicholas (2002): How much War will we see? Explaining the Prevalence of Civil War. In: Journal of Conflict Resolution, 46(3), 307-334.

Ellingsen, Tanja, Gleddditsch, Nils Petter (1997): Democracy and armed conflict in the third world. In: K. Volden und D. Smith (Hrsg), Causes of conflict in third world countries. Oslo: North-South Coalition and International Peace Research Institute, 69-81.

Elwert, Georg (1995): Gewaltmärkte. Beobachtungen zur Zweckrationalität von Gewalt. In: T. von Trotha (Hrsg) Soziologie der Gewalt. (KZfSS Sonderheft 37). Opladen, 86-101.

Elwert, Georg, Feuchtwang, Stephan, Neubert, Dieter (Hrsg) (1999): Dynamics of Violence. Process of Escalation and De-escalation in Violent Conflicts, Berlin, Duncker & Humboldt.

Eppler, Erhard (2002): Vom Gewaltmonopol zum Gewaltmarkt? Die Privatisierung und Kommerzialisierung der Gewalt, Frankfurt a.M., Suhrkamp.

Erben, Roland F., Romeike, Frank (2002): Risk Management Informationssysteme - Potentiale einer umfassenden IT-Unterstützung des Risk Managements. In: P. M. Pastors (Hrsg) Risiken des Unternehmens, vorbeugen und meistern. München, Mering: Rainer Hampp Verlag,. 551-580.

Esty, Daniel, Goldstone, Jack, Gurr, Ted Robert, Harff, Barbara, Surko, Pamela T., Unger, Alan N., Chen, Robert (1998): The State Failure Project: Early Warning Research for U.S. Foreign Policy Planing. In: J. L. Davies und T. R. Gurr (Hrsg), Preventice Measures: Building Risk Asessment and Crisis Early Warning Systems. Lanham. 27-38.

Faber, Jan, Houweling, Henk W., Siccama, Jan G. (1984): Diffusion of War: Some Theoretical Considerations and Empirical Evidence. In: Journal of Peace Research, 21(3), 277-288.

Faust, Dominik A. (2002): Effektive Sicherheit, Wiesbaden, Westdeutscher Verlag.

Fearon, James D. (1994): Domestic Political Audiences and the Escalation of International Disputes. In: American Political Science Review, 88(3), 577-592.

Fearon, James D. (1995): Rationalist Explanations for War. In: International Organisations, 49(3), 379-414.

Fearon, James D. (2004): Why Do some Civil Wars Last So Much Longer Than Others? In: Journal of Peace Research, 41(3), 275-301.

Fearon, James D. (2005): Primary commodity exports and civil war. In: Journal of Conflict Resolution, 49(4), 483-507.

Fearon, James D., Kasara, Kimuli, Laitin, David D. (2007): Ethnic Minority Rule and Civil War Onset. In: American Political Science Review, 101(01), 187-193.

Fearon, James D., Laitin, David D. (2003a): Ethnicity, Insurgency, and Civil War. In: American Political Science Review, 97(1), 75-90.

Fearon, James D., Laitin, David D. (2003b): Violence and the Social Construction of Ethnic Identity. In: International Organization, 54(04), 845-877.

Fenrick, W.J. (2001): Targeting and Proportionality during the NATO Bombing Campaign against Yugoslavia. In: European Journal of International Law, 12(3), 489-502

Fleeson, Lucinda (2002): The Civilian Casualty Conundrum. In: American Journalism Review, (April), http://www.ajr.org/Article.asp?id=2491.

Forsythe, David P. (1992): Democracy, War, and Covert Action. In: Journal of Peace Research, 29(4), 385-395.

Fuller, John Frederick Charles (1961): The Conduct of War, 1789-1961. A Study of The Impact of The French, Industrial, and Russian Revolutions on War and its Conduct, London, Eyre and Spottiswoode.

Furlong, Kathryn, Gledditsch, Nils Petter, Hegre, Havard (2006): Geographic Opportunity and Neomalthusian Willingness: Boundaries, Shared Rivers, and Conflict. In: International Interactions, 32(1), 79-108.

Fürnkranz, Johannes, Petrak, Johannes, Trappl, Robert (1994): Machine Learning Methods for International Conict Databases: A Case Study in Predicting Mediation Outcome. OEFAI - Austrian Research Institute for Artificial Intelligence.

Gantzel, Klaus Jürgen (1986): Die Kriege nach dem Zweiten Weltkrieg bis 1984 Daten und erste Analysen, München Köln, Weltforum Verlag.

Gantzel, Klaus Jürgen, Schwinghammer, Torsten (1995): Die Kriege nach dem Zweiten Weltkrieg 1945 - 1992: Daten und Tendenzen, Münster, Lit.

Garden, Timothy (2002): Air Power: Theory and Practice. In: J. Baylis, J. Wirtz, E. Cohen und C. S. Gray (Hrsg), Strategy in the Contemporary World. Oxford: Oxford University Press, 137-157.

Garnham, David (1976): Dyadic International War, 1816–1965: The Role of Power Parity and Geographical Proximity. In: Western Political Quarterly, 29(2), 231-242.

Gartzke, Erik (2007): The Capitalist Peace. In: American Journal of Political Science, 51(1), 166-191.

Gartzke, Erik, Li, Quam, Boehmer, Charles (2001): Investing in the Peace: Economic Interdepennce and International Conflict. In: International Organisations, 55(2), 391-438.

Gat, Azar, Maoz, Zeev (2001): Global Change and the Transformation of War. In: Z. Maoz und A. Gat (Hrsg), War in a Changing World. Michigan: Michigan University Press, 1-15.

Gates, Scott, Strand, Havard (2004): Modeling the Duration of Civil Wars: Measurement and Estimation Issues. Fifth Pan European International Relations Conference. The Hague, September 9-11.

Gaubatz, Kurt Taylor (1991): Electoral Cycles and War. In: Journal of Conflict Resolution, 35(2), 212-244.

Gaubatz, Kurt Taylor (1999): Elections and War. The Electoral Incentive in the Democratic Politics of War and Peace, Stanford, Calif., Stanford University Press.

Geis, Anna (Hrsg) (2006a): Den Krieg überdenken. Kriegsbegriffe und Kriegstheorien in der Kontroverse, Baden-Baden, Nomos.

Geis, Anna (2006b): Den Krieg überdenken. Kriegsbegriffe und Kriegstheorien in der Kontroverse. In: A. Geis (Hrsg) Den Krieg überdenken. . Baden-Baden: Nomos, 9-46.

Geis, Anna, Wagner, Wolfgang (2006): Vom "demokratischen Frieden" zur demokratiezentrierten Friedens- und Gewaltforschung. In: Politische Vierteljahresschrift, 47(2), 276-309.

Gelpi, Christopher (1997): Democratic Diversions - Governmental Structure and the Externalisation of Domestic Conflict. In: Journal of Conflict Resolution, 41(2), 255-282.

Ghosn, Faten, Palmer, Glenn, Bremer, Stuart A. (2004): The MID3 Data Set, 1993–2001: Procedures, Coding Rules, and Description. In: Conflict Management and Peace Science, 21(2), 133-154.

Gibler, Douglas M. (2007): Bordering on Peace: Democracy, Territorial Issues, and Conflict. In: International Studies Quarterly, 51(3), 509-532.

Gibler, Douglas M., Sarkees, Meredith Reid (2004): Measuring Alliances: The Correlates of War Formal Interstate Alliance Dataset 1816-2000. In: Journal of Peace Research, 41(2), 211-222.

Gilpin, Robert (1981): War and Change in World Politics, Cambridge ; New York, Cambridge University Press.

Gledditsch, Nils Petter (1998): Armed Conflict and the Environment: A Critique of the Literature In: Journal of Peace Research, 35(3), 381-400.

Gledditsch, Nils Petter (2007): Transnational Dimensions of Civil War. In: Journal of Peace Research, 44(3), 293-309.

Gledditsch, Nils Petter, Wallensteen, Peter, Erikssom, Mikael, Sollenberg, Margareta, Strand, Havard (2002): Armed Conflicts 1946 - 2001: A New Dataset. In: Journal of Peace Research, 39(5), 615-637.

Gleditsch, Kristian Skrede (2002): All International Politics is Local : The Diffusion of Conflict, Integration, and Democratization, Ann Arbor, University of Michigan Press.

Gleditsch, Kristian Skrede, Ward, Michael D. (1997): Double take: A reexamination of democracy and autocracy in modern polities. In: Journal of Conflict Resolution, 41(3), 361-383.

Gluchowski, Peter, Gabriel, Roland, Dittmar, Carsten (2008): Management Support Systeme und Business Intelligence. Computergestützte Informationssysteme für Fach- und Führungskräfte, Berlin, Heidelberg, Springer.

Gochman, Charles S. (1991): Interstate Metrics: Conceptualizing, Operationalizing, and Measuring the Geographic Proximity of States since the Congress of Vienna. In: International Interactions, 17(1), 93-112.

Gochman, Charles S. (1995): The Evolution of Disputes. In: S. A. Bremer und T. Cusack (Hrsg), The Process of War. Advancing the Scientific Study of War. Luxembourg: Overseas Publishers Association, 101-128.

Gochman, Charles S., Maoz, Zeev (1984): Miltitarized Interstate Disputes 1816-1976. Procedures, Patterns and Insights. In: Journal of Conflict Resolution, 28(4), 585-614.

Goemans, H., Gleditsch, K. S., Chiozza, G., Choung, J. L. (2004): Archigos: A Database on Political Leaders. In: Typescript, University of Rochester and University of California San Diego.

Goertz, Gary , Diehl, Paul F. (1993): Enduring Rivalries: Theoretical Constructs and Empirical Pattens. In: International Studies Quarterly, 37, 147-171.

Goertz, Gary, Diehl, Paul F. (1988): A Territorial History of the International System. In: International Interactions, 15(1), 81-93.

Goertz, Gary, Diehl, Paul F. (1992a): The Empirical Importance of Enduring Rivalries. In: International Interactions, 18(2), 151-163.

Goertz, Gary, Diehl, Paul F. (1992b): Territorial changes and international conflict, London ; New York, Routledge.

Goertz, Gary, Diehl, Paul F. (2000): Rivalries - The Conflict Process. In: J. A. Vasquez (Hrsg) What do we know about war? Lanham: Rowman & Littlefield Publishers, 197-218.

Goldstein, Joshua S. (1992): A Conflict Cooperation Scale for WEIS Events Data. In: Journal of Conflict Resolution, 36(2), 369-385.

Gordy, Michael B. (2000): A comparative anatomy of credit risk models. In: Journal of Banking & Finance, 24(1-2), 119-149.

Gowa, Joanne, Mansfield, Edward D. (1993): Power Politics and International Trade. In: American Political Science Review, 87(2), 408-420.

Gramling, Robert (1996): Oil on the Edge: Offshore Development, Conflict, Gridlock, Albany, NY, State University of New York Press.

Green, Donald P., Kim, Soo Yeon, Yoon, David H. (2001): Dirty Pool. In: International Organisations, 55(2), 441-468.

Grieco, Joseph M. (1990): Cooperation among Nations : Europe, America, and non-tariff Barriers to Trade, Ithaca, Cornell University Press.

Gromes, Thorsten (2005): Innerstaatliche Konflitke und die Wirkung von Demokratie. In: E. Jahn, M. Fischer und A. Sahm (Hrsg), Die Zukunft des Friedens. Band 2. Wiesbaden: VS Verlag, 337-362.

Guha-Sapir, Deborati, van Panhuis, Willem Gijsbert (2004): Conflict-related Mortality: An Analysis of 37 Datasets. In: Disasters, 28(4), 418-428.

Gurr, Ted Robert (1993a): Minorities At Risk : A Global View of Ethnopolitical Conflicts, Washington, D.C., United States Institute of Peace Press.

Gurr, Ted Robert (1993b): Why Minorities Rebel: A Global Analysis Communal Mobilization and Conflict since 1945. In: International Political Science Review, 14(2), 161-201.

Gurr, Ted Robert (1994): Peoples Against States: Ethnopolitical Conflict and the Changing World System. In: International Studies Quarterly, 38(3), 347-377.

Gurr, Ted Robert (2000): Peoples versus States: Minorities at Risk in the Century., Washington, D.C.

Hager, Robert P. (1990): Latin American Terrorism and the Soviet Connection Revisited. In: Terrorism and Political Violence, 2(3), 258-288.

Han, Jiawei, Kamber, Micheline (2006): Data mining : concepts and techniques, Amsterdam ; Boston; San Francisco, CA, Elsevier ;Morgan Kaufmann.

Harff, Barbara, Gurr, Ted Robert (1998): Systematic Early Warning of Humanitarian Emergencies. In: Journal of Peace Research, 35(5), 551-579.

Harnischfeger, Johannes (2006): Demokratisierung und islamisches Recht, Frankfurt a. Main, Campus.

Hartzell, Caroline, Hoddie, Matthew (2003): Institutionalizing Peace: Power Sharing and Post-Civil War Conflict Management. In: American Journal of Political Science, 47(2), 318-332.

Hasenclever, Andreas (2002): Sie bewegt sich doch - Neue Erkenntnisse und Trends in der quantitativen Kriegsursachenforschung. In: Zeitschrift für Internationale Beziehungen, 9(2), 331-364.

Hegre, H. (2003): Disentangling Democracy and Development as Determinants of Armed Conflict. Paper presented at Annual Meeting of International Studies Association, Portland, OR, February 26 - March 1.

Hegre, H., Sambanis, N. (2006): Sensitivity Analysis of Empirical Results on Civil War Onset. In: Journal of Conflict Resolution, 50(4), 508-535.

Hegre, Havard, Ellingsen, Tanja, Gates, Scott, Gleditsch, Nils Petter (2001): Toward a Democratic Civil Peace? Democracy, Political Change, and Civil War. In: American Political Science Review, 95(1), 33-48.

Hegre, Havard, Gleditsch, Nils Petter (2001): Political Institutions, Globalization and Conflict. World Bank Conference on the Economics and Politics of Civil War, 11.-12. June 2002. Soria Moria Conference Center, Oslo: not publ.

Heinberg, R. (2005): The Party's Over: Oil, War And The Fate Of Industrial Societies, Gabriola Island, BC, New Society Publishers.

Henderson, E. A. (1997): Culture or Contiguity: Ethnic Conflict, the Similarity of States, and the Onset of War, 1820–1989. In: Journal of Conflict Resolution, 41(5), 649-668.

Henderson, Errol A. (2002): Democracy and War: The End of an Illusion, Coulder, CO.

Henderson, Errol A., Singer, David J. (2002): "New Wars" and Rumors of "New Wars". In: International Interactions, 28(2), 165-190.

Hensel, Paul (2000): Territory: Theory and Evidence on Geography and Conflict. In: J. A. Vasquez (Hrsg) What Do We Know about War? : Rowman & Littlefield Publishers.

Hensel, Paul R., McLaughlin Mitchell, Sara (2005): Issue Indivisibility and Territorial Claims. In: GeoJournal, 64(4), 275-285.

Herberg-Rothe, Andreas (2001): Das Rätsel Clausewitz : Politische Theorie des Krieges im Widerstreit, München, Fink.

Herberg-Rothe, Andreas (2003): Ein Preuße in den USA. In: Europäische Sicherheit, (10), 48-50.

Herek, Gregory M., Janis, Irving L., Huth, Paul K. (1987): Decision Making during International Crises. In: Journal of Conflict Resolution, 31(2), 203-226.

Hermann, M. G., Hagan, J. D. (1998): International Decision Making: Leadership Matters. In: Foreign Policy, 110, 124-137.

Hermann, M. G., Hermann, C. F. (1989): Who Makes Foreign Policy Decisions and How: An Empirical Inquiry. In: International Studies Quarterly, 33(4), 361-387.

Herzfeld, Hans (1960): Erster Weltkrieg und Frieden von Versailles. In: G. Mann (Hrsg) Propyläen Weltgeschichte - Band 9: Das zwanzigste Jahrhundert. Berlin, Frankfurt: Propyläen, 75-127.

Heuser, Beatrice (2005): Clausewitz lesen! Eine Einführung, München, R. Oldenbourg Verlag.

Heuveline, Patrick (1998): "Between One and Three Million": Towards the Demographic Reconstruction of a Decade of Cambodian History (1970-1979). In: Population Studies, 52(1), 49-65.

HIIK (2004): Conflictbarometer 2004. Heidelberg: HIIK - Heidelberg Institute on International Conflict Research.

Hirschman, Albert O. (1977): The Passions and the Interests : Political Arguments for Capitalism before its Triumph, Princeton, N.J., Princeton University Press.

Hirschman, Charles, Preston, Samuel, Manh Loi, Vu (1995): Vietnamese Casualties During the American War: A New Estimate In: Population and Development Review, 21(4), 783-812.

Hobe, Stephan, Kimminich, Otto (2004): Einführung in das Völkerrecht, Tübingen, Basel, A.Francke Verlag.

Hoffmann, Bruce (1999): Terrorism Trends and Prospects. In: I. Lesser, B. Hoffmann und J. Arquilla (Hrsg), Countering the New Terrorism. Washington: Rand, 10-28.

Hoffmann, Bruce (2003): Terrorismus. Der unerklärte Krieg. Neue Gefahren politischer Gewalt., Frankfurt am Main, S.Fischer.

Hoffmann, Stanley (1987): The Sound and the Fury: The Social Scientiest Versus War in History. In: S. Hoffmann (Hrsg) Janus and Minerva. Essays in the Theory and Practice of International Politics. Boulder, CO, 439-457.

Holsti, Kalevi J. (1991): Peace and War : Armed Conflicts and International Order, 1648-1989, Cambridge ; New York, Cambridge University Press.

Holsti, Kalevi J. (1992): International Theory and War in the Third World. In: B. L. Job (Hrsg) The Insecurtiy Dilemma: National Security of Third World States. Boulder: L. Rienner Publishers, 37-60.

Holsti, Kalevi J. (1996): The State, War, and the State of War, Cambridge, New York, Melbourne, Cambridge University Press.

Holsti, O. R., Rosenau, J. N. (1988): The Domestic and Foreign Policy Beliefs of American Leaders. In: Journal of Conflict Resolution, 32(2), 248.

Holsti, Ole R., Rosenau, James (1990): The Structure of Foreign Policy Attitudes among American Leaders. In: Journal of Politics, 52(1), 94-125.

Homer-Dixon, Thomas F. (1991): On the Threshold: Environmental Changes as Causes of Acute Conflict. In: International Security, 16(2), 76-116.

Homer-Dixon, Thomas F. (1994): Environmental Scarcities and Violent Conflict: Evidence from Cases. In: International Security, 19(1), 5-40.

Horowitz, Donald L. (1985): Ethnic Groups in Conflict, Berkeley, University of California Press.

Howell, Llewellyn (1983): A Comparative Study of the WEIS and COPDAB Data Sets. In: International Studies Quarterly, 27(2), 149-159.

Human-Security-Centre (2005): Human Security Report : War and Peace in the 21st Century. New York, NY: Oxford University Press.

Imbusch, Peter, Zoll, Ralf (Hrsg) (2006): Friedens- und Konfliktforschung. Eine Einführung, Wiesbaden, VS.

Inbar, Ephraim (2007): How Israel Bungled the Second Lebanon War. In: The Middle East Quaterly, 14(3), 57-65.

Jackson, Robert H., Sørensen, Georg (2003): Introduction to International Relations : Theories and Approaches, Oxford ; New York, Oxford University Press.

James, Patrick, Glenn, Mitchell II. (1995): Targets of Covert Pressure: The Hidden Victims of the Democratic Peace. In: International Interactions, 21(1), 85-107.

Janis, Irving L. (1983): Groupthink: Psychological Studies of Policy Decisions and Fiascoes, Boston, Houghton Mifflin.

Janis, Irving L., Mann, Leon (1977): Decision Making, New York, London, The Free Press.

Jean, Francois, Rufin, Jean Christophe (Hrsg) (1996): Économie des guerres civil, Paris, Hachette.

Jellinek, Georg (1914): Allgemeine Staatslehre, Berlin, O. Häring.

Jenkins, Brian Michael (1975): International Terrorism - a new mode of conflict. Santa Monica, CA: California Seminar on Arms Control and Foreign Policy.

Jenkins, J Craig, Bond, Doug (2001): Conflict-Carrying Capacity, Political Crisis, and Reconstruction: A Framework for the Early Warning of Political System Vulnerability. In: Journal of Conflict Resolution, 45(1), 3-31.

Jervis, Robert (1976): Perception and Misperception in International Politics, Princeton, N.J., Princeton University Press.

Jhaveri, Nayna J (2004): Petroimperialism: US Oil Interests and the Iraq War In: Antipode, 36(1), 2-11.

Jianping, Lu, Zhixiang, Wang (2005): China's Attitude Towards the ICC. In: Journal of International Criminal Justice, 3(3), 608-620.

Jones, Daniel M., Bremer, Stuart A., Singer, David J. (1996): Militarized Interstate Disputes, 1816-1992: Regional, Coding Rules, and empirical patterns. In: Conflict Management and Peace Science, 15(2), 163-212.

Jünemann, Anette, Schörnig, Niklas (2003): Die Europäische Sicherheits- und Verteidigungspolitik: Potenzielle Gefahren einer sich abzeichnenden Eigendynamik. In: P. Schlotter (Hrsg) Europa - Macht - Frieden? Zur Politik der „Zivilmacht Europa". Baden - Baden: Nomos, 101-134.

Jung, Dietrich (1995): Tradition - Moderne - Krieg. Grundlegung einer Methode zur Erforschung kriegsursächlicher Prozesse im Kontext globaler Vergesellschaftung. Münster: Lit, 286.

Kaldor, Mary (1999): New and Old Wars: Organized Violence in a Global Era, Standford, CA.

Kaldor, Mary (2000): Neue und alte Kriege - Organisierte Gewalt im Zeitalter der Globalisierung, Frankfurt am Main, Suhrkamp Verlag.

Kalyvas, Stathis N. (2005): Warfare in Civil Wars. In: I. Duyvesteyn und J. Angstrom (Hrsg), Rethinking the Nature of War. New York: Frank Cass, 88-108.

Kalyvas, Stathis N. (2006): The logic of violence in civil war, Cambridge; New York, Cambridge University Press.

Kant, Immanuel (1795 / 1965): Zum ewigen Frieden ein philosophischer Entwurf, Stuttgart, Reclam.

Keegan, John (1993): A History of Warfare, New York, Alfred A. Knopf : Distributed by Random House, Inc.

Keen, David (1998): The Economic Function of Civil Wars, International Institute for Strategic Studies London.

Kemper, Alfons, Eickler, André (2004): Datenbanksysteme. Eine Einführung, München, Oldenbourg.

Kende, Istvan (1971): Twenty-Five Years of Local Wars In: Journal of Peace Research, 8(1), 5-22.

Kende, Istvan (1972): Local wars in Asia, Africa and Latin America 1945-1969, Budapest.

Kende, Istvan (1982): Kriege nach 1945. Eine empirische Untersuchung, Frankfurt a. Main.

Kennedy, Paul M. (1987): The Rise and Fall of the Great Powers : Economic Change and Military Conflict from 1500 to 2000, New York, NY, Random House.

Keohane, Robert O., Nye, Joseph S. (1977): Power and Interdependence : World Politics in Transition, Boston, Little, Brown.

Khong, Yuen Foong (1992): Analogies at War : Korea, Munich, Dien Bien Phu, and the Vietnam Decisions of 1965, Princeton, N.J., Princeton University Press.

King, Gary (1989): Event Count Models for International Relations: Generalizations and Applications. In: International Studies Quarterly, 33(1), 123-147.

Kissinger, Henry A. (1969): The Vietnam Negotiations. In: Foreign Affairs, 47(1), 211-234.

Klare, Michael T., Kornbluh, Peter (1988): Low Intensity Warfare : Counterinsurgency, Proinsurgency, and Antiterrorism in the Eighties, New York, Pantheon Books.

Kleinbaum, David G., Klein, Mitchel (2005): Survival Analysis : A Self-learning Text, New York, NY, Springer.

Kneer, Georg, Nassehi, Armin (2000): Niklas Luhmanns Theorie sozialer Systeme, München, Fink

Knight, Frank (1921): Risk, uncertainty and profit, New York, Hart, Schaffner & Marx.

Kolar, Othmar (1997): Rumänien und seine nationalen Minderheiten 1918 bis heute, Wien, Böhlau.

Kratochwil, Friedrich V. (1986): Of Systems, Boundaries, and Territoriality: An Inquiry into the Formation of the State System. In: World Politics, 39(1), 27-52.

Kratochwil, Friedrich V., Rohrlich, Paul, Mahajan, Harpreet, Columbia University. Institute of War and Peace Studies. (1985): Peace and disputed sovereignty : reflections on conflict over territory, Lanham, University Press of America.

Krcmar, Helmut (2005): Informationsmanagement, Berlin, Heidelberg, Springer.

Krummenacher, Heinz (2006a): Alarmsignale der Gewalt. Politische Frühwarnung zwischen Friedensforschung und Friedenspolitik. In: eins - Entwicklungspolitik, (21), 36-38.

Krummenacher, Heinz (2006b): Computer Assisted Early Warning - the FAST Example. In: R. Trappl (Hrsg) Programming for Peace. Computer-Aided Methods for International Conflict Resolution and Prevention. Dordrecht, Netherlands: Springer.

Krummenacher, Heinz, Schmeidl, Susanne (2001a): Practical Challanges in Predicting Violent Conflict. FAST: An Example of Comprehensive Early Warning Methodology. Swisspeace. Bern.

Krummenacher, Heinz, Schmeidl, Susanne (2001b): Pratical Challenges in Predicting Violent Conflict FAST: an Example of a Comprehensive Early-warning Methodology, Bern, Schweiz., Schweizerische Friedensstiftung - Institut für Konfliktlösung.

Kugler, Jacek, Lemke, Douglas (1996): Parity and War: Evaluations and Extensions of The War Ledger, Ann Arbor, University of Michigan Press.

Kugler, Jacek, Organski, A.F.K. (1989): The Power Transition: A Retrospective and Prospective Evaluation. In: M. Midlarsky (Hrsg) Handbook of War Studies. Boston: Unwin Hyman.

Kunstler, James Howard (2005): The Long Emergency : Surviving the Converging Catastrophes of the Twenty-First Century, New York, Atlantic Monthly Press.

Labs, Eric (1997): Beyond Victory: Offensive Realism and the Expansion of War Aims. In: Security Studies, 7(1), 114-154.

Lacina, Bethany, Gledditsch, Nils Petter, Russett, Bruce (2006): The Declining Risk of Death in Batlle. In: International Studies Quarterly, 50(3), 673-680.

Lacina, Bethany, Gleditsch, Nils Petter (2005): Monitoring Trends in Global Combat: A New Dataset of Battle Deaths. In: European Journal of Population, 21, 145-166.

Lake, David A., Rothchild, Donald S. (1998): The International Spread of Ethnic Conflict: Fear, Diffusion, and Escalation, Princeton, N.J., Princeton University Press.

Laney, James T. , Shaplen, Jason T. (2003): How to Deal With North Korea. In: Foreign Affairs, 82(16), 16-27.

Larson, Jeffrey S., Bradlow, Eric T., Fader, Peter S. (2005): An exploratory look at supermarket shopping paths. In: International Journal of Research in Marketing, 22(4), 395-414.

Le Billon, Philippe (2005): Fuelling War: Natural Resources and Armed Conflict, Routledge.

Le Billon, Philippe (2008): Geographies of War: Perspectives on 'Resource Wars'. In: Social and Personality Psychology Compass, 2(3), 163-182.

Leake, David B. (1996): Case-based reasoning : experiences, lessons & future directions, Menlo Park, CA, Cambridge, MA, MIT Press.

Leander, Anna (2005): The Power to Construct International Security: On the Significance of Private Military Companies. In: Millenium: Journal of International Studies, 33(3), 803-826.

Lee, Chae-Jin (2006): A Troubled Peace Baltimore, Johns Hopkins University Press.

Leitenberg, Milton (2006): Deaths in Wars and Conflicts Between 1945 and 2000 - 3rd. rev. ed. Center for International and Security Studies. School of Public Affairs. University of Maryland.

Leng, Russell J. (1983): When Will They Ever Learn? Coercive Bargaining in Recurrent Crises. In: Journal of Conflict Resolution, 27(3), 379-419.

Leng, Russell J. (1987): Structure and Action in Crisis Bargaining. In: C. F. Hermann, C. W. Kegley und J. Rosenau (Hrsg), New Directions in the Comparative Study of Foreign Policy. Winchester: Allen & Unwin, 178-199.

Levy, Jack S. (1981): Alliance Formation and War Behavior. An Analysis of the Great Powers 1495-1975. In: Journal of Conflict Resolution, 35(4), 581-613.

Levy, Jack S. (1985): The Polarity of the System and International Stability: An Empirical Analysis. In: A. N. Sabrosky (Hrsg) Polarity and War: The Changing Structure of International Conflict. Boulder: Westview Press, 41-66.

Levy, Jack S. (2002): War and Peace. In: W. Carlsnaes, T. Risse und B. Simmons (Hrsg), Handbook of International Relations. London, 350-368.

Levy, Jack S., Thompson, William R. (2010): Causes of war, Chichester, West Sussex, U.K. ; Malden, MA, Wiley-Blackwell.

Levy, Jack S., Walker, Thomas C., Edwards, Martin S. (2001): Continuity and Change in the Evolution of Warfare. In: Z. Maoz und A. Gat (Hrsg), War in a Changing World. Ann Arbor, MI, 15-48.

Liberman, Peter (1996): Does Conquest Pay? The Exploitation of Occupied Industrial Societies, Princeton N.J., Princeton University Press.

Licklider, Roy E. (1993a): How civil wars end: Questions and methods. In: R. E. Licklider (Hrsg) Stopping the killing: How civil wars. New York: New York University Press, 3-19.

Licklider, Roy E. (Hrsg) (1993b): Stopping the killing: How civil wars end, New York, New York University Press.

Licklider, Roy E. (1995): The Consequences of Negotiated Settlements in Civil Wars 1945 - 1993. In: American Political Science Review, 89(3), 681-690.

Livingstone, Neil C. (1982): The war against terrorism, Lexington, Mass. , Lexington Books.

Llanque, Marcus (2006): Demokratische Kriegsführung. Das Problem der Organisierung demokratischer Verantwortung für militärische Kampfeinsätze. In: A. Geis (Hrsg) Den Krieg überdenken. Frankfurt: Nomos, 251-268.

Lock, Peter (2003): Kriegsökonomien und Schattenglobalisierung. In: W. Ruf (Hrsg) Politische Ökonomie der Gewalt. Opladen: Leske + Budrich, 93-123.

Lonsdale, David J. (2004): The Nature of War in the Information Age : Clausewitzian Future, Portland, OR, Frank Cass.

Lopez, Alan D., Mathers, Colin D. , Ezzati, Majid, Jamison, Dean T. , Murray, Chrisopher JL (2006): Global and regional burden of disease and risk factors, 2001: systematic analysis of population health data In: The Lancet, 367(9524), 1747-1757.

Ludendorff, Erich (1935): Der totale Krieg, München, Ludendorff Verlag.

Luhmann, Niklas (1984): Soziale Systeme: Grundriss einer allgemeinen Theorie. , Frankfurt a. Main, Suhrkamp.

Luttwak, Edward N. (1994): Toward Post-heroic Warfare. In: Foreign Affairs, 74(3), 109-122.

Mack, Andrew (2002): Civil War: Academic Research and the Policy Community. In: Journal of Peace Research, 39(51), 515-525.

Majeski, Stephan J., Sylvan, David J. (1984): Simple Choices and Complex Calculations. A Critique of the War Trap. In: Journal of Conflict Resolution, 28(2), 316-340.

Mansbach, Richard W., Vasquez, John A. (1981): In Search of Theory : A New Paradigm for Global Politics, New York, Columbia University Press.

Mansfield, Edward D., Milner, Helen V., Rosendorff, B. Peter (2000): Free to Trade: Democracies, Autocracies, and International Trade. In: American Political Science Review, 94(2), 305-321.

Mansfield, Edward D., Pollins, Brian M. (2001): The Study of Interdependence and Conflict. Recent Advances, Open Questions, ad Directions for Future Research. In: Journal of Conflict Resolution, 45(6), 834-859.

Mansfield, Edward D., Snyder, Jack (1995): Democratization and the Danger of War. In: International Security, 20(1), 5-38.

Maoz, Zeev, Russett, Bruce (1993): Normative and Structural Causes of Democratic Peace. In: American Political Science Review, 87(3), 624-638.

Marshall, Monty G. (1997): Systems at Risk: Violence, Diffusion, and Desintegration in the Middle East. In: D. Carment und P. James (Hrsg), Wars in the Midst of Peace: The International Politics of Ethnic Conflict. Pittsburgh: University of Pittsburgh Press, 82-115.

Marshall, Monty G. (2008): Fragility, Instanility, and the Failure of States. Working Paper. Council on Foreign Relations - Center for Preventive Action.

Marshall, Monty G., Jaggers, Keith (2007): Polity IV Dataset [computer file, version p4v2002e]. College Park, MD: Center for International Development & Conflict Management, University of Maryland.

Marwedel, Ulrich (1978): Carl von Clausewitz - Persönlichkeit und Wirkungsgeschichte seines Werkes bis 1918, Boppard am Rhein, Boldt.

Mason, David T., Fett, Patrick J. (1996): How Civil Wars End: A Rational Choice Approach. In: Journal of Conflict Resolution, 40(4), 546-568.

Mayall, James (Hrsg) (1996): The new interventionism, 1991 - 1994 : United Nations experience in Cambodia, former Yugoslavia and Somalia, Cambridge, Cambridge University Press.

McClelland, Charles (1976): World Event / Interaction Survey Codebook (ICPSR 5211). Inter-University Consortium for Political and Social Research. Ann Arbor.

McInnes, Collin (2005): A Different Kind of War? September 11 and the United States Afghan War. In: I. Duyvesteyn und J. Angstrom (Hrsg), Rethinking The Nature of War. New York: Frank Cass, 109 -134.

McNamara, Robert S. (1991): The Post-Cold War: Implications for Military Expenditure in the Developing Countries". World Bank Annual Conference on Development Economics 1991. Washington, D.C.: World Bank.

Mearsheimer, John (1990): Back to the Future: Instability in Europe after the Cold War. In: International Security, 19(3), 5-56.

Mearsheimer, John J. (2001): The Tragedy of Great Power Politics, New York, Norton.

Meier, Andreas, Stormer, Henrik (2009): eBusiness & eCommerce: : Managing the Digital Value Chain, Heidelberg; Berlin; New York, Springer.

Melcic, Dunja (Hrsg) (2007): Der Jugoslawienkrieg, Wiesbaden, VS-Verlag für Sozialwissenschaften.

Mello, Patrick A. (2010): In search of new wars: The debate about a transformation of war. In: European Journal of International Relations, 16(2), 297-309.

Menzel, Ulrich (2001): Zwischen Idealismus und Realismus die Lehre von den internationalen Beziehungen, Frankfurt am Main, Suhrkamp.

Merkel, Wolfgang, Puhle, Hans-Jürgen (1999): Von der Diktatur zur Demokratie. Transformationen, Erfolgsbedingungen, Entwicklungspfade, Westdeutscher Verlag.

Merritt, Richard L., Muncaster, R. G., Zinnes, Dina A. (1993): International event-data developments : DDIR phase II, Ann Arbor, University of Michigan Press.

Messmer, Heinz (2003): Der soziale Konflikt. Kommunikative Emergenz und systemische Reproduktion, Stuttgart, Lucius & Lucius.

Milliken, Jennifer, Krause, Keith (Hrsg) (2003): State Failure, Collapse, and Reconstruction, Oxford, Blackwell.

Mintz, A. (2004): How Do Leaders Make Decisions?: A Poliheuristic Perspective. In: Journal of Conflict Resolution, 48(1), 3-13.

Mintz, Alex (2007): Why Behavioral IR? In: International Studies Review, 9(1), 157-162.

Molander, Roger C., Riddile, Andrew S., Wilson, Peter A. (1996): Strategic Information Warfare: A New Face of War, Santa Monica, Rand.

Montalvo, Jose G., Reynal-Querol, Marta (2007): Ethnic Polarization and the Duration of Civil Wars. World Bank Policy Research Working Paper 4192, April 2007. World Bank

Montani, Stefania, Jain, Lakhmi C. (2010): Innovations in Case-Based Reasoning Applications. In: S. Montani und L. C. Jain (Hrsg), Successful Case-Based Reasoning. Applications - 1. Berlin, Heidelberg: Springer.

Moran, Daniel (2002): Strategic Theory and the History of War. In: J. Baylis, J. Wirtz, E. Cohen und C. S. Gray (Hrsg), Strategy in the Contemporary World. Oxford Oxford University Press, 17-44.

Moran, Theodore H. (2001): International Political Risk Management. Exploring new frontiers, Washington, D.C., World Bank.

Moravcsik, Andrew (1997): Taking Preferences Seriously: A Liberal Theory of International Politics. In: International Organisations, 51(4), 513-553.

Morgan, Clifton T. , Campbell, Sally Howard (1991): Domestic Structure, Desisional Constraints and War: So Why Kants Democracies Fight. In: Journal of Conflict Resolution, 35(2), 187-211.

Morgan, Patrick M. (2006): Mulitlateral institutions as restraints of major war. In: R. Vayrynen (Hrsg) The Waning of Major War. Theories and Debates. London, New York: Routledge, 160-185.

Morgenthau, Hans J. (1948): Politics among Nations. The Struggle for Power and Peace, New York, A. A. Knopf.

Morrow, James D. (1985): A Continuous-Outcome Expected Utility Theory of War. In: Journal of Conflict Resolution, 29(3), 473-502.

Most, Benjamin A., Starr, Harvey (1980): Diffusion, Reinforcement, Geo-Politics and the Spread of War. In: American Political Science Review, 74, 932-946.

Most, Benjamin A., Starr, Harvey (1983): Conceptualizing "War". Consequences for Theory and Research. In: Journal of Conflict Resolution, 27(1), 137-159.

Mueller, John (1990): The Obsolescence of Major War. In: Security Dialogue, 21(3).

Mueller, John (2000): The Banality of Ethnic War. In: International Security, 25(1), 42-70.

Mueller, John (2004): The Remnants of War, Ithaca, N.Y., Cornell University Press.

Mueller, John (2006): Accounting for the Waning of Major War. In: R. Väyrynen (Hrsg) The Waning of Major War : Theories and Debates. London, New York: Routledge, 64-79.

Muksch, Harry (2006): Das Data Warehouse als Datenbasis analytischer Informationssystme - Architektur und Komponenten. In: P. Chamoni und P. Gluchowski (Hrsg), Analytische Informationssysteme Berlin, Heidelberg: Springer, 129-141.

Muller, Edward N., Weede, Eric (1990): Cross-National Variation in Political Violence: A Rational Action Approach. In: Journal of Conflict Resolution, 34(4), 624-651.

Müller, Harald (2002): Antinomien des demokratischen Friedens. In: Politische Vierteljahresschrift, 43(1), 46-81.

Münkler, Herfried (2002): Die neuen Kriege, Reinbek bei Hamburg, Rowohlt.

Münkler, Herfried (2006a): Der Wandel des Krieges. Von der Symmetrie zur Assymetrie, Velbrück.

Münkler, Herfried (2006b): Was ist neu an den neuen Kriegen? - Eine Erwiderung auf die Kritiker. In: A. Geis (Hrsg) Den Krieg überdenken. Baden-Baden: Nomos, 133-150.

Newman, Eduard (2004): The 'New Wars' Debate: A Historical Perspective is Needed. In: Security Dialogue, 35(2), 173-189.

Newman, Saul (1991): Does Modernization Breed Ethnic Conflict? In: World Politics, 43(3), 451-478.

Nicholson, Michael (1987): The Conceptual Bases of The War Trap In: Journal of Conflict Resolution, 31(2), 346-369.

Nye, Joseph S. Jr. (1988): Problems of Security Studies. Arbeitspapier für den 14.Weltkongress der Internationalen Political Science Association, August 1988. Washington D.C.

Nyheim, David (2008): Can Violence, War and State Collapse be Prevented? The Future of Operational Conflict Early Warning and Response. Paris: OECD/DAC.

O'Brien, Sean P. (1996): Foreign Policy Crises and the Resort to Terrorism: a Time-Series Analysis of Conflict Linkages. In: Journal of Conflict Resolution, 40(2), 320-335.

O'Hanlon, Michael E. (2000): Technological Change and the Future of Warfare, Washington, D.C., Brookings Institution Press.

Ochmanek, David A., Schwartz, Lowell (2008): The challenge of nuclear-armed regional adversaries, Santa Monica, CA, Rand Corp.

Ohlson, Thomas, Söderberg, Mimmi (2002): From Intra-State War to Democratic Peace in Weak States. Uppsala Peace Research Paper, No. 5.

Oneal, John R., Oneal, Frances H., Maoz, Zeev, Russett, Bruce (1996): The Liberal Peace: Interdependence, Democracy, and International Conflict. In: Journal of Peace Research, 33(1), 11-28.

Oneal, John R., Russett, Bruce (1997): The Classical Liberals were Right: Democracy, Interdependence, and Conflict, 1950-1985. In: International Studies Quarterly, 41(2), 267-294.

Oneal, John R., Russett, Bruce (1999): The Kantian Peace: The Pacific Benefits of Democracy, Interdependence, and International Organizations, 1885-1992. In: World Politics, 52(1), 1-37.

Oneal, John R., Russett, Bruce (2003): Modeling Conflict While Studying Dynamics. In: G. Schneider, K. Barbieri und N. P. Gledditsch (Hrsg), Globalization and Armed Conflict.

Organski, A. F. K., Kugler, Jacek (1980): The War Ledger, Chicago, University of Chicago Press.

Oßenbrügge, Jürgen (2007): Ressourcenkonflikte ohne Ende? Zur politischen Ökonomie afrikanischer Gewaltökonomien. In: Zeitschrift für Wirtschaftsgeographie, 51(3/4), 150-162.

Ostrom, Charles, Brian, Job (1986): The President and the Political Use of Force. In: American Political Science Review, 80(2), 541-566.

Paret, Peter (1986): Clausewitz. In: P. Paret (Hrsg) Makers of Modern Strategy. From Machiavelli to the Nuclear Age. Princeton: Princeton University Press, 186-213.

Paret, Peter (1992): Understanding War : Essays on Clausewitz and the History of Military Power, Princeton, N.J., Princeton University Press.

Parsons, Talcott (1951): The social system, Glencoe, Ill., Free Press.

Parsons, Talcott, Shils, Edward, Smelser, Neil J. (2001): Toward a general theory of action : theoretical foundations for the social sciences, New Brunswick, NJ, Transaction Publishers.

Paul, T.V. (2006): The Risk of Nuclear War does niot belong to History. In: R. Väyrynen (Hrsg) The Waning of Major War. London, New York: Routledge, 113-132.

Petersen, Karen K., Vasquez, John A., Wang, Yija (2004): Multiparty Disputes and the Probability of War, 1816-1992. In: Conflict Management and Peace Science, 21(2), 85-100.

Pevehouse, Jon, Nordstrom, Timothy, Warnke, Kevin (2000): Intergovernmental Organizations 1815-2000: A New Correlates of War Data Set.

Pfetsch, F. R. (1994): Internationale Politik, Stuttgart, W. Kohlhammer.

Pfetsch, Frank R. (1990): Conditions for Nonviolent Resolution of Conflict. In: E. O. Czempiel, L. Kiuzadjan und Z. Masupost (Hrsg), Nonviolence in Internationacl Crises. Vienna: European Coordination Centre, 99-123.

Pfetsch, Frank R. (1991a): Internationale und nationale Konflikte nach dem Zweiten Weltkrieg. In: Politische Vierteljahresschrift, 32, 258-285.

Pfetsch, Frank R. (Hrsg) (1991b): Konflikte seit 1945.

Pfetsch, Frank R. (Hrsg) (1991c): Konflikte seit 1945 - Daten - Fakten - Hintergründe: Europa, Freiburg, Würzburg, Ploetz.

Pfetsch, Frank R. (Hrsg) (1991d): Konflikte seit 1945, Daten - Fakten - Hintergründe. 5 Bände, Freiburg, Würzburg, Ploetz.

Würzburg, Ploetz.

Pfetsch, Frank R. (Hrsg) (1991e): Konflikte seit 1945, Daten - Fakten - Hintergründe. Amerika, Freiburg, Würzburg, Ploetz.

Pfetsch, Frank R. (Hrsg) (1991f): Konflikte seit 1945, Daten - Fakten - Hintergründe. Asien, Australien und Ozeanien, Freiburg, Würzburg, Ploetz.

Pfetsch, Frank R. (Hrsg) (1991g): Konflikte seit 1945, Daten - Fakten - Hintergründe. Die arabisch-islamische Welt, Freiburg, Würzburg, Ploetz.

Pfetsch, Frank R. (Hrsg) (1991h): Konflikte seit 1945, Daten - Fakten - Hintergründe. Schwarzafrika, Freiburg, Würzburg, Ploetz.

Pfetsch, Frank R. (1991i): Nationale und Internationale Konflikte nach 1945 In: Politische Vierteljahresschrift, 32 (2), 258-285.

Pfetsch, Frank R. (1992): Nationale und Internationale Konflikte nach 1945 In: Politische Vierteljahresschrift, 32 (2), 258-285.

Pfetsch, Frank R. (Hrsg) (1996): Globales Konfliktpanorama 1990-1995, Münster, Lit.

Pfetsch, Frank R. (2000): Warum war das 20. Jahrhundert kriegerisch? In: R.-K.-U. Heidelberg (Hrsg) Krieg. Heidelberg: C.Winter.

Pfetsch, Frank R. (2004): Staatsgrenzen - Konfliktlösung oder ewiger Unruheherd? Das Parlament. 31-32 ed. Bonn.

Pfetsch, Frank R. (2006a): Old Wine in New Bottles: Democratic Peace as Empowerment of States in Conflict Resolution. In: European Journal of Political Research, 45(5), 811-850.

Pfetsch, Frank R. (2006b): Verhandeln in Konflikten Grundlagen - Theorie - Praxis, Wiesbaden, VS Verlag für Sozialwissenschaften.

Pfetsch, Frank R., Billing, Peter (1994): Datenhandbuch nationaler und internationaler Konflikte, Baden-Baden, Nomos.

Pfetsch, Frank R., Rohloff, Christoph (2000a): KOSIMO: A Databank on Political Conflict. In: Journal of Peace Research, 37(3), 379-389.

Pfetsch, Frank R., Rohloff, Christoph (2000b): National and International Conflicts, 1945 - 1995; New emperical and theoretical approaches, London, New York, Routledge.

Pirages, Dennis (1997): Demographic Change and Ecological Security. Environmental Change and Security Centre Report. 37-46.

Plietsch, Roman (2007): Jugoslawien. Von Marschall Tito zu den Kosovo Unruhen. . In: A. Straßner und M. Klein (Hrsg), Wenn Staaten scheitern. Wiesbaden: VS Verlag für Sozialwissenschaften, 53-62.

Pollins, Brian M. (1989a): Conflict, Cooperation and Commerce. In: American Journal of Political Science, 33(3), 737-761.

Pollins, Brian M. (1989b): Does Trade Still Follow the Flag? . In: American Political Science Review, 83(2), 465-480.

Popper, Karl (2005): Logik der Forschung, Tübingen, Mohr Siebeck.

Powell, Robert (2004): Bargaining and Learning While Fighting. In: American Journal of Political Science, 48(2), 344-361.

Project, Correlates of War (2002): Colonial/Dependency Contiguity Data.

Prunier, Gérard (1999): The Rwanda Crisis : History of a Genocide, Kampala, Uganda, Fountain Publishers Ltd.

Raknerud, Arvid, Hegre, Havard (1997): The Hazard of War: Reassessing the Evidence for the Democratic Peace. In: Journal of Peace Research, 34(4), 385-404.

Raleigh, C., Urdal, H. (2007): Climate Change, Environmental Degradation and Armed Conflict. In: Political Geography, 26(6), 674-694.

Rapoport, Anatol (1960): Fights, Games, and Debates, Ann Arbor, University of Michigan Press.

Reese-Schäfer, Walter (2005): Niklas Luhmann zur Einführung, Hamburg, Junius.

Regan, Patrick M., Henderson, Errol A. (2002): Democracy, threats and political repression in developing countries: are democracies internally less violent? In: Third World Quarterly, 23(1), 119-136.

Reiter, Dan (1995): Exploding the Powder Keg Myth: Preemptive Wars Almost Never Happen. In: International Security, 20(2), 5-34.

Reiter, Dan, Stam, Allan C. (1998): Democracy, War Initiation, and Victory. In: American Political Science Review, 92(2), 377-389.

Reno, William (2005): The Politics of Violent Opposition in Collapsing States. In: Government and Opposition, 40(2), 127-151.

Reuber, Paul, Wolkersdorfer, Günter (2001): Die neue Geographie des Politischen und die neue Politische Geographie. In: P. Reuber (Hrsg) Politische Geographie - Handlungsorientierte Ansätze und Critical Geopolitics. Heidelberg: Selbstverlag des Geographischen Instituts der Universität Heidelberg, 1-17.

Reynal-Querol, Marta (2004): Does Democracy Preempt Civil Wars? In: Euopean Journal of Political Economy, 21(2), 445-465.

Reynol-Querol, Marta (2002): Ethnicity, Political Systems, and Civil War. In: Journal of Conflict Resolution, 46(1), 29-54.

Richardson, Lewis Fry (1960): Statistics of deadly quarrels, Pittsburgh, Boxwood Press.

Rid, Thomas (2007): War and Media Operations: The US Military and the Press from Vietnam to Iraq, London, New York, Routledge.

Risse-Kappen, Thomas (1995): Democratic Peace - Warlike Democracies? A Socical Consturctivist Interpretation of the Liberal Argument. In: European Journal of International Relations, 1(4), 491-517.

Risse, Thomas (2004): Der 9.11. und der 11.9: Folgen für das Fach Internationale Beziehungen. In: Zeitschrift für Internationale Beziehungen.

Rogowski, Ronald (1989): Commerce and Coalitions : How Trade Affects Domestic Political Alignments, Princeton, N.J., Princeton University Press.

Rohloff, Christoph (2007): Dimensionen friedlichen Systemwandels. Ansätze zur Friedensursachenforschung, Saarbrücken, VDM Verlag Dr. Müller.

Rose, Olaf (1995): Carl von Clausewitz. Wirkungsgeschichte seines Werkes in Russland und der Sowjetunion, 1836-1991. München: R. Oldenbourg Verlag, VI, 275.

Rosecrance, Richard N. (1986): The Rise of the Trading State : Commerce and Conquest in the Modern World, New York, Basic Books.

Rosenau, James N. (1990): Turbulence in World Politics : A Theory of Change and Continuity, Princeton, N.J., Princeton University Press.

Rosenau, James N., Czempiel, Ernst Otto (1992): Governance without Government : Order and Change in World Politics, Cambridge [England] ; New York, Cambridge University Press.

Ross, Michael L. (2003): Oil, Drugs and Diamonds: The Varying Roles of Natural Ressources in Civil War. In: K. Balentine und J. Sherman (Hrsg), The Political Economy of Armed Conflict. Beyond Greed and Grievance. London: Boulder, 47-70.

Ross, Michael L. (2004a): How Do Natural Resources influence Civil War? Evidence from thirteen cases. In: International Organisations, 58(1), 35-67.

Ross, Michael L. (2004b): What do we know about natural resources and civil war? In: Journal of Peace Research, 41(3), 337-356.

Ross, Michael L. (2005): Ressources and Rebellion in Aceh, Indonesia. In: P. Collier und N. Sambanis (Hrsg), Understanding Civil War. Volume 2: Europe, Central Asia, and Other Regions. Washington, D.C.: World Bank, 35-58.

Ross, Michael L. (2006): A Closer Look at Oil, Diamonds and Civil War. In: Annual Review of Political Science, 9, 265-300.

Rost, Nicolas, Schneider, Gerald, Kleibl, Johannes (2009): A global risk assessment model for civil wars. In: Social Science Research, 38(4), 921-933.

Rotberg, Robert (2002): The New Nature of Nation-State Failure. In: The Washington Quaterly, 25(3), 85-96.

Rotberg, Robert , Kasfir, Nelson, Clapham, Christopher, Van de Walle, Nicolas, Klare, Michael T., Carment, David, Meierhenrich, Jens, Colletta, Nat J, Kostner, Markus, Wiederhofer, Ingo, Rose-Ackermann, Susan, Widner, Jennifer A., Posner, Daniel N., Snodgrass, Donals R., Lyons, Terrence, Herbst, Jeffrey (Hrsg) (2004): When states fail: causes and consequences, Princeton, Princeton University Press.

Rothfels, Hans (1943): Clausewitz. In: E. M. Earle (Hrsg) Makers of Modern Strategy. Military Thought from Machiavelli to Hitler. Princeton, [N.J.]: Princeton University Press, 93-116.

Rothfels, Hans (1980): Clausewitz. In: G. Dill (Hrsg) Clausewitz in Perspektive. Frankfurt: Ullstein, 261-291.

Rowell, Andy, Marriott, James, Stockman, Lorne (2005): The Next Gulf: London, Washington and Oil Conflict in Nigeria, London, Constable & Company Limited.

Ruf, Werner (Hrsg) (2003a): Politische Ökonomie der Gewalt. Staatszerfall und die Privatisierung von Gewalt und Krieg, Opladen, Leske + Budrich.

Ruf, Werner (2003b): Private Militärische Unternehmen. In: W. Ruf (Hrsg) Politische Ökonomie der Gewalt. Staatszerfall und die Privatisierung von Gewalt. Opladen: Leske + Budrich, 76-91.

Ruloff, Dieter (2004): Wie Kriege beginnen. Ursachen und Formen., München, C.H. Beck.

Rummel, Rudolph Joseph (1969): Dimensions of Foreign and Domestic Conflict Behavior. In: D. C. Pruitt und R. C. Snyder (Hrsg), Theory and Research on the Causes of War. Princeton: Princeton University Press.

Rummel, Rudolph Joseph (1975): Understanding Conflict and War. Vol II: The Conflict Helix, New York, Sage Publications.

Rummel, Rudolph Joseph (1979): Understanding Conflict and War - Volume 4: War, Power, Peace, Beverly Hills, London, Sage Publications.

Russett, Bruce (1993): Grasping the Democratic Peace, Princeton, N.J., Princeton University Press.

Russett, Bruce M. (1990): Controlling the Sword. The Democratic Governance of National Security, Cambridge, Mass., Harvard University Press.

Russett, Bruce, Oneal, John R. (2001): Triangulating Peace: Democracy, Interdependence, and International Organizations, New York NY.

Russett, Bruce, Oneal, John R. , Davis, David R. (1998): The Third Leg of the Katian Tripod: International Organisations and Militarized Disputes, 1950-1985. In: International Organisations, 52(3), 441-167.

Salehyan, Idean, Gledditsch, Kristian Skrede (2006): Refugees and the Spread of Civil War. In: International Organizations, 60(2), 335-366.

Sambanis, Nicholas (2000): Partition as a solution to ethnic war. An Empirical Critique of the Theoretical Literature. In: World Politics, 52(4), 437-483.

Sambanis, Nicholas (2001a): Do Ethnic and Nonethnic Civil Wars have the Same Causes? A Theoretical and Emirical Inquiry (Part 1). In: Journal of Conflict Resolution, 45(3), 259-282.

Sambanis, Nicholas (2001b): A Note on the Death Coding in Civil War Events. Unpublished Paper, World Bank.

Sambanis, Nicholas (2002): A Review of Recent Advances and Future Directions in the Quantitative Literature on Civil Wars. In: Defence and Peace Economics, 13(3), 215-243.

Sambanis, Nicholas (2004): What is Civil War? In: Journal of Conflict Resolution, 48(6), 814-858.

Sarkees, Meredith Reid (2000): The Correlates of War Data on War: An Update to 1997. In: Conflict Management and Peace Science, 18(1), 123-144.

Sarkees, Meredith Reid, Wayman, Frank Whelon, Singer, David J. (2003): Inter-State, Intra-State, and Extra-State Wars: A Comprehensive Look at Their Distribution over Time, 1816-1997. In: International Studies Quarterly, (47), 49-70.

Sathasivam, Kanishkan (2005): Uneasy Neighbors : India, Pakistan, and US Foreign Policy, Aldershot, England ; Burlington, VT, Ashgate.

Schlichte, Klaus (1994): Is Ethnicity a Cause of War? In: Peace Review, 6(1), 59-65.

Schlichte, Klaus (1996): Krieg und Vergesellschaftung in Afrika ein Beitrag zur Theorie des Krieges. Münster: Lit-Verl., 275.

Schlichte, Klaus (2002): Neues über den Krieg? Einige Anmerkungen zum Stand der Kriegsforschung in den Internationalen Beziehungen. In: Zeitschrift für Internationale Beziehungen, 9(1/2002), 113-137.

Schlichte, Klaus (2006): Neue Kriege oder alte Thesen? Wirklichkeit und Repräsentanten kriegerischer Gewalt in der Politikwissenschaft. In: A. Geis (Hrsg) Den Krieg überdenken. Frankfurt: Nomos, 111-131.

Schlotter, Peter (2003): Die Europäische Union: eine „Zivilmacht"? - Zur Einführung. In: P. Schlotter (Hrsg) Europa - Macht - Frieden? Zur Politik der „Zivilmacht Europa". Baden - Baden: Nomos, 7-18.

Schmid, Alex P. (1998): Indicator Developmen: Issues in Forecaasting Conflict Escalation. In: J. L. Davies und T. R. Gurr (Hrsg), Preventice Measures: Building Risk Asessment and Crisis Early Warning Systems. Lanham: Rowman & Littlefield, 39-56.

Schmid, Alex P., Jongman, Albert J. (2008): Political terrorism, New Brunswick, Transaction Publishers.

Schmidt, Klaus D. (2006): Versicherungsmathematik, Berlin, Springer.

Schneckener, U. (2006a): Transnationaler Terrorismus: Charakter und Hintergründe des" neuen" Terrorismus, Suhrkamp.

Schneckener, Ulrich (Hrsg) (2004): States at Risk: Fragile Staaten als Sicherheits- und Entwicklungsproblem. SWP-Studie S 43/2004, Berlin, SWP - Stiftung Wissenschaft und Politik.

Schneckener, Ulrich (Hrsg) (2006b): Fragile Staatlichkeit - Zwischen Stabilität und Scheitern. , Baden-Baden.

Schörnig, Niklas (2003): Neorealismus. In: M. Spindler und S. Schieder (Hrsg), Theorien der Internationalen Beziehungen. Opladen: Leske + Budrich, 61-87.

Schörnig, Niklas, Lembcke, Alexander C. (2006): The Vision of War without Casualties. In: Journal of Conflict Resolution, 50(2), 204-227.

Schössler, Dietmar (1991): Carl von Clausewitz Reinbek b. Hamburg, Rowohlt.

Schrodt, Philip A. (1990): Parallel Event Sequences in International Crises. In: Political Behaviour, 12, 97-123.

Schrodt, Philip A. (1994): The Statistical Characteristics of Event Data. Department of Political Science Lawrence, KS: University of Kansas, 38.

Schrodt, Philip A. (2006): Twenty Years of the Kansas Event Data System Project. In: The Political Methodologist, 14(1), 2-6.

Schrodt, Philip A., Gerner, Deborah J. (2000): Cluster Based Early Warning Indicators for Political Change in the Contemporary Levant. In: American Political Science Review, 94(4), 803-817.

Schrodt, Philip A., Gerner, Deborah J., Yilmaz, Ömür (2004): Using Event Data to Monitor Contemporary Conflict in the Israel Palenstine Dyad. Annual Meeting the International Studies Association, March 2004. Montreal, Quebec, Canada, 31.

Schrodt, Philip A., Mintz, Alex (1988): The Conditional Probability Analysis of International Event Data In: American Journal of Political Science, 32(1), 217-230.

Schwank, Nicolas (2004): Der Kampf der Kulturen - Erklärungsmuster für Konflikte im 21. Jahrhundert? In: F. R. Pfetsch (Hrsg) Konflikt. Heidelberg: Springer.

Schwank, Nicolas (2005): Gaining Instight into Conflict Dynamics - Final Report for the European Humanitarian Aid Office on the Research Project: Early Detection of Man made Crises. Heidelberg.

Schwank, Nicolas (2006a): The Humanitarian Impact of Conflict Dynamics - Finalreport to the European Commission Humanitarian Aid Office. Heidelberg: Institut für Politische Wissenschaft der Universität Heidelberg, 237.

Schwank, Nicolas (2006b): Verschwindet der Krieg? In: I. f. A. e.V. (Hrsg) Zivile Konfliktbearbeitung. Schwalbach /Ts.: Wochenschau Verlag.

Schwank, Nicolas (2007): Entwicklung innerstaatlicher Kriege seit dem Ende des Ost-West Konfliktes In: B. f. P. Bildung (Hrsg) Dossier: Innerstaatliche Konflikte. Bonn: Online Publikation der Bundeszentrale für Politische Bildung.

Schwank, Nicolas (2010): It's all about ressources, isn't it? Continuities, Dislocations and Transformations: Reflections on 50 Years of African Independence. Biennial conference of the African Studies Association in Germany (VAD) 8.-10. April 2010. Mainz.

Schwank, Nicolas, Rohloff, Christoph (2001): War is over- onflict continues? Conditions for stable conflict outcomes. Uppsala Conflict Data Conference. Uppsala, 1-19.

Schwartau, Winn (1994): Information Warfare: Chaos on the Electronic Superhighway, New York, Thunder's Mouth Press.

Schwartz, P., Randall, D. (2003): An Abrupt Climate Change Scenario and Its Implications for United States National Security. Pentagon Report.

Schwarz, Christoph (2003): Politische Theorie des Krieges bei Carl von Clausewitz. Selected Term Paper. Aachen: Rheinisch-Westfälische Technische Hochschule, 50.

Schweller, Redall (1996): Neorealism's Status Quo Bias: What Security Dilemma? In: Security Studies, 5(3), 90-121.

Scott, Peter Dale (2003): Drugs, Oil, and War : the United States in Afghanistan, Colombia, and Indochina, Lanham, Md., Rowman & Littlefield Publishers.

Senese, Paul D., Vasquez, John A. (2005): Assesing the Steps to War. In: British Journal of Political Science, 35, 607-633.

Senese, Paul D., Vasquez, John A. (2008): The Steps to War, Princeton, Oxford, Princeton University Press.

Seybolt, Taylor B. (2002): Measuring Violence: an Introduction to Conflict Data Sets. In: S. I. P. R. Institute (Hrsg) SIPRI Yearbook 2002. Oxford University Press, 81-96.

Shannon, Claude E. (1949): Communication Theory of Secrecy Systems. In: Bell System Technical Journal, 28(4), 656-715.

Shaw, Martin (2005): The New Western Way of War: Risk-Transfer War and its Crisis in Iraq, Cambridge ; Malden, MA, Polity.

Sherman, Frank, Neack, Laura (1993): Imagining the Possibilities: The Prospects of Isolating the Genome of International Conflict from the Sharefacs Dataset. In: R. L. Merritt, R. G. Muncaster und D. A. Zinnes (Hrsg), International Event Data Developments: DDIR Phase II. Ann Arbor: University of Michigan Press, 87-112.

Siedschlag, Alexander (2001): Realistische Perspektiven internationaler Politik, Opladen, Leske und Budrich.

Siegelberg, Jens (1994): Kapitalismus und Krieg. Eine Theorie des Krieges in der Weltgesellschaft, Hamburg-Münster, Lit.

Singer, David J. (1961): The Level-of-Analysis Problem in International Relations. In: World Politics, 14(1), 77-92.

Singer, David J. (1987): Reconstructing the Correlates of War Dataset on Material Capabilities of States, 1816-1985. In: International Interactions, 14(2), 115-132.

Singer, David J. (2000): The Etiology of Interstate War. A Natural History Approach. In: J. A. Vasquez (Hrsg) What Do We Know about War? Lanham: Rowman & Littlefield Publishers, Inc., 3-21.

Singer, David J., Bremer, Stuart A., Stuckey, John (1972): Capability Distribution, Uncertainty, and Major Power War 1820-1965. In: B. Russett (Hrsg) Peace, War, and Numbers, . Beverly Hills: Sage Publications, 19-48.

Singer, David J., Small, Melvin (1966): Formal Alliances 1815 -1939. In: Journal of Peace Research, 3(1), 1-32.

Singer, David J., Small, Melvin (1972): The Wages of War 1816-1965. A statistical Handbook., New York, London, Sydney, Toronto., John Wiley & Sons.

Singer, Peter W. (2001): Corporate Warriors. The Rise of the Privatized Military Industry and Its Ramifications for International Security. In: International Security, 26(3), 186-220.

Singer, Peter W. (2004): Corporate Warriors: The Rise of the Privatized Military Industry, Ithaca N.Y., Cornell University Press.

Singer, Peter W. (2005): Children at war, New York, Pantheon.

Small, Melvin, Singer, David J. (1969): Formal Alliances, 1816-1965: An Extension of the Basic Data. In: Journal of Peace Research, 6(3), 257-282.

Small, Melvin, Singer, David J. (1982): Resort to Arms. International and Civil Wars, 1816-1980, Beverly Hills.

Snow, Donald M. (1996): Uncivil Wars. International Society and the New Internal Conflicts, Boulder, Co.

Snyder, Jack L. (1991): Myths of Empire : Domestic Politics and International Ambition, Ithaca, N.Y., Cornell University Press.

Sofsky, Wolfgang (1996): Traktat über die Gewalt, Frankfurt am Main.

Spelten, Angelika (2000): Wie erkennt man Krisenpotential? Entwurf eines Indikatorenkatalogs. In: Entwicklung und Zusammenarbeit, 41(3), 70-72.

Sprinzak, E. (1991): The Process of Delegitimation: Towards a Linkage Theory of Political Terrorism. In: Terrorism and Political Violence, 3(1), 50-68.

Stahel, Albert (1998): The War in Rwanda: Model and Simulation (Der Krieg in Ruanda: Modell und Simulation). Wädenswil: Eidgenössische Technische Hochschule Zürich, Militärische Führungsschule -MFS.

Starr, Harvey (2002): Opportunity, Willingness, and Geogaphic Information Systems (GIS): Reconceptional Borders in International Relations. In: Political Geography, 21(2), 243-261.

Stein, George (1995): Information Warfare. In: Airpower Journal, 9(1).

Stinnet, Douglas, Tir, Jaroslav, Schafer, Philip, Diehl, Paul F., Gochman, Charles S. (2002): The Correlates of War Project Direct Contiguity Data, Version 3. In: Conflict Management and Peace Science, 19(2), 58-66.

Strachan, Hew, Herberg-Rothe, Andreas (2007): Clausewitz in the Twenty-First Century, New York, Oxford University Press.

Summers, Harry G. (1982): On Strategy : A Critical Analysis of the Vietnam War, Novato, CA, Presidio Press.

Sunzi, Lin, Wu Sun (2003): The art of war, San Francisco, CA, Long River Press.

Thukydides (2004): Der Peloponnesische Krieg, Stuttgart, Reclam.

Tibi, Bassam (1989): Konfliktregion Naher Osten: regionale Eigendynamik und Großmachtinteressen, München, C.H. Beck.

Tir, Jaroslav, Schafer, Philip, Diehl, Paul F., Goertz, Gary (1998): Territorial Changes, 1816-1996: Procedures and Data. In: Conflict Management and Peace Science, 16(1), 89-97.

Tischer, Anuschka (2005): Kriegserklärung. In: F. Jäger (Hrsg) Enzyklopädie der Neuzeit. Stuttgart, Weimar: C.E. Poeschel, 43-49.

Toset, Hans Petter Wollebaek, Gledditsch, Nils Petter, Hegre, Havard (2000): Shared Rivers and Interstate Conflict. In: Political Geography, 19(6), 971-996.

Trautner, Bernhard J. (1996): Konstruktive Konfliktbearbeitung im Vorderen und Mittleren Orient, Münster, LIT Verlag.

Treier, Shwan, Jackman, Simon (2008): Democracy as a Latent Variable. In: American Journal of Political Science, 52(1), 201-217.

Van Crefeld, Martin (1991): The Transformation of War, New York

London, Free Press.

van Creveld, Martin (1991): The Transformation of War, New York, London, Free Press.

van Creveld, Martin (2001): Die Zukunft des Krieges, München, Gerling Akademie Verlag.

van de Walle, Nicolas (2004): The Economic Correlates of State Failure: Taxes, Foreign Aid, and Policies. In: R. Rotberg (Hrsg) When states fail: causes and consequences. Princeton: Princeton University Press, 1-49.

van Evera, Stephen (1999): Causes of War : Power and the Roots of Conflict, Ithaca, Cornell University Press.

Vasquez, John A. (1987): The Steps to War: Toward a Scientific Explanation of Correlates of War Findings. In: World Politics, 40, 108-145.

Vasquez, John A. (1993): The War Puzzle, Cambridge.

Vasquez, John A. (1998): The Power of Power Politics : From Classical Realism to Neotraditionalism, Cambridge, UK ; New York, Cambridge University Press.

Vasquez, John A. (2000a): Reexamining the Steps to War: New Evidence and Theoretical Insights. In: M. Midlarsky (Hrsg) Handbook of War Studies. Ann Arbor, 371-406.

Vasquez, John A. (Hrsg) (2000b): What Do We Know about War?, Lanham, Boulder, New York, Oxford, Rowman &Littlefield.

Vasquez, John A. (2000c): What Do We Know about War? In: J. A. Vasquez (Hrsg) What Do We Know about War? Lanham: Rowman & Littlefield Publishers, Inc., 335-370.

Vasquez, John A. (2001): Mapping the Probability of War and Analyzing the the Possibility of Peace: The Role of International Disputes. In: Conflict Management and Peace Science, 18(2), 145-173.

Vayrynen, Raimo (Hrsg) (2006): The Waning of Major War: Theories and Debates, London, New York, Routledge.

Verwimp, Philip (2003): Testing the Double-Genocide Thesis for Central and Southern Rwanda. In: Journal of Conflict Resolution, 47(4), 423-442.

Vidal, Gore (2002): Dreaming War : Blood for Oil and the Cheney-Bush Junta, New York, Thunder's Mouth Press/Nation Books.

Villacres, Edward, Bassford, Christopher (1995): Reclaiming the Clausewitz Trinity. In: Parameters, 3(1995), 9-19.

Viotti, P. R., Kauppi, M. V. (2001): International Relations and World Politics: Security, Economy, Identity, Upper Saddle River, NJ: Prentice Hall.

von Boemcken, Marc, Krieger, Natalia (2006): Early warning-early action - Entwicklungspolitische Instrumente zur frühzeitigen Eindämmung von Gewaltkonflikten. Bonn: Internationales Konversionszentrum Bonn.

Vreeland, James Raymond (2008): The Effect of Political Regime on Civil War. Unpacking Anocracy. In: Journal of Conflict Resolution, 52(3), 401-425.

Wagner, Harrison R. (1983): War and expected utility theory. In: World Politics, 36(3), 407-432.

Wagschal, Uwe, Croissant, Aurel, Metz, Thomas, Trinn, Christoph, Schwank, Nicolas (2010): Kulturkonflikte in inner- und zwischenstaatlicher Perspektive. In: Zeitschrift für Internationale Beziehungen, (1), 7-39.

Wagschal, Uwe, Schwank, Nicolas, Metz, Thomas (2008): Ein "demographischer Frieden"? Der Einfluss von Bevölkerungsfaktoren auf inner- und zwischenstaatliche Konflikte. In: Zeitschrift für Politikwissenschaft, 18(3), 353-383.

Waldmann, Peter (2005a): Determinanten des Terrorismus, Weilerswist, Velbrück Wissenschaft.

Waldmann, Peter (2005b): Terrorismus: Provokation der Macht, Hamburg, Murmann Verlag.

Walker, George K. (2000): Information Warfare and Neutrality. In: Vanderbilt Journal of Transnational Law, 33(5), 1082-1197.

Wallace, Michael D., Singer, David J. (1970): International Governmental Organization in the Global System, 1815-1964. In: International Organization, 24(2), 239-287.

Wallensteen, Peter, Sollenberg, Margareta (1998): Armed Conflict and Regional Conflict Complexes 1989-97. In: Journal of Peace Research, 35(5), 621-634.

Wallensteen, Peter, Sollenberg, Margareta (2001): Armed Conflict, 1989-2000. In: Journal of Peace Research, 38(5), 629-644.

Waltz, Kenneth (1959): Man, the State, and War. A theoretical Analysis., New York, Columbia Univ. Press.

Waltz, Kenneth Neal (1979): Theory of International Politics, Reading, Mass., Addison-Wesley Pub. Co.

Watson, Ian, Marir, Farhi (1994): Case-based reasoning: a review. In: The Knowledge Engineering Review, 9(2), 327-354.

Wayman, Frank Whelon (1985): Polarity and War: The Changing Structure of International Conflict. In: A. N. Sabrosky (Hrsg) Power, Pacts and War. Boulder: Greenwood Press, 115-144.

Weede, E. (2004): The Diffusion of Prosperity and Peace by Globalization. In: The Independent Review, 9(2), 165-186.

Weede, Eric (1995): Economic Policy and International Security: Rent Seeking, Free Trade and Democratic Peace. In: European Journal of International Relations, 1(4), 519-537.

Weiner, Myron (1996): Bad Neighbors - Bad Neighborhoods. In: International Security, 21(1), 5-42.

Wesley, James (1962): Frequency of Wars and and Geographical Opportunity. In: Journal of Conflict Resolution, 6(4), 387-389.

White, Mark J. (1996): The Cuban Missile Crisis, Basingstoke, Hampshire, Macmillan.

Wilkenfeld, Jonathan, Brecher, Michael, Moser, Sheila (1988): Handbook of Foreign Policy Crises, Oxford [Oxfordshire] ; New York, Pergamon Press.

Wilson, Charles (1978): Profit and Power : a Study of England and the Dutch Wars, The Hague; Boston, M. Nijhoff.

Wright, Quincy (1965): A Study of War, Chicago.

Wulf, Herbert, Debiel, Tobias (2009): Conflict Early Warning and Response Mechanisms: Tools for Enhancing the Effectivness of Regional Organisations? A Comperative Study of the AU, ECOWAS, IGAD, ASEAN/ARF and PIF. Crisis States Working Paper Series. London: Crisis States Research Center.

Young, Aaron (2007): Preventing, Demobilizing, Rehabilitating, and Reintegrating Child Soldiers in African Conflicts. In: The Journal of International Policy Solutions, 7(Spring), 19-24.

Young, Peyton H. (1995): Deviding the Indivisible. In: American Behavioral Scientist, 38(6), 904-920.

Zagare, Frank C. (1982): Review of The war trap. In: American Political Science Review, 76(3), 738-739.

Zaloga, Steven (2008): Unmanned Aerial Vehicles: Robotic Air Warfare 1917-2007: Robot Air Warfare 1917-2007, Oxford, New York, Osprey Publishing.

Zangl, Bernhard, Zürn, Michael (2003): Frieden und Krieg. Sicherheit in der nationalen und postnationalen Konstellation, Frankfurt am Main.

Zarate, Juan Carlos (1998): The Emergence of a New Dog of War: Private International Security Companies, International Law and the New World Disorder. In: Stanford Journal of International Law, 34(1), 75-162.

Zürn, Michael (1998): Regieren jenseits des Nationalstaates. Globalisierung und Denationalisierung als Chance, Frankfurt a.M., Suhrkamp.